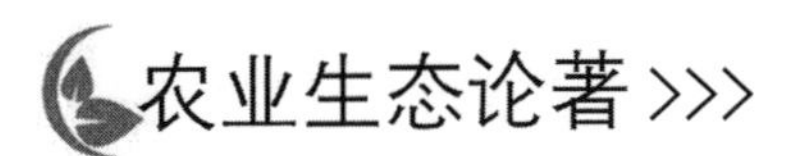

农业废弃物高效循环利用关键技术研究

NONGYE FEIQIWU GAOXIAO XUNHUANLIYONG
GUANJIAN JISHU YANJIU

李 季　李国学　主编

中国农业出版社
北　京

编写人员名单

主　编：李　季　李国学

参　编：任　莉　任图生　孟凡乔　崔宗均

孟　军　段崇东　侯　超　李吉进

孙振钧　姜　昊

前言

本书是对国家“十二五”循环农业项目之课题“农业废弃物高效循环利用关键技术研究（2012BAD14B01）”的总结。该课题针对我国农田秸秆及规模化养殖场废弃资源量大、循环利用率低、处理困难、环境污染严重等突出问题，开展作物秸秆农田清洁循环利用及畜禽养殖废弃物生物处理和利用关键技术及产品研究，目的是构建基于“农田-养殖场”的不同典型循环农业模式，实现农业废弃物无害化处理和再循环利用，建立高效安全的现代农牧业循环技术体系。

开展循环农业研究的实质是对现代常规农业发展的一种补充和完善。过去30年间，我国农业走了一条种植单一化、养殖规模化的集约农业发展道路。种植业一味强调大面积单一种植以适应市场化需求，却忽视了农田景观多样化以及生物多样性，导致作物品种过分单一、农田害虫天敌无栖息之地，病虫害控制只能依赖化学品的大量使用，农产品品质受到严重影响。养殖业一味趋于大规模集中养殖以提高单位生产率和市场竞争力，但也同样面临药物残留以及环境污染加重的巨大压力。

农业的基本法则就是混合农作，即种植业离不开养殖业，养殖业也离不开种植业。因为种植业需要养分的输入，光靠化肥是不足以补充土壤经年累月的养分输出的，而养殖业提供的粪肥就成为主要的营养来源。同样，只施用化肥的土壤产出的饲料营养是不足以满足动物的需要的，必须建立种植和养殖间的营养平衡。何况养殖业产生的粪污也只有通过土地消纳才是最好的办法，若寄希望于工业水处理技术则会限制养殖业的发展。

若把20世纪60年代之前的农业之循环比例算作100%，目前国内整体上农业的循环比例估计不会高于50%。实现种养完全循环的单个农场基本没有，普遍的情形是在农场单元之上实现着部分物质的循环利用。如养殖场产生的粪污加工成有机肥后被其他种植农户使用，养殖饲料则基本上来自北方，这样的循环显然付出了巨大代价。

由此看来，循环农业的研究和实践任重道远，需要我们花上10～20年的时间去探索和完善，这也正是国家农业可持续发展征程的一个缩影。

本书共分8章，第1章由李季编写，第2章由任莉、任图生、孟凡乔、李季编写，第3章由崔宗均编写，第4章由孟军编写，第5章由李国学编写，第6章由段崇东、李季、侯超编写，第7章由李吉进编写，第8章由孙振钧、姜昊编写，全书由李季、李国学统稿。

本书编写过程中得到了中国农业大学研究生王博、李婠婠、郝榇伊、张泽宇等同学的帮助，在此一并表示感谢。书中有错误之处敬请读者批评指出，以便及时改正。

李　季　李国学

2021年10月

目 录

第一章 CHAPTER 1

概　述

第一节　研究背景

一、研究目标

针对我国农田秸秆废弃资源量大、循环利用率低等突出问题，重点研究作物秸秆农田快速腐熟还田与高效利用的生物转化技术与系列产品研发，提高秸秆农田腐解率和黄化秸秆饲料化率，实现秸秆清洁循环利用的简便化、机械化、高效化；针对我国规模化养殖场粪污量大、处理困难、循环利用率低等突出问题，以农牧业产业链为对象，以大中型规模化畜牧企业为基地，研究畜禽养殖固液体（沼液）废弃物生物处理和利用新技术、新工艺、新产品，实现养殖场废物的循环利用与养殖场的高效运行；通过整合秸秆及养殖废物处理利用关键技术，构建基于“农田-养殖场”的典型循环农业模式，实现农业废弃物的无害化处理和循环利用，建立高效安全的现代农牧业循环技术体系。

二、任务需求分析

（一）有机固体废弃物的产生及处理需求

有机固体废弃物包括农村养殖粪污、作物秸秆、厨余垃圾、生活污泥、糖厂药厂废渣等。我国是世界上有机固体废弃物产出量最大的国家，据估算 2010 年全国有机固体废物产生量约是 2000 年的 1.2 倍，2000—2010 年我国的有机废物每年以 2 亿吨（以鲜重计）的数量持续增加。其中每年畜禽粪污产生量约 30 亿吨，秸秆产生量约 9 亿吨，蔬菜废弃物 1.0 亿吨，城市生活垃圾 2 亿吨，生活污泥 0.34 亿吨，肉类加工厂和农作物加工场废弃物 1.5 亿吨，林业废弃物（不包括薪炭林）0.5 亿吨，其他类的有机废弃物约有 0.5 亿吨（图 1-1）。

据农业部（现农业农村部）资料显示，2015 年全国秸秆可收集量为 9 亿吨，秸秆综合利用率约为 80%，还有 20%的秸秆未得到有效利用。

根据估算，目前我国养殖业每年产生的畜禽粪污总量约为 38 亿吨，按收集系数 70%来计算，每年需要处理的畜禽粪污量达 27 亿吨（粪便 15 亿吨左右）。土肥部门的数据则表明，目前全国大约 3 000 家有机肥厂实际处理的粪便量仅 1 亿吨左右。由此可以看出，与其产生量相比，目前这些废弃物作为有机肥料处理和利用的比例还很低。

农业废弃物的无序排放导致巨大的资源浪费和严重的环境污染问题。如农作物秸秆在田间集中焚烧会对周围大气造成严重污染，燃烧后产生大量的烟雾、烟尘、一氧化碳、二

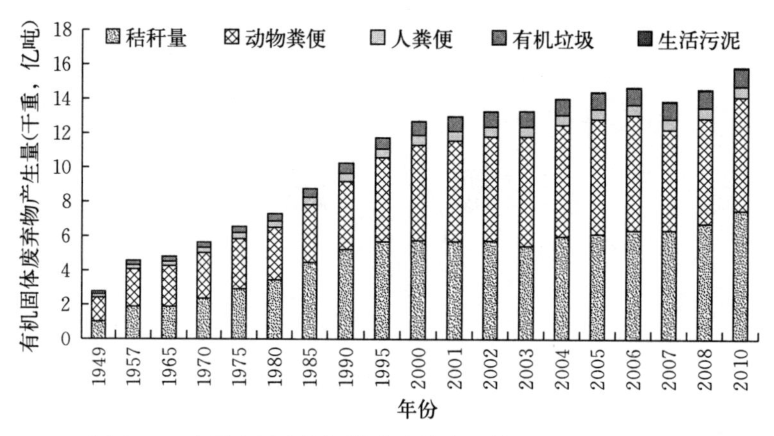

图 1-1　中国主要有机固体废弃物产生情况（2000—2010）

氧化碳、氮氧化物等污染物质，也会在短时间内造成局部大气质量恶化；而畜禽粪便任意堆放，会产生大量的恶臭气体，对周边居民的正常生活造成不良影响，粪便中的氮、磷和重金属等物质也会进入大气，部分元素进入地表水与地下水系统，造成水体富营养化与土壤养分流失等。畜禽粪便还是多种细菌、病原体滋生繁殖的源头，对养殖群体有着严重的影响。

因此，这些农业废弃物既是宝贵资源，又是严重的污染源，若不经有效地处理，将会严重污染人类赖以生存的环境。

据农业部（现农业农村部）资料显示，2015 年我国产生的 9 亿吨秸秆中，肥料化、饲料化、能源化、原料化和基料化秸秆分别占 43.2%、18.8%、4.0%、11.4%和 2.7%，其中肥料化、饲料化、基料化秸秆占比达到 65%，形成了以肥料化、饲料化利用为主，其他利用较快发展的新格局。

10 余年来，随着秸秆产量的增加、农村能源结构的改善和各类替代原料的应用，加上秸秆分布零散、体积大、收集运输成本高、综合利用经济性差、产业化程度低等原因，秸秆出现了地区性、季节性、结构性过剩，大量秸秆资源未被利用，浪费较严重，导致种植业和养殖业脱节，制约循环农业的发展。焚烧秸秆造成大气环境污染，严重时威胁到交通运输和农民生命财产安全，影响城乡居民生活。

养殖废弃物中，规模化养殖场畜禽粪便 10 多亿吨，有大约 80%的畜禽粪便没有经过有效处理就直接进入农田，只有大约 3%的畜禽粪便经过了工厂化有效处理。大量的养殖废弃物进入环境中，给水体和土壤造成严重的污染，并威胁到食品、生态安全。过去 20 年，随着农村产业结构的调整以及相关鼓励政策的推动，畜牧业得到了迅速的发展，其经营方式、饲养规模和区域布局均发生了重大变化，逐渐形成了区域化、专业化、城郊化、规模化的发展格局，客观上造成了农牧脱节。目前的局面是养殖的不种地，畜禽粪便不能当作肥料；种地的不再养殖，农田靠化肥。畜禽粪肥被用作农田肥料的比重大幅度下降，致使养殖场周围废物积压，造成污染。

因此，开展秸秆及养殖废弃物的处理与资源化利用已成为我国农村环境治理与生态产业发展的重要方向。

（二）秸秆快速腐熟及饲料化需求

2006 年我国农作物秸秆相当于 776 万吨氮肥、249 万吨磷肥（P_2O_5）、1 342 万吨钾肥（K_2O），相当于同期全国化肥用量的 1/4。因此促进秸秆资源化利用，特别是有效利用秸秆中所含的钾、磷资源在未来矿物储量短缺的背景下显得更加具有战略意义。

农业部（现农业农村部）于 2006 年启动了秸秆腐熟与土壤有机质提升项目，截至 2015 年已累计投入 56 亿元开展秸秆腐熟还田，有力地推动了秸秆还田工作。但目前该项目重点只针对南方水稻秸秆的还田，北方玉米及小麦秸秆的还田仍存在许多技术问题。首先，秸秆腐熟剂在加速秸秆腐烂过程中需要 10 ℃以上的温度和较充分的水分条件，但北方秋收后有时气温下降迅速，水分条件也较差，对腐熟剂生物活性有明显抑制，急需研制适宜性强、需水少、便于操作、能加快秸秆腐烂的腐熟剂；其次，秸秆还田研究多以单一技术为主，如以机械为主或以生物为主，缺乏机械、化学、生物、农艺等技术的有机结合，致使整体研究水平不高，研究成果转化速度慢，配套栽培技术薄弱，应改进和开发具有收获、粉碎、喷施腐熟剂、耕翻等多功能的配套农机具，加强秸秆还田配套技术的研究。

我国饲料资源短缺，可以利用秸秆作为动物的饲料来源，但适口性差和消化率低等问题限制了秸秆包括黄化秸秆的饲料化利用，急需开发高效、简便的秸秆饲料工厂化技术。黄化秸秆含有大量的粗纤维和少量的可溶性糖类、粗蛋白和粗脂肪，但经过适当处理可部分或全部代替牧草作为反刍动物的粗饲料，是农区发展草食家畜的主要饲料资源。目前，黄化秸秆饲料的加工方法主要有切短或粉碎、热喷、揉搓、颗粒化和压块等物理法，氨化、碱化、酸化、氧化和糖化等化学法，微贮和酶解等生物法，其目的均在于破坏木质素与纤维素或半纤维素之间的酯键或醚键，增加粗蛋白含量，提高秸秆的消化率和适口性，但效果不一，其中生物学方法效果较佳。但生物法贮藏时要求压实密封，要求严格但缺少理想的菌株和质优价廉的酶制剂等，此外相关的设备与工艺条件的研究也尚未成熟，难以实现产业化。面对巨大的秸秆资源和饲料资源的日益匮乏，简便化、机械化和高效化的秸秆饲料调制技术亟待开发。

（三）规模化养殖场废弃物处理与利用需求

规模化养殖场的污染是制约我国农业可持续发展的首要问题。统计结果显示，我国鸡、生猪和奶牛的集约化养殖程度较高，其他种类大部分以散养为主，基本形成了散养和集中养殖并存、后者正在逐步取代前者的格局。根据近几年的调查统计结果，我国规模化养殖场（每年产粪尿 100 吨）达到 107.4 万个，养殖数量 483 244 万头（只），粪便总量 77 558 万吨，其中猪粪占 49.6%，牛粪占 27%，鸡粪占 17.4%，其他粪便包括羊粪、马粪等占 6%，其中猪粪、牛粪、鸡粪 3 类粪便量合计占 94%。以北京市为例，2008 年北京地区养殖业产生的养殖废弃物超过 1 390 万吨（鲜重），养殖业废弃物的收集利用率平均为 54.2%，无害化处理率不足 30%。畜禽养殖造成的污染危害日渐突出，畜禽养殖场产生的大量高浓度、高氯氮、高悬浮物、处理难度较大的畜禽粪水，成为水体的重要污染源。据统计，养殖业排放的污染贡献比例超过 50%，成为影响北京地区环境安全的最大污染源，远远超过工业废水和生活污水 COD 污染贡献比例之和。

然而，规模化养殖场对粪便进行工厂化处理和沼气发酵处理的仅占 22%，采用传统堆沤和未采取任何措施的占绝大多数。若将未经堆肥腐熟的粪便直接施入农田，将会消耗作物根际土壤中的氧，产生高温灼伤作物根系（俗称烧苗），并产生病原菌等有害物质，不仅无法达到应有的增产效果，还会导致土壤、水体、大气及农产品的二次污染，给食品生产和生态环境带来严重安全隐患。

我国现有养殖场普遍存在选址不当、畜禽粪便乱堆乱放、废水随意排放等问题，全国约80%的规模化养殖场缺乏必要的污染治理设施，60%的养殖场缺少干湿分离粪污处理设施，90%以上的养殖场没有综合利用和污水治理设施。大量畜禽粪便未经处理直接进入水体，有资料表明畜禽粪水进入水体率达50%，粪便的流失率也达5%～9%。严重的粪便流失加剧了河流、湖泊的富营养化。畜禽粪便是我国环境污染的主要来源之一，制约了经济社会与环境的协调发展，开展畜禽粪便资源化、无害化处理工作已刻不容缓。

（四）农业废弃物高值化产品需求

1. 有机肥料

我国的农业2 000多年以来一直靠着有机肥来维持，即使在20世纪50～60年代，有机肥仍占主要地位。据农业部（现农业农村部）农技推广中心的数据显示，有机肥在肥料总投入量中的比例为：1949年99.9%，1957年91.0%，1965年80.7%，但是到1990年有机肥占37.4%，2003年全国有机肥施用量仅占肥料施用总量的25%，我国有机肥的施用比例下降程度已很严重。

近年来在国家和各地有机肥财政扶持政策的影响下，有机肥产业呈现蓬勃发展态势。据统计，我国现有约3 000家商品有机肥料生产企业，年生产能力为4 742万吨，实际生产能力为2 488万吨。我国农作物播种面积达20多亿亩*，这也给有机肥料的使用带来了很大的空间。随着有机、绿色农业的发展，广大农民迫切需要有机肥来提高农产品的市场竞争力。目前，美国等西方国家有机肥料用量已占到肥料总用量的近50%，在我国有机肥料用量若能占到肥料使用量的50%，其市场需求将达到5 000万吨以上。未来10年内，我国有机肥生产量将呈上升趋势，国家也正在制定积极的政策措施，研讨制定扶持有机肥发展的政策，如商品有机肥运费减免、有机肥使用补贴等，这些都充分表明有机肥生产将成为新兴产业，市场前景广阔。

2. 土壤改良剂

随着经济与社会的不断发展，土壤退化问题日益突出，主要表现为土壤紧实、侵蚀、盐碱化、酸化、化学污染、有机质流失和生物区系退化等，严重限制了土地生产力的发展。我国盐渍化土壤面积达9 913万公顷，酸雨危害土壤面积占国土面积的40%以上，重金属污染土壤面积至少2 000万公顷，农药污染土壤面积1 300万～1 600万公顷。土壤改良剂可改良土壤性质，提高土壤稳定性及抗侵蚀、蓄水保水能力，降低重金属活性，在改良盐碱地、修复退化土壤方面具有广阔的应用前景。目前传统的土壤改良剂主要有天然改良剂、人工合成改良剂和单一土壤改良剂几类。但天然改良剂改良效果有限，且有持续期短或储量有限等问题，人工合成的高分子化合物因高成本以及潜在的环境污染风险而受到限制，单一土壤改良剂存在改良效果不全面或有不同程度的负面影响等不足之处。

---

* 亩为非法定计量单位，15亩=1公顷。——编者注

因此，以天然材料（特别是农业废弃物）为原料研制新型多功能土壤改良剂进行低产土壤的改良成为目前土壤改良剂研究的热点。以目前我国 5 000 万公顷土壤急需改良，每公顷施用改良剂 100～1 000 千克计算，土壤改良剂的市场需求量在 500 万吨以上，市场前景广阔。

3. 栽培基质

根据国内有关资料报道，全国无土栽培面积约 175 万公顷，包括林木种苗、瓜果、蔬菜、花卉、经济植物等。按照水培 50%、基质培 50%的比例计算，基质培面积约为 87.5 万公顷，即 87.5 亿平方米，按 5 厘米的基质厚度计算，需要基质约 4.375 亿立方米。将全国市场 1/2 分割，按北方地区占 50%计算，需基质约 2 亿立方米，再按 10%的市场额计算，需栽培基质约 2 000 万米^3。在 2 000 万米^3 栽培基质中，用于生产高档苗木花卉的优质基质按 10%计算，每年需要优质基质约 200 万米^3。目前国内品质较好的无土栽培基质售价约为 500 元，进口基质的售价在 600～1 800 元。所以无土栽培基质的研究开发具有广阔的应用和市场前景。

随着人民生活水平的显著提高，食用菌以其独特的口味和较高的营养价值逐渐受到广大消费者的青睐，市场潜力巨大。传统栽培原料主要有棉籽、甘蔗渣、作物秸秆、木屑等，很多传统原料还有更加广泛的用途，有着更大的应用价值，加上原料产量有限，在市场经济下，价格上涨势必提高食用菌的生产成本，不利于食用菌产业的稳步和持续发展。因此，将大量的农作物秸秆及通过好氧发酵生产的堆肥产品结合，开辟一条新型食用菌基质研发路线已是大势所趋。

三、研究解决的主要技术难点和问题分析

（一）秸秆腐熟还田技术

农作物秸秆还田后，在自然条件下由于秸秆组成结构稳定，纤维素和木质素的含量较高，分解腐熟的速度较慢，在水田、旱地和林地中秸秆的腐解残留率分别只有 57.74%、47.83%和 52.38%。冬小麦收获与下茬玉米等作物播种时间紧，大量秸秆直接还田后会影响下茬作物播种与发芽，造成生长发育慢和病虫害的发生，导致作物产量的降低；秋茬作物收获后由于土壤温度低，还田的作物秸秆腐解慢造成土壤跑墒漏肥，容易造成冬茬作物冻伤枯死，所以实现作物秸秆快速腐解成为解决这些问题的关键。

针对夏茬作物和秋茬作物秸秆快速预处理的气候和秸秆类型的差异，筛选出具有广谱性和耐低温等耐受性较强的快速秸秆腐解菌株，构建复合微生物菌系是该项目的难点之一，该技术难点的攻克将为新型秸秆还田腐熟菌剂的生产提供新产品和技术支撑。此外，筛选出的高效秸秆降解复合微生物菌系，在工厂化大批量传代生产条件下如何保证其分解能力的稳定性及田间施用效果等接口技术也是影响其推广使用的主要技术难点。

（二）黄化秸秆饲料化技术

黄化秸秆结构坚硬，作为饲料其消化率较低。在植物细胞壁中，木质素与半纤维素以共价键形式结合，并将纤维素分子包埋在内形成复杂的聚合物，影响反刍动物消化道中分解酶与纤维素和其他有机物的接触，从而使秸秆干物质消化率降低，一般为 40%～50%。

许多学者的研究都指出，实现生物处理、提高秸秆饲用价值的理想菌株必须能够选择性地降解木质素而又不会造成纤维素的大量消耗，才能使秸秆提供尽可能多的可消化的碳水化合物，进而提高秸秆的瘤胃消化率。

虽然不少学者进行了选择性分解木质素而提高纤维素消化率的研究，但结果不尽如人意。近年来，利用白腐真菌进行秸秆微生物发酵是生物技术在农业饲料应用中的热点研究课题。但是因为种种原因，利用白腐真菌提高秸秆营养价值的研究仅限于实验室阶段。这是因为：①在处理前需对秸秆进行灭菌处理，排除杂菌的干扰。但在实际生产中，由于大量霉菌、腐败菌等杂菌的存在，操作起来不容易。②在氧气、温度和湿度等适宜的条件下，杂菌会迅速生长，竞争性地抑制白腐真菌的正常生长，使秸秆发霉变质，从而影响白腐真菌处理秸秆的效果。这是当前白腐真菌在实际生产中推广应用的主要限制因素。③在自然状态下，白腐真菌定殖缓慢，很难形成优势种群，定殖后降解周期又十分漫长，这是该菌种用于发酵秸秆并产业化的最大障碍。秸秆中各成分的降解速率为半纤维素＞纤维素＞木质素，既然木质素难降解，那么可以筛选能够选择性地降解半纤维素、在自然状态下迅速定殖成为优势种群、降解周期短的菌株或菌群，作为接种菌剂对秸秆进行分解发酵来提高秸秆的瘤胃消化率。

质地坚硬、营养单薄且适口性差又是秸秆饲料化技术的一大瓶颈。自然条件下，黄化秸秆质地坚硬成分单薄且适口性差，采食量常常上不去，经分解发酵的秸秆往往会有难闻的腐臭味，严重影响饲料品质；乳酸菌发酵可产生怡人的酸香味，而以往的窖式、包裹等乳酸菌发酵方法占据大量的空间，耗时长，又要严格的厌氧条件，实施起来烦琐、成本高。因此需要开发适口性好、简便易行的发酵工艺。

（三）养殖场固液废弃物一体化处理技术

畜禽养殖场目前在固液废弃物一体化治理方面尚处于探索阶段，与相关技术不成熟以及缺乏示范有关。

主要的技术难点包括：

（1）高效固液分离技术。养殖场废弃物具有高浓度、高氯氮、高悬浮物以及处理难度较大等特点，需要开发高效的固液分离技术，包括过滤材料、膜材料等的选择以及低成本设备的开发。

（2）密闭式堆肥工艺开发。目前常用的被动通风条垛式堆肥、槽式堆肥、强制通风静态垛系统等堆肥系统尽管克服了传统堆肥的缺点，具有机械化程度高、处理量大等特点，但仍然存在占地面积大、处理周期长，无害化程度不均一，环境控制难等诸多问题，需要开发新型密闭式堆肥工艺及设施。

（3）沼液浓缩及应用技术。利用膜技术对沼液进行浓缩，存在的主要问题是沼液的成分复杂、悬浮物含量高，因此需要耐污染性能强的膜材料和膜组件，同时也需要对膜的清洗技术进行研究，以提高膜的使用寿命和操作稳定性，降低生产成本。另外需要对分离浓缩沼液农田灌溉施用技术进行研究。

（四）农业废弃物高值产品开发与应用

农业废弃物高值产品开发与应用的技术难点：①筛选耐盐碱、抗土传病害高效的功能微生物。针对盐碱、连作障碍、土传病害等问题研制开发耐盐、抗病、抗连作的土壤改良

剂及功能生物肥料；进行基于秸秆、堆肥及微生态制剂的功能性栽培基质的研制；酶肽复合制剂生化研制技术的筛选与优化及该产品对动物多项生理调控作用实际效价的评定。②根据不同的防治目标，将筛选的特定功能菌种与有机物料发酵产物以及蚯蚓转化产品配合，开发具有不同用途的功能生物肥料、土壤修复制剂和生态型基质。

第二节 国内外技术研究进展

一、秸秆腐熟还田研究进展

世界上农业发达的国家大都非常重视土地的用养结合和发展生态农业，秸秆还田和农家肥占施肥总量的2/3。在美国秸秆还田十分普遍，每年秸秆还田量占秸秆生产量的68%，不但玉米、小麦等的秸秆大量还田，而且大豆、番茄等的秸秆也尽量还田。英国秸秆直接还田量则占其生产量的73%。日本微生物学家研究出了一种秸秆分解菌技术，用于种植业、环保领域，可以用于秸秆肥的制作，达到秸秆还田的目的。

随着国内外秸秆综合利用技术的应用与发展，该领域在知识产权和技术标准方面取得了较多成果。根据国家知识产权局专利数据检索结果，国外秸秆方面的专利共有14 423项，其中美国2 714项，日本4 312项，欧洲专利局625项，世界知识产权组织959项，德国520项，法国232项，英国2 358项，韩国821项，其他国家1 882项。我国涉及秸秆还田的专利有316项，主要是秸秆还田机械方面的专利，其中发明专利69项，实用新型专利239项，外观设计专利8项；涉及秸秆气化的专利有417项，主要是秸秆气化装置方面的专利，发明专利有43项，实用新型专利有367项，外观设计专利有7项；秸秆腐熟菌剂方面的专利比较欠缺，只有1项。涉及秸秆饲料化的专利主要是关于秸秆向饲料转化的过程，其中秸秆氨化方面的专利有4项，发明专利1项，实用新型专利3项；秸秆青贮方面的专利有16项，发明专利8项，实用新型专利8项；微贮技术方面的专利有7项，其中发明专利5项，实用新型专利2项；秸秆颗粒饲料方面的专利有6项，发明专利3项，实用新型专利3项。

还有一些新近发展的技术专利：秸秆栽培食用菌发明专利1项（利用农作物秸秆栽培食用菌的方法）；秸秆工业化发明专利3项，实用新型专利1项；秸秆反应堆发明专利1项（太阳能蓄热秸秆反应堆耦合增温沼气发生方法及装置），实用新型专利1项。

根据国家标准服务网的相关资料，关于秸秆的标准有16条，包括行业标准，国家市场监督管理总局的标准、英国标准学会、德国标准化学会等规定的各项标准。秸秆还田方面的标准主要是省级市级以下的地方标准，有20项。秸秆气化方面的标准有2项。

二、黄化秸秆饲料化研究进展

秸秆于18世纪初即开始被应用于实际生产，真正进入试验研究是从19世纪开始的。秸秆发酵饲料的原理就是在密封的无氧状态下，因乳酸菌繁殖产生乳酸，使饲料pH降低，抑制有害微生物的生长繁殖，经发酵将秸秆制成营养价值较高的优质饲料。国际国内的大多数技术针对的是青秸秆，利用大量黄化秸秆作为动物饲料是我国的特有国情，围绕这个问题现已形成若干技术。

在提高适口性的技术开发方面，最多的技术为通过窖式发酵、罐式发酵以及裹包发酵的微贮技术。但这种发酵占据大量空间，耗时长，贮藏时要求严格，而且缺少理想的菌株和简便、低成本成套技术。

通过检索发现，除本课题申请人员发表的文献（2篇）外，相关文献有13篇（中文6篇，英文7篇），专利文献有8项（中文专利7项，英文专利1项）。在上述检索范围内，通过对检索到的相关文献进行分析对比，可得出以下结论：

国内有塔式高温发酵处理畜禽粪便和农作物秸秆的文献报道和高温发酵的秸秆、粪便二用沼气池的专利；国内外未见秸秆高温发酵饲料软化技术的文献。国内有关于有机酸处理的小麦秸秆中半纤维素的分解特性和玉米秸秆固体发酵中半纤维素的降解特性的文献；国外有小麦秸秆半纤维素B乙酰化、用碱和过氧化氢处理的稻草中的半纤维素的对比分析和瘤胃液处理小麦秸秆后半纤维素减少的文献；国内外未见秸秆接种具有半纤维素分解功能的复合菌系，通过高温发酵优先分解部分半纤维素来破坏木质纤维素结构，提高秸秆饲料的消化率的文献。国内有包含乳酸菌的饲料微生物菌剂的文献，有包含乳酸菌的秸秆饲料微生物发酵剂和发酵工艺的专利；国外有瘤胃真菌对秸秆纤维素、木质素或细胞壁的分解，有微生物菌剂处理小麦秸秆和乳酸菌制备饲料的文献。国内外未见秸秆饲料半纤维素分解菌系与乳酸菌衔接发酵的文献。国内外有饲料乳酸菌的文献，国内外未见秸秆饲料中添加乳酸菌液提高饲料适口性的文献。

三、养殖场废弃物密闭式堆肥发酵系统研究进展

传统堆肥有堆体升温慢，分解缓慢，易产生氨气、硫化氢以及其他臭味化合物等缺点。为克服传统堆肥的缺点，国内外自20世纪50年代以来开发出多种多样的现代密闭式堆肥系统，这些系统具有机械化程度高、处理量大、堆肥速度快、无害化程度高等诸多特点，因此得到了广泛的应用。常见的反应器系统有以下3种。

1. 筒仓式堆肥系统

该反应器堆肥系统为一种从顶部进料、从底部卸出堆肥的筒仓。由一台旋转钻在筒仓的上部混合堆肥原料，从底部取出堆肥。通风系统使空气从筒仓的底部通过堆料，在筒仓的上部收集和处理废气。这种堆肥方式典型的堆肥周期为14天，每天取出的堆肥体积和重新装入的原料体积是筒仓的1/14，从筒仓中取出的堆肥经常堆放在第二个通气筒仓进行继续腐熟。由于物料在筒仓中垂直堆放，因而这种堆肥系统的占地面积很小。缺点是需要克服物料在筒仓中的物料压实、温度控制和通气等问题。美国的查尔斯顿污泥堆肥厂采用的就是这种发酵设备，日本中小型养殖场较多采用密闭式发酵仓设备，推广数量逐年增加。

2. 塔式堆肥系统

发酵塔的内外层均由水泥或钢板制成，物料从塔顶进入，通过发酵塔旋转壁上的犁形搅拌桨搅拌翻动，逐层向下移动，由最底层出料。在物料下移的同时用鼓风机将空气送到各层进行强制通风。这种堆肥设备具有处理量大、占地面积小的优点，但一次性投资较高，设备活动部件多，维护工作量较大。日本秋田污泥堆肥厂采用的就是这

种发酵设备。

3. 滚筒式堆肥系统

滚筒式堆肥系统是一个使用水平滚筒来混合、通风以及排出堆肥的堆肥系统。滚筒被架在大的支架上，并且通过一个机械传动装置来翻动。滚筒可分为合体式滚筒和分体式滚筒。合体式滚筒使所有堆料按照其装入滚筒时的次序运动，滚筒旋转的速度和旋转时的倾斜度决定了堆肥的停留时间。目前应用较为广泛的达诺滚筒系统由丹麦达诺公司于1993年开发，该系统的反应器称为达诺滚筒，直径一般为2.7～3.7米，转速为0.1～1转/分，筒体倾斜放置，沿旋转方向提升的物料因自身重力下落，同时逐渐向筒体出口段移动。通风为反应器强制通风，空气流动方向与物料移动方向相反。常温下系统可24小时连续运行，堆制1～5天。目前达诺滚筒仍在广泛应用，其结构被众多滚筒反应器系统借鉴。优点是物料在滚筒内反复升高、跌落，可使筒内温度均匀化。缺点是原料滞留时间短，发酵不充分，投资较大。

我国对密闭式堆肥反应系统的研究较少，这些研究多集中在2000年以后，如通风静态仓式、静态垛式，卧式滚筒式等。主要的问题为：

对密闭式堆肥系统缺乏研究，已有的研究主要集中在实验室层面，小型实验室好氧堆肥系统集中在10～100升，处理规模较小，没有工厂化生产应用，不能满足实际生产对密闭式堆肥系统的需求。

国内缺乏对密闭式发酵仓中布料、翻搅、通风、保温和进出料各个系统的全面综合研究，尤其是连续式发酵工艺要求的密闭式发酵仓及与仓体配套的物料进出料装置和通风供氧系统装置与密闭堆肥产业化的需要差距较大。

作为现代堆肥技术的重要方面，堆肥过程控制技术的研究和实践成了热点之一。近年来，随着多变量预测控制等先进控制方法的应用，智能控制达到了新的水平，在实现优质、高产、低消耗的控制目标方面前进了一大步，特别是工业控制中出现了多学科间的相互渗透与交叉，人工智能和智能控制受到人们的普遍关注，信号处理技术、数据库、通信技术以及计算机网络的发展为实现高水平的自动控制提供了强有力的技术支撑。由于在线监测和自动化控制的研究比较落后，国内的研究目前多限于对氧气、温度等因子的直接调节，缺乏对动态模拟、优化的综合软、硬件控制系统的研究；同时，也没有腐熟度在线监测技术的研究报道。

据中国知识产权网的检索结果，在堆肥方面，我国共有发明专利545项，实用新型专利124项，外观设计专利3项。其中，堆肥技术方面的发明专利121项（快速发酵技术发明专利20项），实用新型专利20项；有关于堆肥设备的发明专利49项，实用新型专利24项；堆肥生物反应器方面的专利技术较少，发明专利4项，实用新型专利1项。

发达国家有关堆肥技术的研究比国内更加成熟，取得的研究成果也较多。据专利数据库检索结果显示，美国有关堆肥的专利共4 187项（涉及堆肥技术和设备方面的专利313项）；欧洲专利局涉及堆肥的专利共3 415项（堆肥技术方面的专利1 897项）；世界知识产权局堆肥技术方面的专利共251项。

目前国内外关于堆肥的标准还比较少，据国家标准咨询服务网的相关资料显示，主要是国家标准、城镇建设标准等，共有13条，主要是关于堆肥的技术和设备标准以及一些材料的可堆肥性和在堆肥条件下的分解程度的标准。我国农业废弃物无害化处理技术主要遵循《粪便无害化卫生要求》（GB 7959—2012）等中提出的供农田施用的各种腐熟的城镇生活垃圾和城镇垃圾堆肥工厂的产品标准。在堆肥的腐熟度评价方面尚未形成一个完整的评价指标体系，一般常采用物理指标（气味、色度、粒度）、化学指标（pH、有机质变化指标、碳氮比、氮化合物、腐植酸）等评价堆肥的腐熟度。养殖废水方面，《水产养殖废水排放要求》对养殖废水的分级、排放要求和检验规则做了相关规定。

四、厌氧干发酵和沼液膜处理技术研究进展

目前关于厌氧干发酵和利用膜分离技术实现沼液浓缩的研究还处于起步阶段，离实际应用还有一定的距离，还有很多问题需要研究，如干发酵条件、膜材料和膜组件的选择，膜工艺的优化，膜清洗技术的研究等等，因此如果针对上述问题进行研究，不仅可获得具有自主知识产权的专利，还可以推进干发酵和沼液膜处理技术的实际应用，获得一定的经济效益。

据美国专利数据库检索结果显示，有关厌氧发酵的专利有 711 项，其中，涉及干式厌氧发酵技术的专利有 1 项。据欧洲专利局数据库检索结果显示，干式厌氧发酵相关专利有 302 项。据世界专利数据库检索结果显示，干式厌氧发酵相关专利有 3 102 项，涉及干式厌氧发酵技术的专利有 16 项。

据国家知识产权局专利数据库检索结果显示，厌氧发酵相关发明专利有 528 项，实用新型专利有 1 355 项，外观设计专利有 81 项。其中，涉及干发酵技术的发明专利有 17 项，实用新型专利有 10 项。

五、农业废弃物增值产品研究进展

1. 土壤改良剂研究进展

微生物土壤改良技术是将有机肥与促使土壤养分快速释放的微生物群体混合物施于土壤中，微生物在土壤中可快速、高效地分解有机质而加速自身的生长与繁殖，将空气中的分子态氮固定并转化为植物可以吸收的氨态氮，同时将土壤中不溶的磷、钾分解为可溶性的元素，从而易于被植物吸收利用，以此来改良土壤的技术；此外，在作物收获后，直接将有效微生物群体喷施在残茬上，可使地表上下的残茬迅速分解，从而达到增加土壤肥力、改良土壤结构、充分保持和利用土壤水分的目的。在实际工作中，已经将该技术商业化，制成微生物土壤改良剂、微生物肥或土壤微生物增肥剂等。

改变土壤酸碱性是微生物土壤改良的重要方面。借助能在极端环境条件下生长的微生物类群，利用其能改变环境 pH 的代谢产物来改良土壤酸碱性。例如，日本环境研究中心的科研人员在研究过程中发现一种能改良酸性土壤的微生物，该微生物能在强酸性（pH=3）和铝离子含量高（2.0 mg/kg）的条件下生长繁殖。试验证明，该细菌能够生活于初始 pH 仅为 3.3～4.1 的土壤中，降低土壤酸性并降低铝离子浓度，将其用于酸性土壤，能起到一定的中和作用，可扩大植物生长空间。

刘彩霞等（2010）从滨海盐碱土中分离筛选到分解秸秆、产胞外聚合物的耐盐碱细菌，通过土柱和盆栽试验研究其与有机物料的相互作用对盐碱土团聚体形成以及植物生长

的影响。研究结果认为：有机物料施入盐碱土后，必须要有耐盐碱细菌作用才能更好地促进盐碱土团聚体的形成；耐盐碱细菌配施未腐熟秸秆对盐碱土团聚体形成的促进作用最显著；同时施用未腐熟有机物料和微生物菌剂对盐碱土的改良效果远好于直接施加腐熟好的有机肥。

以发酵残渣为主要原料的盐碱土改良剂能明显降低盐碱土 pH。盐碱土改良剂降低土壤 pH 的原因与其含有较丰富的有机质、腐植酸和钙有关。有机质分解产生有机酸，中和土壤碱度，腐植酸能提供一定量的 H^+；Ca^{2+} 交换土壤吸附的钠，降低土壤酸碱度，改良碱化土壤和防止土壤碱化。

将以纤维素为碳源的固氮菌剂和以纤维素为碳源的木霉制剂直接施入土壤，或制成种子包衣，随播种施入土壤，将促进直接还田的秸秆的快速分解，同时，通过以秸秆为碳源进行生物固氮，可大大提高土壤的肥力；木霉制剂在分解纤维素的同时，可有效抑制各种土传病害的病原菌增殖，减少病害的发生。

不同改良剂的配合施用，特别是生物改良剂与农业废弃物的配合施用，近年来引起较多研究者的关注，但不同改良剂配合施用的方法及改良效果和改良机理有待进一步研究；如何控制改良剂中废弃物的有害物质（如重金属、病原微生物）有待进一步探索；改良剂改良效果有限，持续期短、储量及储存方法等问题也是限制改良剂产品推广及市场化的主要因素，需要加以详细研究。

2. 生态型无土栽培基质研究进展

有机生态型无土栽培技术是指不用天然土壤而使用基质，不用传统的营养液灌溉植物根系而使用有机固态肥并直接用清水来灌溉作物的一种无土栽培技术。利用无土栽培可以有效地克服蔬菜保护地栽培中土壤返盐、土传病害重等连作障碍问题，可以在不适宜种植蔬菜的地方（如盐碱地、沙漠矿区、楼顶等）终年种植；可有效地提高单位面积蔬菜的产量和质量，而且节约能源、肥力、劳动力，生产出的蔬菜无污染，是实现蔬菜生产工厂化、现代化、高效化的重要途径，也是实现“两高一优”农业的重要途径。

蚯蚓粪具有很好的孔性、通气性和排水性，有高的持水量和很大的表面积，使得许多有益微生物得以生存并具有良好的吸收和保持营养物质的能力，同时经过蚯蚓消化，有益于蚯蚓粪中水稳性团聚体的形成。蚯蚓粪 pH、EC 值、孔隙度、容重、保水性等性能指标十分符合育苗基质的要求，因此蚯蚓粪可作为基质进行蔬菜育苗。Atiyeh 通过研究发现：在栽培基质中加入体积比为 20%的猪粪蚯蚓粪和 10%的食物垃圾蚯蚓粪可显著提高番茄、辣椒种子的发芽率；在番茄栽培基质中加入一定体积比的蚯蚓粪促进了番茄幼苗的生长发育，其中 50%蚯蚓粪处理对番茄幼苗生长发育促进作用最大，蚯蚓粪能较大程度地提高多种作物的发芽率，促进其生长，提高产量，改善品质。

丛枝菌根（Arbuscular mycorrhiza，AM）真菌可与多种植物共生而形成菌根。菌根形成后可以影响植物的代谢过程，扩大宿主植物在土壤中的有效吸收范围，促进植物对矿质养分的吸收，提高对水分的利用效率，进而促进植株生长发育、提高作物产量、品质及抗逆性等。

根据我们研究的结果，利用秸秆、经过堆沤好气发酵的畜粪、适量的无机元素以及复合菌剂（以纤维素为碳源的固氮菌剂、以纤维素为碳源的木霉生防制剂、高产纤维素酶的纤维素分解菌剂），可构建新型的无土栽培介质，只要浇水，即可满足植物生长所需要的所有营养物质。

3. 新型食用菌栽培基质研究进展

目前，传统食用菌栽培基质仍然占据主导地位，但是由于一些客观因素的存在，生产成本的提高使得越来越多的目光转向于新型食用菌栽培基质的研究。

国内外关于新型食用菌栽培基质的研究主要集中于以下两个方面：一是主料的选择及栽培效果，包括果壳、植物茎叶、中药渣、果渣、菌糠、工业生产废料等的应用；二是栽培辅料的选择，包括动物粪便、蓝藻、牧草等的应用。许多研究表明，与传统栽培基质相比，新型栽培基质的应用在食用菌产量方面有一定的优越性。但国内外对新型栽培基质的研究仍有许多不足之处，如生物学效率相对较低、新型氮源研究少、机理探讨少、食品安全问题关注度不够、缺乏系统深入的分析、工厂化生产食用菌的工艺尚未确立等，因此仍有大量工作急需开展，食用菌栽培基质的研究重心应从传统的可行性研究、配方筛选、成分分析转向新型基质的适宜食用菌生长的作用机理、菌株筛选、食用菌的营养品质、食品安全、菌糠的再利用以及工厂化生产的栽培工艺等方面。

4. 生物炭研究进展

国外采用热裂解工艺制造由林木屑、坚果渣皮和玉米小麦秸秆制造生物炭的技术早有报道。2010 年，我国开发了几种不同规格和型号的中小型生物炭转化工程装备，用于在农村或集镇就地集中处理秸秆、生活垃圾。例如，连续式热裂解立窑集成炭化系统每小时处理 1 吨秸秆，生产 300 千克生物炭；可转载于拖拉机的就地限氧热裂解炭化机具每小时可处理玉米秸秆 450 千克，得到 150 千克的生物炭，用于就地的秸秆炭化处理回收或直接还田改良土壤；一种适用于农户处理的旱地作物秸秆小型炭化炉也已研制成功，农户可以在收获后就地将农田秸秆炭化。生物炭具有良好的物理性质和养分调控作用，施入土壤可以显著促进种子萌发和生长，从而提高作物生产力。在欧洲、北美洲、南美洲、非洲、欧洲等全球各大洲已陆续展开生物炭应用于土豆、小麦、水稻等农作物的田间试验和示范。Glaser（2002）对淋溶土进行生物炭的田间试验，其施用量为 135.2 吨/公顷时，作物的生物量是对照的 2 倍。但截至 2009 年，试验研究多集中于美国、欧洲，而亚太区域仅在日本、印度尼西亚、澳大利亚和新西兰等国开展。目前，我国也已出现了生物炭农业试验点。唐光木等（2011）通过田间小区对比试验，研究了生物炭作为改良剂对新疆低产土壤灰漠土的改良和对玉米的增产效果。结果表明，施用生物炭提高了玉米单穗重、千粒重、产量以及生物量，降低了玉米的根冠比，促进了玉米根系生长。施用生物炭能够大幅度提高土壤有机质含量，对灰漠土土壤质量和作物产量以及农艺性状的提高具有重要作用。

国内已有生物碳基生物肥料或缓释肥等农业应用产品，例如生长调节剂、设施土壤基质、叶面调理剂、重金属污染控制剂等。将生物炭与畜禽粪便等有机废弃物一起制成生物炭复合肥，以开发更多的碳基肥料，将其应用于土壤改良来提高作物生产力等将成为发展的趋势。

第三节　研究内容、技术路线及创新点

一、研究内容

1. 农田秸秆还田循环利用模式与关键技术研究

重点研究秸秆直接腐熟还田、秸秆饲料化、微生物调控技术及工艺，研发形成农艺农机相结合的配套栽培管理技术体系，建立农田秸秆资源循环利用的高效模式。

重点内容有以下两点。

（1）秸秆快速腐熟微生物菌系筛选与构建

应用分子生物学方法，从不同的气候、环境中筛选适宜于北方低温环境的秸秆腐解微生物，并进行微生物的鉴定、复合及稳定性分析；将上述筛选得到的高效功能性微生物复合，研究微生物发酵工艺参数，进行大规模生产；针对北方不同作物、不同地区特点研究简单易行的田间施用技术。

（2）黄化秸秆饲料化技术研究

采用“外淘汰”培养技术，筛选高效而稳定的木质纤维素分解菌复合系，并根据生产目的和生产条件，将其制成经济高效的发酵菌剂；利用分解菌剂，结合发酵条件的优化，形成通过部分分解秸秆半纤维素而提高秸秆饲料消化率的既经济又高效的秸秆分解发酵工艺；针对饲养对象（肉牛、奶牛等）的营养需求，研制配方饲料混剂，将其与秸秆发酵饲料混配开发全营养型秸秆配方饲料，并研究饲喂效果；采用PCR-DGGE（变性梯度凝胶电泳）、克隆、定量PCR（聚合酶链式反应）等分子生物学技术，研究制定简便准确的秸秆饲料发酵关键菌群的监控技术。

2. 规模化养殖场废弃物一体化生态工程处理技术及其应用

针对规模化养殖场特别是养猪场，开展有机废弃物生态化综合处理及利用关键接口技术及工程的研究，包括养殖废弃物排放口固液分离技术、不同规模（日处理1～5吨）固体废弃物快速堆肥技术及装置研究、沼液膜处理及养分浓缩技术、沼液灌溉配套技术等。

重点内容：密闭式堆肥发酵系统研制及快速堆肥技术的研究。

研制出不同规模（日处理1～5吨）固体废弃物密闭式堆肥发酵系统，并开展快速堆肥技术的研究，在密闭式堆肥系统中优化布料、翻搅、通风、保温和进出料作业系统，研究发酵仓堆肥温度、含水率和氧气浓度的变化规律，开发自动化监测技术装置；研究发酵仓二氧化碳和臭气浓度快速监测方法和以二氧化碳以及臭气浓度变化为中心的控制方法；建立堆肥过程中包括数据采集和自动反馈控制模块的自动监控成套装置。

3. 农业废弃物高值化产品开发研制

筛选培育具有特定功能的高效微生物菌种，结合好氧、厌氧发酵产生的堆肥及沼渣，生产新型（耐盐碱、耐酸、耐干旱）土壤改良剂和功能生物肥料；利用秸秆、堆肥产品的较好的通气性、排水性，较高的持水量，丰富的有机质成分和微生物群等特点开发研究新型的园艺及食用菌栽培基质，生产适合设施种植的新型基质产品；基于生物炭的生物有机肥、炭基新型肥料和调理剂等产业链产品开发技术的研究，形成生物质转化固体产品综合利用技术。

4. 典型农田及种养循环模式构建及应用

根据不同类型的种养模式以及有机废弃物的性质和特点，通过集成秸秆腐熟处理技术、饲料化技术、高效厌氧及好氧处理技术以及生态化接口技术，设计和建设不同规模和特点的有机废弃物循环利用产业链模式。重点包括农田秸秆就地腐熟还田模式、秸秆饲料化模式、食用菌利用模式、种养环境协调模式等。

通过集成上述技术，形成日处理 5～200 吨鲜有机废弃物和 20 吨养殖污水、日产 10～50 吨功能生物肥以及相关高值产品的示范工程 3～6 处，分别在北京、河北、山东建立技术示范基地。

二、技术路线

本研究总体技术路线见图 1-2。

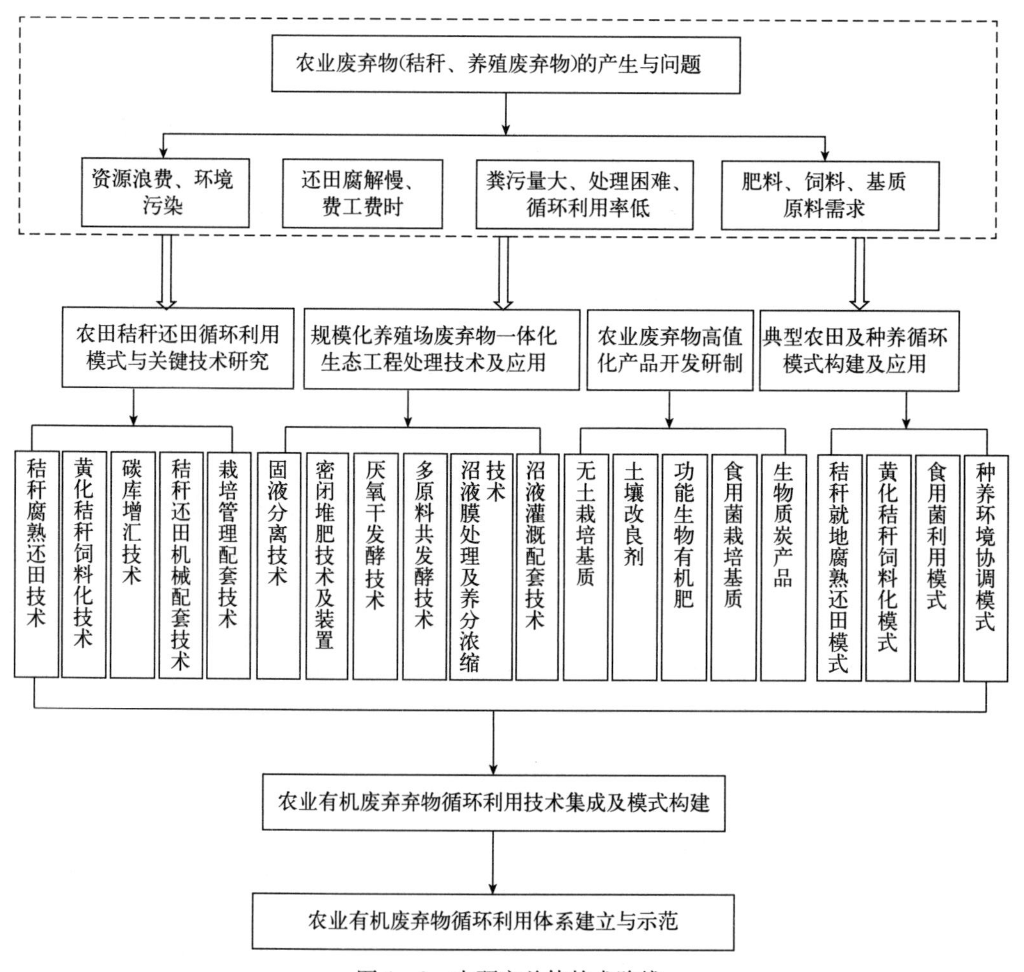

图 1-2　本研究总体技术路线

三、创新点

（1）构建北方低温环境条件下快速腐解秸秆的微生物复合菌系。

（2）半纤维素分解复合系及乳酸菌发酵促进菌系的构建技术。

（3）多功能（耐盐碱、抗病、抗重茬、促生）增值产品的研制。

（4）种养一体化多元循环农业模式建立与示范。

第二章 | CHAPTER 2

农田秸秆还田利用技术及模式研究

第一节 秸秆还田相关技术现状及评价

华北平原是我国最重要的粮食生产区，其小麦的种植面积和产量均占全国的1/2左右，玉米则占全国总量的1/3左右，其粮食生产对于全国食物安全具有重要作用。高量施肥和灌溉以及秸秆生物量大是当前该区的主要特征，未来固碳减排潜力巨大。山东省桓台县作为我国重要的商品粮基地，1990年建成了江北第一个“吨粮县”。该县一直以华北平原典型的冬小麦—夏玉米一年两熟的种植制度为主，小麦玉米的播种面积一直保持在全县农作物播种面积的82%以上。自20世纪70年代末该县实行家庭联产承包责任制，至20世纪90年代中期，粮食增产依靠的是大量化肥的投入。同时，随着联合收割机和秸秆还田机的推广应用，桓台开始在全县范围内转变秸秆管理方式，由小麦清茬、玉米秸秆焚烧逐步过渡到小麦、玉米秸秆的全面还田，以期达到土壤培肥及维持粮食高产稳产的目的（Zhang et al.，2008）。

一、秸秆快速降解微生物菌系的筛选与构建

经济的发展和农村产业结构的变化使得包括秸秆在内的农业废弃物的数量急剧上涨。秸秆堆积成山，处理难度加大，利用微生物技术快速降解秸秆成为秸秆直接还田的重要途径。本研究通过筛选构建秸秆快速降解微生物菌系，建立腐熟菌剂的生产工艺及秸秆直接还田中的腐熟菌剂施用技术体系，完成秸秆腐熟菌剂生产技术集成与示范。

微生物是处理秸秆废弃物的重要活动者，但各种微生物对不同秸秆组分的分解能力和分解速率是不相同的，不同温度条件下秸秆分解过程中出现的微生物种群和数量也截然不同，因此秸秆腐熟体系是一个复杂的、微生物混合种群不断变化和发挥作用的生态系统。只有掌握了微生物的基本生理特性，分离筛选、培育出高效优势菌种，才能获得较好的处理效果。秸秆腐熟菌剂的开发研究已成为研究热点，并已经从实验室走向市场。

二、农业秸秆还田碳截留与增汇技术研究

秸秆还田具有增加土壤有机碳、提高农田生态系统生物多样性、增加有机氮固定、增加作物产量等作用。研究发现，在低土壤有机质水平条件下（15克/千克），黄淮海平原每公顷沙壤土-壤土增加1吨有机碳，作物年产量平均增产潜力为442～952吨。但也有研究表明，秸秆还田会增加二氧化碳的排放，秸秆还田数量超过一定水平后，有机质的边际

增加量减少甚至出现负值，另外有机肥等施入土壤后，会显著增加氧化亚氮的排放水平。因此，对于区域水平的农田秸秆利用来说，直接全部还田并不一定能实现提高资源利用效率、降低温室气体排放量的综合目标，需要在农田秸秆多种利用方式之间进行平衡和优化。

自20世纪90年代以来，秸秆还田逐渐被农民接受，成为华北地区秸秆利用的主要方式。但在秸秆利用的过程中，也逐渐出现了各种问题。表现在：①秸秆数量大，水热条件不能保证秸秆短时间内腐烂，对作物出苗和生长产生影响。②短时间内秸秆还田量大，产生氮素固定，降低了氮素的有效性。③由于还田机械和技术的发展，直立还田、粉碎还田乃至免耕技术等不同秸秆还田技术的能源消耗和效果也不同，农民需要对这些技术进行优化筛选，实现经济和减排的综合目标。④随着秸秆饲料化、秸秆生物质转化以及黑炭技术的发展，其他非还田方式逐渐在生产中得到运用，对区域内的各类秸秆利用方式进行优化集成并形成可以有效利用的技术模式和方案，成为当前华北地区秸秆综合利用亟待解决的问题，需要在技术层面对以上问题进行专题研究。

三、秸秆还田农艺农机相结合的栽培管理技术体系

近30年来，以秸秆还田和减少土壤扰动为特征的保护性耕作技术在我国华北平原小麦—玉米两熟种植制度中得到了大规模推广。与传统技术相比，保护性耕作技术具有节能、节水、节本、增效和减少污染等优点。在河北平原，小麦秸秆覆盖还田比常规耕作提高水分利用效率12%～16%，降低作业成本30%左右，每公顷增加经济效益1 500元以上。同时，秸秆还田提高了土壤有机质含量，减少了农田二氧化碳的排放，也避免了秸秆焚烧造成的环境问题。

然而，小麦—玉米两熟区全量秸秆还田技术在生产应用中还存在许多问题。主要表现在：①秸秆全程全量还田的综合配套技术体系尚未建立，亟待建立科学的施肥、灌溉、保苗技术体系。②农机农艺配套技术还不完善，少耕、免耕播种机的通透性能比较差，需要更优良的、适合大量秸秆还田的多功能复式作业机具。③免耕条件下大量秸秆留在地表，极少扰动，腐解慢，既影响农机具作业，又影响土壤养分供应和作物生长，土壤速效氮供应相对缺乏、冬小麦苗期速效养分不足等问题日益突出，需要研发、筛选新型秸秆催腐技术，并应用示范。

针对我国北方两熟制地区高强度秸秆投入下存在的问题，本研究基于中国农业大学桓台实验站的定位试验，针对玉米秸秆快速腐熟、保护性耕作系统中碳氮比调控以及冬小麦免耕播种机具的通透性等问题，通过采用秸秆腐熟剂、合理施肥和改进农机具等技术，建立秸秆还田农艺农机相结合的栽培管理技术体系，在不断提升土壤质量的同时提高作物生产力和资源利用效率。

第二节　秸秆腐熟微生物菌系筛选

一、试验材料

1. 样品

样品采自不同原料的不同发酵时期，具体情况见表2-1。

表 2－1　秸秆腐熟微生物筛选样品介绍

样品编号	样品来源	采样地点
B（木霉）	酒糟＋猪粪	杭州广绿生物肥料有限公司
C	酒糟＋猪粪	杭州广绿生物肥料有限公司
D（黑曲霉）	酒糟	杭州广绿生物肥料有限公司
J	污泥＋秸秆＋鸡粪	河北保定康帝生态肥料有限公司
W	污泥＋秸秆	河北保定康帝生态肥料有限公司
N	污泥＋秸秆＋牛粪	河北保定康帝生态肥料有限公司
5d（V5－2）	牛粪	张家口市金农生物科技有限公司
16d	牛粪	张家口市金农生物科技有限公司
ZC－1（V1）	鸡粪	诸诚金土地有机肥有限责任公司
ZC－2	鸡粪	诸诚金土地有机肥有限责任公司
ZC－3	鸡粪	诸诚金土地有机肥有限责任公司
B4－4	水稻土	黑龙江七台河
B5－15	牛粪	黑龙江七台河
B6－15	牛粪	黑龙江七台河
B6－38	牛粪	黑龙江哈尔滨香坊农场
B9－13	牛粪	黑龙江哈尔滨香坊农场
B10－40	污水样	江苏省南京北控雄州污水处理有限公司
B10－44	污水样	江苏省南京北控雄州污水处理有限公司

2. 培养基

LB 液体培养基：

蛋白胨：10 克；牛肉膏：3 克；NaCl：5 克；H_2O：1 000 毫升。调节 pH 到 7.0～7.2，121 ℃灭菌 20 分钟。

LB 固体培养基：

蛋白胨：10 克；牛肉膏：3 克；NaCl：5 克；H_2O：1 000 毫升；琼脂 15 克。调节 pH 到 7.0～7.2，121 ℃灭菌 20 分钟。

蛋白质分解菌筛选培养基：

蛋白胨：10 克；牛肉膏：3 克；NaCl：5 克；酪蛋白：5 克；$CaCl_2$：0.1 克；L－酪氨酸：0.1 克；琼脂：15 克；H_2O：1 000 毫升。调节 pH 到 7.0～7.2，121 ℃灭菌冷却至 60 ℃，加入 1%已灭菌的吐温 80。

淀粉分解菌筛选培养基：

蛋白胨：10 克；牛肉膏：3 克；NaCl：5 克；可溶性淀粉：2 克；琼脂：15 克；H_2O：1 000 毫升。调节 pH 到 7.0～7.2，121 ℃灭菌 20 分钟。

脂肪分解菌筛选培养基：

蛋白胨：10 克；牛肉膏：3 克；NaCl：5 克；花生油：10 克；琼脂：15 克；1.6%中性红水溶液：1 毫升；H_2O：1 000 毫升。调节 pH 到 7.0～7.2，121 ℃灭菌 20 分钟。

纤维素分解菌筛选培养基：

蛋白胨：10 克；酵母膏：3 克；NaCl：5 克；CMC－Na：10 克；KH_2PO_4：1 克；$MgSO_4 \cdot 7H_2O$：0.2 克；琼脂：15 克；H_2O：1 000 毫升。调节 pH 到 7.0～7.2，121 ℃灭菌 20 分钟。

3. 主要仪器设备

高压蒸汽灭菌锅（SL 系列，江阴滨江医疗设备有限公司）；普通光学显微镜（SXP－8CA，上海申光仪器仪表有限公司）；低温摇床（TCYQ，太仓市实验设备厂）；电子秤［MP502B，赛多利斯科学仪器（北京）有限公司］；超净台（YJ－875B，吴江市净化设备总厂）；冰箱（BCD－256KFB，青岛海尔股份有限公司）。其他的为实验室常用仪器。

二、试验方法

1. 取样

取样时间和地点如表 2－1 所示。在取样地点设置多个取样点，进行多点取样，每点上、中、下各取少许，混匀后取约 0.5 千克装入取样袋中并放入冰盒内低温保存，最后转入4 ℃冰箱中保存待用。

2. 富集培养

从所取的低温样品中分别取 10 克加到 90 毫升无菌水中，在 200 转/分的摇床中摇 30 分钟，放置 1 小时，取 10 毫升上清液接到 90 毫升灭菌的 LB 液体培养基中，在200 转/分的摇床中驯化培养 3 天，为了使菌株有更强适应性，采取变温驯化培养的方式，即第 1 天培养温度为 5 ℃，第 2 天为 7 ℃，最后 1 天为 10 ℃，此为第 1 个驯化周期。1 个周期后，无菌操作取 10 毫升驯化菌液接种到新鲜的驯化培养基中进行第 2 个周期的驯化培养，每个周期都按以上的温度梯度进行驯化，分别驯化 1 个周期、4 个周期和 8 个周期，共 3 批样品。驯化周期和温度梯度如表 2－2 所示。

表 2－2　驯化周期及温度梯度

驯化周期（每周期为 3 天）	温度梯度（℃）	驯化周期（每周期为 3 天）	温度梯度（℃）
第 1 周期	5—7—10	第 3 周期	5—7—10
第 2 周期	10—7—5	第 4 周期	10—7—5

3. 初筛

分别取驯化后的菌悬液 1 毫升，加到 9 毫升无菌水中，以梯度稀释法制成 10^{-1}、10^{-2}、10^{-3}、10^{-4}、10^{-5}、10^{-6}、10^{-7}、10^{-8}的稀释度，取 0.1 毫升平板涂布，每个稀释度涂布 3 个平板。在 4 ℃条件下培养 3 天，选择菌落分散较好（在一定的稀释度下）的平板，挑取单菌落，反复 3 次划线分离纯化，得到的单菌落在 4 ℃条件下保存。取 1 毫升无菌水进行同样的操作，作为对照处理。

4. 复筛

① 将初筛得到的耐低温细菌分别用牙签点接于蛋白质分解菌培养基平板上，4 ℃培养 3 天后观察在平板上有无透明分解圈以及分解圈的大小，并用游标卡尺测定透明圈直径

和菌落直径。②将初筛菌株点接于淀粉分解菌培养基上，在 4 ℃条件下培养 3 天后滴加 2%碘液观察有无透明圈以及透明圈的大小，并用游标卡尺测定透明圈直径和菌落直径。③将初筛菌株接种于油脂分解菌培养基上，在 4 ℃条件下培养 3 天，观察有无颜色变化。④将初筛菌株划线于纤维素分解菌培养基平板上，在 4 ℃条件下培养 3 天后，用 1 毫克/毫升刚果红染色 1 小时，再用 1 摩/升的氯化钠稀溶液冲洗平板，观察能否在菌落周围形成透明的分解圈以及透明圈的大小，并用游标卡尺测定透明圈直径和菌落直径。

有机物分解能力大小按公式 $Up=(D/d)^2$ 来判断，其中 D 代表透明圈直径，d 代表菌落直径，单位为毫米，油脂分解只显示阴性和阳性。

5. 菌株有机物降解能力稳定性的研究

① 将淀粉分解能力 Up 值大于 6 的菌株传代 3 次，每次传代后都进行淀粉分解能力的测定，方法同复筛。②将蛋白分解能力 Up 值大于 2 的菌株传代 3 次，每次传代后进行蛋白分解能力的测定，方法同复筛。③将纤维素分解能力 Up 值大于 3 的菌株传代 3 次后进行纤维素分解能力的测定，方法同复筛。④将脂肪分解菌传代 3 次后，进行脂肪降解阴阳性的测定。

6. 菌株形态学观察

依据《常见细菌系统鉴定手册》的方法对筛选出的 7 株能有效降解 3 种有机物的菌株进行观察。

7. 保存

在无菌的条件下，将分离纯化的分解有机质能力强的菌株接种到 LB 斜面，4 ℃条件下保存备用。

三、结果与分析

(一) 菌株的生长特性

在温度梯度 15 ℃、20 ℃、25 ℃、37 ℃、40 ℃条件下，用分光光度计法分别对 B4-4、B5-15、B5-19、B6-38、B9-13、B10-40、B10-44 7 株耐低温细菌的生长情况进行研究。所得的不同菌株在不同温度下在 600 nm 处的光密度（OD_{600}）曲线见图 2-1 到图 2-7。

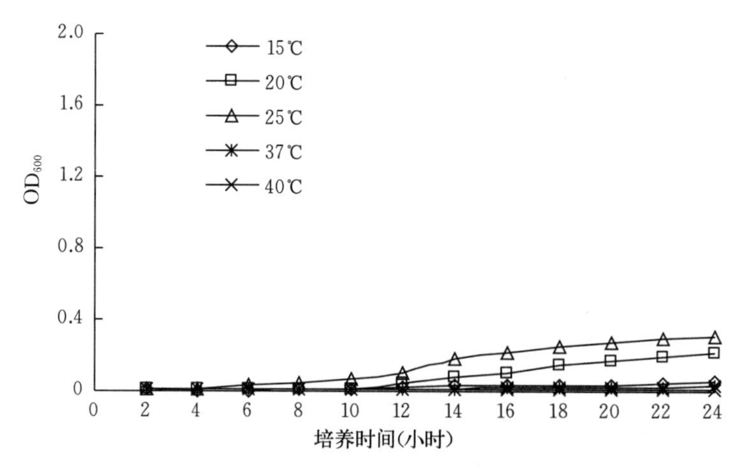

图 2-1 菌株 B4-4 的生长曲线

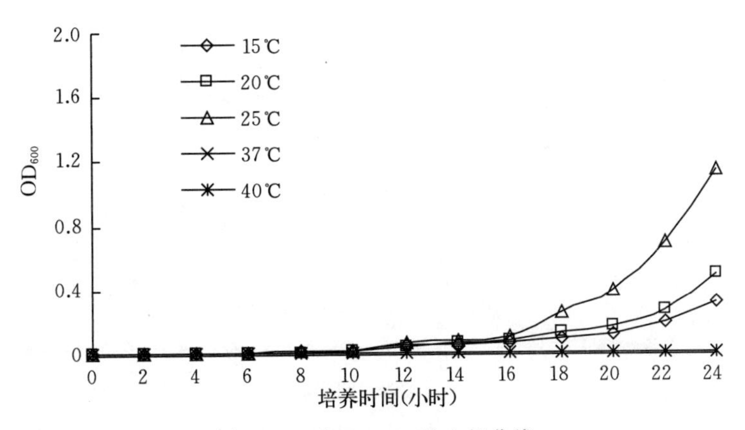

图 2-2　菌 B5-15 的生长曲线

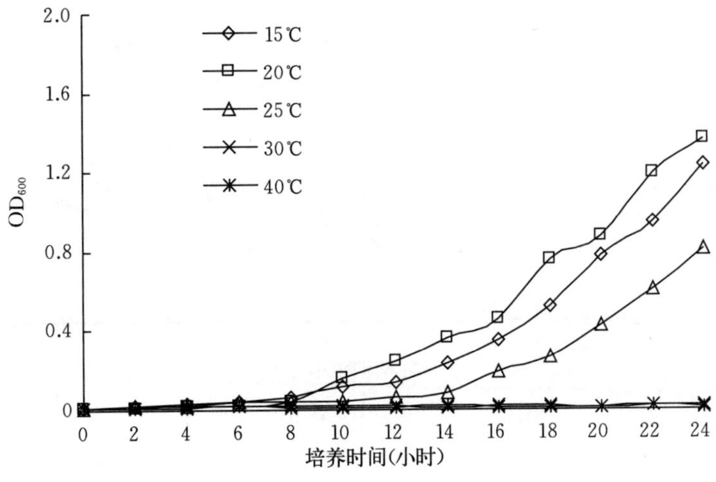

图 2-3　菌株 B5-19 的生长曲线

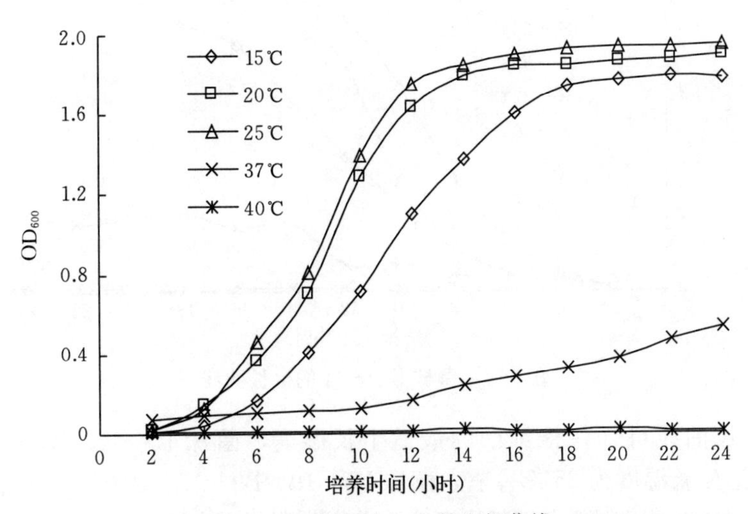

图 2-4　菌株 B6-38 的生长曲线

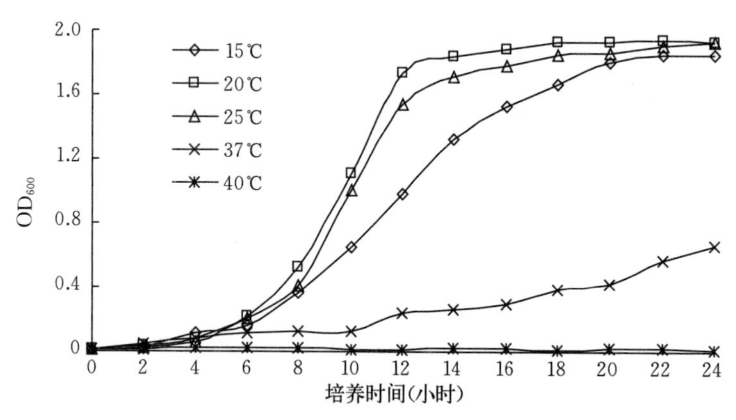

图 2-5 菌株 B9-13 的生长曲线

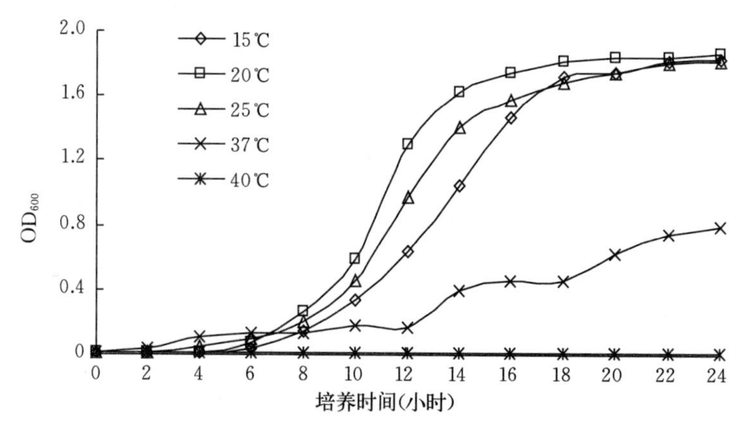

图 2-6 菌株 B10-40 的生长曲线

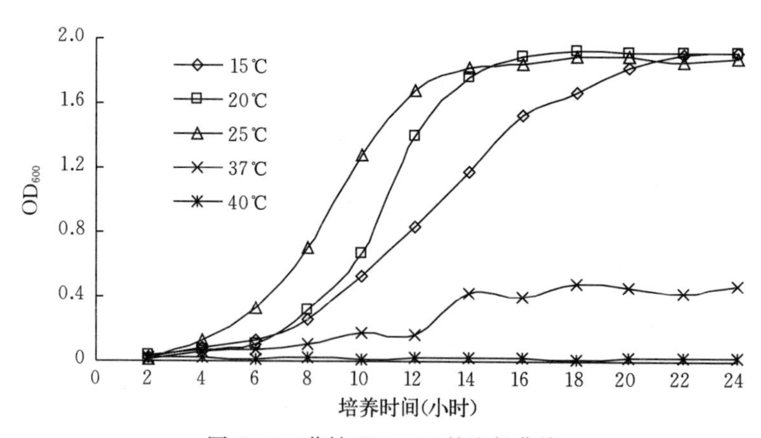

图 2-7 菌株 B10-44 的生长曲线

由温度生长曲线可知每株细菌的最适生长温度，菌株 B4-4、B5-15、B6-38、B10-44 的最适生长温度为 25 ℃左右，菌株 B5-19、B9-13、B10-40 的最适生长温度为 20 ℃左右。由此可以判断它们都属于嗜冷菌中的耐低温菌。

（二）供试菌株的纤维素降解能力筛选

对实验室纤维素酶活高、生长速度快的菌株进行秸秆快速腐熟菌系构建，具体菌株如下：V1、KC、黑曲霉、木霉、B6－15、V5－2、HN－5（来源于实验室保存菌株）和 T1。

1. 单菌株滤纸、玉米秸秆降解试验

玉米前处理：将玉米秸秆剪成 6 厘米左右长的小段保存。干燥的玉米秸秆用 1.5％氢氧化钠浸泡 24 小时，用自来水冲洗至 pH 为 7.0～8.0，60 ℃干燥后保存。单菌株的降解率见图 2－8。

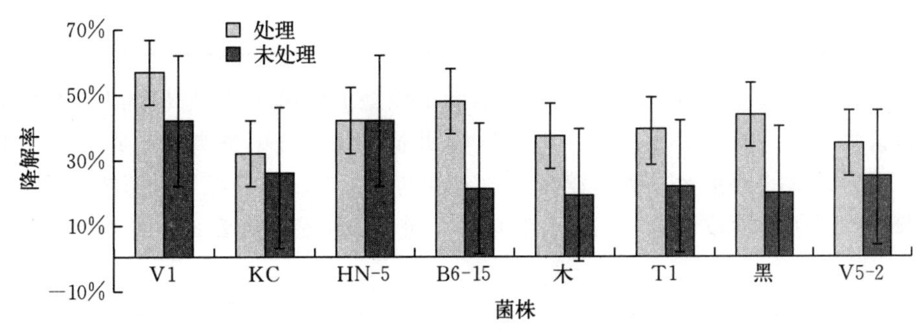

图 2－8　单菌株降解率

2. 菌株间拮抗关系的测定

菌株间的拮抗关系：用筛选出的纤维素降解菌做拮抗试验，操作方法为：分别将两种不同的菌株在羧甲基纤维素培养基平板上划线但不相交，观察生长过程中是否存在拮抗现象，结果见表 2－3。

表 2－3　单菌株间的拮抗关系

菌株名称	黑曲霉	T1	木霉	V5－2	枯草杆菌	B6－15	V1	HN－5
黑曲霉	－	－	－	－	＋	－	＋	＋
T1	－	－	－	－	－	－	－	－
木霉	－	－	－	－	－	－	－	－
V5－2	－	－	－	－	－	－	－	－
枯草杆菌	＋	－	－	－	－	－	－	＋
B6－15	－	－	－	－	－	－	－	＋
V1	＋	－	－	－	－	－	－	＋
HN－5	＋	－	－	－	＋	＋	＋	－

注：“＋”表示存在拮抗关系，“－”表示不存在拮抗关系。

（三）复合菌系的构建

1. 纤维素降解菌复合菌系的构建

将经过挑选的不具拮抗关系的菌株组合分别接种到装有 100 毫升液体发酵培养基的 250 毫升三角瓶中，置于 25 ℃恒温摇床中，120 转/分振荡培养 6 天后，观察各瓶液体培

养基中滤纸条溃烂的情况，对于溃烂明显的组合利用失重法进行降解能力的测定。

降解能力的测定：用滤纸过滤，105 ℃烘至恒重，用减重法计算滤纸失重率。

复合菌系配比见表 2-4。

表 2-4 复合菌系配比正交表

接种量（毫升）	菌种			
	黑曲霉	T1	B6-15	VT10
1	0.5	0.5	0.5	0
2	1	1	1	0.5
3	0	1.5	1.5	1

由图 2-9 可知，以碱处理玉米秸秆为碳源的菌系的降解率明显高于以未经碱处理玉米秸秆为碳源的菌系的降解率，第 9 组表现最明显，且降解率最高，达到 64%。以碱处理玉米秸秆为碳源的菌系除降解率较高外稳定性也略高于以未经碱处理玉米秸秆为碳源的菌系。选择滤纸条溃烂效果最好的第 9 组培养，进行 pH 和生物量 OD 的测定。结果如图 2-10 所示。

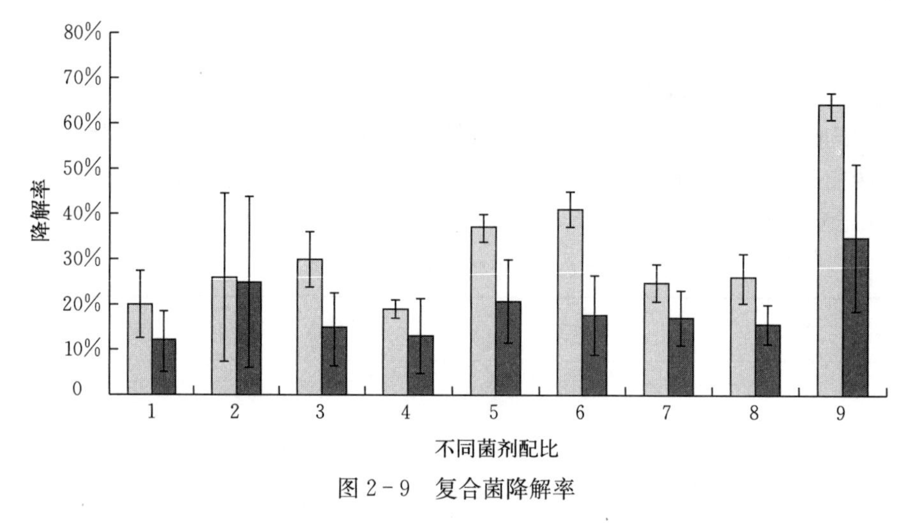

图 2-9 复合菌降解率

图 2-10 说明，第 9 组菌系在玉米秸秆分解过程中的 pH 先下降再上升。刘建斌等（2006）报道纤维素分解菌复合系的 pH 在下降后，如果不能恢复，则不具有连续分解纤维的能力。以碱处理玉米秸秆为碳源的菌系，平均 pH 为 6.26～8.95，而以未经碱处理玉米秸秆为碳源的菌系，平均 pH 为 6.54～8.89，这可能是由碱处理玉米秸秆易于分解导致培养基体系内产生的相对较多的酸性有机物质造成的。

图 2-11 说明虽然两组菌系都有分解玉米秸秆的能力，但两者的生物量不尽相同。以碱处理玉米秸秆为碳源的菌系在 40 小时内达到最大值 2.51，而以未经碱处理玉米秸秆为碳源的菌系在 48 小时内才达到最大值 2.18，其 OD 略低于以碱处理玉米秸秆为碳源的菌系，同样说明了以碱处理玉米秸秆为碳源的菌系能够更好地利用纤维素碳源。

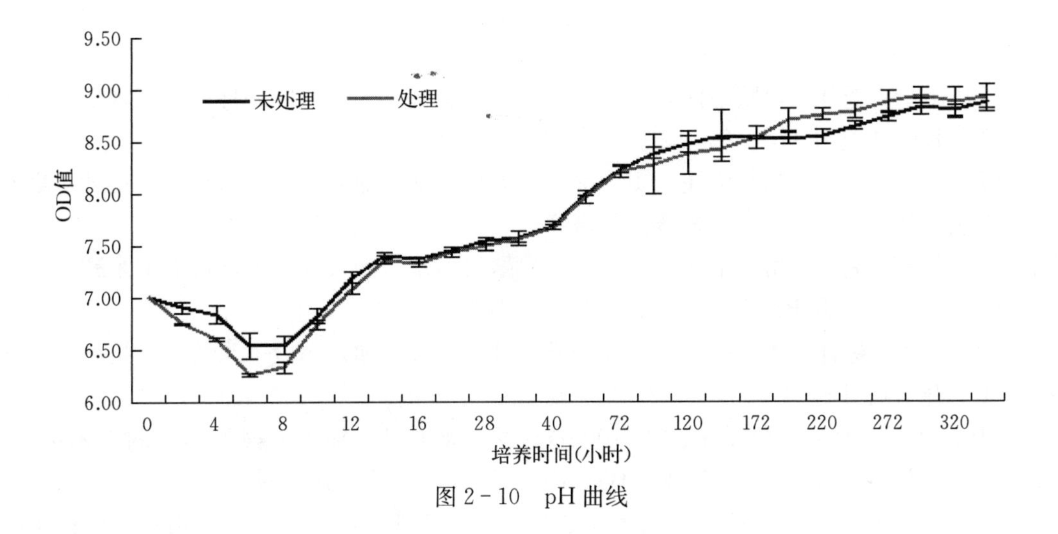

图 2-10 pH 曲线

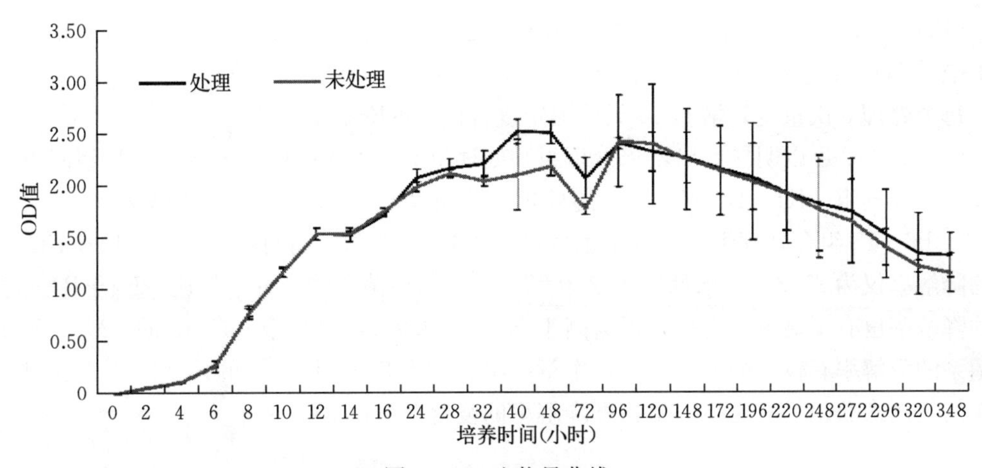

图 2-11 生物量曲线

2. 复合菌系玉米秸秆降解率的测定

将以上筛选的具有较高玉米秸秆降解率的单一菌株 B6-15、HN-5、H1、K1 进行 1∶1 的复合，并以实验室之前已有的一组复合菌系 H1、T1、KC 为对照判断本文菌系的优劣，本试验分为 12 个处理，具体试验设计为：

（1）在 250 毫升三角瓶中注入 100 毫升发酵培养基，加入一段玉米秸秆，接种 1 毫升 H1、1 毫升 K1，25 ℃、180 转/分培养。

（2）在 250 毫升三角瓶中注入 100 毫升发酵培养基，加入一段处理过的玉米秸秆，接种 1 毫升 H1、1 毫升 K1，25 ℃、180 转/分培养。

（3）在 250 毫升三角瓶中注入 100 毫升发酵培养基，加入一段玉米秸秆，接种 1 毫升 H1、1 毫升 B6-15，25 ℃、180 转/分培养。

（4）在 250 毫升三角瓶中注入 100 毫升发酵培养基，加入一段处理过的玉米秸秆，接种 1 毫升 H1、1 毫升 B6-15，25 ℃、180 转/分培养。

（5）在250毫升三角瓶中注入100毫升发酵培养基，加入一段玉米秸秆，接种1毫升K1、1毫升HN-5，25℃、180转/分培养。

（6）在250毫升三角瓶中注入100毫升发酵培养基，加入一段处理过的玉米秸秆，接种1毫升K1、1毫升HN-5，25℃、180转/分培养。

（7）在250毫升三角瓶中注入100毫升发酵培养基，加入一段玉米秸秆，接种1毫升K1、1毫升B6-15，25℃、180转/分培养。

（8）在250毫升三角瓶中注入100毫升发酵培养基，加入一段处理过的玉米秸秆，接种1毫升K1、1毫升B6-15，25℃、180转/分培养。

（9）在250毫升三角瓶中注入100毫升发酵培养基，加入一段玉米秸秆，接种1毫升H1、1毫升K1、1毫升B6-15，25℃、180转/分培养。

（10）在250毫升三角瓶中注入100毫升发酵培养基，加入一段处理过的玉米秸秆，接种1毫升H1、1毫升K1、1毫升B6-15，25℃、180转/分培养。

（11）在250毫升三角瓶中注入100毫升发酵培养基，加入一段玉米秸秆，接种1毫升H1、1毫升T1、1毫升KC，25℃、180转/分培养。

（12）在250毫升三角瓶中注入100毫升发酵培养基，加入一段处理过玉米秸秆，接种1毫升H1、1毫升T1、1毫升KC，25℃、180转/分培养。

每个处理3次重复，培养15天后测定复合菌系的降解率。

由图2-12可以明显看出，未处理组和处理组的降解率有明显差异，处理组降解率显著高于未处理组。K1+B6-15组合的处理组降解率显著高于其他组，高达56.3%，H1+K1+B6-15组合处理组的降解率也较高，可达47.3%，而对照组H1+T1+KC处理组的降解率仅为25.3%，未处理组仅为22.3%。与单菌株的降解率相比，K1+B6-15组合的降解率也有了显著的提高，远远高于K1的39.9%，略高于B6-15的52%，说明组合菌系的降解率有较大的提升空间，本章中组合菌系均采用1∶1的比例，可以通过调整菌株的比例来获得具有更高玉米秸秆降解率的复合菌系。

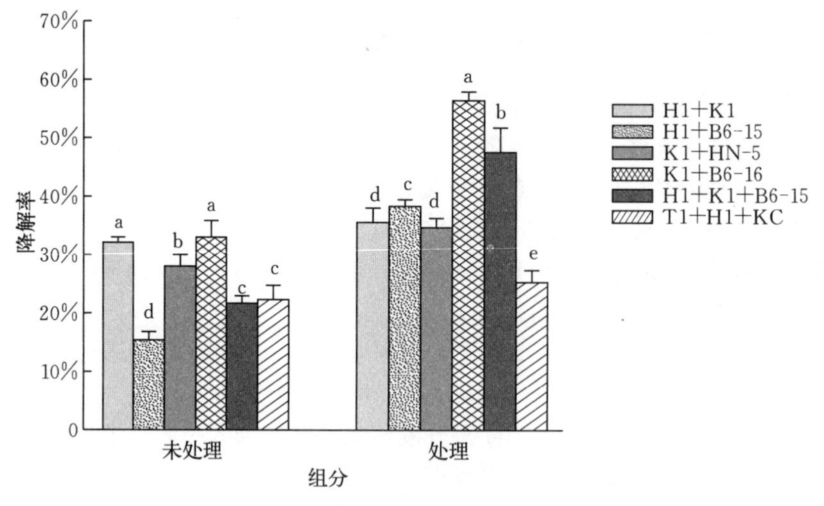

图2-12　复合菌系玉米秸秆降解率

注：同一组分不同字母表示差异显著（$P<0.05$）。

3. 最佳配比复合菌系的构建

菌株配比试验选用 4 因素 3 水平正交试验的方法，它是研究多因素多水平的一种设计方法，是根据正交性从全面试验中挑选出部分有代表性的点进行试验，这些有代表性的点具备了均匀分散、齐整可比的特点，正交试验是分析因式设计的主要方法，是一种高效率、快速、经济的试验设计方法。本章中选用的培养基是发酵培养基，所有三角瓶于 25 ℃、180 转/分的摇床中培养 15 天后测定各指标。

本文应用的 4 因素 3 水平正交试验如表 2－5 所示。

表 2－5　4 因素 3 水平正交试验

项目	因素			
	H1	K1	B6－15	V1
1	1	1	1	1
2	1	2	2	2
3	1	3	3	3
4	2	1	2	3
5	2	2	3	1
6	2	3	1	2
7	3	1	3	2
8	3	2	1	3
9	3	3	2	1

正交试验因素水平分布表如表 2－6 所示。

表 2－6　正交试验因素水平表

水平（接种量，毫升）	因素			
	H1	K1	B6－15	V1
1	0.5	0.5	0.5	0
2	1	1	1	0.5
3	0	1.5	1.5	1

在配比试验的 9 组菌系中，处理组的降解率高于未处理组的降解率，说明经过碱处理的玉米秸秆原来的结构确实在一定程度上遭到了破坏，处理后的玉米秸秆更利于微生物的降解。再者，经过配比后的 K1＋B6－15 菌系降解率明显得到了提高，最佳配比为 K1∶B6－15＝3∶2，处理组降解率可达 63.7%，未处理组降解率也接近 40%，且第 9 组菌系降解率远远高于其他组菌系，降解率之间存在明显的差异。处理组降解率的标准差整体低于未处理组，说明在一定程度上处理组对玉米秸秆降解能力的稳定性也高于未处理组。由图 2－13 可以看出，复合菌系的降解能力并不是和单菌株的种类成正比，并非菌株

越多降解能力最好，本研究最佳的复合菌系配比为 K1∶B6－15＝3∶2。

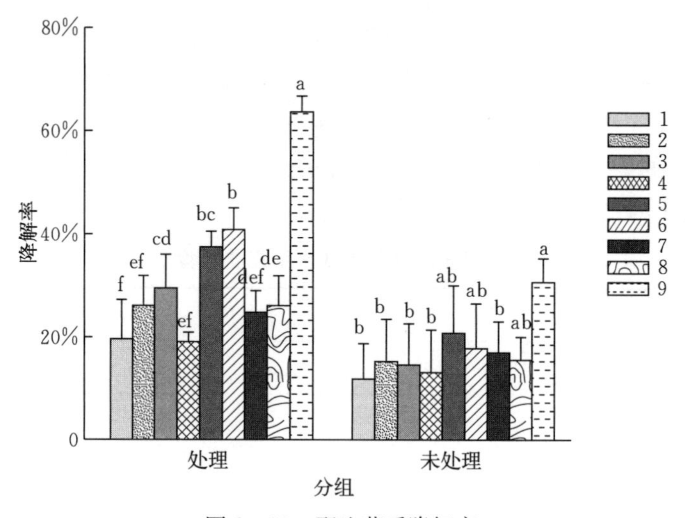

图 2－13　配比菌系降解率

注：同一分组不同字母表示差异显著（$P<0.05$）。

4. 最佳配比复合菌系的稳定性测定

（1）测定方法

① 复合菌系的 pH、OD、玉米秸秆降解率的测定方法与单一菌株的测定方法相同。

② 菌株生物量。细菌：在无菌条件下取待测代系的复合菌液 1 毫升，分别用灭过菌的去离子水稀释至 10^6、10^7、10^8 3 个梯度，每个梯度 3 次重复，取 1 毫升稀释好的菌液均匀地涂布在 NR 固体培养基上，然后将涂布好的培养基放置在 35 ℃的培养箱中培养 3 天，统计每个梯度的细菌数目并做好记录。真菌：在无菌环境下取待测代系的复合菌液 1 毫升，分别用灭过菌的去离子水稀释至 10^4、10^5、10^6 3 个梯度，每个梯度 3 次重复，取 1 毫升稀释好的菌液均匀地涂布在 PDA 固体培养基上，然后将涂布好的培养基放置在 35 ℃的培养箱中培养 3 天，统计每个梯度的真菌菌落数目并做好记录。

③ DNA 的提取。真菌和细菌 DNA 的提取分别采用博迈得的真菌和细菌总 DNA 提取试剂盒。

④ 聚合酶链式反应（polymerase chain reaction，PCR）。细菌扩增的区域为 16S V3 区，真菌扩增的区域为 18S ITS1 区。

（2）结果

① 组成稳定性。由图 2－14 可以看出，在配比复合菌系继代培养的前 5 代中，细菌 B6－15 一直存在且亮度保持一致，而真菌 K1 前 3 代都一直存在，但亮度弱于细菌，而第 4 代和第 5 代条带已经不存在，这可能是由于复合菌系的培养环境对真菌的生长不利，细菌 B6－15 的次生代谢产物等改变了培养液的 pH 等基本性质，对真菌 K1 的生长产生了抑制作用，具体原因有待进一步探究。

② 数量稳定性。由表 2－7 可以看出在继代培养的前 5 代配比复合菌系 L1 中，真菌 K1 的数量保持在 10^6 个左右，细菌 B6－15 的数量保持在 10^{10} 个左右，高于农业农村部腐

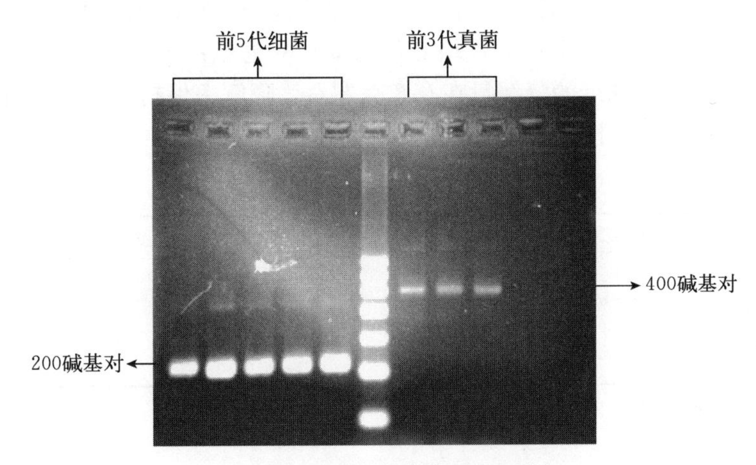

图 2-14　配比复合菌系 PCR 图

熟剂微生物含量标准每克或每毫升 0.5 亿个以上有效活菌数，符合实际应用中菌剂的标准。

表 2-7　配比复合菌系的数量稳定性

菌种	不同代数的数量		
	1	3	5
K1（10^6 个）	1.8±0.21a	1.8±0.16a	1.8±0.06a
B6-15（10^{10}个）	4.3±0.17a	3.6±0.12a	3.6±0.23a

注：相同小写字母表示差异不显著，$P<0.05$。

③ 配比复合菌系性质稳定性。pH 是菌液的基本性质之一，是菌液酸碱性的直观表现，稳定的 pH 是菌系进行玉米秸秆降解的基础条件。由表 2-8 可以看出，配比复合菌系 L1 在继代培养的前 5 代中，基本都在 24 小时后到达 pH 的最低点 7.5，之后缓慢恢复至 8.3 左右，这与之前原始菌系的 pH 变化情况基本一致。

表 2-8　配比复合菌系 pH

时间（小时）	不同代数的 pH		
	1	3	5
0	7.2±0.033a	7.2±0.057a	7.2±0.033a
6	6.5±0.033a	6.4±0.033a	6.4±0.057a
12	7.2±0.088a	7.2±0.033a	7.4±0.033a
24	7.5±0.033a	7.5±0.033a	7.6±0.033a
36	7.6±0.033a	7.6±0.088a	7.6±0.033a
48	8.0±0.033a	8.0±0.057a	8.0±0.057a
72	8.3±0.033a	8.2±0.033a	8.2±0.057a
96	8.4±0.057a	8.4±0.033a	8.3±0.033a

注：相同小写字母表示差异不显著，$P<0.05$。

④ 功能稳定性。降解率是评价一组复合菌系是否优秀的最直观最根本的标准。由表2-9可以看出，配比复合菌系L1在继代培养的前5代对滤纸纤维素的降解能力保持稳定，25℃摇床培养3天，对滤纸的降解量在0.3克左右，降解率保持在40%以上，这在纤维素类物质的降解中是一个比较高的水平。

表2-9 配比复合菌系降解能力

项目	不同代数的降解能力		
	1	3	5
滤纸减重（克）	0.3±0.025a	0.33±0.033a	0.3±0.032a
降解率	41%	45%	41%

注：相同小写字母表示差异不显著，$P<0.05$。

四、讨论

（一）单菌株降解率和纤维素酶活

（1）玉米秸秆纤维素的降解并不是由纤维素酶类单独决定的，它是许多其他条件综合作用的结果。

（2）CMCase酶活仅仅是复杂的纤维素酶类中的一种，它的值并不能代表纤维素酶类的整体实力。

（3）有些菌只能分泌胞内酶，有些菌可以分泌胞外酶，但我们认为测定的酶的活力是建立在胞外酶的基础上的，因此酶活数据并不是单菌株真正酶活力的大小。

（二）菌株组合

将具有较高玉米秸秆降解率的单菌株进行组合（不具有拮抗性的菌株），以期提高单菌株作用时的降解率，获得具有较高纤维素降解能力的复合菌系。K1+B6-15组合确实在一定程度上达到了预期的效果，该菌系高于殷中伟从土壤中筛选到的高效降解菌群Y2b，Y2b可以10天降解纤维素40.2%（殷中伟，2011），40.7%（张瑞清等，2011），38.3%（王伟东等，2011）。

虽然复合菌系的降解率相较于单菌株降解率都有一定程度的提高，但B6-15的降解率原本就可达52%，组合后仅提高了4.3%，效果并不是很理想，可能原因如下：①B6-15是细菌，K1是真菌，细菌和真菌的最适pH和最适培养条件并不相同，本文选用的NR培养基也许对真菌的生长条件不利。②细菌的次生代谢产物对真菌的生长和降解效果的发挥有一定的抑制作用，这些代谢产物的形成对培养基pH等理化性质产生影响，使真菌的生长受到抑制。③B6-15单独作用时降解率本身就比较高，与其他菌系复合时并没有很大提高，或许是因为B6-15的降解率已接近该菌株的最大值，即使与其他菌株复合也起不到太大的促进作用。

（三）复配菌系评价

从组成、数量、性质和功能稳定性4个方面对该配比复合菌系L1进行了评价，由前面的结果可以看出，菌系L1在这几个方面均表现出了较好的稳定性。在继代培养过程中，由于培养环境条件的限制，随着传代的继续，真菌K1菌株可能会有逐渐退化的趋

势，这可能是由培养基 pH 等基本性质的不适宜造成的，也可能是由于同一环境中细菌 B6－15 的次级代谢产物等对 K1 生长的限制，其原因有待进一步探讨。

第三节　秸秆腐熟菌剂的研究及应用

一、秸秆腐熟菌剂中试研究

将筛选得到的菌株 B6－15 和 K1 用于中试研究，进行发酵工艺配方的设计和优化。

（一）斜面培养

固体斜面培养：将 K1 接种于 PDA 固体培养基上，于 25 ℃无菌环境中培养 3～5 天；将 B6－15 接种于 NA 固体培养基上，于 25 ℃无菌环境中培养 2～3 天。

（二）一级种子发酵

将步骤（一）中培养的菌株 K1 在无菌条件下接种于 PDA 液体培养基中；将菌株 B6－15 在无菌条件下接种于 NA 液体培养基中，均于 25 ℃、160 转/分条件下培养 1～2 天时停止培养，制得一级种子。

（三）二级种子发酵配方与条件的优化

由于菌株 K1 繁殖速度快，故仅对 B6－15 进行发酵配方与条件的优化。

1. 碳源

分别以 3%蔗糖、葡萄糖、可溶性淀粉、果糖、乳糖、糖蜜、玉米粉、麸皮、丙三醇、甘露醇和麦芽糖作为碳源，其他组分均相同，进行发酵。用稀释平板计数法测定发酵液中的活菌含量。

由图 2－15 可知，麸皮和玉米粉为碳源时 B6－15 的生长明显优于蔗糖、葡萄糖、可溶性淀粉、果糖、乳糖、糖蜜、丙三醇、甘露醇和麦芽糖，利用前两种培养基发酵后，B6－15 每毫升菌落数（CFU）超过 2.34×10^9 个。而利用其余 9 种碳源时其菌落数在 0.09×10^9 个以下，说明 B6－15 利用麸皮和玉米粉的能力优于其他碳源。考虑到经济因素，该 B6－15 生长的最佳碳源是麸皮，其次是玉米粉。

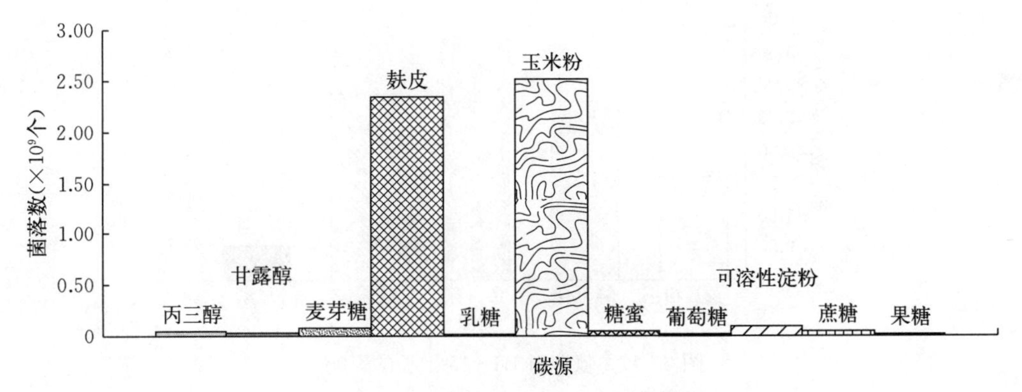

图 2－15　碳源对 B6－15 生长的影响

2. 碳源用量

分别以 1.5%、3%、4.5%、6%的麸皮作为碳源，其他组分均相同，进行发酵。用稀释平板计数法测定发酵液中的活菌含量。

由图 2－16 可知，以 6%麸皮为碳源时 B6－15 的生长明显优于 1.5%、3%、4.5%的麸皮用量，利用前一种培养基发酵后，B6－15 每毫升菌落数超过 4.10×10^9 个。而利用其余 3 种用量的麸皮作为碳源时每毫升菌落数在 3.50×10^9 个以下，说明 B6－15 利用 6%麸皮的能力优于其他麸皮用量。B6－15 生长的最佳麸皮用量是 6%。

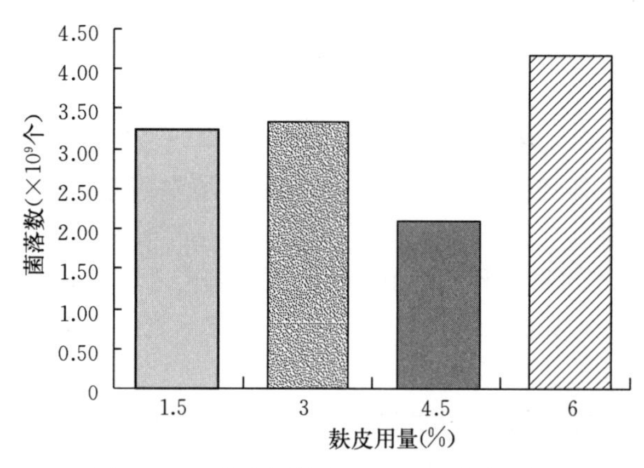

图 2－16　麸皮用量对 B6－15 生长的影响

3. 氮源种类

以 6%的麸皮为碳源，分别以 1%蛋白胨、酵母浸出物、黄豆粉、尿素、硫酸铵为氮源制成培养基。用稀释平板计数法测定发酵液中的活菌含量。

由图 2－17 可知，以氮源为蛋白胨时 B6－15 的生长明显优于其他氮源。利用蛋白胨作为氮源发酵后 B6－15 每毫升菌落数都超过 3.70×10^9 个，而利用其余 4 种氮源时的每毫升菌落数在 2.82×10^9 个以下，说明 B6－15 利用蛋白胨的能力优于利用其余氮源的能力。B6－15 生长的最适氮源是蛋白胨，这与蛋白胨富含氨基酸、维生素及未知生长因子有关。从发酵成本考虑，酵母浸出物、蛋白胨及硫酸铵组成的复合氮源较合适。

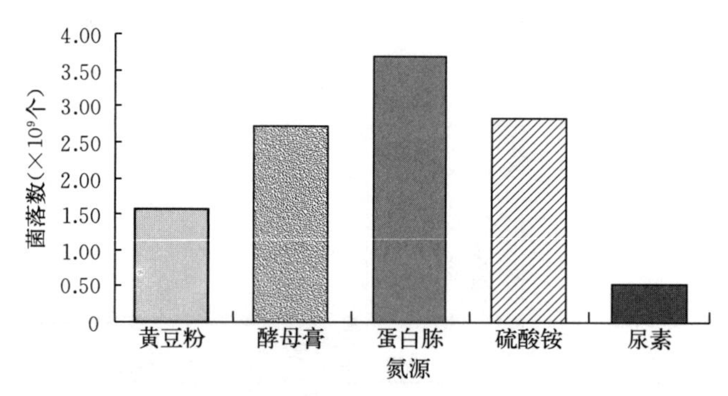

图 2－17　氮源对 B6－15 生长的影响

4. 氮源用量

分别以 0.5%、1%、1.5%、2%、2.5%的蛋白胨作为氮源，其他组分均相同，进行发酵。用稀释平板计数法测定发酵液中的活菌含量。由图 2－18 可知，以 1%的蛋白胨为

氮源时 B6－15 的生长明显优于 0.5％、1.5％、2％、2.5％的蛋白胨用量，利用前一种培养基发酵后，B6－15 每毫升菌落数超过 2.75×10^{9} 个。而利用其余 4 种蛋白胨作为氮源时其每毫升菌落数在 2.57×10^{9} 个以下，说明 B6－15 利用 1％蛋白胨的能力优于其他蛋白胨。B6－15 生长的最佳蛋白胨用量是 1％。

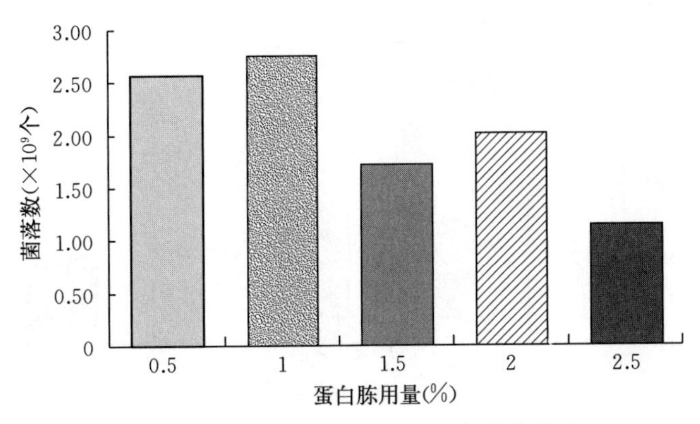

图 2－18　氮源用量对 B6－15 生长的影响

5. 无机盐种类

分别以 6％的麸皮和 1％的蛋白胨为碳源和氮源，在此基础上分别加入磷酸二氢钾（0.2％）＋磷酸氢二钾（0.2％）、氯化钠（0.4％）、硫酸镁（0.4％）和磷酸二氢钠（0.2％）＋磷酸氢二钠（0.2％）作为无机盐。结果如图 2－19 所示，氯离子对 B6－15 的生长有一定的促进作用，其每毫升的菌落数超过 3.60×10^{9} 个。镁离子、钾离子和钠离子对 B6－15 的生长促进作用相对不明显，其菌的每毫升菌落数在 3.11×10^{9} 个以下。因此，该菌的最适无机盐为氯化钠。

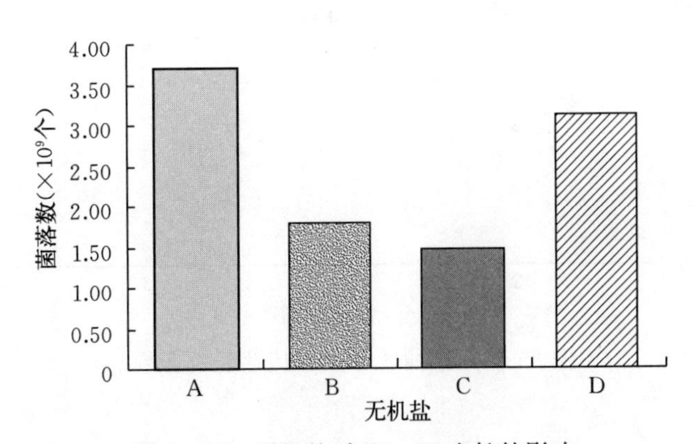

图 2－19　无机盐对 B6－15 生长的影响

A. 0.4％氯化钠　B. 0.2％磷酸氢二钾＋0.2％磷酸二氢钾
C. 0.2％磷酸氢二钠＋0.2％磷酸二氢钠　D. 0.4％硫酸镁

6. 无机盐用量

分别以 0.2％、0.4％、0.6％、0.8％、1.0％的氯化钠为无机盐，其他组分均相同，进行发酵。用稀释平板计数法测定发酵液中的活菌含量。由图 2－20 可知，以 0.4％的氯化钠为无机盐时 B6－15 的生长明显优于 0.2%、0.6%、0.8%、1.0%的氯化钠用量，利用前一种培养基发酵后，B6－15 每毫升菌落数超过 2.70×10^{9} 个。而利用其余 4 种氯化钠作为无机盐时其每毫升菌落数在 2.47×10^{9} 个以下，说明 B6－15 利用 0.4%氯化钠的能力优于其他氯化钠用量。B6－15 生长的最佳氯化钠用量是 0.4%。

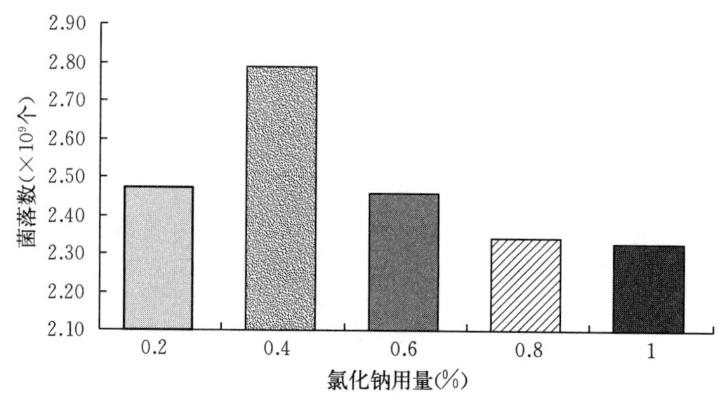

图 2－20　氯化钠用量对 B6－15 生长的影响

7. 发酵条件确定

（1）接种量

分别选取 2%、4%、6%和 8% 4 个接种量，在摇瓶发酵培养条件下培养 36 小时，用稀释平板计数法测其菌落数。由图 2－21 可知，B6－15 生长的最适接种量为 4%，在 4%～8%时，接种量对 B6－15 菌落数的影响差异很小。

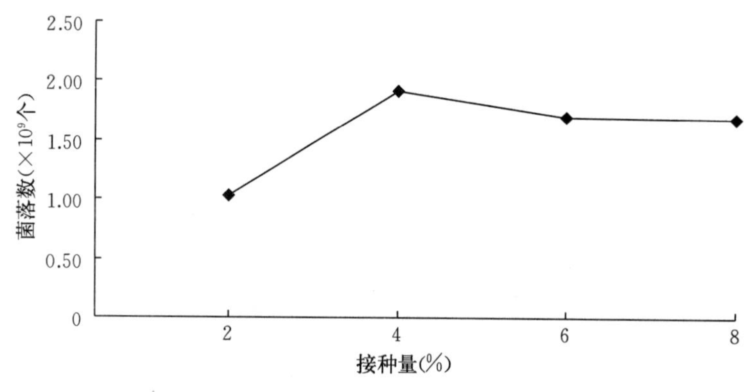

图 2－21　接种量对 B6－15 生长的影响

（2）初始 pH

pH 主要通过影响菌体细胞膜电荷、膜渗透性及营养物质离子化程度影响菌体对养分的吸收。由于摇瓶发酵过程中的 pH 难以控制，只能控制发酵液的初始 pH。因此，试验在配制了最佳培养基后，将初始 pH 分别调至 6.0、6.5、7.0、7.5 和 8.0，在摇瓶发酵培养条件下培养 36 小时，用稀释平板计数法测其菌落数。由图 2－22 可知，在初始 pH 为 6.0～8.0 时 B6－15 均可良好生长，pH 为 7.0 时生长最好，说明 B6－15 对 pH 的适应性较宽，但随着 pH 的增大，菌落数呈下降趋势。

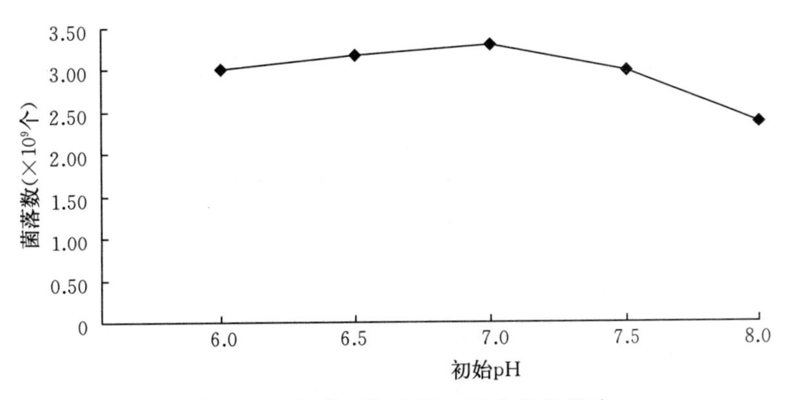

图 2-22　初始 pH 对 B6-15 生长的影响

（3）发酵时间

使用上述试验确定的最优化的培养基并采用发酵罐培养条件培养 36 小时。自接种后分别在 24 小时、36 小时、48 小时、60 小时和 72 小时取样 1 次。用稀释涂布平板计数法测其菌落数。结果见图 2-23。

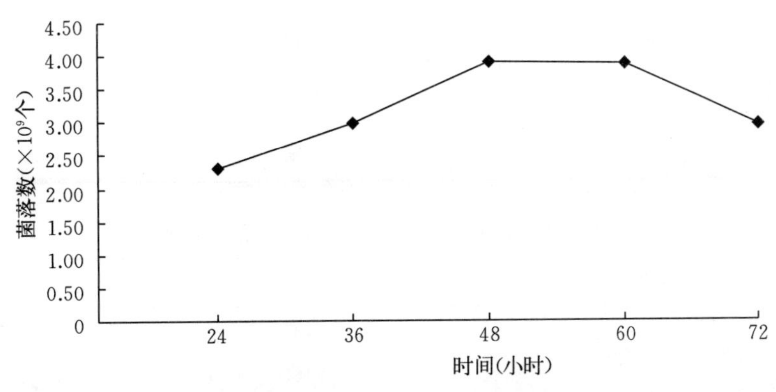

图 2-23　时间对 B6-15 生长的影响

将一级种子分别以 10%的比例接种到二级种子 300 升发酵罐中，依据上述结果发酵 2～3 天。

（四）发酵床培养

1. 生产工艺

将二级种子以 1%的比例接种到发酵固体曲中，控制温度、湿度、光照等。工艺流程见图 2-24。

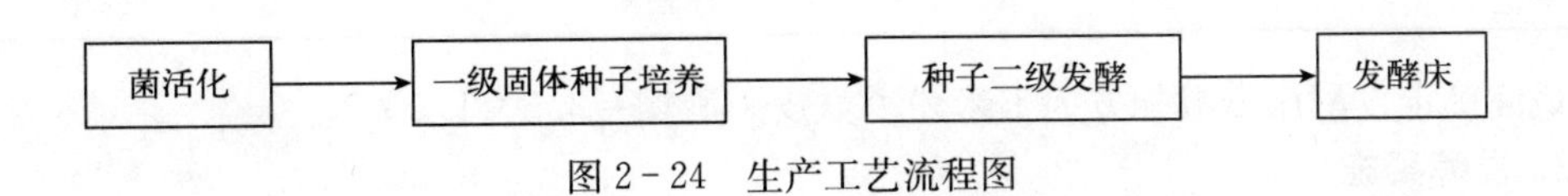

图 2-24　生产工艺流程图

2. 发酵配方的优化

氮源定为有机氮源，有机氮源中酒糟价格便宜、易获得且利于菌株生长，碳氮比为25∶1，供试pH为6～15，K1在pH为3～9时均可良好生长，产酶最适pH=6，故最终选择试验设置如表2-10所示，试验结果见表2-11至表2-13。

表2-10 发酵配方与条件

水平	玉米粉∶麸皮	氮源种类	碳氮比	pH	培养时间（小时）
1	7∶3	酒糟	25∶1	6.0	72
2	6∶4	酒糟	25∶1	6.0	72
3	8∶2	酒糟	25∶1	6.0	72
4	9∶1	酒糟	25∶1	6.0	72

表2-11 K1产生纤维素酶活力结果

水平	玉米粉∶麸皮	氮源种类	酶活（单位/克）
1	7∶3	酒糟	968
2	6∶4	酒糟	713
3	8∶2	酒糟	852
4	9∶1	酒糟	850

表2-12 菌株B6-15产生纤维素酶活力结果

水平	玉米粉∶麸皮	氮源种类	酶活（单位/克）
1	7∶3	酒糟	367
2	6∶4	酒糟	364
3	8∶2	酒糟	398
4	9∶1	酒糟	472

表2-13 混合两菌产生纤维素酶活力结果

水平	玉米粉∶麸皮	氮源种类	酶活（单位/克）
1	7∶3	酒糟	1 001
2	6∶4	酒糟	725
3	8∶2	酒糟	864
4	9∶1	酒糟	868

最终确定发酵床发酵配方为玉米粉∶麸皮∶酒糟=3.5∶1.5∶5。

3. 发酵实施

（1）发酵床5个槽菌种发酵设置

1号、2号槽：添加B6-15；3号、4号槽：添加K1；5号槽：添加B6-15+K1。

（2）发酵物料的制备

无机盐种类与比例（按5吨原料进行计算）：

氯化钠10千克、糖20千克、硫酸铵25千克、硫酸镁2.5千克、氯化钙10千克。

原料与无机盐的混合：

大铲车每斗重量约为0.7吨，每斗泼洒无机盐5～7舀（1舀约为1.5千克，下同），直到泼洒完5吨（约7斗）为止，用大、小铲车混合均匀。

菌种的添加与混合：

将约25千克菌种均匀撒于堆体表面，用大、小铲车将其混合均匀，装槽。

（3）菌种发酵

每日发酵原料进槽前，需用翻抛机将槽中原料推进5～6米，以便新发酵原料进槽。翻抛机每天对5个槽进行翻抛、曝气。

（五）秸秆腐熟剂生产工艺及说明

1. 工艺流程

秸秆腐熟剂生产工艺流程见图2-25。

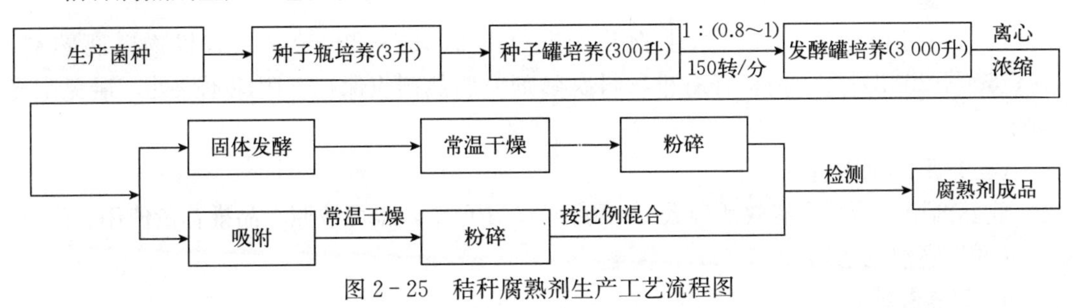

图2-25　秸秆腐熟剂生产工艺流程图

2. 具体工艺步骤及说明

（1）原菌种斜面培养

以B6-15、木霉特定培养基为固体斜面培养基，经过灭菌，制成斜面，在培养箱中接种原始菌种分别进行培养，至菌体或菌丝长满整个斜面、边缘无干裂时培养完成。

（2）一级种子培养

配制液体发酵种子培养基，分别在3升三角瓶中装入培养基，经过灭菌，冷却后分别接种斜面培养菌种，在特定条件下完成培养，每毫升菌落数可以达到2.0×10^9个。

（3）二级种子培养

同样配制液体发酵种子培养基，经过灭菌，冷却后分别在300升的发酵罐中进行扩大培养，培养条件因菌种不同而不同，每毫升菌落数可以达到1.0×10^9个。

（4）发酵罐菌液培养

把上述二级种子转到3 000升发酵罐中，在优化培养基及培养条件下进行高密度混合发酵，获得符合产品质量的菌种，菌落数可以达到1.0×10^9个。

（5）腐熟剂生产

将3吨菌种接种于装有米糠、麸皮的100吨固体发酵槽中，发酵培养一周后，经过常温干燥、粉碎后制成秸秆腐熟剂成品。

二、秸秆腐熟菌剂应用技术

秸秆腐熟还田是指在上茬作物收获时，应用秸秆快速腐熟技术，及时将秸秆还田腐熟后种植下季作物。适宜于有水源保障的作物栽培模式。实施秸秆还田腐熟技术，可以增加土壤有机质含量，提高作物单产，并避免焚烧秸秆污染环境。现将技术模式要点及其注意事项介绍如下。

（一）秸秆预处理

（1）秸秆还田机质量应符合《秸秆粉碎还田机　质量评价技术规范》（NY/T 1004—2020）的要求，作业质量应符合《秸秆粉碎还田机　作业质量》（NY/T 500—2015）的要求。

（2）玉米小麦等作物成熟后选用带秸秆切碎装置的小麦联合收割机收割并将秸秆切碎均匀撒于地表。

（3）残茬高度≤80 毫米，秸秆切碎长度≤150 毫米。

（二）腐熟剂选择及保存

应选用符合标准《农用微生物菌剂》（GB 20287—2006）、《有机物料腐熟剂》（NY 609—2002）要求的秸秆有机物料腐熟剂。腐熟剂应保存于阴凉干燥处，避免阳光暴晒。

（三）腐熟剂用量

腐熟剂用量为每亩有效活菌数 $1\times10^{12}\sim1\times10^{13}$ 个，也可按照产品推荐量使用。

（四）腐熟剂活化

1. 营养液配制

取 30 ℃左右温水 20～30 千克，加入 20～30 克红糖、10～15 克尿素和 10～15 克磷酸二铵，溶解混匀。

2. 菌剂活化（有活化条件最好，没有活化条件可以直接施用）

将菌剂与营养液按照 1∶（10～20）的质量比均匀混合，放置 2～3 小时，每小时搅拌 1～2 次。

（五）秸秆营养调节

按照每亩 75 千克的用量，将生石灰均匀撒到秸秆表面。将畜禽粪便（鸡粪、牛粪等）按照每亩 300～500 千克的用量，均匀撒施在还田秸秆上。亦可每亩用尿素 18～20 千克、磷酸二铵 10～15 千克，均匀撒施在还田秸秆上。

（六）腐熟剂施用

将已活化好的菌剂（或未经活化的固体菌剂粉末）静置 10 分钟后，取上清液于10:00 前或 15:00 后，均匀喷施在已还田的秸秆表面。腐熟剂不应与杀菌剂类农药混用。

（七）覆土与灌溉

采用符合《旋耕施肥播种联合作业机　作业质量》（NY/T 1229—2006）标准的旋耕机及时对喷洒腐熟剂处理的秸秆进行翻压覆土，及时灌溉。

(八) 腐熟效果评价

秸秆经腐熟处理后表观颜色变深，物料结构疏松，具有轻微氨味，无恶臭味。

第四节　秸秆还田农学效应技术及研究

一、材料与研究方法

田间试验始于 2007 年，试验地点为位于山东省桓台县的西逯家村的中国农业大学实验站。采取裂区设计，主区为土壤耕作方式，包括翻耕（CT）、旋耕（RT）和免耕（NT）。其中，翻耕和旋耕处理用圆盘式播种机播种，免耕处理用免耕播种机播种。副区为秸秆还田方式，包括整株、粉碎和清茬。小区面积为 42 米^2，翻耕，3 次重复。其中秸秆还田处理分别定义为 CT＋R、RT＋R 和 NT＋R；秸秆清茬处理分别定义为 CT－R、RT－R 和 NT－R。种植方式为小麦玉米两茬平播。冬小麦每亩播种量为 10～12 千克，氮肥每亩底施纯氮 8～10 千克，每亩追施纯氮 6～7 千克，磷肥（颗粒肥）全部底施，每亩施五氧化二磷 7～9 千克。

二、结果与讨论

(一) 玉米秸秆还田下耕作措施对冬小麦和夏玉米产量的影响

不同耕作和秸秆管理措施对 2015 年冬小麦季产量无显著影响（图 2－26）。可以看出，尽管 CT＋R 和 NT＋R 处理的小麦产量在数值上高于 CT－R，但在统计学上并不显著（$P>0.05$）。不同耕作和秸秆管理措施对夏玉米也无显著影响（图 2－27）。

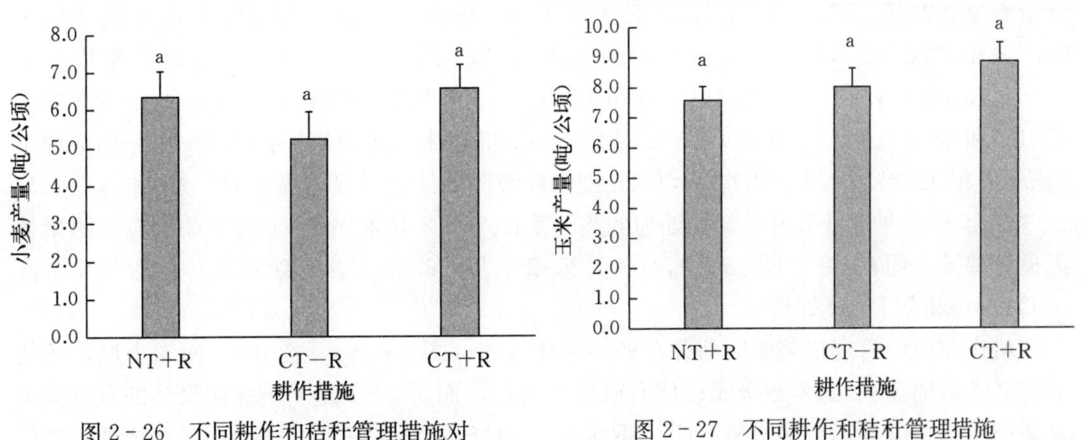

图 2－26　不同耕作和秸秆管理措施对冬小麦产量的影响

图 2－27　不同耕作和秸秆管理措施对夏玉米产量的影响

(二) 玉米秸秆还田下耕作措施对土壤团聚体及结合态碳氮的影响

不同耕作和秸秆管理措施影响团聚体分布（表 2－14）。可以看出，0～5 厘米土层中对于>5 毫米粒级团聚体而言，NT＋R 较 CT＋R 和 CT－R 处理分别增加了 83.1%和 92.9%；对于 5～2 毫米粒级的团聚体而言，NT＋R 较 CT＋R 和 CT－R 处理分别增加了

21.9%和29.8%。而对于2～1毫米及<0.25毫米粒级的团聚体，3个处理之间的差异不显著（P>0.05）。对于1～0.25毫米粒级团聚体，CT+R和CT－R处理比NT+R增加了73.8%和81.7%。这表明，免耕措施显著增加了>5毫米和5～2毫米团聚体的含量。

表2－14　耕作和秸秆管理措施对土壤团聚体分布的影响

土壤层次	处理	不同粒级团聚体含量（%）				
		>5毫米	5～2毫米	2～1毫米	1～0.25毫米	<0.25毫米
0～5厘米	NT+R	31.62a	30.26a	17.05a	20.33b	0.73a
	CT+R	17.27b	24.81b	20.95a	35.33a	1.63a
	CT－R	16.39b	23.31b	17.33a	36.94a	1.31a
5～10厘米	NT+R	36.74a	39.37a	11.32b	12.45b	0.12b
	CT+R	23.44b	25.97b	18.69a	30.23a	1.68a
	CT－R	26.82b	29.07b	19.03a	23.93a	1.15b
10～20厘米	NT+R	40.10a	33.14a	14.54a	12.11b	0.11b
	CT+R	29.52a	30.17a	17.34a	20.86a	2.11a
	CT－R	27.53a	32.23a	18.25a	20.66a	1.32b

注：CT+R为翻耕加秸秆还田，CT－R为翻耕秸秆清茬，NT+R为免耕加秸秆还田；同一土层，不同处理之间不同字母代表不同耕作处理之间差异显著（P<0.05）。

5～10厘米土层中，NT+R与CT+R和CT－R的>5毫米及5～2毫米粒级团聚体含量有显著差异，NT+R较CT+R和CT－R处理>5毫米粒级团聚体分别增加了56.7%和37.0%；NT+R 5～2毫米粒级团聚体较CT+R和CT－R处理分别增加了51.6%和35.4%。CT+R和CT－R处理2～1毫米粒级团聚体比NT+R分别增加了65.1%和68.1%；CT+R和CT－R处理1～0.25毫米粒级团聚体比NT+R分别增加了142.8%和92.2%。CT+R处理<0.25毫米粒级团聚体含量显著高于CT－R和NT+R。

在10～20厘米土层中，3种处理的>5毫米、5～2毫米和2～1毫米3个粒级团聚体无显著差异。而在CT+R处理中，1～0.25毫米及<0.25毫米粒级团聚体的含量显著高于CT－R和NT+R处理。

耕作和秸秆管理措施影响耕作层的团聚体分布（图2－28）。在0～5厘米土层，免耕处理显著增加5～2毫米粒级团聚体有机碳的含量，而对2～1毫米粒级团聚体的有机碳无显著影响。相应地，翻耕措施（CT－R和CT+R）显著增加了1～0.25毫米粒级团聚体有机碳的含量，类似地在5～10厘米土层，各处理之间不同团聚体有机碳含量的变化趋势与0～5厘米土层的变化趋势一致。在10～20厘米土层中，不同处理之间的>5毫米、5～2毫米和2～1毫米粒级的团聚体有机碳含量无显著差异。

不同土层各处理之间团聚体结合态全氮含量见图2－29。总体而言，随着土层深度的增加，全氮含量逐渐降低。在0～5厘米土层（图2－29B），不同处理之间>5毫米和2～1毫米粒级团聚体的结合态全氮无显著差异。对于5～2毫米粒级团聚体，NT+R较

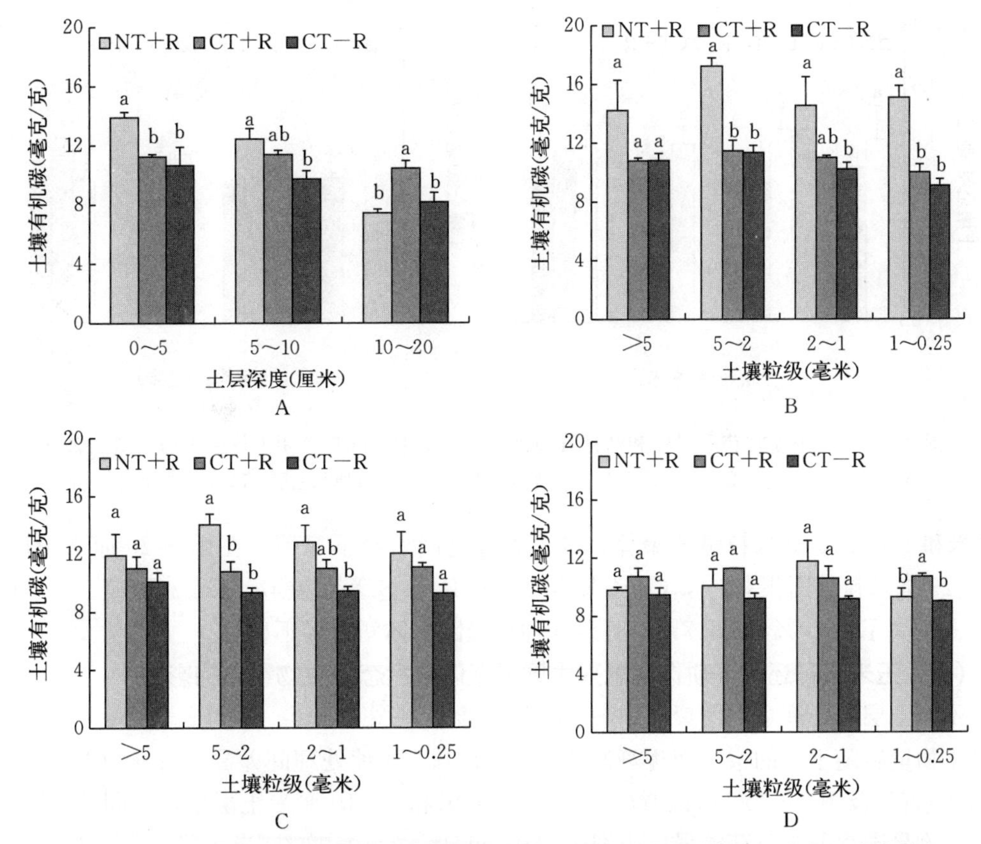

图 2-28　冬小麦收获季耕作和秸秆管理措施对土层中不同团聚体粒级中有机碳的影响

A. 不同土层深度土壤有机碳含量　B. 0~5 厘米土层　C. 5~10 厘米土层　D. 10~20 厘米土层

CT+R 和 CT−R 处理分别显著增加了 39.4%和 42.7%。同样，对于 1~0.25 毫米粒级团聚体，NT+R 处理较 CT+R 和 CT−R 处理分别显著增加了 36.1%和 43.3%。说明该层次中，NT+R 对 5~2 毫米和 1~0.25 毫米粒级团聚体结合态全氮具有显著提升效果。在 5~10 厘米土层中（图 2-29C），对于 5~2 毫米团聚体粒级中结合态全氮含量，NT+R 较 CT+R 和 CT−R 分别提高了 24.7%和 34.3%，呈显著性差异。对于>5 毫米、2~

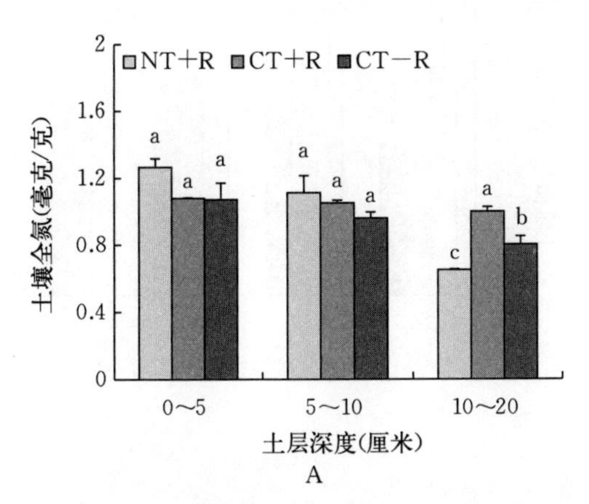

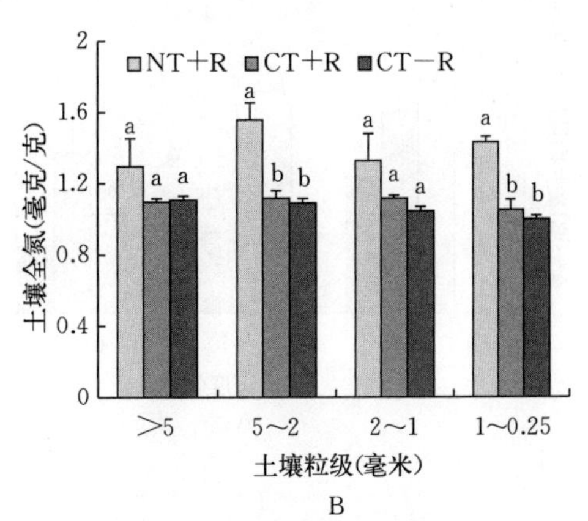

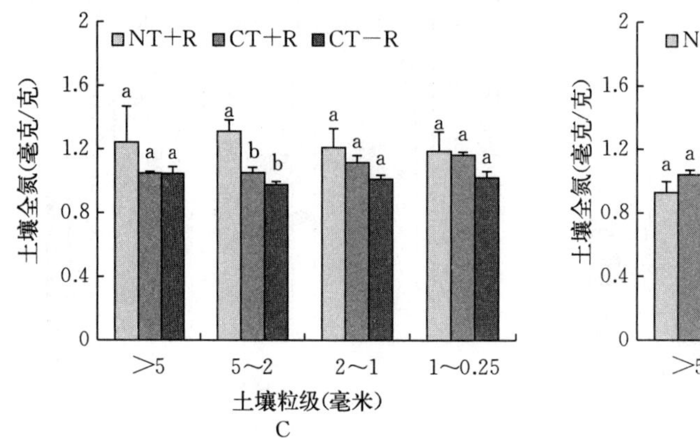

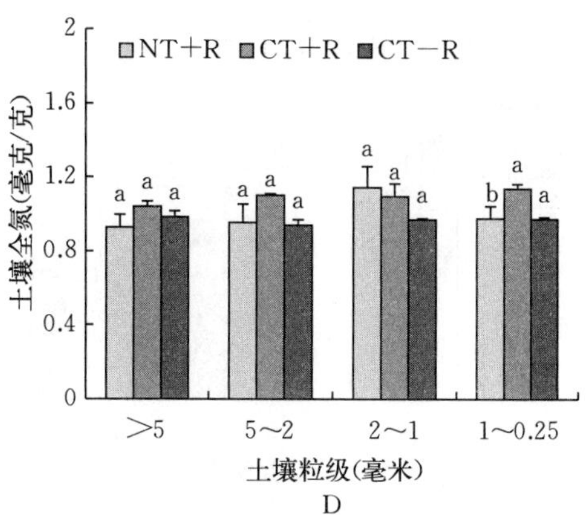

图 2-29　冬小麦收获季耕作和秸秆管理措施对土层中不同粒级团聚体中土壤全氮的影响

A. 不同土层深度土壤全氮含量　B. 0~5 厘米土层　C. 5~10 厘米土层　D. 10~20 厘米土层

1 毫米和 1~0.25 毫米粒级团聚体，各个处理之间差异不显著。在 10~20 厘米土层中，1~0.25 毫米粒级团聚体中，CT+R 与 NT+R 呈显著性差异，CT+R 较 NT+R 和 CT−R提高了 15.0%和 18.7%，其余 3 种粒级团聚体间差异不显著。

（三）玉米秸秆还田下耕作措施对土壤团聚体结合态微生物量碳的影响

不同土层各处理之间团聚体中微生物量碳含量见图 2-30。由图 2-30A 可知，土壤中微生物量碳随土层的增加而逐渐减少，3 个层次、3 种处理间差异不显著（$P>0.05$）。由图 2-30B 及图 2-30C 可以看出，在 0~5 厘米和 5~10 厘米土层中，不同粒级团聚体的微生物量碳含量无显著差异。由图 2-30D 可知，在 10~20 厘米土层中，对于>5 毫米粒级团聚体，CT+R 处理的微生物量碳含量较 NT+R 和 CT−R 处理分别增加了 21.1%和 62.9%，且 NT+R 和 CT−R 两处理之间差异不显著。对于 5~2 毫米粒级团聚体，CT−R 处理结合态微生物量碳含量较 NT+R 和 CT−R 处理分别增加了 16.5%和 38.1%。在 2~1 毫米粒级团聚体中，不同处理间的结合态微生物量碳差异均不显著（$P>0.05$）。

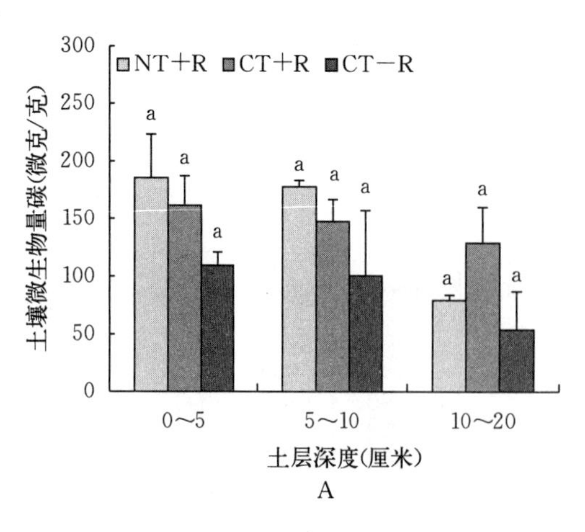

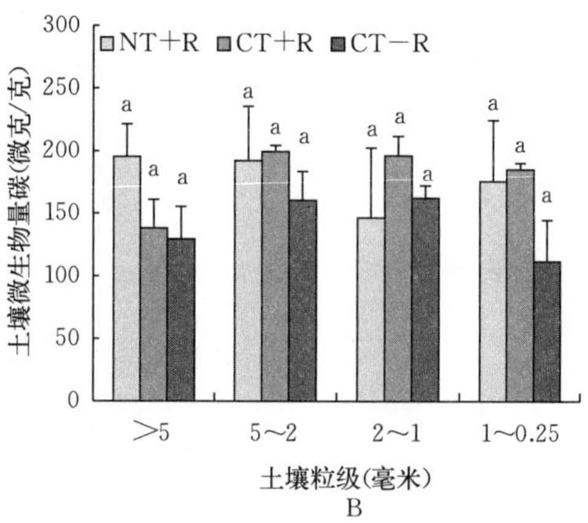

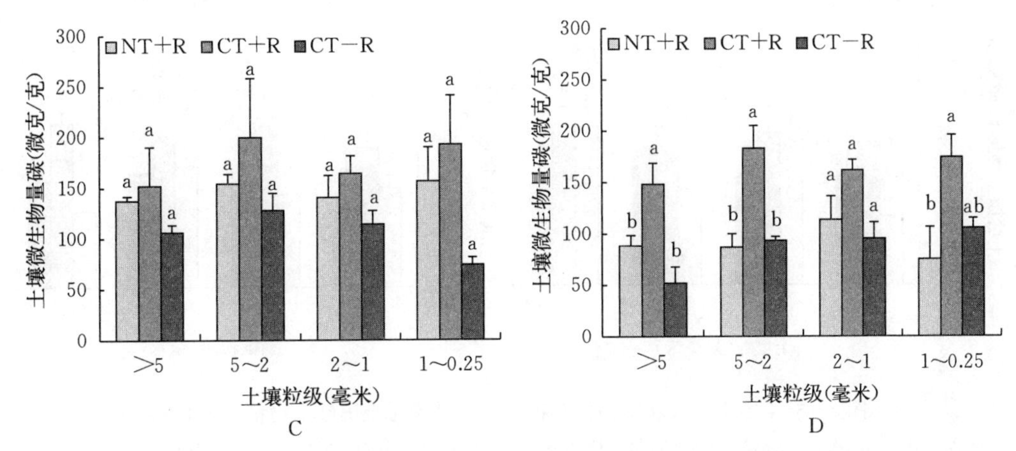

图 2-30　冬小麦收获季耕作和秸秆管理措施对土壤微生物量碳的影响

A. 不同土层深度土壤微生物量碳含量　B. 0~5 厘米土层　C. 5~10 厘米土层　D. 10~20 厘米土层

不同土层各处理之间团聚体中微生物量氮含量见图 2-31。由图 2-31A 可知，随着土层深度的增加，微生物量氮含量逐渐降低。在 0~5 厘米土层（图 2-31A），CT+R 处理微生物量氮含量显著高于 NT+R 和 CT−R 处理（$P<0.05$）。5~20 厘米土层各个处理间差异不显著（$P>0.05$）。在 0~5 和 5~10 厘米土层中，不同处理之间团聚体中微生物量氮含量无显著差异（图 2-31B 和图 2-31C）。在 10~20 厘米土层中，对于>5 毫米粒级团聚体，CT+R 微生物量氮含量较 NT+R 和 CT−R 处理分别增加了 40.1%和 79.2%，且 NT+R 和 CT−R 处理两者差异不显著；对于 5~2 毫米粒级团聚体，CT+R 处理微生物量氮含量较 NT+R 和 CT−R 处理分别增加了 82.4%和 47.2%（图 2-31D）。1~0.25 毫米粒级团聚体中，CT+R 结合态微生物量氮较 NT+R 和 CT−R 分别增加了 115.1%和 54.2%；3 种处理 2~1 毫米粒级团聚体结合态微生物量氮含量差异均不显著。

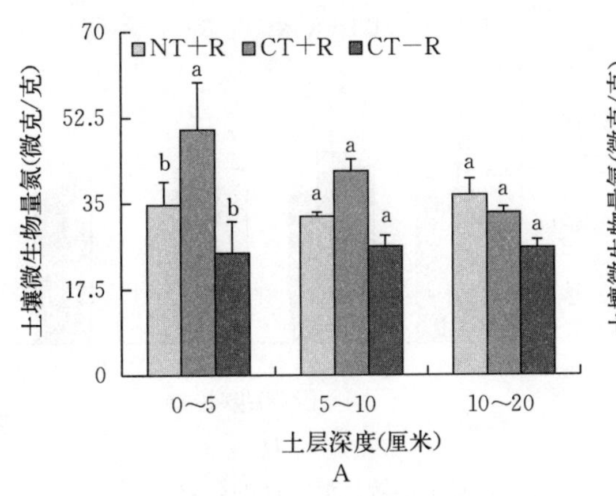

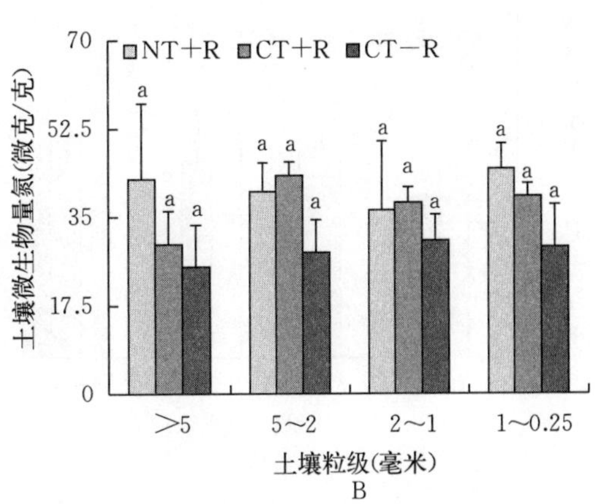

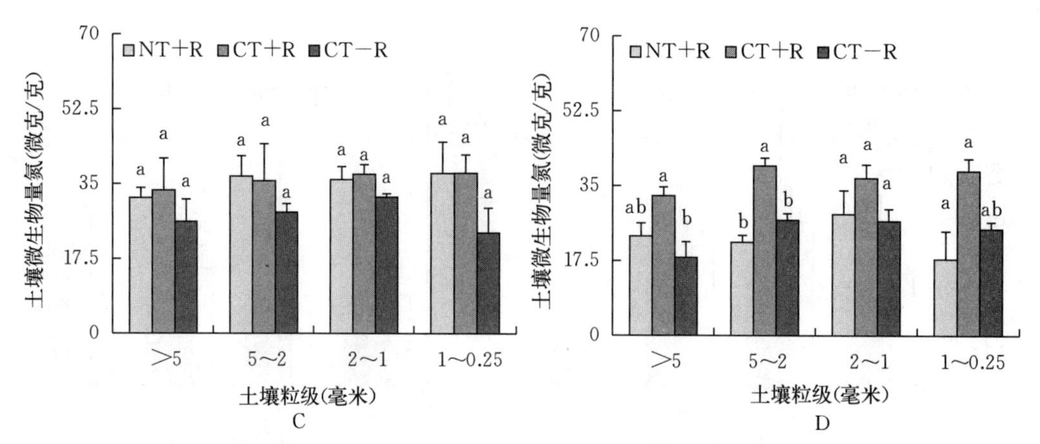

图 2-31　冬小麦收获季耕作和秸秆管理措施对土壤微生物量氮的影响

A. 不同土层深度土壤微生物量氮含量　B. 0～5 厘米土层　C. 5～10 厘米土层　D. 10～20 厘米土层

(四) 玉米秸秆还田下耕作措施对土壤团聚体不同酶活性的影响

不同土层各处理之间团聚体中转化酶活性见图 2-32。总体而言，随着土层深度的增加，土壤转化酶活性逐渐降低。由图 2-32A 可知，在 3 组处理中，土壤中转化酶活性随

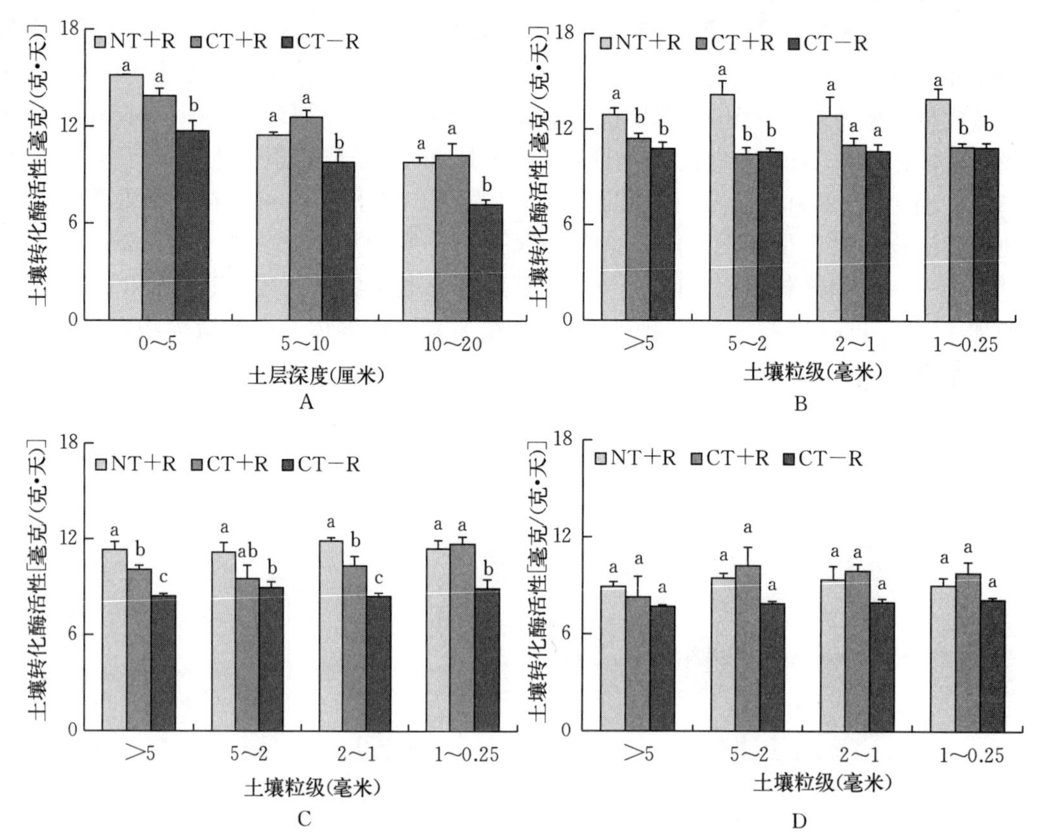

图 2-32　冬小麦收获季耕作和秸秆管理措施对土壤转化酶活性的影响

A. 不同土层深度土壤转化酶活性　B. 0～5 厘米土层　C. 5～10 厘米土层　D. 10～20 厘米土层

土层深度的增加逐渐降低。在NT+R耕作处理中，与表层0～5厘米相比较，5～10厘米和10～20厘米土层团聚体中转化酶活性分别下降32.2%和54.7%，同样CT+R和CT-R团聚体中转化酶活性逐层次下降10.4%、35.5%和19.5%、23.2%。在3个层次中，NT+R和CT+R分别与CT-R呈显著性差异。根据土壤中酶活性下降情况分析，在0～5厘米至5～10厘米土层中，土壤表层转化酶活性下降较慢，随着深度增加，下降速度逐渐增加，其中CT+R降幅最小。

在0～5厘米土层中（图2-32B），2～1毫米土壤团聚体转化酶活性之间无差异。但在>5毫米、5～2毫米和1～0.25毫米土壤团聚体中，NT+R与CT+R和CT-R呈显著性差异。其中，在>5毫米团聚体中，NT+R转化酶活性较CT-R和CT+R分别提高了13.1%和19.5%。在5～2毫米团聚体中，NT+R转化酶活性较CT-R和CT+R分别提高了35.6%和33.7%。在1～0.25毫米团聚体中，NT+R处理土壤转化酶活性分别较CT-R和CT+R提高了27.5%和27.9%。

在5～10厘米土层中（图2-32C），各个粒级中三者均呈显著性差异。在>5毫米团聚体粒级中，NT+R较CT-R和CT+R分别提高了12.2%和34.1%，而CT-R较CT+R降低了19.6%。在5～2毫米团聚体粒级中，CT-R及CT+R分别较NT+R降低了17.3%和24.5%，其中CT+R与CT-R相比提高了6.2%。在1～0.25毫米土壤粒级中，NT+R处理下酶活性最高，与CT+R和CT-R相比较，分别增加了15.1%和41.4%，NT+R与CT+R分别较CT-R提高27.6%和31%。在10～20厘米土层中（图2-32D），各个粒级团聚体中三者差异均呈不显著。

不同土层各处理之间团聚体中脲酶活性见图2-33。总体而言，随着土层深度的增加，土壤脲酶活性逐渐降低。在整个土层中（图2-33A），在3种耕作方式下，脲酶活性随土层深度的增加逐渐降低。可知，在0～5厘米土层，NT+R处理脲酶活性较CT+R和CT-R分别增加了10.0%和12.5%。在5～10厘米土层，CT+R处理脲酶活性最高，NT+R次之，CT-R最低；与CT-R相比较，CT+R与NT+R脲酶活性分别增加了16.9%和28.2%。在10～20厘米土层，脲酶活性变化情况与5～10厘米相同，与CT-R相比较，CT+R与NT+R脲酶活性分别增加了36.5%和42.6%。

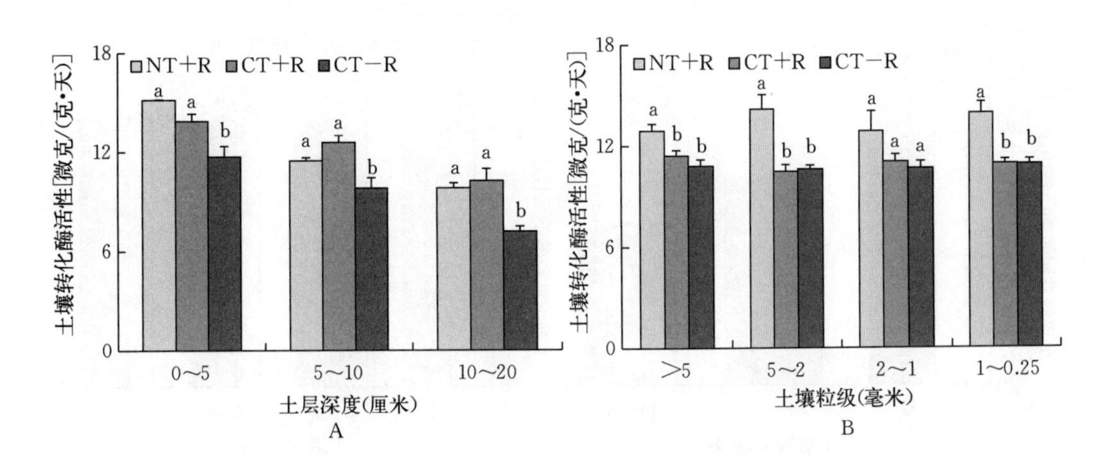

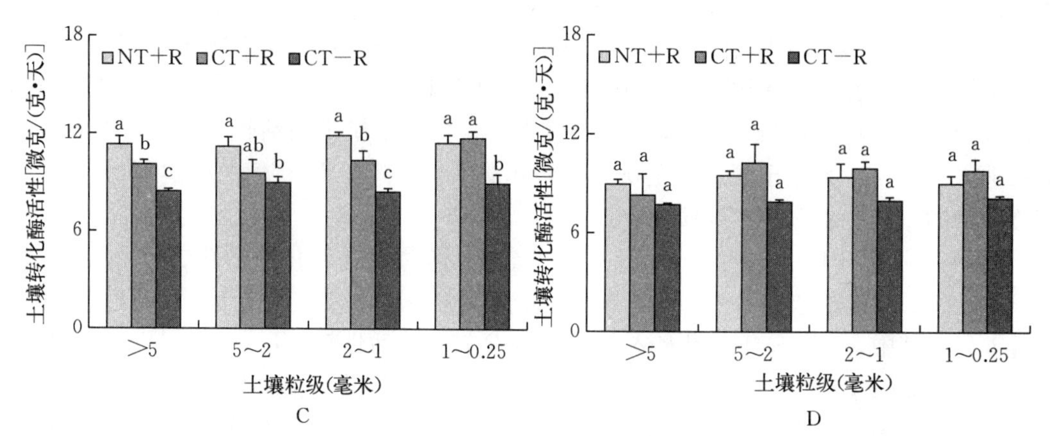

图 2-33　2014 年冬小麦收获季耕作和秸秆管理措施对土壤脲酶活性的影响

A. 不同土层深度土壤转化酶活性　B. 0~5 厘米土层　C. 5~10 厘米土层　D. 10~20 厘米土层

在表层土壤 0~5 厘米（图 2-33B），3 种耕作方式下脲酶活性无显著差异，说明在该土层 3 种处理效果不明显。而在 5~10 厘米土层中（图 2-33C），在>5 毫米粒级团聚体中，3 种处理差异显著，脲酶活性 NT+R>CT+R>CT−R，其中 NT+R 分别较 CT+R 和 CT−R 提高了 15.7%和 28.1%。同样在该粒级团聚体中，CT+R 脲酶活性较 CT−R 提高了 13.5%。在 5~2 毫米粒级团聚体中，与 CT−R 相比较，NT+R 与 CT+R 脲酶活性分别增加了 30.0%和 49.9%。而在 2~1 毫米和 1~0.25 毫米团聚体中，3 种处理间无显著差异。由图 2-33D 可知，在 10~20 厘米土层中，3 种处理情况下各个粒级团聚体脲酶活性差异均不显著。

不同土层各处理之间团聚体中碱性磷酸酶活性见图 2-34。总体而言，随着土层深度的增加，土壤碱性磷酸酶活性逐渐降低。由图 2-34A 可知，整个土层中的趋势为，3 种处理条件下的土壤中碱性磷酸酶含量随着土壤深度的增加逐渐降低。在 0~5 厘米土层，3 种处理间呈显著性差异，NT+R 处理下土壤碱性磷酸酶活性较 CT−R 和 CT+R 分别提高了 5.55%和 12.01%，而在 5~10 厘米和 10~20 厘米土层，3 种处理间无显著性差异。

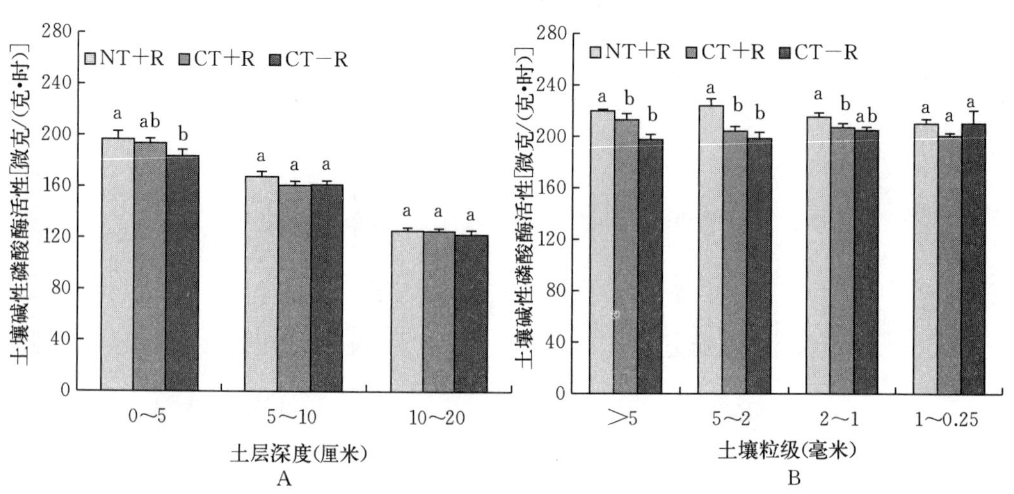

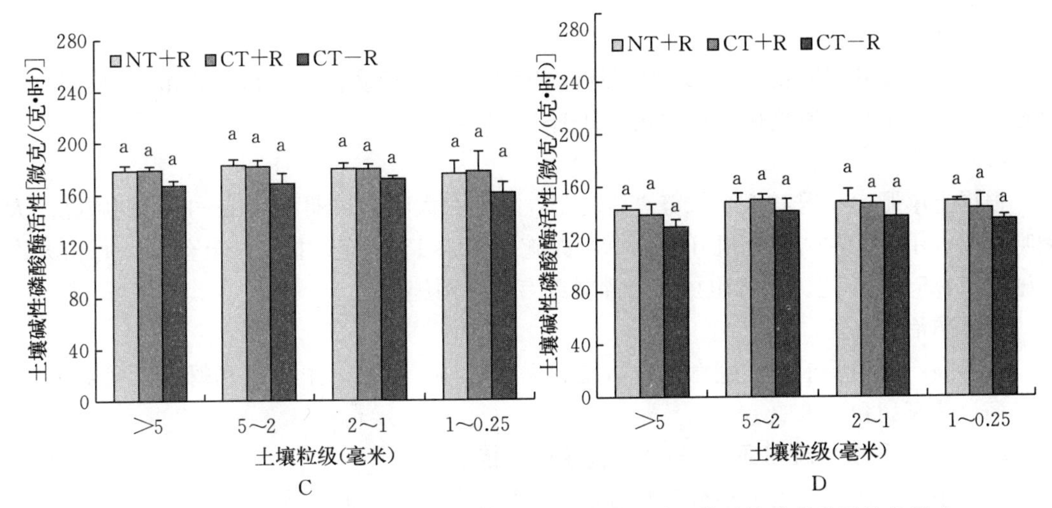

图 2-34 2014 年冬小麦收获季耕作和秸秆管理措施对土壤碱性磷酸酶活性的影响

A. 不同土层深度土壤碱性磷酸酶活性 B. 0~5 厘米土层 C. 5~10 厘米土层 D. 10~20 厘米土层

由图 2-34B 可知，在 0~5 厘米土层，2~1 毫米和 1~0.25 毫米粒级团聚体土壤碱性磷酸酶活性无显著性差异。而在>5 毫米和 5~2 毫米粒级团聚体中，3 个处理间呈显著性差异。在>5 毫米粒级团聚体中，NT+R 较 CT+R 和 CT−R 处理碱性磷酸酶活性提高了 5.1%和 15.8%。在 5~2 毫米粒级土壤团聚体中，NT+R 碱性磷酸酶活性较 CT−R 和 CT+R 分别提高了 12.5%和 17.9%，说明在上述 3 种粒级团聚体中，免耕土壤对土壤碱性磷酸酶的活性提高较为明显。在 5~10 厘米（图 2-34C）及 10~20 厘米（图 2-34D）土层，3 种粒级之间差异不显著。

（五）秸秆还田技术研究及应用

1. 小麦免耕直播秸秆覆盖还田技术

经过多年的发展，研究形成了完善的小麦免耕直播秸秆覆盖还田技术。

（1）收获

用联合收割机收获小麦，留茬 10~15 厘米，尽量将切碎后的秸秆残茬均匀铺撒在地表。

（2）种肥及用量

采用复合肥或自行配比，每亩施用量为：氮 4~5 千克，五氧化二磷 4~5 千克，氧化钾 2~3 千克，硫酸锌 1~1.5 千克，硫酸锰 1~1.5 千克。

（3）免耕播种

利用玉米免耕播种机完成播种施肥。行距为 60 厘米等行距或 80/40 厘米宽窄行，播种机作业速度控制在 4 千米/时（以防止漏播）。种子行与肥料行间隔 5 厘米以上。

（4）浇蒙头水

如果土壤含水量低于田间持水量的 60%~70%，需要在播后灌水 10~15 毫米。

（5）化学除草

玉米出苗前，使用除草剂（如农达）均匀喷洒地面进行封闭除草。也可在出苗后在行间喷洒除草剂除草。

（6）间苗和定苗

在3片可见叶时间苗，5～6片可见叶时定苗（即去掉病苗、弱苗和小苗），缺苗时可就近留双株。最终将密度保持在每亩5 500～6 000株。

（7）追肥

根据土壤肥力状况和玉米长势进行施肥，一般在大喇叭口期和抽雄—吐丝期施肥。大喇叭口期，用小型中耕施肥机开沟，每亩深施氮12～15千克；抽雄—吐丝期，每亩开沟深施纯氮4.5～7千克。施肥也可结合灌溉或有效降雨施用。

（8）防治病虫害

参考高产栽培要求，在生育期防治地老虎、蓟马、黏虫、玉米螟和蚜虫以及褐斑病、叶斑病、茎腐病和玉米螟。

2. 玉米秸秆粉碎旋耕还田-冬小麦直接播种技术

与冬小麦相比，夏玉米秸秆粗壮且量大。秋季收获后如何实现玉米秸秆还田与冬小麦有效播种是黄淮海平原理论和技术上探讨的重要课题。在冬小麦播种前，玉米秸秆的处理主要有粉碎旋耕还田、直立覆盖还田和翻压还田等模式。这里主要介绍使用最广泛的玉米秸秆粉碎旋耕还田-冬小麦直接播种模式。

（1）灌溉补墒

若玉米收获前土壤含水量低于田间持水量的60%，应在玉米收获1周前进行灌溉补墒，以保证冬小麦播种后正常出苗。灌水量为每亩40米^{3}左右。

（2）玉米收获、秸秆粉碎灭茬

用具有秸秆粉碎功能的专用收割机收获玉米，或者人工收获后用还田机粉碎秸秆（1～2次，长度不超过10厘米）。粉碎后秸秆要均匀分布在地表，防止成堆。

在水热条件较好的黄淮海平原南部地区，粉碎后可以在秸秆中加入秸秆腐熟剂，加快秸秆腐化。具体做法：将腐熟剂（每亩0.5～1千克），加6～10倍细土或有机肥搅拌后撒于秸秆表面，轻拍秸秆，使菌种抖落到秸秆下，然后再将尿素（每亩3～5千克）溶液喷洒在秸秆上。

（3）旋耕整地

用旋耕机将秸秆旋入耕层土壤（至15厘米左右深度）。若旋耕后地表不平整，需要进行耱压和耢地作业。

（4）小麦直播

① 用常规播种机一次性完成播种、施肥和镇压作业。

② 适宜播种期。从黄淮海平原北部到南部，适宜播种期为10月1日到15日。行距为15厘米。

③ 播深。播深一般控制在3～4厘米，要求排种均匀，覆土严密，覆后镇压。

④ 播种量。在适宜播种期开始的前5天内，每亩播种8～12千克；每推迟播种1天，每亩增加播量0.5～0.6千克。

⑤ 施肥。采用三元复合肥或小麦专用肥（养分总量为40%），每亩施用25～30千克（或根据土壤测定进行配方施肥），将肥料条施到种子侧下方4～5厘米处。

（5）冬前管理

① 查苗补种。出苗后垄内 10～15 厘米无苗应及时用浸种催芽的种子补种。

② 病虫草害防治。出苗期，化学防治灰飞虱、小地老虎、土蝗、蟋蟀等害虫以及禾本科杂草。

③ 冬前灌水。北部地区或土壤缺墒、不能保证安全越冬的，在 11 月下旬至 12 月上旬适当灌冻水，每亩灌水量为 40 米^3 左右。

（6）春季管理

① 浇水。正常年份在拔节期前后和抽穗—扬花期灌溉 2 次，每亩灌水量为 40 米^3 左右。特别干旱年份在开花 1～2 周后补浇第三水。

② 追肥。一般结合浇春季第一水每亩一次性追施纯氮 7～9 千克。

③ 病虫草害综合防治。返青期至拔节期，以防治麦田杂草、纹枯病、根腐病、麦蜘蛛为主，兼治白粉病和锈病；抽穗后开花前以防治吸浆虫、麦蚜为主，兼治白粉病、锈病、赤霉病等，并预防早衰和干热风。

（7）收获

完熟初期用联合收割机收获，割茬高度在 15 厘米左右，将麦秸粉碎、均匀抛撒。

3. 玉米秸秆翻压还田-小麦直播技术

与玉米秸秆粉碎旋耕还田比较，玉米秸秆翻压还田模式的区别主要在于作物收获后：①直接利用铧式犁将秸秆翻压到土壤中，耕作深度在 20～30 厘米。②有的地区在翻压之前把化肥撒到地表，随秸秆翻入土壤。③耕作后通过耱压和耢地平整土地。其他农田管理措施与玉米秸秆粉碎旋耕还田模式基本一致。

4. 玉米秸秆直立覆盖还田-小麦免耕直播技术

这是一种新型的保护性耕作技术。其优点是：①利用玉米秸秆和残茬覆盖保护土壤，以有效培肥地力、蓄水保墒、防止水土流失和沙尘暴。②免去了秸秆粉碎还田、旋耕灭茬、耢盖等单项工序，减少了机械进地次数，降低了作业成本。③长期提高土壤肥力，促进农民增收，有利于保护农田生态环境，推进农业可持续发展。然而，由于农户地块规模的限制（一般小于 1 公顷），目前的免耕播种机尺寸较小，在秸秆全量还田条件下，存在堵塞、播种质量较差和出苗率低等问题。

（1）灌溉补墒

若玉米收获前土壤含水量低于田间持水量的 60%，应在玉米收获 1 周前进行灌溉补墒，以保证冬小麦播种后正常出苗。灌水量为每亩 40 米^3 左右。

（2）玉米收获

用联合收割机收获玉米穗，保留穗位以下部分秸秆直立，将穗位以上部分均匀抛洒于田间。也可用具有秸秆粉碎功能的专用收割机收获玉米，粉碎后使秸秆均匀分布在地表。

（3）小麦免耕播种、施肥

① 免耕播种。利用专用免耕播种机［如河北农哈哈公司的 2BMFS－6/12A（8/16A)］可一次完成条带碎秆、灭茬、开沟、施肥、播种和镇压等作业。小麦窄行 12 厘米，宽行 26 厘米。

② 播种量。每亩播量为 25～30 千克，播深为 3～5 厘米。

③ 施肥。用高浓度粒状复合肥或复混肥作底肥，氮磷钾有效含量在 40%以上，最好是选择以磷肥为主的复合肥或复混肥，亩施量为 40～50 千克；施肥深度在种子以下 4 厘米。

（4）秋季、春季管理

免耕冬小麦的田间管理与正常播种基本相同。但由于有秸秆覆盖直立还田，需要注意以下环节。

① 免耕冬小麦易发生播种覆土镇压不实，应浇好冻水，沉实土壤，防止冬季“跑风”，伤根、冻苗。

② 为了防止病虫害发生，在播种时用种衣剂拌种（用包衣种子）。

③ 春季除草。小麦免耕直播，冬前田间杂草较轻，但春季易发生杂草危害，应及时进行化学防除。喷施除草剂的最佳时期是起身期。一般每亩用 30 克。

④ 节水灌溉。免耕冬小麦具有一定的节水潜能，可以减少灌水次数与灌水量。根据墒情，应浇好拔节水和抽穗扬花水。

第五节　秸秆还田环境生态效益评价研究

桓台县为华北平原集约农业的代表，研究桓台县过去及将来秸秆还田等农田管理措施对土壤固碳减排和养分的影响，对于我国集约农业的可持续发展具有重要意义。

一、材料和方法

（一）研究区域

研究区域为山东省桓台县。桓台县位于山东半岛中部，地处黄河下游，地理坐标为东经 117°50′—118°10′，北纬 36°54′—37°04′，县内南北边界距离为 24.4 千米，东西边界距离为 27.3 千米，全县占地面积为 498.25 平方千米。桓台县属山前洪积平原和黄淮海平原的叠错地带，其基底构造系华北平原济阳拗陷的东南斜坡、淄博盆地的北部边缘。因此地势南高北低，由西南向东北缓慢倾斜，地面最大高程为 29.5 米，最小高程为 7 米。地貌类型整体差异不大，呈波状起伏，地形相对高差仅为 22.5 米，地形分类上属典型的平原地区，平原面积约占全县总面积的 75.6%。桓台县地属暖温带大陆季风气候区，四季分明、气候温和、阳光资源丰富、降水不均、冬春干旱、夏季多雨。年平均气温为 13.4 ℃，年平均降水量为 540.7 毫米，降水主要集中在 6—8 月 3 个月，年日照时数为 2 833 小时，年无霜期平均为 198 天。桓台县是华北平原典型的集约农业区，为冬小麦—夏玉米轮作，一年两熟耕作制度，1990 年成为长江以北全国第一个吨粮县，其粮食生产在山东省乃至全国占有重要的地位。自 20 世纪 90 年代开始，蔬菜种植规模在桓台县也有所扩大，而且在 21 世纪初期形成了具有一定地域特色的蔬菜生产模式。

（二）研究数据获取

1. 第二次土壤普查数据

第二次土壤普查是在全国范围内开展的土壤普查工作，在桓台县内主要于 1982 年 8

月开始，历时一年完成。此次土壤普查以成土条件、成土过程及其属性为土壤分类依据，采用土类（soil group）、亚类（soil subgroup）、土属（soil genus）、土种（soil species）和变种（soil variety）共5级分类进行，有机质测试采用重铬酸钾滴定法，主要普查结果汇编于《桓台县土壤志》中。本研究采用其中258个样点的表层土壤有机质数据以及相应的GPS定位坐标，作为桓台县1982年土壤碳库研究的基础数据。

2. 桓台县历年土壤肥力监测数据

桓台县历年土壤肥力监测数据由桓台县农业农村局提供。土壤肥力监测自1987年开展至今，在每年秋收后对农田耕层土壤（0～20厘米）开展采样测试，6.67～33.33公顷采集一个混合样。本研究获得了桓台县2011年以前的各年有机质监测数据，其中1983—1986年、2000—2001年、2004—2005年因土壤肥力调查工作中断而无详细的数据，另外2010年也无详细监测数据，这些年份均采用桓台县农业农村局在当年少数定点监测点获得的土壤有机碳数据作为全县土壤有机碳的平均值。

3. 2011年土壤样品数据调查

2011年9月在全县范围内对农田土壤进行采样调查，采用2千米×2千米的尺度均匀布点，每个样点的土壤由3个采集点的土壤混合而成，采样层次为0～20厘米土层，本研究采用其中123个样点作为模拟起始数据，各样点以GPS精确定位。将所采集土壤样品风干，磨碎过2毫米筛，封于自封袋中于温室中保存以备测定。土壤样品中的速效养分的测定均采用常规方法：碱解氮、速效磷和速效钾分别采用碱解扩散法、碳酸氢钠浸提-钼锑抗比色法和乙酸铵浸提-火焰光度法测定。

4. 统计资料与数据

本文获取了1982—2014年桓台县耕地面积数据，此部分数据由粮田、蔬菜地和其他用地面积组成，主要用于桓台县粮田表层（0～20厘米）土壤有机碳储量的估算。此外，还有桓台县气象局提供的桓台县1980—2011年的气象数据，包括年均气温和年均降水量；来自桓台县年鉴的冬小麦和玉米产量数据；由桓台县农业农村局提供的氮肥年均施用量和秸秆还田比例数据，这些数据主要用于桓台县粮田土壤有机碳、速效养分影响因子的分析。

（三）相关参数

1. 秸秆养分含量的确定方法

由于试验缺少作物秸秆中养分含量历史数据，张鑫等根据华北平原过去20年间作物施肥与作物秸秆中氮含量的论文进行了分析统计，得到如下计算方程：

小麦秸秆氮与施肥量：

$$y=-0.48x^2+1.91x+4.54 \tag{2-1}$$

玉米秸秆氮与施肥量：

$$y=-0.22x^2+1.21x+5.31 \tag{2-2}$$

式中：y为氮含量，单位为克/千克，x为氮肥施用量，为$\times10^2$千克/公顷。小麦和玉米秸秆中的磷含量和钾含量分别参考《中国农作物主要施肥指南》（张福锁等，2009），作物秸秆养分含量具体见表2-15。

表 2-15　小麦、玉米秸秆中的养分含量

秸秆	全氮含量（克/千克）	全磷含量（克/千克）	全钾含量（克/千克）
小麦秸秆	公式（2-1）	0.71	10.2
玉米秸秆	公式（2-2）	1.33	11.1

2. 氧化亚氮折算方法

氧化亚氮的二氧化碳当量（CO_2－eq）值由下式计算求得：

$$A=\frac{B_{N_2O}}{28}\times44\times298$$

式中：A 为氧化亚氮的二氧化碳当量，B_{N_2O}为氧化亚氮的量，298 为折算系数（基于 100 年尺度）。

二、研究结果

（一）1980—2014 年桓台县冬小麦、夏玉米秸秆还田情况

1980—2014 年，桓台县农业逐步向可持续集约化农业方向发展，小麦和玉米秸秆还田分别从逐步还田到 1995 年的小麦秸秆全量还田，到 2008 年的玉米秸秆全量还田。氮肥施用量先是不断增加，后自 20 世纪 90 年代后期逐步减施，到 2014 年施氮量在450～500 千克/公顷。冬小麦、夏玉米籽粒产量分别从 3 436 千克/公顷和 4 279 千克/公顷增至 7 710 千克/公顷和 8 745 千克/公顷，产量分别为 30 多年前的 2.26 倍和 2.04 倍。根据小麦、玉米秸秆中氮、磷、钾的含量，计算得到历年作物秸秆对土壤养分的投入（表 2-16、表 2-17）。综合小麦和玉米秸秆中的养分含量，1980—2014 年，作物秸秆对氮的贡献由 9.4 千克/公顷增加到 108 千克/公顷，对磷的贡献由 1.4 千克/公顷增加到 16.4 千克/公顷，对钾的贡献由 15 千克/公顷增加到 173 千克/公顷。作物秸秆还田使得氮、磷、钾养分输入有了明显的增加，尤其是 2005 年之后玉米秸秆还田比例达到 50%以上，正是在这一年玉米秸秆养分对同期养分的贡献率达到了 12.6%（氮）、13.0%（磷）、40.9%（钾），是上年的两倍，而在 2012 年，秸秆还田对同期氮、磷、钾的贡献率分别达到 20.6%、16.6%、50.5%。

表 2-16　1980—2014 年桓台县冬小麦季玉米秸秆还田带入的养分数量和养分贡献率

年份	小麦籽粒产量（$\times10^6$ 千克）	玉米秸秆量（$\times10^6$ 千克）	玉米秸秆还田比例（%）	玉米秸秆还田贡献的养分（千克/公顷）			肥料贡献的养分（千克/公顷）			秸秆还田的养分贡献率（%）		
				氮	磷	钾	氮	磷	钾	氮	磷	钾
1980	89.8	98.7	17	4.8	0.9	8.1	147	26.6	2.9	3.2	3.3	73.6
1981	106.9	87.8	17	4.3	0.8	7.2	152	31.1	4.4	2.8	2.5	62.1
1982	95.7	81.1	17	4.3	0.8	7.0	186	32.0	5.1	2.3	2.4	57.9
1983	112.5	89.4	17	4.5	0.8	7.3	194	28.6	6.3	2.3	2.7	53.7
1984	122.8	107.0	17	5.9	1.1	9.4	229	27.5	8.4	2.5	3.8	52.8

（续）

年份	小麦籽粒产量（×10⁶ 千克）	玉米秸秆量（×10⁶ 千克）	玉米秸秆还田比例（%）	玉米秸秆还田贡献的养分（千克/公顷）			肥料贡献的养分（千克/公顷）			秸秆还田的养分贡献率（%）		
				氮	磷	钾	氮	磷	钾	氮	磷	钾
1985	125.8	104.2	17	5.9	1.1	9.4	220	27.1	9.9	2.6	3.9	48.7
1986	132.2	110.7	17	6.0	1.1	9.6	216	33.0	15.5	2.7	3.2	38.2
1987	125.8	121.9	17	6.5	1.2	10.4	212	34.2	15.1	3.0	3.4	40.8
1988	151.6	145.8	17	7.7	1.5	12.5	199	30.4	20.1	3.7	4.7	38.3
1989	152.1	162.6	21	10.2	1.9	16.4	225	33.7	24.2	4.3	5.3	40.4
1990	166.7	228.2	21	13.4	2.5	21.4	266	44.8	46.8	4.8	5.3	31.4
1991	171.2	215.4	24	15.9	3.0	25.3	269	48.2	62.5	5.6	5.9	28.8
1992	182.5	186.3	24	15.9	3.0	25.3	273	51.8	51.8	5.5	5.5	32.8
1993	176.5	187.0	25	16.1	3.0	25.6	287	56.2	54.4	5.3	5.1	32.0
1994	173.3	182.2	29	19.3	3.6	30.8	245	46.8	68.1	7.3	7.1	31.1
1995	189.4	222.7	27	17.6	3.3	28.1	265	41.9	54.1	6.2	7.3	34.2
1996	195.3	209.6	20	12.3	2.3	19.6	249	54.3	69.7	4.7	4.1	21.9
1997	198.8	157.3	16	7.5	1.4	12.0	257	53.9	74.4	2.8	2.5	13.9
1998	195.1	211.8	20	12.7	2.4	20.2	259	50.2	78.2	4.7	4.6	20.5
1999	193.3	214.4	27	17.5	3.3	28.0	237	46.5	68.0	6.9	6.6	29.2
2000	174.5	179.3	22	14.0	2.6	22.4	222	46.2	79.9	5.9	5.3	21.9
2001	141.1	174.6	23	14.5	2.7	23.4	213	45.7	76.2	6.4	5.6	23.5
2002	133.5	171.2	24	15.1	2.9	24.5	199	50.1	75.5	7.1	5.5	24.5
2003	137.3	155.9	30	19.0	3.6	30.4	237	49.0	71.0	7.4	6.8	30.0
2004	144.2	175.8	30	18.8	3.5	30.0	252	51.8	78.0	6.9	6.3	27.8
2005	167.1	199.3	50	31.6	6.0	50.8	219	40.2	73.5	12.6	13.0	40.9
2006	181.6	204.2	50	30.8	5.8	49.6	217	37.8	70.5	12.4	13.3	41.3
2007	180.9	205.1	70	43.6	8.1	69.5	253	41.8	65.5	14.7	16.2	51.5
2008	181.5	207.0	90	55.4	10.3	88.3	253	49.2	55.5	18.0	17.3	61.4
2009	137.8	209.4	90	55.6	10.4	88.6	259	40.5	49.5	17.7	20.4	64.2
2010	189.8	219.5	90	56.5	10.6	90.2	243	36.0	45.5	18.9	22.7	66.5
2011	202.9	223.2	90	58.2	10.9	92.8	250	37.1	48.5	18.9	22.7	65.7
2012	199.8	201.5	90	57.6	10.9	93.0	208	41.2	84.8	21.7	20.9	52.3
2013	180.0	179.1	90	52.3	9.9	84.5	205	39.1	84.9	20.3	20.2	49.9
2014	181.6	186.1	90	54.2	10.2	87.4	212	40.7	86.8	20.4	20.0	50.2

注：秸秆对养分的贡献率＝秸秆还田养分量/(秸秆还田养分量＋施肥养分量)。

表 2-17　1980—2014 年桓台县夏玉米季小麦秸秆还田带入的农田养分数量和养分贡献率

年份	玉米籽粒产量（×10⁶ 千克）	小麦秸秆量（×10⁶ 千克）	小麦秸秆还田比例（%）	小麦秸秆还田贡献的养分（千克/公顷）			肥料贡献的养分（千克/公顷）			秸秆还田的养分贡献率（%）		
				氮	磷	钾	氮	磷	钾	氮	磷	钾
1980	100.7	95.0	20	4.6	0.5	7.4	147	26.6	2.9	3.0	1.8	71.8
1981	89.5	113.3	20	5.4	0.6	8.8	152	31.1	4.4	3.4	1.9	66.7
1982	82.8	101.5	20	5.2	0.6	8.3	186	32.0	5.1	2.7	1.8	61.9
1983	91.2	119.2	20	6.0	0.7	9.5	194	28.6	6.3	3.0	2.4	60.1
1984	109.2	130.2	20	6.3	0.7	10.1	229	27.5	8.4	2.7	2.5	54.6
1985	106.4	133.3	20	6.5	0.7	10.3	220	27.1	9.9	2.9	2.5	51.0
1986	112.9	140.1	20	6.6	0.7	10.5	216	33.0	15.5	3.0	2.1	40.4
1987	124.4	133.3	20	6.4	0.7	10.1	212	34.2	15.1	2.9	2.0	40.1
1988	148.8	160.6	20	7.8	0.8	12.4	199	30.4	20.1	3.8	2.6	38.2
1989	165.9	161.3	30	11.7	1.3	18.5	225	33.7	24.2	4.9	3.7	43.3
1990	232.9	176.7	40	16.6	1.9	27.2	266	44.8	46.8	5.9	4.1	36.8
1991	219.8	181.5	50	21.3	2.4	35.0	269	48.2	62.5	7.3	4.7	35.9
1992	190.1	193.4	60	26.8	3.0	44.1	273	51.8	51.8	8.9	5.5	46.0
1993	190.8	187.1	70	30.7	3.5	51.6	287	56.2	54.4	9.7	5.9	48.7
1994	185.9	183.7	80	37.7	4.2	60.7	245	46.8	68.1	13.3	8.2	47.1
1995	227.2	200.7	90	43.6	4.9	71.3	265	41.9	54.1	14.1	10.5	56.9
1996	213.9	207.0	90	45.6	5.1	73.6	249	54.3	69.7	15.5	8.6	51.4
1997	160.5	210.7	90	46.5	5.2	75.5	257	53.9	74.4	15.3	8.8	50.4
1998	216.2	206.9	90	46.5	5.2	75.6	259	50.2	78.2	15.2	9.4	49.2
1999	218.8	204.9	90	47.4	5.2	75.9	237	46.5	68.0	16.7	10.1	52.7
2000	182.9	184.9	90	47.6	5.2	75.6	222	46.2	79.9	17.7	10.1	48.6
2001	178.1	149.6	90	46.8	5.1	74.3	213	45.7	76.2	18.0	10.0	49.4
2002	174.7	141.5	90	43.1	4.7	68.3	199	50.1	75.5	17.8	8.6	47.5
2003	159.1	145.6	90	46.1	5.1	73.9	237	49.0	71.0	16.3	9.4	51.0
2004	179.3	152.9	90	45.9	5.1	74.3	252	51.8	78.0	15.4	9.0	48.8
2005	203.3	177.1	90	46.2	5.0	73.4	219	40.2	73.5	17.4	11.1	50.0
2006	208.4	192.5	90	47.4	5.2	75.3	217	37.8	70.5	17.9	12.1	51.6
2007	209.3	191.7	90	46.5	5.2	75.3	253	41.8	65.5	15.5	11.1	53.5
2008	211.2	192.3	90	46.8	5.2	75.8	253	49.2	55.5	15.6	9.6	57.7
2009	213.7	146.1	90	35.2	3.9	57.2	259	40.5	49.5	17.7	20.4	64.2

（续）

年份	玉米籽粒产量（×10⁶ 千克）	小麦秸秆量（×10⁶ 千克）	小麦秸秆还田比例（%）	小麦秸秆还田贡献的养分（千克/公顷）			肥料贡献的养分（千克/公顷）			秸秆还田的养分贡献率（%）		
				氮	磷	钾	氮	磷	钾	氮	磷	钾
2010	224.0	201.2	90	47.1	5.2	75.6	243	36.0	45.5	18.9	22.7	66.5
2011	227.7	215.2	90	49.4	5.5	79.8	250	37.1	48.5	18.9	22.7	65.7
2012	223.9	211.8	90	50.6	5.5	80.1	208	41.2	84.8	21.7	20.9	52.3
2013	199.0	190.8	90	46.6	5.1	73.9	205	39.1	84.9	20.3	20.2	49.9
2014	206.8	192.5	90	47.3	5.1	75.0	212	40.7	86.8	20.4	20.0	50.2

注：秸秆对养分的贡献率＝秸秆还田养分量/（秸秆还田养分量＋施肥养分量）。

（二）秸秆还田对粮食产量的贡献

将粮食产量的影响因子（包括年均温度、年均降水量以及秸秆还田量和氮肥施用量）分别与粮食作物产量进行单因素线性回归分析（图 2－35）。在影响产量的气候因素中，

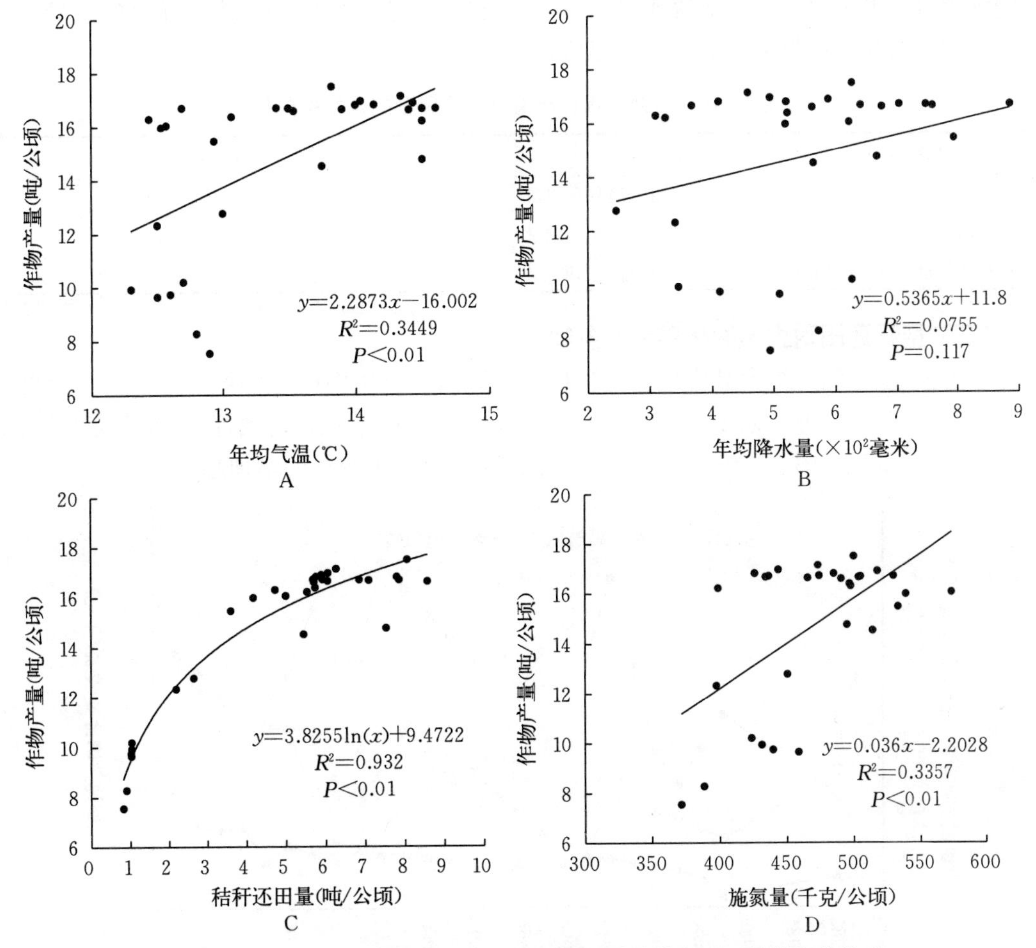

图 2－35 粮食产量与自然因素、氮肥施用量及秸秆还田量的相关关系

A. 年均气温 B. 年均降水量 C. 秸秆还田量 D. 氮肥施用量

年均气温在这30年间有所增加，它和产量的关系用线性方程表示为 $y=2.2873x-16.002$ ($R^2=0.3449$，$P<0.01$)，呈显著相关关系，而降水量和产量无显著相关性（$P=0.117$）。氮肥施用量在20世纪80年代和90年代增施，90年代末逐渐减量，至2011年氮施用量约为500千克/公顷，与粮食产量显著相关（$P<0.01$），但对粮食产量的决定系数仅为0.3357。而另一个农田管理措施秸秆还田在30年集约化农业进程中的影响大大提高，它和产量的关系用方程表示为 $y=3.8255\ln(x)+9.4722$ ($R^2=0.932$)，两者呈极显著相关关系（$P<0.01$）。

产量及其影响因素的偏相关分析（表2-18）则表明，剔除氮肥施用量及温度的影响后，秸秆还田量与产量的相关系数有所降低，但其依然是产量的显著影响因素，两者呈正相关关系（$r=0.724$，$P<0.01$）。而产量和氮肥施用量无显著正相关关系（$r=0.368$，$P=0.054$），产量和年均气温则呈现负相关关系，差异未达到显著性水平（$r=-0.010$，$P=0.960$）。另外，粮食产量及其影响因素的多元线性回归方程为 $Y=1.121S+0.016N-0.068T-0.002P'+3.58$ ($R^2=0.872$，$P<0.01$，Y 为作物产量，S 为秸秆还田量，N 为氮肥施用量，T 为温度，P' 为降水量），进一步说明在诸多影响因素中，随着施肥量渐趋稳定，秸秆对作物产量的影响占了重要比重。

表2-18 桓台县粮食产量与影响因子的偏相关分析

控制变量	变　量	偏相关系数
氮肥施用量、温度	产量、秸秆还田量	0.724 ($P<0.001$，$df=26$)
秸秆还田量、温度	产量、氮肥施用量	0.368 ($P=0.054$，$df=26$)
秸秆还田量、氮肥施用量	产量、温度	−0.010 ($P=0.960$，$df=26$)

（三）秸秆还田对土壤速效养分的影响

在过去30年间，桓台县土壤养分含量整体提高，土壤中的碱解氮由40毫克/千克增至127毫克/千克，速效磷由10毫克/千克增至25毫克/千克，速效钾由85毫克/千克增至224毫克/千克（图2-36），且在1989—1994年出现了明显的增加趋势。

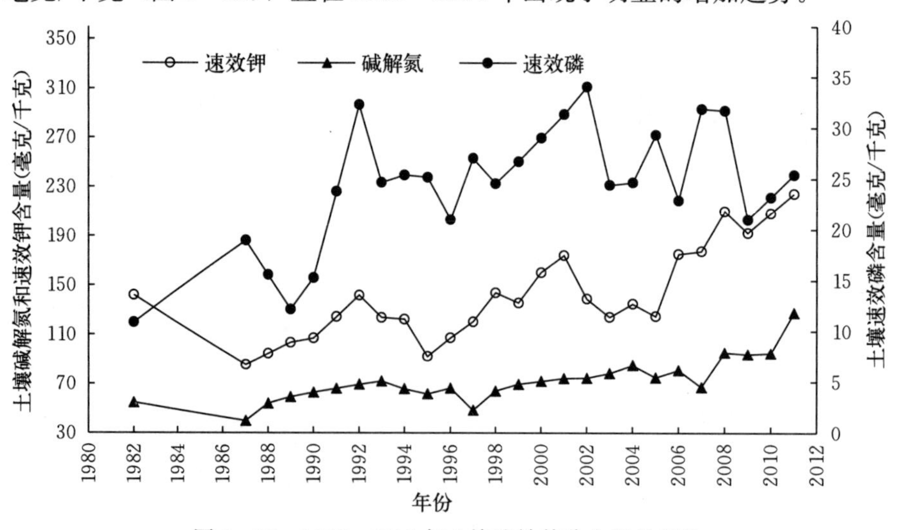

图2-36 1982—2011年土壤速效养分含量的变化

对土壤碱解氮、速效磷、速效钾和秸秆贡献碱解氮、速效磷、速效钾进行相关分析（图 2-37A、B、C），它们的线性回归方程分别为 $y=0.5214x+41.227$（$R^2=0.6597$，

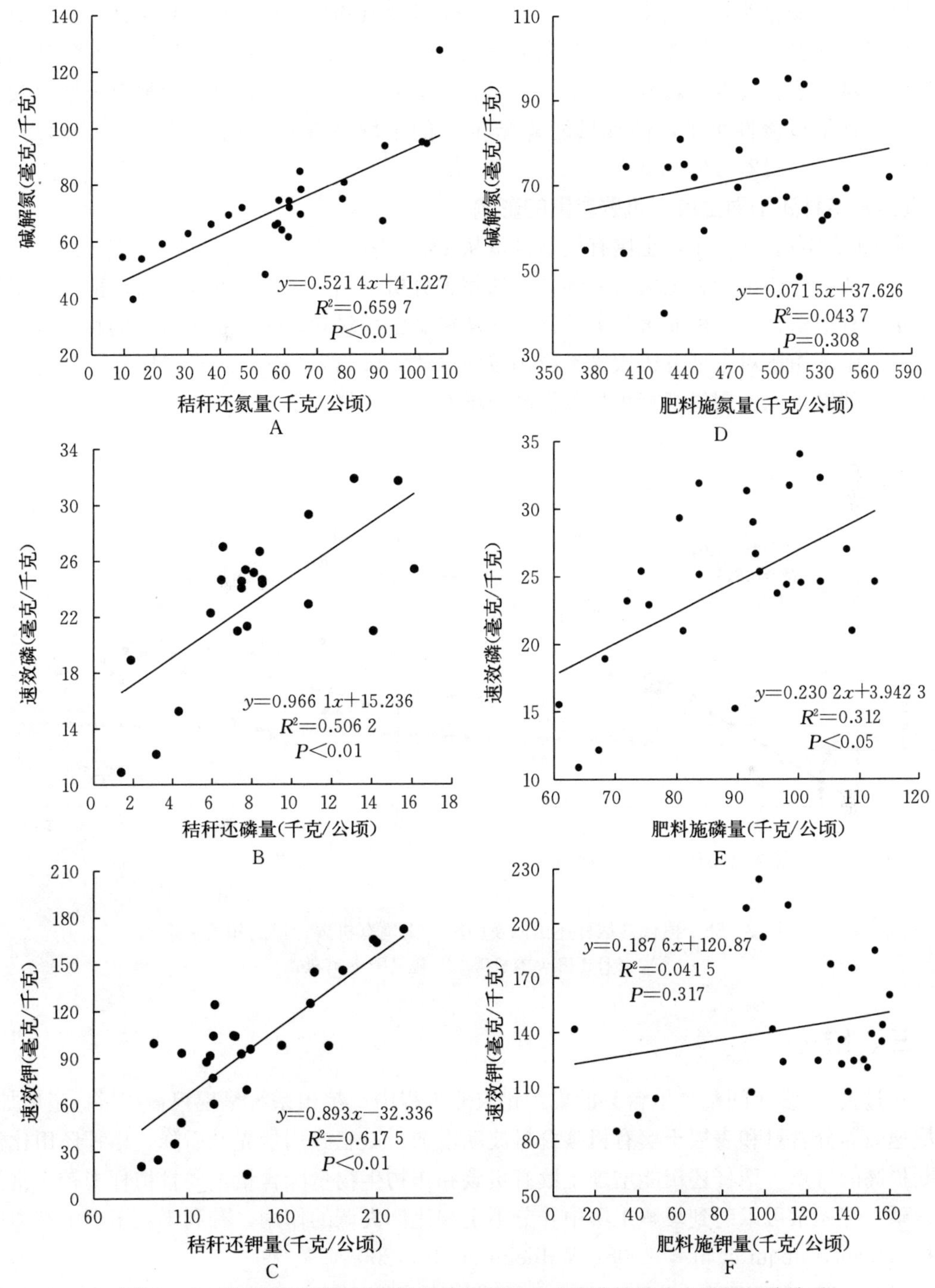

图 2-37 秸秆还田以及施肥输入养分数量和土壤速效养分含量的相关关系

A. 秸秆还田 vs 碱解氮 B. 秸秆还田 vs 速效磷 C. 秸秆还田 vs 速效钾

D. 施肥 vs 碱解氮 E. 施肥 vs 速效磷 F. 施肥 vs 速效钾

$P<0.01$），$y=0.966\,1x+15.236$（$R^2=0.506\,2$，$P<0.01$），$y=0.893x-32.336$（$R^2=0.617\,5$，$P<0.01$）。秸秆还田贡献的养分显著影响土壤养分，其中作物秸秆均解释了50%以上的土壤速效养分变化程度，尤其是土壤碱解氮和秸秆还田量的相关性较大。对土壤速效养分和肥料带入的养分数量进行相关性分析（图 2－37D、E、F），发现氮肥和钾肥施用量对土壤速效养分影响不显著（$P=0.308$，$P=0.317$），磷肥施用量对土壤速效磷的影响达到了显著性水平，但其只能解释 30%的土壤速效磷变化程度（$y=0.2302x+3.9423$，$R^2=0.312$，$P<0.05$）。

（四）秸秆还田对土壤有机碳含量的影响

从 1982 年到 2011 年，土壤有机质含量从 13.4 克/千克增至 19.0 克/千克，约增加了 41.8%。从秸秆还田量和土壤有机碳含量的相关分析（图 2－38）可以看出，秸秆还田量和土壤中有机碳含量呈极显著相关关系，而从氮肥施用量和土壤有机碳含量的相关分析中可知，氮肥施用量对土壤有机碳含量影响较弱（$R^2=0.177$，$P<0.05$），秸秆还田为主的外源有机碳输入比施用氮肥能更显著提高土壤有机碳含量。

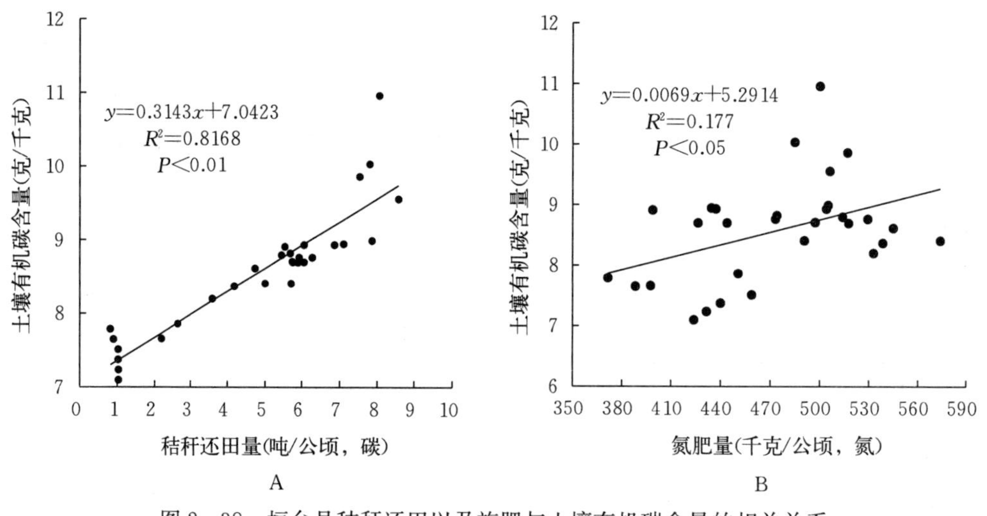

图 2－38 桓台县秸秆还田以及施肥与土壤有机碳含量的相关关系
A. 秸秆还田 vs 有机碳 B. 施氮肥 vs 有机碳

三、结论

在过去 30 多年间整个桓台县的集约化农业进程中，粮田系统呈现粮食产量稳定增加、土壤速效养分含量和表层土壤有机碳含量波动增加、氮肥施用量先升后降、秸秆还田比例不断提高的特点。秸秆还田能增加土壤有机碳和作物生物量碳含量，并且秸秆中较丰富的氮、磷、钾元素可以起到缓解土壤中养分不足和比例失调的作用，有利于农田土壤肥力的保持（Blancocanqui et al.，2008；Wilhelm et al.，2004）。

（1）1980—2014 年，经过 30 年的农业集约化生产，2008 年，全县实现玉米小麦秸秆90%还田，小麦、夏玉米籽粒产量分别从 3 436 千克/公顷、4 279 千克/公顷增至 7 710 千克/公顷、8 745 千克/公顷，粮食产量分别为过去的 2.26 倍和 2.04 倍。作物秸秆还田量

成为粮食增产的显著影响因素，粮食产量及其影响因素的多元线性回归方程为 $Y=1.121S+0.016N-0.068T-0.002P'+3.58$（$R^2=0.872$，$P<0.01$，$Y$ 为作物产量，S 为秸秆还田量，N 为氮肥施用量，T 为温度，P'为降水量）。

（2）1982 年至 2011 年桓台县粮田土壤碱解氮、速效磷和速效钾均呈增加趋势，土壤中的碱解氮由 40 毫克/千克增至 127 毫克/千克，速效磷由 10 毫克/千克增至 25 毫克/千克，速效钾由 85 毫克/千克增至 224 毫克/千克。1980—2014 年，作物秸秆对氮的贡献由 9.4 千克/公顷增加到 108 千克/公顷，对磷的贡献由 1.4 千克/公顷增加到 16.4 千克/公顷，对钾的贡献由 15 千克/公顷增加到 173 千克/公顷。还田的秸秆养分量与土壤速效养分成极显著正相关关系。

（3）从 1982 年秸秆开始还田，秸秆还田量逐渐增加，这期间粮田土壤有机碳含量从 13.4 克/千克增至 19.0 克/千克，约增加了 1.8%，以秸秆还田为主的外源有机碳输入则成为影响土壤有机碳含量的主要因素，两者呈极显著相关关系（$P<0.01$）。

第六节 结　　论

（1）以自然界秸秆腐解样品牛粪、羊粪、腐败秸秆等为原料，从不同碳源降解酶活性、不同环境温度类型等角度筛选出高效降解菌系，并根据生态关系等的协调性组建了秸秆快速降解等复合微生物菌系 1 套，对其生长速度、降解效率及组成稳定性进行研究，建立了液体-固体联合发酵的秸秆快速降解菌剂的生产工艺 1 套。在山东省桓台县中国农业大学实验站开展了秸秆还田下玉米秸秆快速腐熟还田技术研究，初步明确了秸秆快速腐熟还田对土壤肥力和作物产量的影响。

（2）单一菌株的玉米秸秆降解试验表明，经碱处理的玉米秸秆确实更利于菌株的降解；其中，V1、B6-15、H1 和 K1 处理组的玉米秸秆降解率较高，K1 的处理组酶活性最高，且 B6-15、V1、H1、K1 的生长速度及到达稳定期的 OD 较高。B6-15、V1、H1 和 K1 4 株菌为具有复合潜力的菌株；K1+B6-15 组合的处理组降解率显著高于其他组，高达 56.3%；K1∶B6-15=3∶2的配比降解效果最佳，对处理过的玉米秸秆的降解率高达 63.7%；对该配比组合的降解效果的试验表明，该组合具有很高的木质素降解能力，对纤维素的降解量为 14.66 毫克，降解率为 65%；对半纤维素的降解量为 0.042 7 毫克，降解率为 30%；对木质素的降解量为 0.102 4 毫克，降解率为 97%。

（3）在中国农业大学桓台实验站开展了玉米秸秆还田下不同耕作措施对土壤肥力和作物产量的影响的研究，揭示了耕作措施对土壤肥力和作物产量的影响机理。在桓台县新城镇逯家村和石家庄村建立 2 个百亩高产示范区；在新城镇和果里镇建立了核心示范区 1 100 亩，开展了“秸秆还田农艺农机相结合”技术示范，取得了玉米秸秆全部还田、提高土壤有机质含量、减少环境污染、水肥利用效率提高 20%～30%、每亩减少机械费用 80 多元和减少劳动投入等良好效果。

（4）经过 30 年的农业集约化生产，2008 年桓台县实现玉米小麦秸秆 90%还田，小麦、夏玉米籽粒产量分别从 3 436 千克/公顷、4 279 千克/公顷增至 7 710 千克/公顷、

8 745 千克/公顷，粮食产量分别为过去的 2.26 倍和 2.04 倍。作物秸秆还田量成为粮食增产的显著影响因素。1982—2011 年桓台县粮田土壤碱解氮、速效磷和速效钾均呈增加趋势。还田的秸秆养分量与土壤速效养分呈极显著正相关关系。土壤有机碳含量从 13.4 克/千克增加到 19.0 克/千克，约增加了 1.8%，以秸秆还田为主的外源有机碳输入则成为影响土壤有机碳含量的主要因素。

第三章 CHAPTER 3

农田秸秆发酵饲料转化技术及应用

秸秆是畜牧动物的主要饲料来源之一，发展秸秆饲料可为我国畜牧业的发展提供完备的保障。然而，秸秆中含有丰富的纤维素、半纤维素、木质素等成分，结构致密，质地坚硬，致使秸秆饲料适口性差。

在自然界，任何一种纤维素的分解都是多种微生物联合作用的结果，虽然在这个群体中大部分菌株不具有分解纤维素的能力，但是它们的存在为纤维素分解菌的生长生活提供了条件。人们在试验研究中也发现，多菌株的混合体对天然纤维素的分解能力高于单菌株。崔宗均等培育的高温菌复合系（编号：MC1）就是其中的一个典型代表，MC1 对水稻秸秆的分解能力达到了 81%，但对小麦秸秆的分解能力相对较低，最高仅有 45%左右。Kato 等对菌群结构做了进一步的研究，发现了菌系中纤维素分解菌和非纤维素分解菌间存在着良好的协同关系，这种关系维持着菌群功能的稳定。

微生物通过合成各种酶（纤维素酶、木聚糖酶、过氧化物酶等）来完成对木质纤维素的分解，这些酶有的是游离的胞外酶，有的则总是和细胞紧密联系在一起。然而，天然木质纤维素由于结构复杂而坚固，很难被微生物和酶分解，利用纯培养微生物及其酶来分解天然木质纤维素则显得更加困难，虽然有的纯培养微生物也有较高的酶活性，也发现几种纯酶的组配能显著提高分解酶的活性，对成分和结构相对简单的纤维素和半纤维素如木聚糖、羧甲基纤维素和经过苛刻条件前处理的纤维素等也具有较高的分解能力，但对成分和结构较复杂的天然木质纤维素不起作用。因此，微生物和酶的分解能力低仍然是限制木质纤维素材料转化的主要因素之一。

对于木质纤维素分解微生物的研究以往多集中于真菌和细菌的纯培养。纯培养微生物的分解能力和活性通常有限，特别是纯培养的细菌，分解活性高的往往也只能降解结构和成分相对简单的木聚糖和羧甲基纤维素等，对天然木质纤维素往往没有分解能力。Scholten - Koerselman 等报道了解木聚糖拟杆菌（*Bacteroides xylanolyticus* sp. nov.），在严格厌氧条件下，在添加 0.2% 木聚糖的液体培养基中，解木聚糖拟杆菌能使木聚糖分解 75%，但不能分解天然木质纤维素（半纤维素）。最近 Christophe Chassard 等从人类粪便中分离了几株木聚糖分解菌类杆菌（*Bacteroides* sp.），并测定和分析了它们的木聚糖酶活性，但并未提及这些纯培养微生物对半纤维素的分解能力，*Bacteroides* sp. 的最高木聚糖酶活范围在 6～14 单位。Rogers 等从腐烂的松树木头中分离了一株木聚糖分解菌 *Clostridium xylanolyticum* sp. nov. （strain ATCC 49623），该纯培养菌在 35 ℃时能利用木聚糖，但是并没有该菌的酶活分析和它分解天然半纤维素的相关报道。Akihiko 等对嗜纤维杆菌（*Clostridium cellulovorans*）的木聚糖酶进行了研究，其最高木聚糖酶活为 0.5 单位。Broda 从真空包装的羊肉中分离了一株厌氧菌溶脂梭菌（*Clostridium algidixylanolyticum*），该菌能降解木聚糖，在以燕麦木聚糖为底物时的胞外其木聚糖酶活最高为 0.110 单位。木质纤维素分解菌复合系（编号：XDC-2）的酶活（8～12 单位）和分解能力明显优于这些已报道的纯培养微生物。

玉米、水稻、小麦秸秆的自然发酵试验证明了除玉米秸秆外，水稻和小麦秸秆在自然发酵状态下的发酵品质较差。在秸秆发酵过程中，pH 的下降速度和乳酸含量是其发酵品质的决定因素。研究表明，发酵初期 pH 的迅速下降可抑制其他微生物（如梭菌）的繁殖，从而减少了蛋白质的分解，降低了氨态氮与全氮的比值（Cai et al.，1999），而乳酸可以提高秸秆发酵饲料的适口性。为改善其发酵效果，制作优良的秸秆发酵饲料需添加乳酸菌制剂。崔宗均等发现，通过限制性培养定向驯化自然微生物群体，可获得组成稳定、功能强大、适应外界环境的微生物群体。

第一节　秸秆纤维素分解菌系筛选及性质研究

一、材料与方法

（一）材料

1. 培养基

PCS 培养液：用于培养纤维素分解菌复合系 WDC2。每升去离子水中含：蛋白胨 5 克，纤维素（秸秆、滤纸、纤维素粉等）5 克，NaCl 5 克，$CaCO_3$ 2 克，酵母粉 1 克。调节 pH 至 7.0，121 ℃灭菌 20 分钟。

2. 秸秆前处理

小麦和水稻秸秆前处理：将小麦秸秆（取自中国农业大学科技园）剪成 6 厘米左右的小段保存。干燥的小麦秸秆用 1.5%的 NaOH 浸泡 24 小时，之后，用自来水冲洗，至 pH 为 7.0～8.0，60 ℃干燥后保存。

3. 堆肥

将牛粪、鸡粪、切碎的小麦秸秆按 3∶1∶6 的体积比混合均匀进行堆肥，碳氮比（C/N）约为 35。调节水分至 60%左右。堆体长 2 米，宽 1.8 米，高 1.5 米。堆体静态堆制，翻堆调节堆体氧气含量。堆肥开始第 2 天温度即上升到 50 ℃以上，此后开始翻堆，每隔 2 天翻堆一次，堆肥进行到第 21 天时，经过一个温度高峰期，小麦秸秆软化分解。当温度回落到 50 ℃左右时取样。取样时，分别在堆体的上层、中层、下层取样品，取样总量约为 1 千克，取样时重点获取分解的小麦秸秆残渣，然后均匀混合。取得的样品分 3 部分：一部分作为成分分析样品，直接保存在−20 ℃冰箱中；一部分作为 DNA 样品，用缓冲液浸泡，保存在−20 ℃冰箱中；一部分作为菌源，在超净台中接种到新鲜的 PCS 培养液中。

（二）方法

1. 复合系的筛选与驯化

筛选温度设置了 50 ℃、60 ℃、70 ℃ 3 个温度，在每个温度下，设置了前处理小麦秸秆作为碳源和天然小麦秸秆直接作为碳源 2 个处理，在液体中静置培养。每个培养瓶中

放入1条窄的滤纸条，作为纤维素分解菌分解纤维素的直观评价指标。每个处理设5个重复，静置培养一段时间。将培养液混匀，然后吸取4毫升菌液转接到新鲜的培养液中，用锡箔纸封口，转移至60℃环境中，静置培养。转接1次记为1代，每隔5代保存菌种，同时保存用提取液浸泡的DNA样品，－20℃保存。

在筛选和驯化过程中，到第5代将分解能力强的菌系有选择性地进行混合再培养，共构成7个新菌系，将新构成的菌系继续培养3代，剔除分解能力弱的菌系，将保留的5个菌系再扩大培养成两部分，分别以前处理小麦和天然小麦作为碳源培养。菌系继代培养到第10代，利用减重法测定筛选菌系分解纤维素的能力，进一步剔除分解能力差的菌系。

2. 纤维素分解率的测定（减重法）

将过滤用滤纸（日本沃特曼产）60℃烘干至恒重，记录滤纸重。将培养液同分解残渣用滤纸过滤，将过滤残渣连同滤纸60℃烘干至恒重，称重，去除滤纸重后得到分解残渣重，同时做无菌对照。

3. pH测定

测定培养液pH。取待测液0.5毫升，用日本HORIBA B－212型微量pH计测定pH。

4. 生物量的测定

OD法：利用光密度来反映菌株的生物量。取待测液0.5毫升，用mini－DNA/RNA分析仪，在600纳米处测定光密度。

5. 有机酸的测定

气相色谱-质谱连用仪（GCMS）：用于分析培养液产物，培养液过0.2微米滤膜，用岛津公司生产的QP22010型气相色谱-质谱仪（GC－MS）测定成分。测定的数据利用NIST数据库进行定性、定量分析。

6. 纤维素、半纤维素、木质素成分的测定

将秸秆分解残渣粉碎，过1毫米筛，准确称取0.5克，装入F57专用袋。用ANK-OM220型纤维分析仪测定纤维素、半纤维素、木质素含量。操作过程参考说明书。

7. DNA的提取

总DNA的提取采用氯苯法（Zhu et al.，1993）。

聚合酶链式反应（polymerase chain reaction，PCR）：

DNA扩增的PCR反应使用美国PTC 200热循环仪（MJ研究公司，美国马萨诸塞州沃特敦）。

8. 变性梯度凝胶电泳及测序

变性梯度凝胶电泳（denaturing gradient gel electrophoresis，DGGE）采用双变性梯度（Cremonesi et al.，1997；Haruta et al.，2002）。使用灌胶装置Gradient Delivery System Model1475（Bio－Rad）做胶。胶规格为16厘米×16厘米，厚度为1毫米，丙烯酰胺（polyacrylamide）浓度梯度为6%～12%，变性剂（尿素）浓度梯度为20%～60%。使用过硫酸铵（ammonium persulfate，APS，10%）和四甲基乙二胺N，N，N，N，N，－tetramethylethylene diamine，TEMED）作为胶连剂。电泳使用装置DCode通用突变检测系统（Bio－Rad Laboratoried），电泳电压为200伏，61℃恒温泳动5小时，使用0.5×

TAE 作为电泳缓冲液。胶染色使用稀释 10 000 倍（0.5×TAE 作为稀释液）的 SYBR® GreenⅠ染色 30 分钟，用凝胶成像仪（Alpha Innoteach，美国）观察、照相。

DGGE 条带 DNA 回收测序：DNA 的回收需要切取目标条带，切胶时在凝胶成像仪下用 320 纳米光观察条带位置，用小刀（切胶前，刀子蘸酒精，用火燃烧灭菌）切取目标条带的胶，放入灭菌的 1.5 毫升离心管中。回收的条带采用乙醇沉淀法进行纯化。

测序使用 96 孔测序板进行。

9. 克隆

16S rDNA 克隆文库的构建方法参照文献“Bacterial distribution and phylogenetic diversity in Changjiang Estuary before the constrution of the Three Gorges Dam”（Sekiguchi et al.，2002）。细菌 16S rDNA 扩增产物用 0.8%的琼脂糖凝胶检验纯化，切取目标条带，用 QIAquick 凝胶萃取试剂盒（日本东京桥根）进行 DNA 的回收和纯化。检测纯化产物 DNA 的浓度，将纯化产物按照比例［（1∶3）～（3∶1）］链接到 pGEM®-T Easy 载体（普罗梅加，美国），并转化入大肠杆菌（*Escherichia coli*）JM109。然后在含 IPTG（1 毫摩/升）、X-gal（40 毫克/升）、氨苄西林（ampisilin，100 微克/升）的 LB 固体培养基上涂布。37 ℃培养 12～16 小时后，挑选其中的白色菌落，转接到含有氨苄西林（ampisilin，100 微克/升）的 LB 固体培养基上，并编号建库。同时挑取白色菌落进行菌落 PCR-DGGE（16S rDNA V3），选取 DGGE 胶上不同位置条带所代表的菌落接种到 3 毫升 LB 液体培养基（含氨苄西林，100 微克/升）中，37 ℃振荡培养 12～16 个小时，得到转化质粒后的 *E. coli* JM109 菌体。用 SDS 碱裂解法提取质粒 DNA（Sambrook et al.，1989），并经 RNAase 处理后，用紫外分光测定仪检测质粒 DNA 的浓度和纯度。合格的 DNA 可以进行测序。测序选用质粒引物 T7 和 SP6，利用 ABI PRISM® 3130xl 基因分析仪（Applied Biosysytems，英国沃灵顿）进行测序。

10. 末端限制性酶切片段多态性分析

将 DNA 进行 PCR 扩增，PCR 引物使用 6FAM-27F 和 907R（Hori et al.，2006）。PCR 产物用 0.8%的琼脂糖凝胶检测，并使用 Wizard® SV Gel 和 PCR 纯化系统（Promega）试剂盒进行纯化，纯化后的产物用紫外分光检测仪检测浓度。将 200 纳克纯化后的 PCR 产物加入 10 单位的限制性内切酶（*Bstu*Ⅰ，*Msp*Ⅰ，New England BioLabs，美国）进行酶切，体系总体积用灭菌蒸馏水调整到 10 微升，37 ℃条件下培养 16 个小时。将 10 微升的酶切产物、0.5 微升内部泳道标准品 GeneScan-500 ROX（Applied Biosystems，英国沃灵顿）、0.5 微升上样缓冲液（Applied Biosystems）、0.2 微升甲酰胺混合，转入测序板内，95 ℃处理 2 分钟，马上转移至冰上冷却。处理后的酶切样品［带有荧光标记的 5′-末端片段（T-RFs）］通过 ABI PRISM® 3130xl 基因分析仪（Applied Biosysytems，英国沃灵顿）进行分析。分析结果使用片段分析软件 GENEMAPPER version 3.7（Applied Biosystems）软件进行分析（Takeshita et al.，2007；Ueno et al.，2006）。

11. 系统分类分析

从 NCBI 的 DNA 序列数据库中获得菌株序列，使用 MEGA4 对分析序列进行多序列比对，并建立对齐文件，生成系统发育树。系统发育树采用 neighbour-joining 法，使用 bootstrap resampling 检测，重复 1 000 次。WDC2 菌群克隆序列登录号为 FJ796690-FJ796699。

二、研究结果

（一）复合系的筛选过程及筛选结果

筛选过程中，第1代至第4代，70 ℃培养时菌系（Ld1、Ld2）的分解能力比较弱，故只保留了50 ℃和60 ℃培养条件下的菌系。到第5代将分解能力强的菌系有选择地进行混合再培养，逐步剔除分解能力差的菌系。这样通过限制性培养手段，共筛选到6组小麦秸秆分解菌系：4－2、4－1、Lc1－1、7－2、Lb2－4、2－1。4－2（编号为WDC2）菌系是通过限制性培养筛选得到的分解能力最强的菌系，对小麦秸秆的分解率为60.82%。表3－1为11代保留菌系的特性。

表3－1　11代保留菌系的特性

培养温度	培养液体积（毫升）	处理编号（5次重复）	
		天然小麦秸秆	前处理小麦秸秆
50 ℃	80	2－1	Lb2－4、7－2
60 ℃	80	Lc1－1、4－1	4－2

注：80毫升为100毫升三角瓶中放培养液80毫升。

（二）WDC2和MC1分解小麦秸秆能力的比较

将WDC2和MC1培养在PCS培养液（80毫升）中，小麦秸秆为唯一碳源，加入量为800毫克。静置培养15天后，培养液中小麦秸秆的剩余量分别为WDC2：284.273毫克，MC1：416.282毫克（图3－1）。WDC2和MC1对小麦秸秆的分解率分别为64.47%和47.96%。

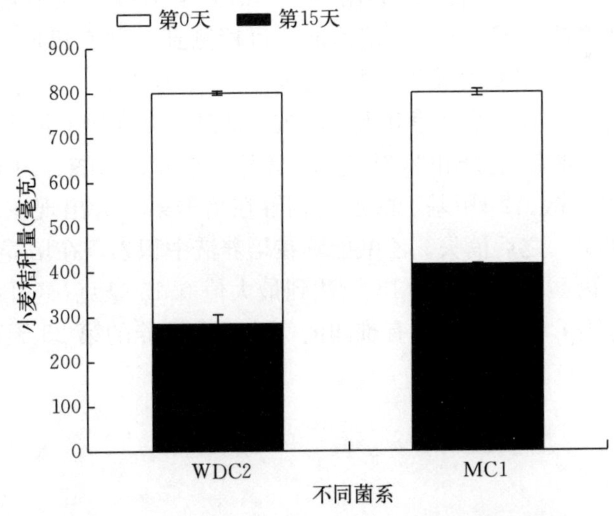

图3－1　WDC2和MC1对小麦秸秆分解率的比较

注：黑色柱为分解第15天小麦秸秆残留量，白色柱为第15天小麦秸秆分解量。

（三）生物量变化

将WDC2培养于PCS培养液中，在分解的不同时间测定培养体系的光密度（OD）。在菌系分解小麦秸秆的过程中，菌体细胞的生物量可以用培养液的光密度来表示（图3－2）。

WDC2 在培养开始时的光密度为 0.05，随着培养时间的延长，生物量不断增加，在 60 小时时光密度达到高峰（0.73），此后，生物量保持在 0.7 左右，持续到培养结束。

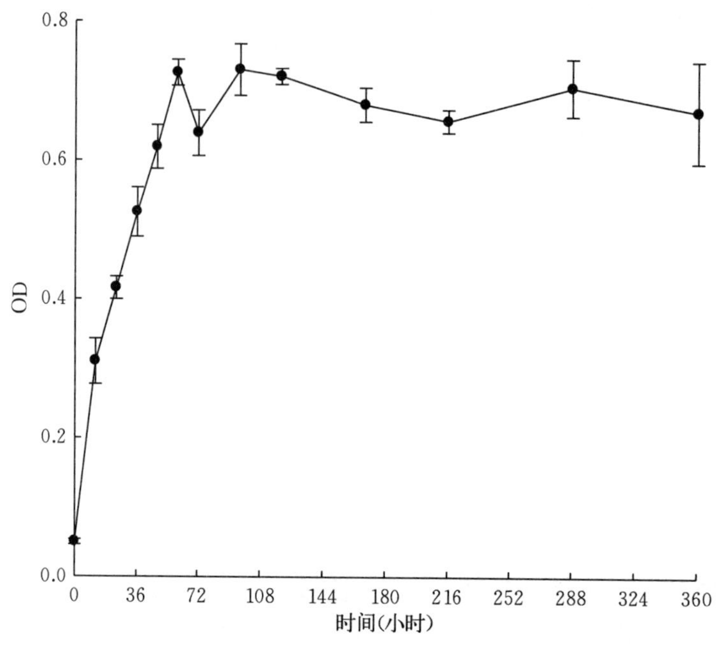

图 3－2　WDC2 分解小麦秸秆过程中培养液生物量的变化

（四）WDC2 分解小麦秸秆过程中的挥发性产物

将 WDC2 培养于 PCS 培养液中。利用 GC－MS 测定 WDC2 在不同时间分解小麦秸秆培养液的挥发性有机产物（图 3－3）。培养液中可检测到 9 种有机成分，分别为：乙醇、乙酸、乙二醇、丙酸、2－甲基丙酸环己酯、丁酸、3－甲基丁酸、2－甲基丁酸乙酯、丙三醇。乙二醇、丙三醇在培养开始（第 0 天）时被检测到，并在培养液中积累，培养结束时分别达到最大值 0.68 毫克/毫升和 2.38 毫克/毫升。乙醇、乙酸、丙酸、2－甲基丙酸环己酯、丁酸、3－甲基丁酸、2－甲基丁酸乙酯相继在培养第 1 天出现在培养液中。乙醇仅在培养的第 1 天被检出，之后消失。乙酸能够在培养液中积累，在培养的第 7 天达到最大值 0.48 毫克/毫升。丙酸在培养的第 15 天达到最大值 0.15 毫克/毫升。丁酸的积累（最大值为 0.05 毫克/毫升）使培养液具有难闻的气味。在培养的第 25 天，这几种有机酸在培养液中消失（图 3－4）。

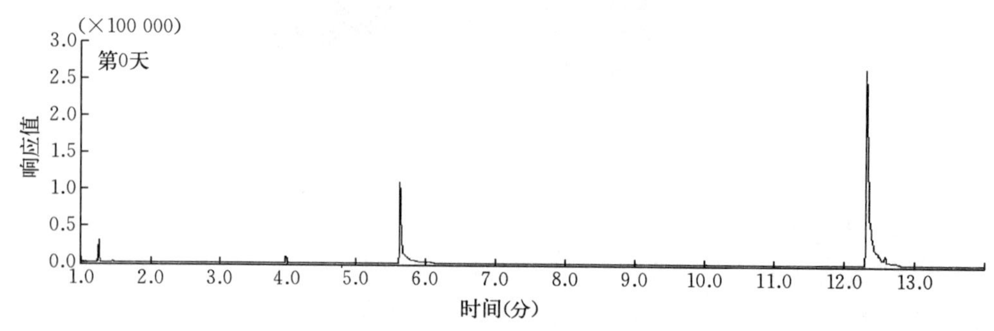

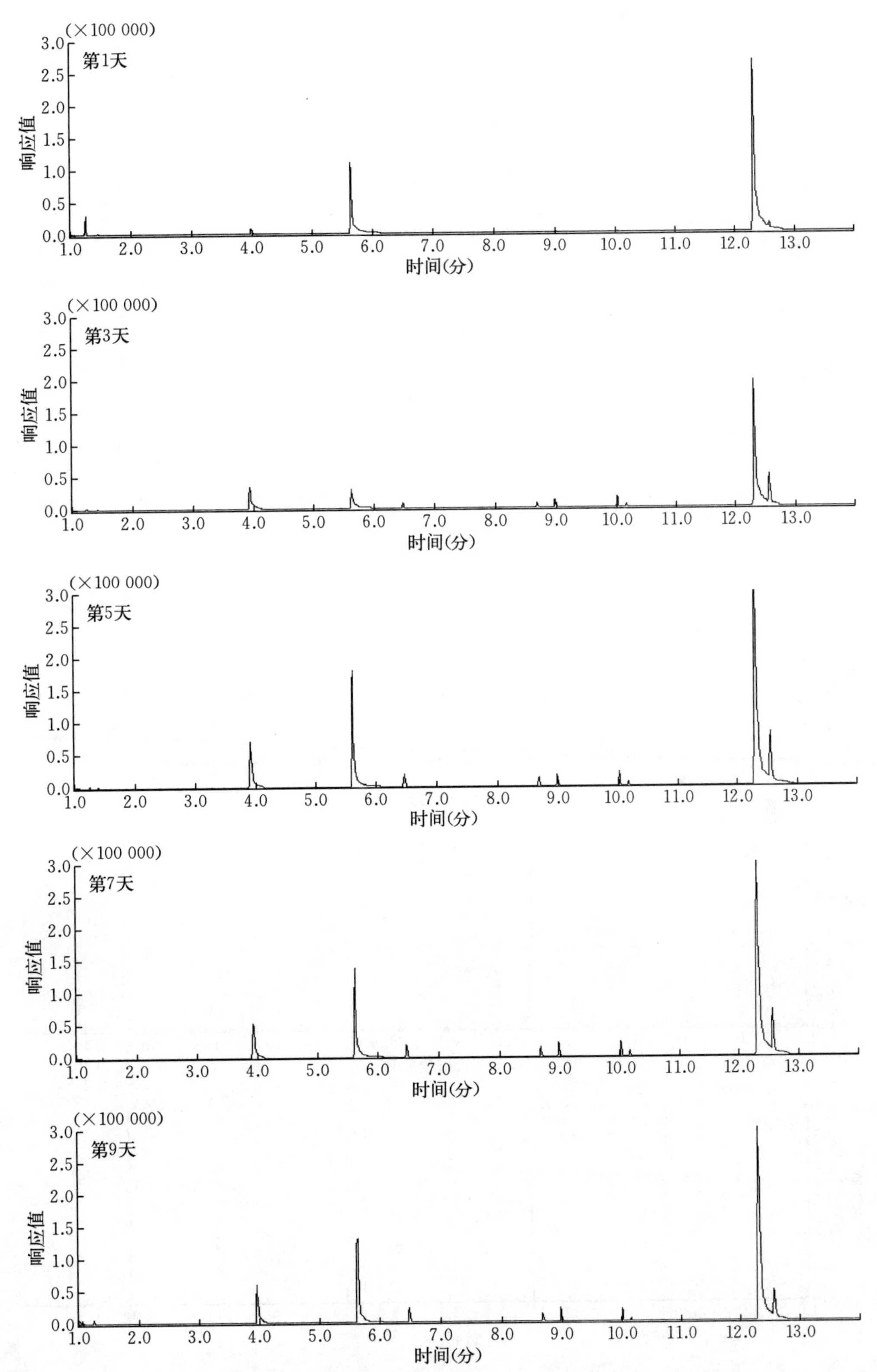
(×100 000)
3.0
2.5
2.0
1.5
1.0
0.5
0.0
响应值
第1天
第3天
第5天
第7天
第9天
1.0
2.0
3.0
4.0
5.0
6.0
7.0
8.0
9.0
10.0
11.0
12.0
13.0
时间(分)

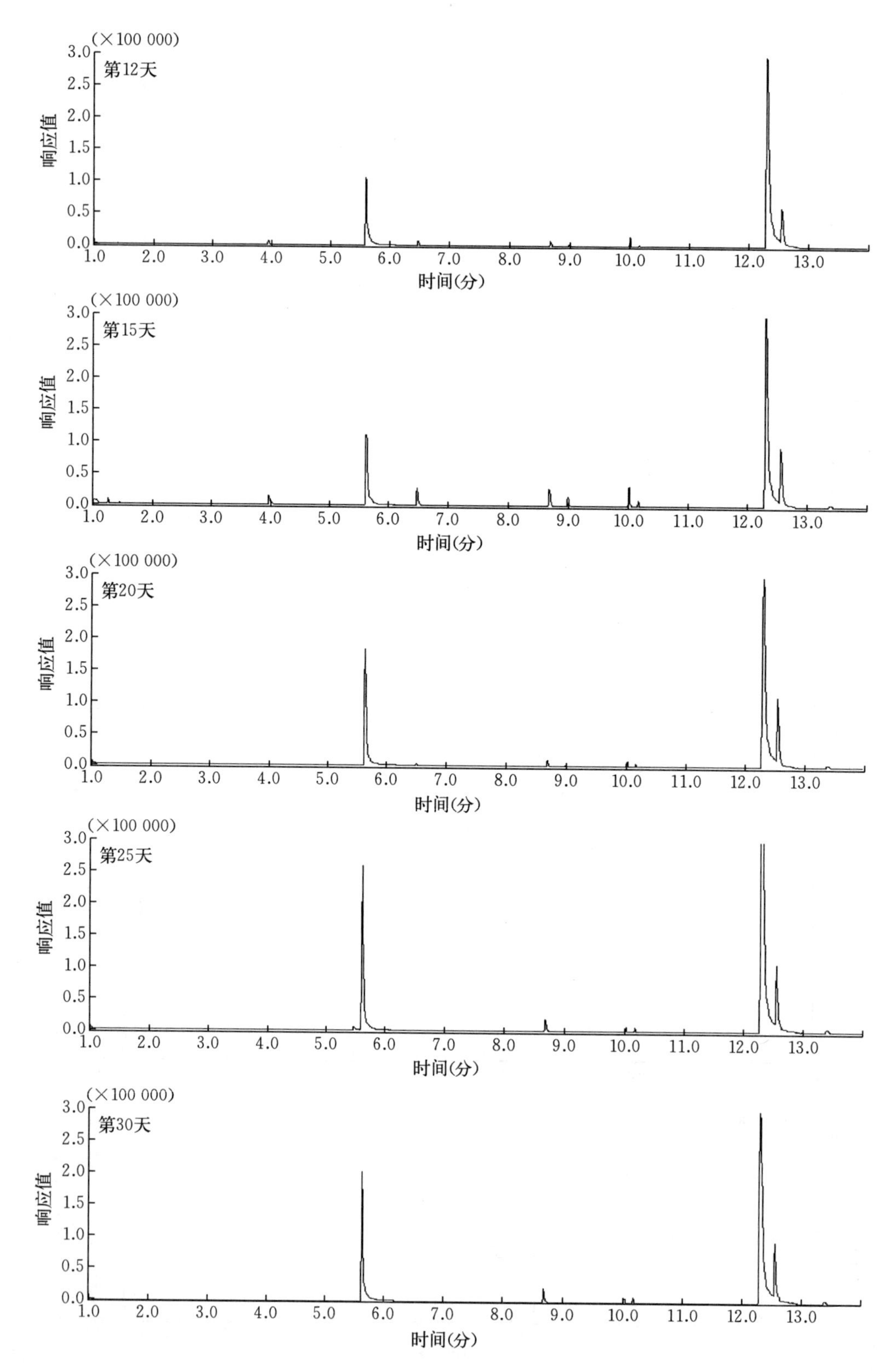
(×100 000)
第12天
响应值
时间(分)
(×100 000)
第15天
响应值
时间(分)
(×100 000)
第20天
响应值
时间(分)
(×100 000)
第25天
响应值
时间(分)
(×100 000)
第30天
响应值
时间(分)

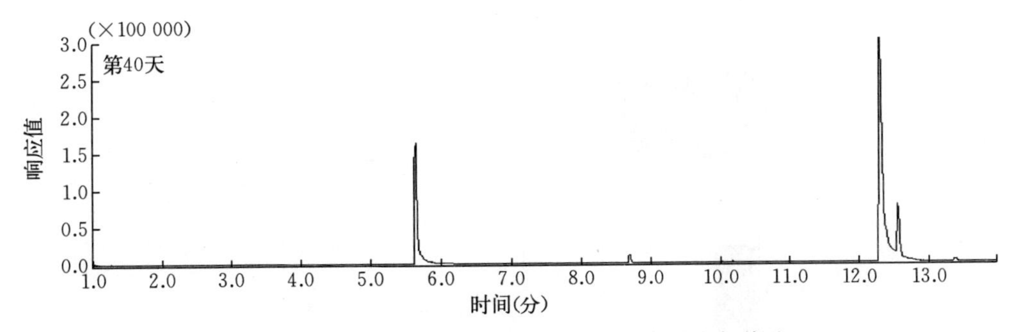

图 3-3　WDC2 分解小麦秸秆培养液总离子流色谱图

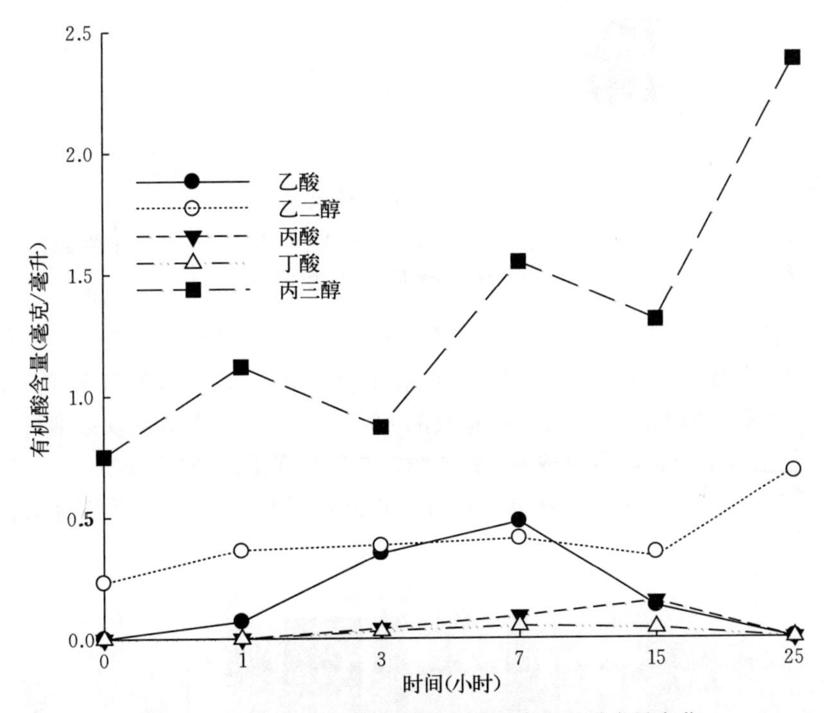

图 3-4　WDC2 分解小麦秸秆培养液中有机酸含量变化

(五) 小麦秸秆分解前后纤维素、半纤维素及木质素成分的变化

将 WDC2 培养于 PCS 培养液中。培养开始时（第 0 天），秸秆中的纤维素、半纤维素、木质素分别为 508.664 毫克、158.048 毫克、106.888 毫克；第 15 天秸秆中的纤维素、半纤维素、木质素残留量为 141.536 毫克、46.408 毫克、76.216 毫克，纤维素、半纤维素、木质素的减少量分别为 367.128 毫克、111.64 毫克、30.672 毫克。WDC2 对小麦秸秆中纤维素和半纤维素的分解率分别为 72.17%和 70.64%。木质素的减少率为 28.70%（图 3-5）。

(六) WDC2 的菌群结构（DGGE）

在 40 天的培养中，WDC2 共出现 15 个主要条带，f、i 条带随着体系分解能力的下降而逐渐消失，推测条带 f、i 与纤维素分解具有密切的关系，详见图 3-6。对 WDC2 菌系

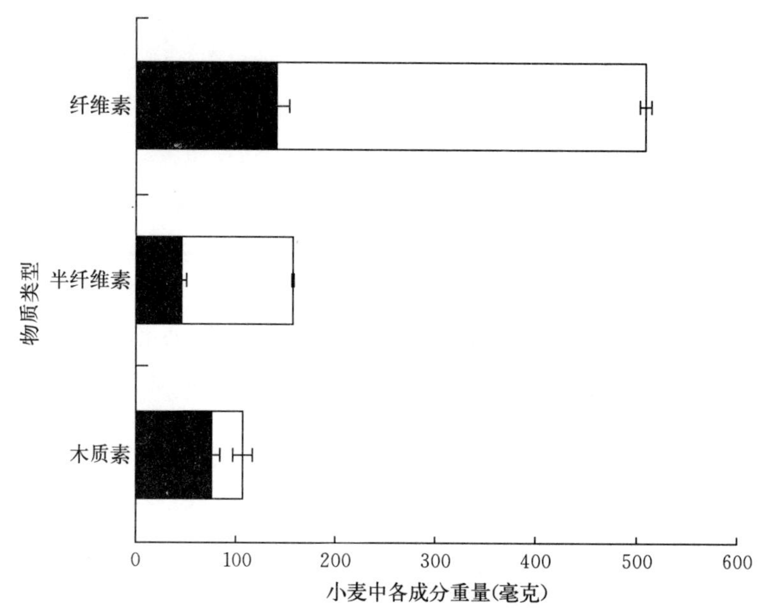

图 3-5　经 WDC2 分解后，小麦秸秆中纤维素、半纤维素、木质素的变化

注：图中白柱为分解量，黑柱为残留量。

的 DGGE 不同位置的条带进行切胶，获得 DNA 片段，然后测序。在 DNA 序列数据库上进行比对获得相似序列。图 3-6 中各条带的相似菌见表 3-2。由 DGGE 显示的 15 个主要条带中，7 个条带为不可培养菌，占总数的 46.67%。WDC2 菌系以芽孢杆菌（*Bacillus*）为主，包括 8 个条带，占总数的 53.33%。在构成 WDC2 的菌种中，与 i 条带相似的热纤梭菌（*Clostridium thermocellum*）CTL-6 是从 WDC2 中分离得到的能够分解纤维素的菌株。

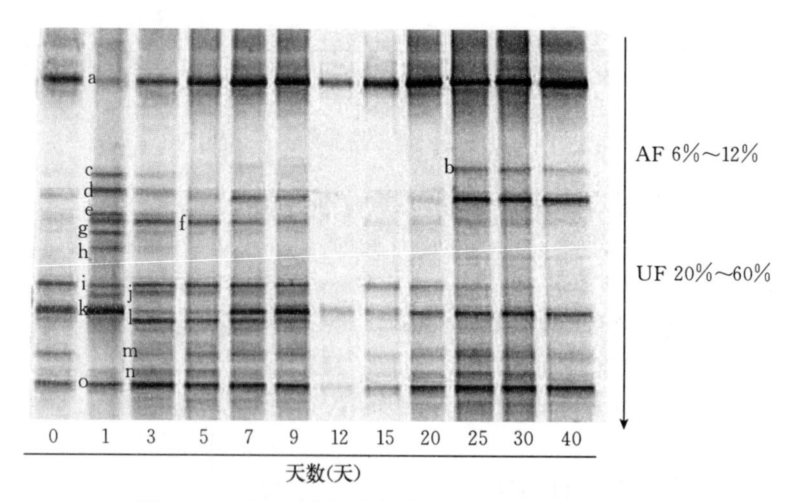

图 3-6　WDC2 分解小麦秸秆过程中菌群结构变化

AM. 丙烯酰胺　UF. 尿素

表 3-2　WDC2 菌群构成（DGGE 条带获得）

名称	相似值	相似率	NCBI 编号
a	未培养的厚壁菌	100.0%	AB451852
b	未培养的厚壁菌	91.6%	AB451852
c	未培养的芽孢杆菌	96.9%	EU250952
d	芽孢杆菌 60 LAy-1	89.7%	AB375760
e	未培养的芽孢杆菌	93.9%	EU250952
f	未培养的细菌	96.5%	DQ887918
g	未培养的芽孢杆菌	83.2%	EU250952
h	芽孢杆菌 50W2	89.4%	AJ920313
i	热纤梭菌 CTL-6	96.9%	FJ599513
j	芽孢杆菌 50W2	94.8%	AJ920313
k	芽孢杆菌 50W2	98.7%	AJ920313
l	细菌 Aso3-CS533	100.0%	EU178839
m	耐热梭状芽孢杆菌	94.4%	AF266461
n	瘤胃球菌 NML 00-0124	89.0%	EU815223
o	未培养的芽孢杆菌	97.7%	EU250962

（七）WDC2 的菌群 16S rRNA 基因克隆

对 WDC2 菌群培养 5 天的样品提取 DNA，并对菌群 16S rRNA 基因片断进行克隆。选取了 72 个菌落进行测序分析，并构建克隆文库，WDC2 的菌群构成如表 3-3 所示。结果表明，克隆发现的 10 个菌种中以 16 B02 为代表的菌种在群体中的数量最多（38 个菌落），占群体总量的 52.8%。0-3 F04（16 个菌落）占群体总量的 22.2%。并且在 10 个菌种中，不可培养菌株占 5 株，而地芽孢杆菌（*Geobacillus*）、芽孢杆菌（*Bacillus*）、共生小杆菌（*Symbiobacterium*）、梭菌（*Clostridium*）等属的菌株均为耐高温微生物。

表 3-3　克隆文库的测序结果

分类单元	相似度（%）	最相似序列/微生物（登录号）	百分比（%）	编号
0-3 F04	99.8	苍白地芽孢杆菌 M71（EU935594）	22.2	16
0-6 F07	100.0	未培养的厚壁菌 TG-64（AB451859）	4.2	3
0-8 F09	99.3	芽孢杆菌 HM06-06（EU004568）	1.4	1
0-11 F12	99.9	嗜热共生小杆菌 IAM 14863（AP006840）	5.6	4
0-17 G06	99.4	细菌 Aso3-CS325（EU178827）	6.9	5
0-26 H03	99.5	未培养的芽孢杆菌 96k（EU250948）	1.4	1

（续）

分类单元	相似度（%）	最相似序列/微生物（登录号）	百分比（%）	编号
0-35 H12	99.7	未培养的细菌 CFB-9（AB274498）	1.4	1
16 B02	99.7	未培养的芽孢杆菌 57（EU250962）	52.8	38
21 B07	94.5	梭菌 AAN13（AB436741）	2.8	2
40 D01	94.0	未培养的梭菌 X9Ba36（AY607178）	1.4	1
总计			100	72

（八）WDC2 菌群 16S rRNA 基因的末端限制性酶切片段多态性分析

在本试验中，用 T-RFLP 的方法分析菌群 16S rRNA 基因序列，结合克隆的结果对 WDC2 的菌群结构及菌群变化做进一步的分析。结果见图 3-7、图 3-8。峰谱体现了 WDC2 的菌群多样性，更形象地反映了菌群结构，并且克隆序列与 WDC2 菌群的峰谱相对应。图中，随着培养时间的增加，酶切图谱的主要峰数量减少。第 3 天峰种类最为丰富，第 6 天和第 9 天则逐渐减少。说明在 WDC2 分解秸秆的过程中菌群结构处于动态的变化之中。

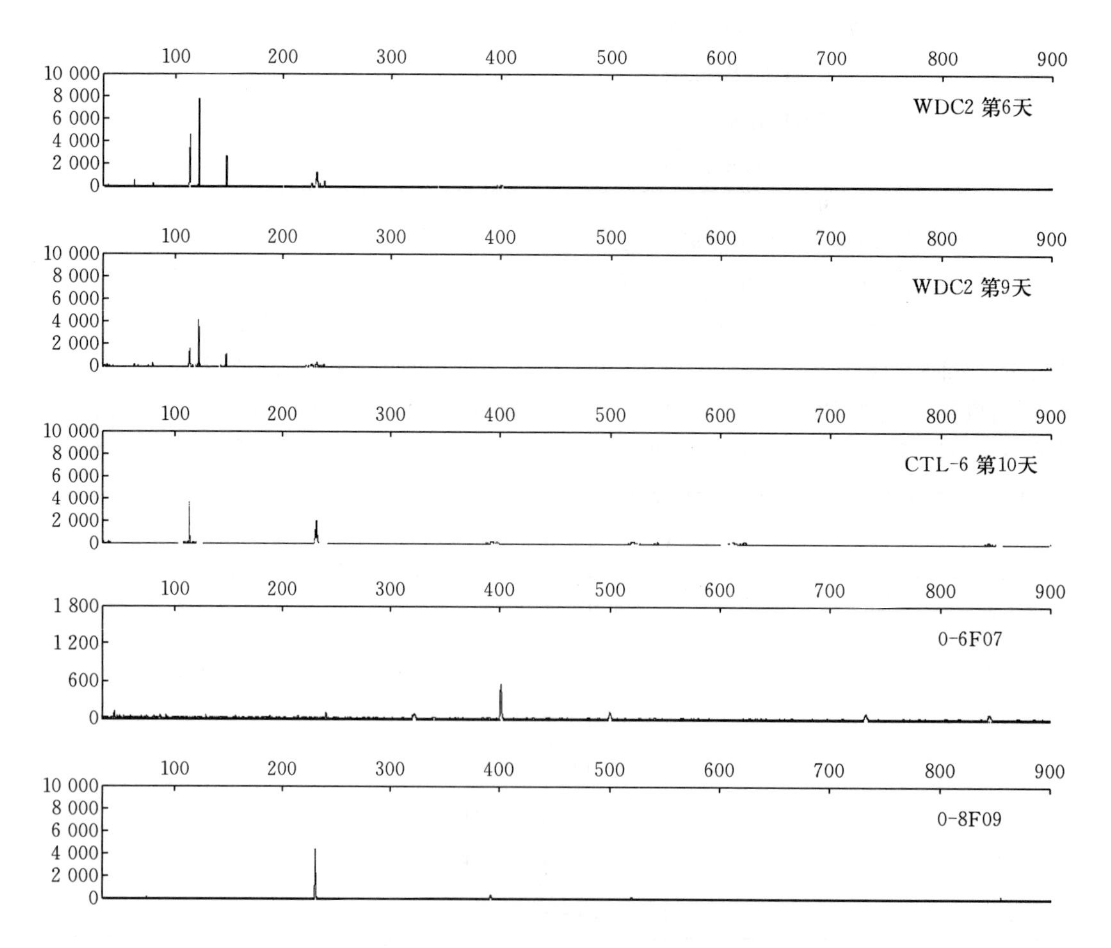

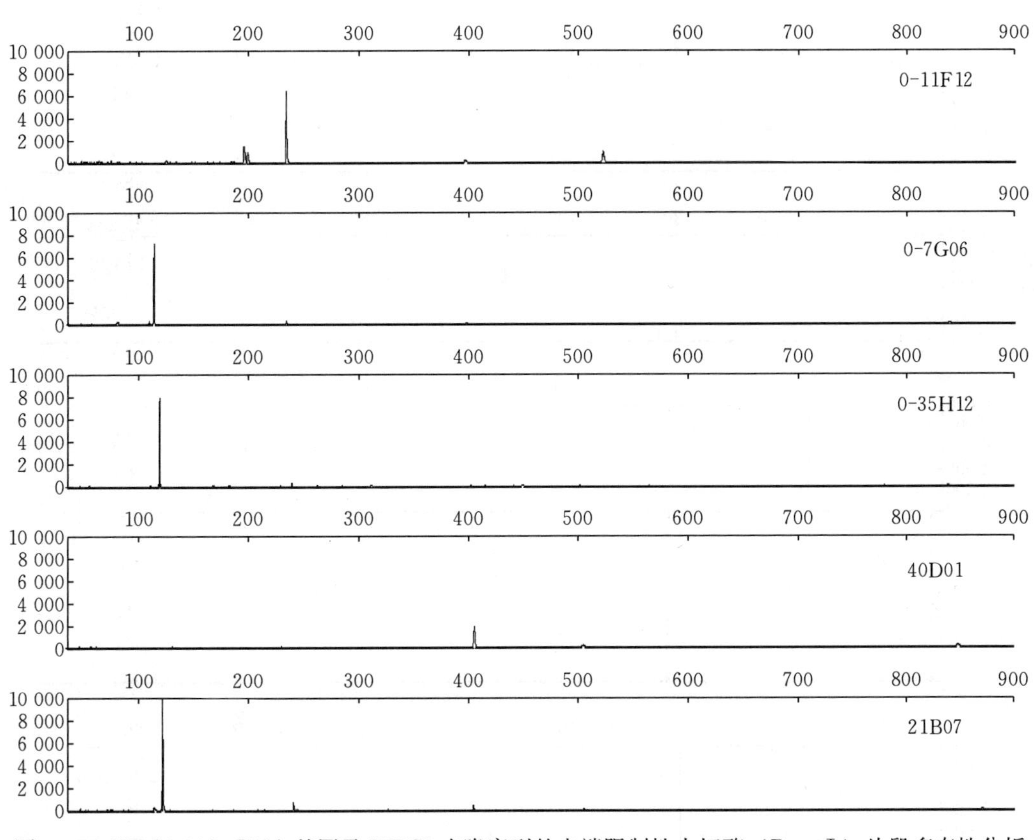

图 3-7 WDC2 16S rRNA 基因及 WDC2 克隆序列的末端限制性内切酶（*Bstu* Ⅰ）片段多态性分析

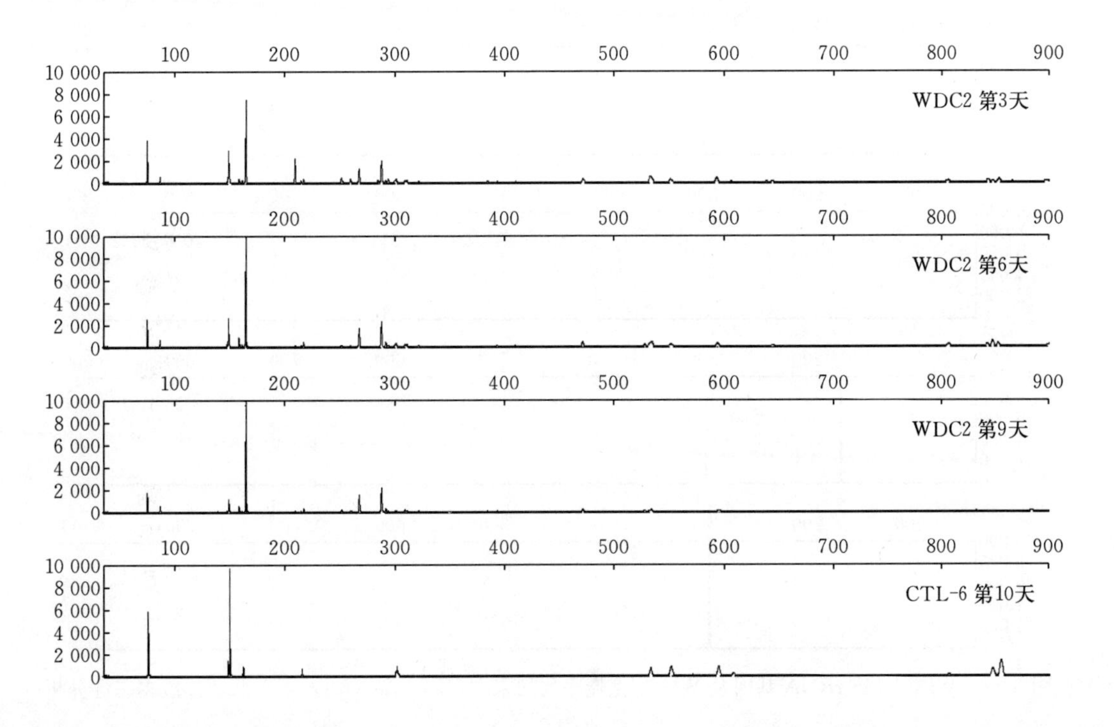

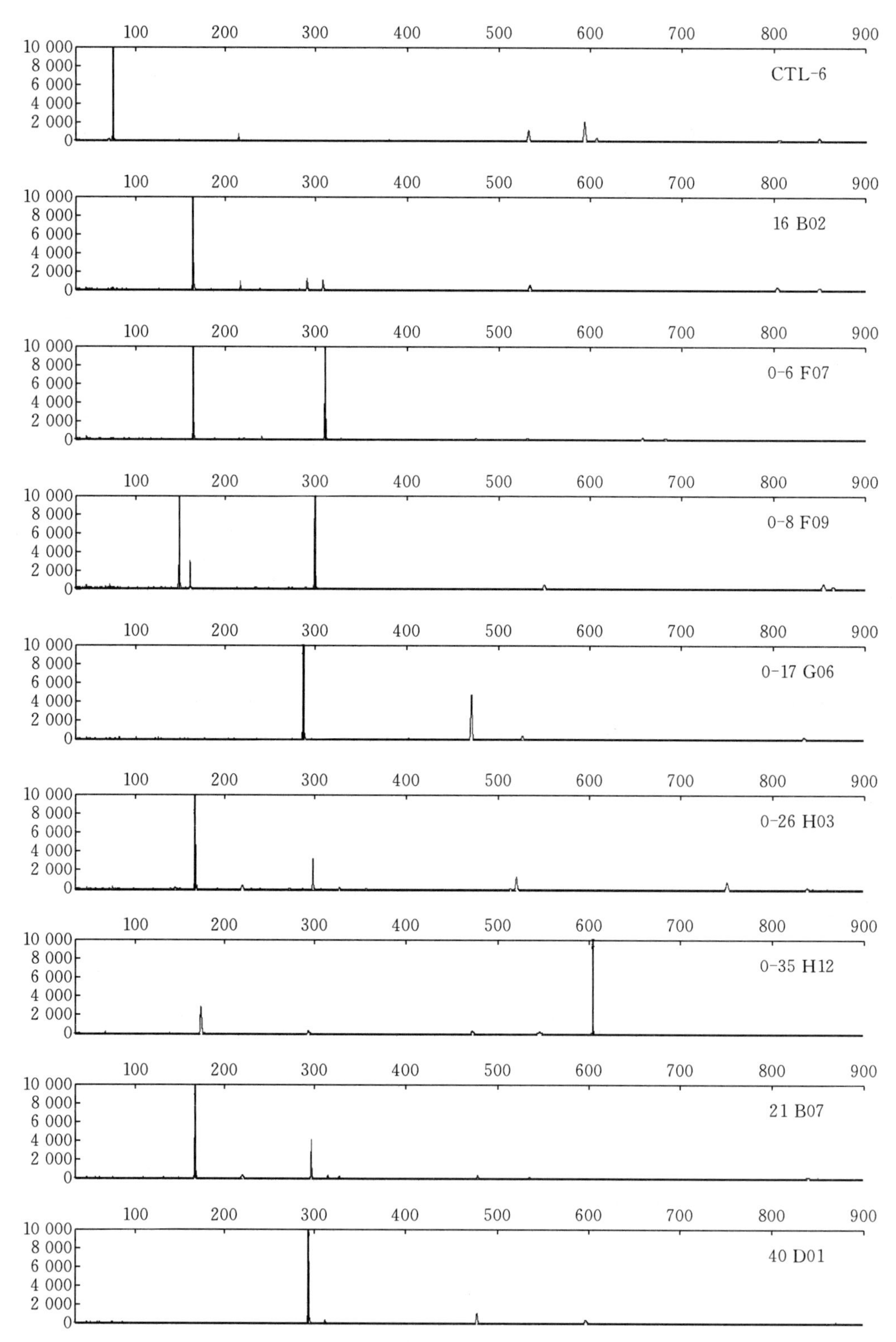

图 3-8　WDC2 16S rRNA 基因及 WDC2 克隆序列的末端限制性酶（*Msp* Ⅰ）酶切片段多态性分析

（九）WDC2 菌群中各组成菌种的系统分类

将 WDC2 菌群的 16S rRNA 基因克隆片段的测序结果与 DNA 序列数据库中近缘菌株的对应序列比较，生成系统发育树（图 3－9）。菌群 WDC2 的菌株可分为 9 个族。聚类Ⅰ中包括 0－3 F04 和 0－8 F09 两种菌株，与 *Geobacillus* 属微生物近缘。*Geobacillus* 是国际上 2001 年新命名的一类细菌，具有嗜热、兼性厌氧、降解烃和产生表面活性剂的特性。

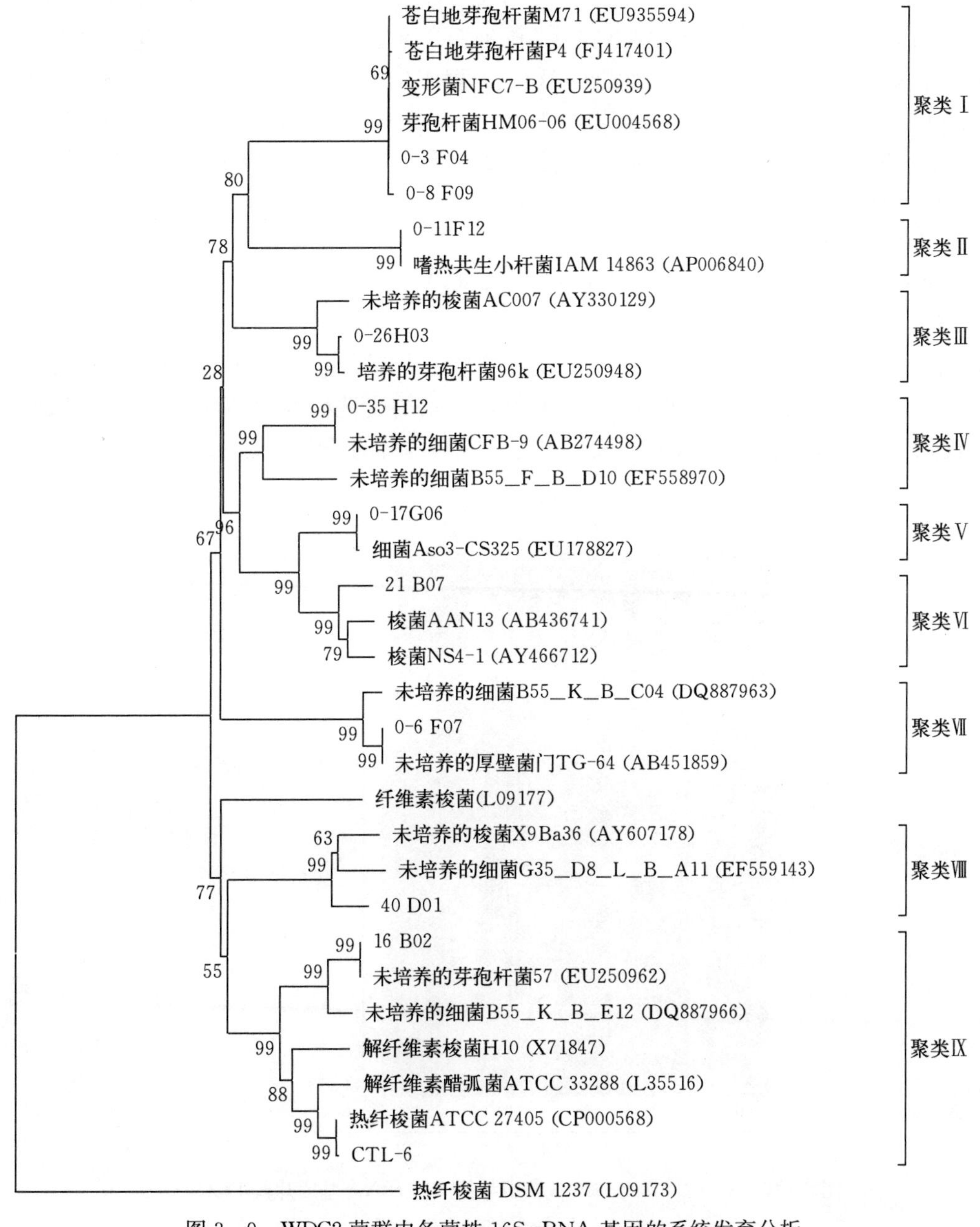

图 3－9　WDC2 菌群内各菌株 16S rRNA 基因的系统发育分析

聚类Ⅱ中的0-11 F04与嗜热共生小杆菌（*Symbiobacterium thermophilum*）IAM 14863（AP006840）的近缘率为99.9%，*Symbiobacterium thermophilum* 是分离于堆肥的微生物，具有多种代谢途径，能够适应多种环境并与其他微生物具有良好的共生性。0-26 H03、0-35 H12、0-6 F07、40 D01分属于聚类Ⅲ、聚类Ⅳ、聚类Ⅶ、聚类Ⅷ，均为不可培养细菌族。与梭菌、芽孢杆菌等属的细菌近缘，这些微生物存在于厌氧的环境中，与甲烷产生或废弃物降解有关。0-17 G06属于聚类Ⅴ，与细菌Aso3-CS325（EU 178827）的近缘率为99.4%。细菌Aso3-CS325分离于高温堆肥中，培养环境需要厌氧高温。21-B07属于聚类Ⅵ，与梭菌AAN13（AB436741）的近缘率为94.5%。梭菌AAN13来源于嗜热的产甲烷污泥中。16 B02和CTL-6属于聚类Ⅸ，这一族中的热纤梭菌（*Clostridium thermocellum*）、解纤维素醋弧菌（*Acetivibrio cellulolyticus*）、解纤维梭菌（*Clostridium cellulolyticum*）等菌株均具有纤维素分解能力。CTL-6与热纤梭菌ATCC 27405的近缘率达到99.9%。

（十）菌群结构稳定性

为了探究WDC2菌系结构组成的稳定性，将WDC2培养45代的样品连续进行继代培养5代（46、47、48、49、50代），每代培养5天，保存每代5天的培养液，提取DNA。对5代菌群DNA的16S rRNA基因片段进行PCR扩增，进行DGGE分析。结果见图3-10。图中丙烯酰胺的变性梯度为6%～12%，尿素的变性梯度为20%～60%。WDC2从46代到50代，菌群的主要结构不变，群体中优势菌群的条带变化一致。

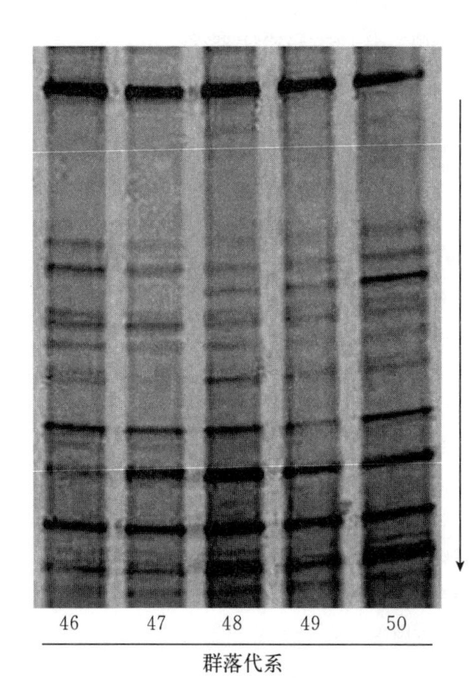

图3-10 WDC2 46代～50代菌群结构16S rRNA基因片段DGGE分析

AM. 丙烯酰胺 UF. 尿素

三、讨论

复合菌系中的细菌群体处于不断的再生、代谢、消亡的过程，群体生物量的维持需要培养液提供足够的营养源。WDC2 维持高水平的生物量表明培养体系中营养物质的供应充足。60 小时以后，生物量保持稳定反映了培养体系中碳源物质的供应稳定，即纤维素分解菌的持续分解为体系提供了充足的碳源，保证了体系生物群体的繁衍。生物量的稳定反映了纤维素分解菌分解能力的稳定。

在 WDC2 分解小麦秸秆的过程中，初期产物中有少量的乙醇，有大量的有机酸和醇，特别是乙二醇、丙三醇等物质能够在培养体系中不断积累，即使在培养结束时还大量存在。表明乙二醇、丙三醇这两种物质在培养液中是不易被微生物进一步转化利用的有机成分，其生产量大于消耗量，最终在培养液中大量积累。WDC2 在分解小麦秸秆的过程中产生了 9 种有机酸和醇，其中大部分为重要的化工原料，另外，这些有机酸中的一部分是产生甲烷的前体酸，如乙酸、丙酸等，它们不但含量丰富，而且能够随着菌系发酵时间的延长在培养液中积累。可见，对 WDC2 分解小麦秸秆的产物进行甲烷发酵也是小麦秸秆资源转化的一个有效途径。

WDC2 是由多种不同的微生物组成的菌群，包括纤维素分解菌和非纤维素分解菌。这些微生物具有共同的特点：能够在厌氧、高温的条件下生长。而且，菌群中大部分菌株为不可培养菌株。在长期的驯化培养中，WDC2 菌群中的各个菌种形成了稳定的协作关系，维系着从小麦秸秆到各种有机酸的代谢链。这个代谢链的存在减少了纤维素酶分解纤维素的抑制底物，促进了小麦秸秆纤维素的分解。在这个代谢链中 CTL－6 是初始端菌株，CTL－6 是目前已经知道的 WDC2 中具有高效纤维素分解能力的菌株，是 WDC2 分解纤维素的主要功能菌株之一。正是由于 CTL－6 的存在，其他菌株才能够在以小麦秸秆为唯一碳源的环境中生存。

i 条带和 f 条带在前 2 个结构中都是优势菌群，而在培养后期的第 3 个结构中，条带逐渐变暗，表明这 2 个条带所代表的菌种与纤维素分解有密切的关系。通过切胶测序后在 DNA 序列数据库上比对以及对系统发育树分析也发现，i 与热纤梭菌 CTL－6 的相似率为 96.9%。热纤梭菌 CTL－6 是从 WDC2 中分离的具有纤维素分解能力的菌株。i 条带的变化过程也反映了纤维素分解菌在体系中并不是始终都保持着优势地位的，其原因可能为培养环境的恶化（氮源耗竭、已知产物增加等）。伴随着纤维素分解菌活性的降低，体系的分解能力下降，一个分解周期结束。菌系中 f 条带在分解秸秆的后期变暗，虽然目前对 f 条带所代表菌种的性质还不十分清楚，但是它应该是与秸秆分解或 i 条带代表菌种密切相关的菌种。a（未培养的厚壁菌）、d（芽孢杆菌 60LAy－1，k 芽孢杆菌 50W2）、o（未培养的芽孢杆菌）等条带所代表的菌种在 WDC2 分解小麦秸秆的过程中的 DGGE 条带始终保持清晰，亮度较高，即使在体系分解纤维素能力衰退、碳源供应困难时，它们在体系中仍然保持着绝对的群体优势。对于这些菌目前还没有详细的报道，它们在群体中的作用还有待深入的研究。

四、结论

WDC2 菌系是通过限制性培养筛选得到的分解能力最强的菌系，WDC2 对小麦秸秆的最高分解率达到64.47%。WDC2在分解小麦秸秆的过程中，生物量呈现先上升后稳定的趋势。在WDC2分解小麦秸秆的不同时间的培养液中共检测出9种挥发性有机产物，乙二醇、丙三醇在培养结束时在培养液中的积累量达到最大值，而其他7种成分在培养结束时全部消失。WDC2对小麦秸秆中纤维素和半纤维素的分解率分别为72.17%和70.64%，木质素的减少率为28.70%。

WDC2菌系以芽孢杆菌为主，包括8个条带，占总数的53.33%。在构成WDC2的菌种中，i条带的热纤梭菌CTL－6是从WDC2中分离得到的能够分解纤维素的菌株。WDC2在分解秸秆的过程中菌群结构处于动态的变化之中，WDC2包含的菌种多发现于堆肥或厌氧环境中，能够在高温环境中生长，并且多数与产甲烷和生物降解相关。WDC2是一个多菌种组成的菌群，可分为9个族，包括纤维素分解菌和非纤维素分解菌，各种菌能够共生于有纤维素的环境中。WDC2从46代到50代，菌群的主要结构不变，群体中优势菌群的条带变化一致。

第二节　木质纤维素分解关键技术研究

一、材料方法

（一）材料

1. 木质纤维素

水稻秸秆和玉米秸秆从中国农业大学试验田获取，风干后用1% NaOH溶液浸泡24小时脱去木质素，用清水冲洗至中性，80 ℃烘干，切成长约2厘米的均匀片段备用。本研究涉及酶水解的试验中将上述预处理的水稻秸秆和玉米秸秆过1毫米筛后作为分解底物。

2. 培养基

筛选和发酵培养基的成分：1升去离子水中含5克蛋白胨、1克酵母粉、2克$CaCO_3$、5克NaCl、0.35克$MgSO_4 \cdot 7H_2O$、1克K_2HPO_4和1%（w∶v）水稻秸秆，自然pH为7.2±0.1，121 ℃灭菌20分钟。

（二）方法

1. 复合系的筛选与驯化

复合系的筛选和驯化。将20克当地农业废弃秸秆和畜禽粪便堆肥及土壤混合物加到含有350毫升灭菌的培养基和1%水稻秸秆（w∶v）的500毫升三角瓶中置于室温（30 ℃左右）条件下富集培养（图3－11）。72小时后，充分摇匀，吸取20毫升培养液转到同样的

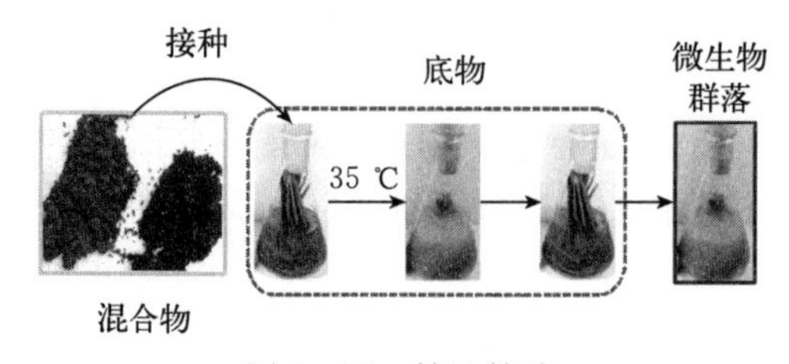

图3－11　筛选策略

新鲜培养基中继续培养，培养过程中设置多个重复，根据分解现象选择分解最好的一个重复作为接种菌液进行进一步的筛选和驯化，在筛选和驯化过程中，每隔 6 天，按 5%（v∶v）的接种量吸取培养液接种到新鲜培养基中，观察分解现象，淘汰无分解或分解较弱的重复，保留分解能力强的重复，并及时将菌种用 80%的甘油保存于－20 ℃冰箱中，长期保存的置于－80 ℃冰箱中。如此经过长期连续限制性定向继代培养，直至分解能力和微生物组成保持稳定。

2. 复合系 XDC－2 对水稻秸秆的分解试验

取冰冻（－20 ℃）保存的菌种按 5%（v∶v）的接种量接种到新鲜的培养基中活化，以活化后的培养液作为接种菌液用于秸秆分解试验。将 2.5 克水稻秸秆（1%，w∶v）加到盛有 250 毫升培养基的 300 毫升三角瓶中，121 ℃高压灭菌 20 分钟。按 5%（v∶v）的接种量接种活化好的菌液于上述培养基中培养 15 天，分别在第 0 天（即刚接完菌的时候，后文如不做特殊说明均指这个时候）、第 3 天、第 6 天、第 9 天、第 12 天、第 15 天各取 3 瓶重复、3 瓶有秸秆但无菌的对照和 3 瓶无秸秆接菌的对照，测定 pH、酶活性、秸秆减重、木质纤维素成分和提取微生物总 DNA。

3. 秸秆减重和木质纤维素成分的测定

秸秆的减重以第 0 天灭菌后取样的秸秆经处理后的干重为对照进行测定和计算。

4. 复合系 XDC－2 的分解潜力的测定

将 2.5 克、3.25 克和 5 克水稻秸秆［即按比例 1%、1.5%和 2%，（w∶v）］加到盛有 250 毫升培养基的 300 毫升三角瓶中，121 ℃高压灭菌 20 分钟。按 5%（v∶v）的接种量接种活化好的菌液于上述培养基中培养 15 天，分别在第 0 天、第 3 天、第 6 天、第 9 天、第 12 天、第 15 天各取 3 瓶重复、3 瓶有秸秆但无菌的对照和 3 瓶无秸秆接菌的对照，测定 pH、秸秆减重、木质纤维素成分和产物。

5. 粗酶液的提取

分别在第 0 天、第 3 天、第 6 天、第 9 天、第 12 天和第 15 天取培养液 7 毫升，在 4 ℃条件下，12 000 转/分离心 10 分钟，得上清液和细胞沉淀。对上清液进行胞外酶分析，细胞沉淀参考 Cavedon 等的“Cellulase system of a free－living，mesophilic clostridium（strain CT）”中的方法处理后进行非胞外酶（cell－associated enzyme）分析。

6. 酶活性的测定

木聚糖酶活性按照 Bailey 等的“Interlaboratory testing of methods for assay xylanase”中的方法，将 2.0 毫升浓度为 1%的木聚糖悬浮液［1 克燕麦木聚糖（Sigma）溶于 100 毫升 pH 为 6.0 的磷酸缓冲液］和 0.5 毫升适当稀释的上述酶液40 ℃水浴 30 分钟，以失活的酶（水浴前先加 2.5 毫升 DNS 溶液）和木聚糖悬浮液的混合液为对照，依照 DNS 法测定还原糖含量。酶活力单位（U）定义：1 分钟水解木聚糖底物生成 1 微摩木糖所需的酶量为 1 个酶活力单位。CMCase 酶活按照同样的方法测定，将酶反应底物换成 1%（w∶v）CMC（Sigma）即可。

7. 酶反应的温度对复合系 XDC－2 木聚糖酶活性的影响

在测定木聚糖酶活性的过程中，设置 30 ℃、35 ℃、40 ℃、45 ℃、50 ℃、55 ℃、60 ℃和 70 ℃等不同酶反应温度，测定木聚糖酶的活性。

8. 酶反应的 pH 对复合系 XDC-2 木聚糖酶活性的影响

用 50 毫摩/升不同 pH 的缓冲液（甘氨酸-盐酸缓冲液：pH 为 2～3，乙酸缓冲液：pH 为 3～5，磷酸缓冲液：pH 为 5～8，Tris-盐酸缓冲液：pH 为 8～9，甘氨酸-氢氧化钠缓冲液：pH 为 9～10）配置 1%木聚糖悬浮液，测定木聚糖酶活性。

9. 复合系 XDC-2 木聚糖酶的热稳定性测定

将粗酶液用 50 毫摩/升磷酸缓冲液（pH 为 6.0）适当稀释后 30 ℃、35 ℃、40 ℃、45 ℃、50 ℃、55 ℃、60 ℃、70 ℃和 80 ℃水浴 2 小时后测定木聚糖酶活。

10. 复合系 XDC-2 木聚糖酶的 pH 稳定性测定

将粗酶液用不同 pH 的缓冲液（pH 为 2～10）适当稀释并保存于室温（30 ℃）条件下，24 小时后测定木聚糖酶活。以上步骤所得数据在处理时以最高酶活性或未经过任何处理的酶活性为 100%计算。

11. 十二烷基硫酸钠-聚丙烯酰胺凝胶电泳（SDS-PAGE）

SDS-PAGE 活性染色方法参照 Beguin 等的“Identification of the endoglucanase encoded by the celb-gene of *Clostridium thermocellum*”中的方法。SDS-PAGE 的分离胶（separating gel）使用 10%的聚丙烯酰胺胶［polyacrylamide gal，加入 0.1%（w∶v）的 CMC］。积层胶（stacking gel）使用 3%的聚丙烯酰胺胶（polyacrylamide gal）。

二、研究结果

（一）复合系的筛选过程及筛选结果

将获取的堆肥和土壤样品充分混合后接种到 PSC 培养基富集培养，第 1 次接种记为第 1 代，此后每天观察分解现象，在滤纸和秸秆分解最旺盛时（一般 3～6 天）转接一次（第 2 代），如此将前代的菌液反复接种到新鲜的培养基中。筛选过程中，特别在筛选的早期确保每一代都具有最旺盛的分解能力。早期筛选过程中（以第 1～4 代为例），分解很不稳定，从图片看（图 3-12），接种培养后培养基的颜色都在变化，从深到浅，这也说明杂质随着接种传代的进行每次都在减少，接种体越来越接近纯净的微生物。到了筛选的后期（20 代以后），接种后培养基的颜色、微生物生长的和分解能力也逐渐稳定，基本上都能保持在 3～6 天具有最旺盛的分解能力。这样通过限制性培养手段，经过长达 1 年多的多次继代培养和定向驯化，成功筛选到了一组木质纤维素分解菌复合系（编号为 XDC-2）。该复合系能在室温静置条件下的液体培养基中分解秸秆和稳定传代，菌种在 80%甘油中能低温长期保存。

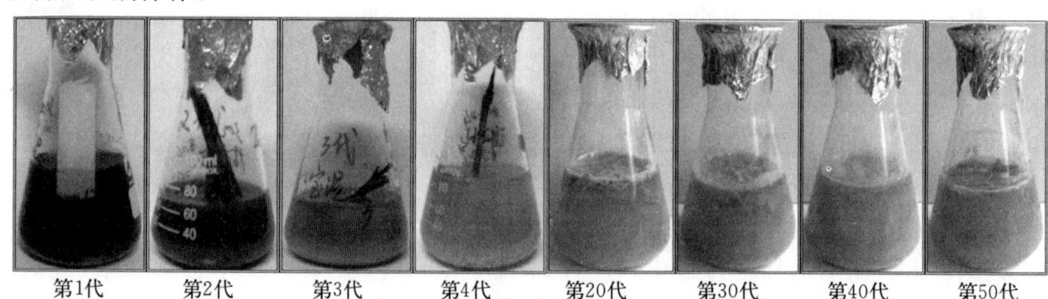

图 3-12　筛选过程中不同代的 XDC-2 分解水稻秸秆

(二) 复合系 XDC-2 的分解能力

在水稻秸秆 15 天的分解过程中，测定了秸秆的总减重、纤维素减重和半纤维素减重。分解过程中水稻秸秆的分解状态见图 3-13。水稻秸秆在前 3 天分解最快，第 3 天测定的减重率为 28.6%（图 3-14），其中纤维素减重 11.2%，半纤维素减重 77.1%；第 6～12 天秸秆分解也比较快，第 9 天测定秸秆分解率为 50.9%，第 12 天分解率为 58.2%，由半纤维素和纤维素减重变化曲线可知，这期间（第 6～12 天）半纤维素减重并不明显，而纤维素的分解明显加快，纤维素分解率由第 6 天的 11.2%增加到 29.2%（第 9 天）和 36.7%（第 12 天）；第 15 天后秸秆减重率为 60.3%，纤维素减重率为 38.3%，半纤维素减重率为 86.1%。

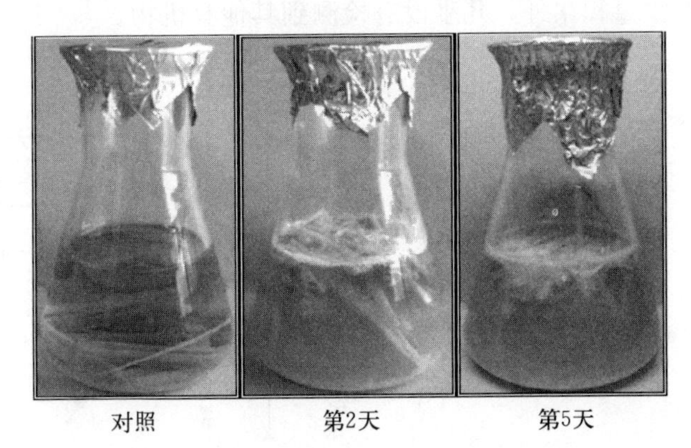

图 3-13　复合系 XDC-2 分解水稻秸秆

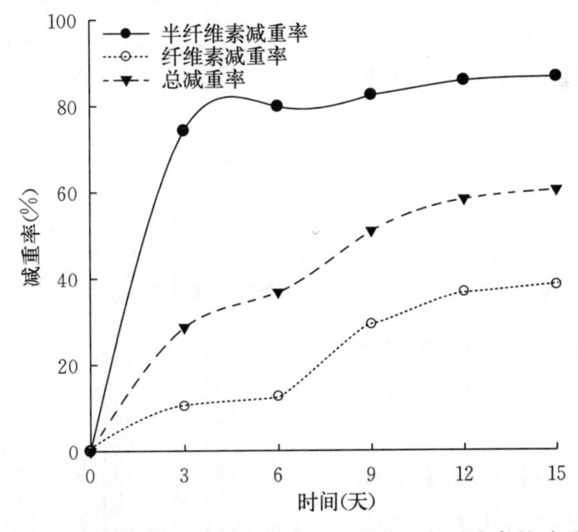

图 3-14　分解过程中水稻秸秆及纤维素和半纤维素的减重率

(三) 复合系 XDC-2 分解水稻秸秆过程中 pH 的变化

在水稻分解过程中监测了发酵液 pH 的变化，接种 1 天后，pH 迅速由起始的 7.2 下降至 5.9（图 3-15），随后开始回升，第 9 天 pH 为 6.9；这个过程中（前 9 天），水稻秸秆的分解最明显，虽然 pH 一直在缓慢升高，但是发酵液始终呈弱酸性，9 天后，pH 逐渐升高，并在 15 天后维持在 8.0 以上。

（四）复合系 XDC－2 分解水稻秸秆过程中挥发性产物的定量分析

在水稻分解 15 天的过程中通过 GCMS 测定了发酵液的挥发性产物，共检测到甲醇、丙酸、乙酸、丁酸、二甘醇和丙三醇 6 种主要的挥发性产物（图 3－16）。其中乙酸、丙酸和丁酸 3 种有机酸在第 3 天产量最高，浓度分别为 1.86 克/升、0.21 克/升和0.96 克/升，发酵 3 天后，发酵液中这 3 种有机酸的含量明显下降，6 天后有少量丁酸（0.16 克/升）积累。秸秆发酵过程中，二甘醇和丙三醇是产量比较高的两种挥发性有机物，这两种有机物也是在第 3 天产量最高，浓度分别为 1.22 克/升和 2.18 克/升。分解 12 天后，除了二甘醇和丙三醇有少量积累外，几乎没有检测到其他有机物。

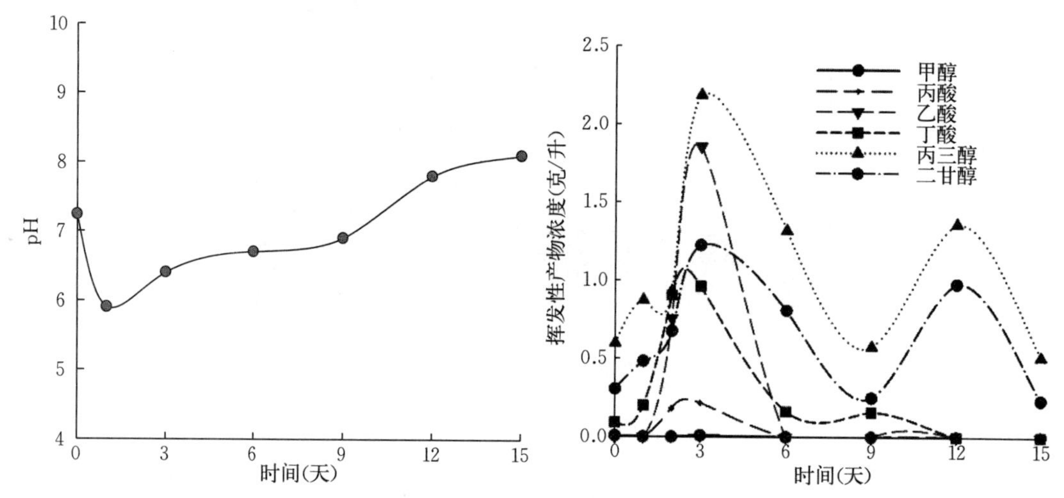

图 3－15　水稻秸秆分解过程中发酵液 pH 的变化　　图 3－16　复合系 XDC－2 分解水稻秸秆过程中挥发性产物的变化

（五）复合系 XDC－2 对不同木质纤维素材料的分解

4 种不同材料的半纤维素含量分别为：CCS（27.4%）>CS（21.6%）>RS（18.7%）>WF（0）（图 3－17）；除了滤纸纤维素含量为 99.9%，CCS、CS 和 RS 3 种材料纤维素含量差别不大，分别为 54.1%、55.7% 和 56.2%；经过 3 天的分解，4 种木质纤维素材料总减重率为 CCS（40.1%）>CS（31.9%）>RS（28.4%）>WF（5.2%），半纤维素减重率为：CCS（89.5%）>CS（76.1%）>RS（72.3%）>WF（0），纤维素减重率分别为：CCS（13.4%）>CS（12.7%）>RS（11.4%）>WF（5.2%）。结果表

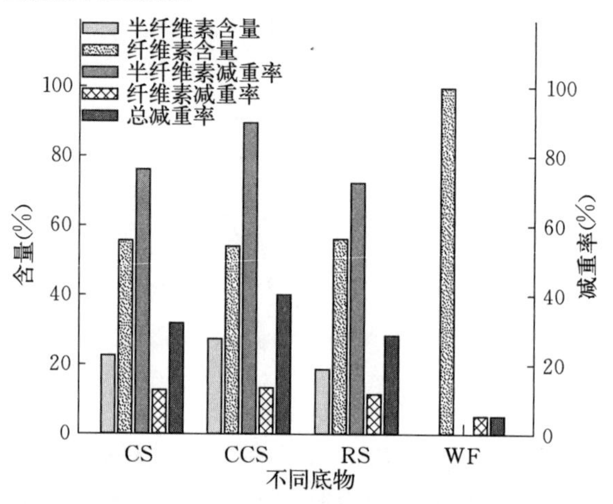

图 3－17　不同材料的纤维素和半纤维素含量及减重率

CS. 玉米秸秆　CCS. 去除外层硬质表皮的玉米秸秆芯

RS. 水稻秸秆　WF. Whatman No. 1 滤纸

明，除滤纸外，其他3种材料纤维素的分解差别不大，且远没有半纤维素分解明显。以玉米秸秆芯为碳源时，第6天玉米秸秆软芯减重40.1%；以玉米秸秆为碳源时，玉米秸秆减重31.9%；以水稻秸秆为碳源时，减重率为28.4%；以滤纸为碳源时，滤纸减重率仅为5.2%。

(六) 复合系XDC-2对不同添加量水稻秸秆的分解潜力

1. 复合系XDC-2分解不同添加量水稻秸秆时发酵液的pH

对复合系XDC-2分解不同添加量水稻秸秆时发酵液的pH进行了测定，结果显示，秸秆添加量不同时，pH的变化也是不同的（图3-18）。当水稻秸秆添加量为0.5%时，1天后pH迅速下降到5.9，然后迅速上升，第15天pH为8.3。当水稻秸秆添加量为1%时，1天后pH迅速下降到5.9，然后迅速上升，第15天pH为8.1。当秸秆添加量为1.5%时，1天后pH迅速下降为5.8，之后上升的速度变缓，第15天的pH为7.3。当秸秆添加量为2%时，1天后的pH下降为5.5，第6天后才开始缓慢上升但仍维持在5.7左右的水平。pH的变化在一定程度上能够反映微生物分解秸秆的情况。当秸秆添加量增加至2%时，pH迅速降低后始终保持在低水平，说明这个添加量已经接近了XDC-2能够承受的最大负荷。

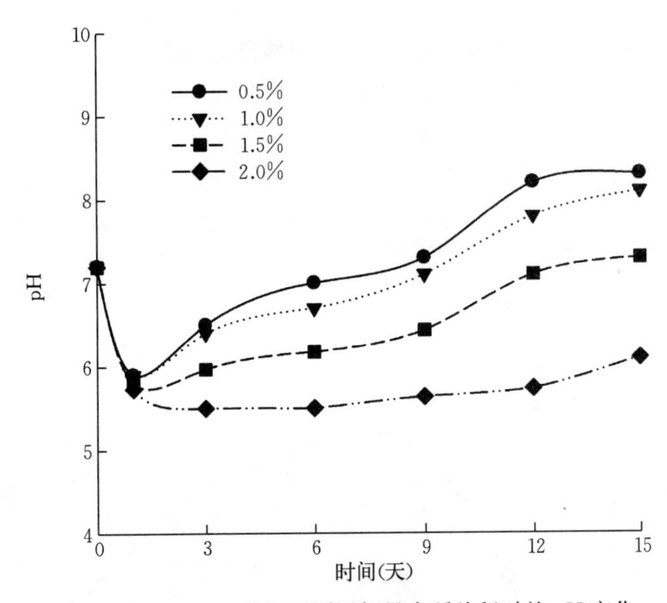

图3-18　XDC-2分解不同添加量水稻秸秆时的pH变化

2. 复合系XDC-2分解不同添加量水稻秸秆的减重分析

测定了水稻秸秆添加量不同时XDC-2对秸秆的分解能力（图3-19）。结果表明，添加量为0.5%时，前3天秸秆降解迅速，第3天测定的减重率为38.1%，第9天后分解速度明显变慢，第15天减重率为65.7%。当添加量增加到1%时，15天后秸秆的减重率为60.3%。添加量为1.5%时，前3天秸秆减重最快，第3天测定的减重率为23.7%，第15天测定的减重率为39.2%。当秸秆添加量为2%时，第3天测定的减重率为17%，第3～15天，减重率基本维持在17%～19%，没有明显变化。因此，1.5%～2%的水稻秸秆添加量反映了 XDC－2 对水稻秸秆的正常分解潜力。

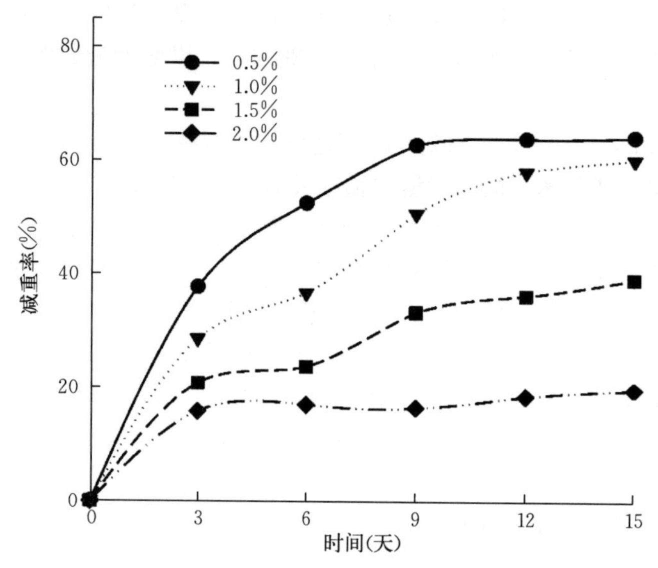

图 3－19　XDC－2 分解不同添加量水稻秸秆过程中秸秆的减重率

（七）复合系 XDC－2 分解水稻秸秆过程中的胞外酶活性

对水稻秸秆 15 天分解过程中的胞外酶活进行了测定。结果显示，在水稻秸秆分解的前 6 天，胞外木聚糖酶活性几乎直线上升，并在第 6 天达到峰值（8.357 单位/毫升）（图 3－20），第 6 天后开始下降，到第 15 天时为 4.909 单位/毫升。胞外 CMC 酶活性在前 6 天也是迅速增加，在第 6 天最高，为 0.108 单位/毫升，6 天以后开始下降，12 天后胞外 CMC 酶活性几乎丧失。从胞外酶活性数据看，胞外 CMC 酶活性虽然也呈现出一定的变化规律，但是酶活性水平很低。

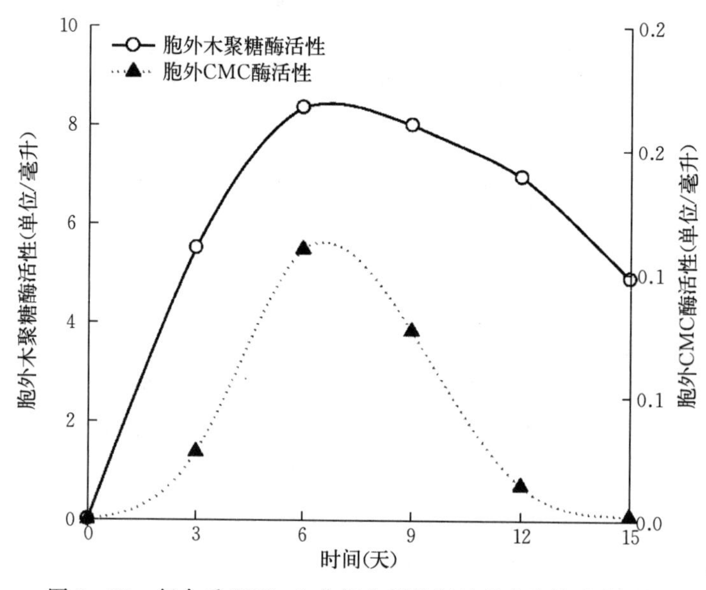

图 3－20　复合系 XDC－2 分解水稻秸秆过程中胞外酶的活性

(八) 复合系 XDC-2 分解水稻秸秆过程中的非胞外酶活性

对水稻秸秆 15 天分解过程中的非胞外酶活性（cell-associated enzyme）进行了测定。结果显示，胞内木聚糖酶活性与胞外木聚糖酶活性一样，也是在第 6 天达到最高（图 3-21），不过仅为 0.097 单位/毫升，与胞外酶活性相比几乎可以忽略。而胞内 CMC 酶活性在第 6 天后才开始明显升高，第 9 天最高，为 0.318 单位/毫升，明显高于胞外 CMC 酶活性，第 12 天为 0.161 单位/毫升。复合系 XDC-2 的酶活性分析结果表明，复合系 XDC-2 的胞外酶以木聚糖酶为主。

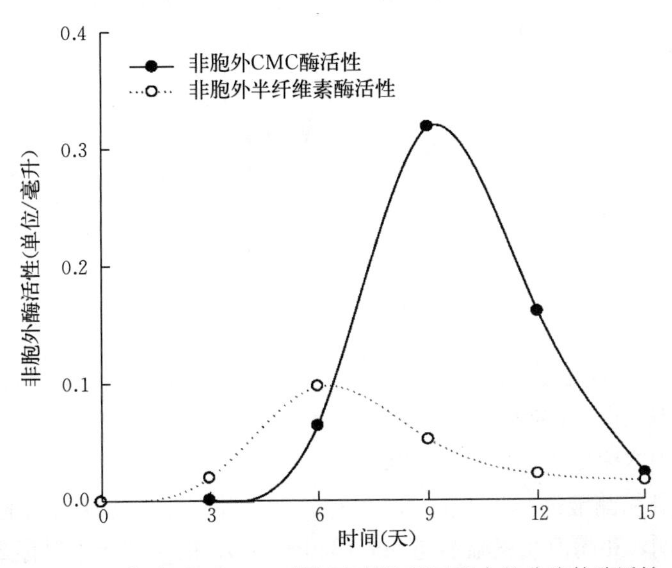

图 3-21　复合系 XDC-2 分解水稻秸秆过程中的非胞外酶活性

(九) 复合系 XDC-2 分解不同木质纤维素材料时的胞外木聚糖酶活性

在分解过程的第 6 天测定了胞外木聚糖酶（xylanase）活性。木聚糖酶活性分析结果表明，以玉米秸秆芯为碳源时，木聚糖酶活性最高，为 11.4 单位/毫升（图 3-22）；以玉米秸秆为碳源时，木聚糖酶活性为 9.01 单位/毫升；以水稻秸秆为碳源时，木聚糖酶活性为 8.36 单位/毫升；以滤纸为碳源时，木聚糖酶活性为 2.14 单位/毫升。

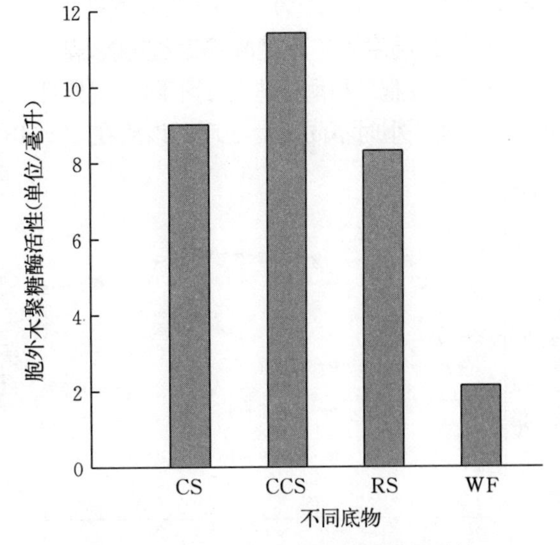

图 3-22　XDC-2 分解不同材料时的胞外木聚糖酶活性

(十) 酶反应温度和 pH 对木聚糖酶活性的影响

在酶反应过程中，对木聚糖酶反应的温度进行了优化，结果表明，当酶反应的 pH 为 6.0 时，该酶的最佳酶反应温度为 40～45 ℃。即复合系 XDC-2 胞外木聚糖酶的最佳酶反应温度为 40 ℃。复合系 XDC－2 胞外粗酶液在 40～45 ℃时具有最高木聚糖酶活性（图 3－23）。

在酶反应过程中，对木聚糖酶反应的 pH 进行了优化，结果表明，当酶反应温度为 40 ℃时，该木聚糖酶的酶反应 pH 为 5.0～7.0 时的酶活性较高，并且在 pH 为 6.0 时达到最大值（图 3－24）。

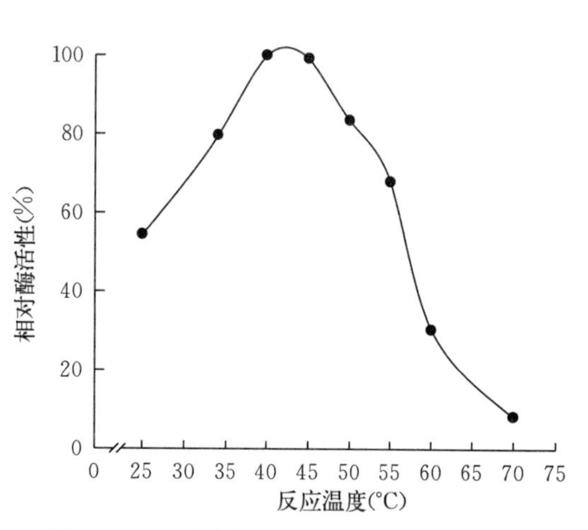

图 3－23　不同酶反应温度的木聚糖酶活性

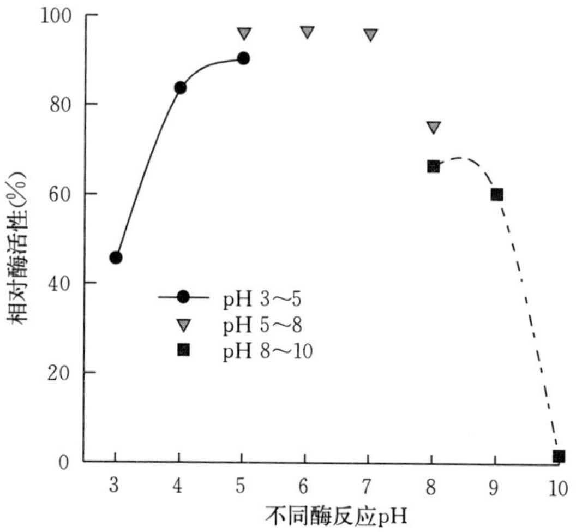

图 3－24　不同酶反应 pH 时复合系的木聚糖酶活性

（十一）pH 对木聚糖酶稳定性的影响

对复合系胞外粗酶液进行了不同 pH 保存处理，并测定了处理前后的胞外木聚糖酶活性。试验结果表明，粗酶液在室温不同 pH（3.0～10.0）的缓冲液中保存 2 小时后能够稳定保持较高的酶活性，特别在 pH 为 5.0～8.0 时，依然保持 90%以上的酶活性（图 3－25），在 pH 为 3.0、9.0 和 10.0 时，依然能保持 80%以上的酶活性。该 pH 稳定性结果表明复合系的胞外粗酶在 pH 为 3～10 的较宽范围内具有较好的稳定性。

（十二）温度对木聚糖酶稳定性的影响

对复合系胞外粗酶液进行了不同温度处理，并测定了处理前后的胞外木聚糖酶活性。结果表明，经 2 小时不同温度处理，该酶在 30～45 ℃能保持 90%以上的酶活性（图 3－26），

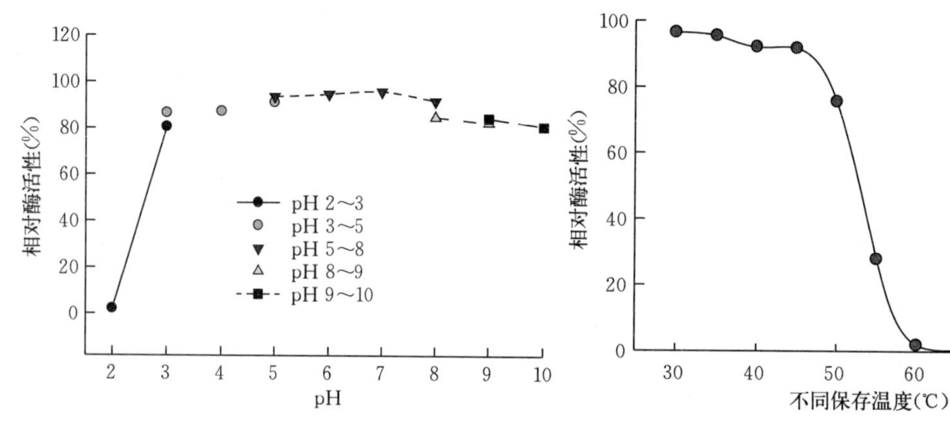

图 3－25　不同保存 pH 对木聚糖酶活性的影响

图 3－26　不同保存温度对的木聚糖酶活性的影响

当温度升到 50 ℃时，残留酶活性为 75.7%，温度升至 55 ℃后，酶活性残留仅为 27.9%。

(十三) 复合系 XDC-2 粗酶液 SDS-PAGE 分析

对复合系 XDC-2 的粗酶液进行了 SDS-PAGE 蛋白电泳，从复合系 XDC-2 粗酶液 SDS-PAGE 图谱（图 3-27）可以看出，复合系粗酶液的蛋白电泳至少有 5 条明显的分离条带，相对分子质量分别约为 60、40、35、28、16，该结果说明复合系粗酶液中蛋白质很丰富，能在一定程度上说明复合系粗酶液中的木质纤维素酶很可能是包含了多种不同功能的蛋白质成分的复合酶。

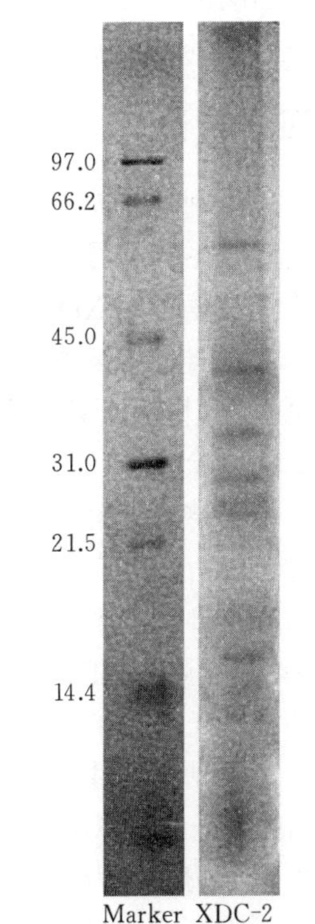

图 3-27 复合系 XDC-2 粗酶液 SDS-PAGE 图谱

三、讨论

复合系 XDC-2 在分解水稻秸秆的过程中分解率达 60.3%，分解早期（<6 天），复合系以半纤维素的分解为主，此时复合系的酶活性主要表现为胞外木聚糖酶活性；分解后期（>6 天），随着半纤维素的减少，纤维素逐渐暴露，复合系的纤维素分解能力开始表现，此时纤维素酶以胞外酶为主，这可能与复合系中的纤维素分解菌在纤维素逐渐暴露出来后更容易附着于纤维素上从而有利于纤维素分解有关。

复合系 XDC-2 对 4 种不同木质纤维素材料表现出不同的分解能力，对半纤维素含量相对高的木质纤维素材料的分解能力更强。利用混合菌来提高对天然木质纤维素分解能力的研究已经得到重视。Lewis 等曾利用混合瘤胃微生物分解纤维素，这种混合微生物对 NaOH 处理的水稻秸秆的最高分解率为 55.8%，但并未提及该混合菌是否具有胞外酶。而复合系 XDC-2 对水稻秸秆的分解率（60.3%）不仅高于 Lewis 等的研究，更重要的是 XDC-2 能分泌胞外酶。作者等筛选的高温菌复合系 MC1 对水稻秸秆的分解率高达 81%，水稻秸秆中的纤维素含量高于半纤维素含量，以半纤维素分解为主要特色的 XDC-2 不及 MC1 对水稻秸秆的分解能力，但是 XDC-2 的胞外酶活性远远超过 MC1。

复合系 XDC-2 的胞外木聚糖酶能在常温下较宽的 pH（3.0～10.0）范围内保持高活性，表明复合系分泌的胞外酶在普通温度及酸碱条件下具有很好的稳定性；以前研究者研究和探讨纯培养微生物纤维素酶和木聚糖酶稳定性的时间往往控制在 1～2 小时，很少有人将测定稳定性的时间延长至超过 24 小时，而复合系 XDC-2 的胞外酶在 30 ℃左右的室温条件下、在 pH 为 7.0 左右的缓冲液中保存 3 天以上仍然可以维持木聚糖酶的高活性，这种稳定性的长时间维持在以前的报道中未曾见到，这可能是复合系及其分泌的复合酶不同于普通纯培养微生物酶的特点之一。复合系胞外粗酶液的这些特点为该酶的保存以及在普通温度和 pH 环境中发挥作用提供了便利和保障。复合系 XDC-2 粗酶液的 SDS-PAGE 结果表明复合系的粗酶液中所含蛋白质很丰富，绝非只有一种蛋白质，这说明复合系的粗酶液中的木质纤维素酶很可能包含了多种蛋白质成分的复合酶。该结果表明利用构建复合系的方法获得多功能的复合酶是一种有效可行的新方法。

四、结论

通过限制性培养手段，经过多次继代培养和定向驯化，成功筛选到了一组木质纤维素分解菌复合系（编号：XDC－2)。该复合系能在室温静置条件下液体培养基中分解秸秆和稳定传代。复合系 XDC－2 分解水稻秸秆 15 天后，秸秆减重率为 60.3%，纤维素减重率为 38.3%，半纤维素减重率为 86.1%。在水稻分解过程中发酵液 pH 迅速由起始的 7.2 下降至 5.9，随后开始回升，第 9 天 pH 为 6.9，9 天后，pH 逐渐升高，并在第 15 天后维持在 8.0 以上。

在水稻秸秆分解 15 天的过程中共检测到 6 种主要的挥发性产物，其中乙酸、丙酸和丁酸等 3 种有机酸在第 3 天产量最高，分解 12 天后，仅二甘醇和丙三醇有少量积累。复合系 XDC－2 对滤纸的分解率为 5.2%，以水稻秸秆、玉米秸秆和玉米秸秆芯为碳源时，分解率相差不大，在 28.4%～40.1%。1.5%～2%的水稻秸秆添加量反映了 XDC－2 对水稻秸秆的正常分解潜力。复合系 XDC－2 的胞外酶以木聚糖酶为主，以玉米秸秆芯为碳源时，木聚糖酶活性最高，为 11.4 单位/毫升；以玉米秸秆为碳源时，木聚糖酶活性为 9.01 单位/毫升；以水稻秸秆为碳源时，木聚糖酶活性为 8.36 单位/毫升；以滤纸为碳源时，木聚糖酶活性为 2.14 单位/毫升。复合系 XDC－2 胞外木聚糖酶的最佳反应温度为 40 ℃，最佳反应 pH 为 6.0。复合系粗酶液中的木质纤维素酶很可能包含了多种不同功能的蛋白质成分的复合酶。

第三节　秸秆乳酸发酵关键技术研究

一、秸秆乳酸发酵复合系 SFC－2 的筛选及性质研究

（一）材料与方法

1. 培养基及培养条件

MRS 培养基：用于培养乳酸菌。每升去离子水中含：葡萄糖 20.0 克，蛋白胨 10.0 克，牛肉膏 10.0 克，酵母提取物 5.0 克，乙酸钠 5.0 克，柠檬酸铵 2.0 克，K_2HPO_4 2.0 克，$MgSO_4 \cdot 7H_2O$ 0.58 克，$MnSO_4 \cdot 4H_2O$ 0.25 克，吐温 80（Tween 80）1 毫升。做固体培养基时添加 15 克/升的琼脂，pH 为 6.2～6.4。MRS－S 培养液：MRS 培养基中按 1%的比例添加水稻秸秆。

2. 菌种筛选

菌种 SFC－2 的来源为中国农业大学科技园区收获籽粒后的玉米和水稻干秸秆。将 2 种干秸秆粉碎至 1～2 厘米，加水至最终含水量为 70%，填装于 100 毫升的螺口瓶，2 种秸秆各装 10 瓶，封口后置于 30 ℃恒温下自然发酵。发酵 1 周后，选择 pH 下降 4.0 以下并发出酸香味的发酵物作为菌群来源。将 MRS 培养液和 MRS－S 培养液分别装 9 个 50 毫升的螺口瓶，使液体达到瓶容积的 90%，每种培养基设 3 组，分别加入 5.5 克发酵良好的玉米秸秆发酵物、水稻秸秆发酵物及两者的混合物，30 ℃静置培养。培养 72 小时

后，按5%（体积分数比）的接种量转接培养物连续继代培养，保留pH下降迅速、产乳酸量较多且对外界环境变化反应相对稳定的培养物，淘汰与之相反的培养物，直到获得性质和菌种组成稳定的培养物。

3. pH测定

pH使用日本HORIBA微量pH计B-212测定。

4. DNA的提取

DNA的提取采用苯酚-氯仿抽提法。

5. 细菌16S rDNA克隆文库的建立及其序列分析

同本章第一节的材料与方法中的方法。

6. 系统树及Aligment的建立

所有序列的相似性比对通过BLAST检索进行。系统树的建立应用CLUSTAL _ X（version 1.81）软件包（Thompson et al.，1997）和MEGA（version 2.1）软件（Kumar et al.，2001）参照Neighbor-joining法进行。Aligment的建立使用软件DNAMAN（5.2.2）。

7. PCR-DGGE及DGGE条带测序

同本章第一节的材料与方法中的变性梯度凝胶电泳及测序。

8. 基于PCR的16S rDNA基因可变区域Ⅲ（V3）的扩增

以从微生物群体中提取的DNA为模板，通过PCR（polymerase chain reaction）来扩增细菌的16S rDNA V3区域。PCR使用AmpliTaqGold™（Perkin Elmer，日本），使用机型为PTC 200扩增仪（MJ Research Inc.，美国马萨诸塞州沃特敦）。PCR的引物替换为357F-GC和517R（Muyzer et al.，1993）。

PCR产物用2%琼脂糖凝胶电泳检测，用QIAEX Ⅱ凝胶回收试剂盒（Qiagen）或酒精沉淀法浓缩、脱盐，浓度用紫外分光光度计（Ultrospec 1100 pro，Biochrom LTD，英国）测定，约100纳克的PCR产物用于DGGE解析。

9. 荧光原位杂交

FISH法是根据目标微生物独有的特异性序列，人工合成与目标序列互补的寡核苷酸探针（oligonucleotide probe），在不破坏样品中微生物细胞的基础上，通过探针和目标微生物16S rRNA特异性序列的严紧结合而将荧光标记带入微生物细胞中，通过激发杂交探针的荧光来检测信号。通过对带荧光标记的微生物进行观察和分析检测来分析目标微生物的存在、种类和数量（Annette et al.，2000）。本试验中所用乳酸杆菌的特异探针为LAB 158（Hermin et al.，1999）。其特异性检测如下：在核糖体数据库项目Ⅱ（RDPⅡ）输入乳酸杆菌的特异探针LAB158序列，与得到的含相似序列的菌株比较此序列的特异性（Maidak et al.，1997）。反应中同时应用了一般细菌的通用探针EUB338（Rudolf et al.，1990；Susanne et al.，2006）作为阳性对照，用不加EUB338探针的作为阴性对照。同时还用了枯草芽孢杆菌（*Bacillus subtilis*）JCM 1465、地衣芽孢杆菌（*Bacillus licheniformis*）JCM 2505 T和大肠杆菌（*E. coli*）IAM 1264作为对照。

（二）研究结果

1. SFC-2复合系的筛选

将玉米和水稻干秸秆自然发酵物及两者的混合物分别接种到MRS培养液和MRS-S

培养液进行继代培养，在培养过程中保留 pH 下降迅速、产乳酸量较多且随外界环境变化状态相对稳定的培养物。从第 25 代开始，玉米秸秆和水稻秸秆自然发酵物混合接种于 MRS－S 的培养物较其他培养物 pH 下降快，产乳酸较多，各代之间 pH 变化趋势稳定，将该发酵物标记为 SFC－2，供后续试验使用。对 SFC－2 菌系筛选过程中第 1 代、第 5 代、第 10 代、第 15 代、第 20 代、第 25 代、第 30 代的 24 小时培养物进行了 16S rDNA 的 PCR－DGGE 分析。由图3－28可知，培养的第 1 代主要出现条带 1、2、3、4。到第 5 代时，条带 1 和条带 3 消失，增加了条带 5 和条带 6，但随后又消失。从第 10 代开始，出现了条带 7 和条带 8，第 15 代开始又出现了条带 9，第 25 代开始 DGGE 图谱基本稳定，主要为条带 2、8、9、10、11、12，这些条带的近缘种全部为乳酸菌。另外，还存在较弱的条带 5 和条带 7。

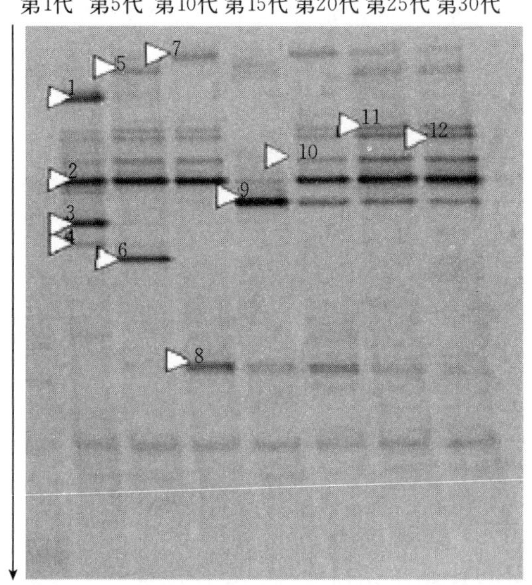

图 3－28　SFC－2 筛选过程中各代微生物菌群的 PCR－DGGE 图谱

2. FISH 分析复合系中乳酸菌的组成及序列

杂交在载玻片上直接进行，复合系的杂交过程中同时加进了 5′端标记的一般细菌通用探针 EUB338 和 Cy3 标记的乳酸杆菌，使用 EUB338、LAB158 两种探针（表 3－4）。在杂交完洗脱干净自然风干之后，向载玻片的其中一个孔里的杂交体加入 1 微升 50%甘油和 1 微升 1 微克/毫升 DAPI，对全菌进行染色，然后在约 467 纳米处用显微镜观察，看到很多蓝色荧光，结果如图 3－29A 所示。通过计数得到每毫升复合系培养液中活菌数约为 3.05×10^9 个。在显微镜下观察未加 DAPI 的杂交体，其在约 647 纳米的蓝光激发下发出绿色荧光，如图 3－29B 所示，此时杂交体的探针为细菌，通过探针 EUB338 可以看到均为杆菌，同一个视野调整镜头到约 555 纳米的绿光下，看到红色荧光，如图 3－29C 所示。对图 3－29C 中的菌体进行计数，得到每毫升培养液中乳酸杆菌的活菌数约为 3.01×10^9 个，与加 DAPI 测得的复合系中全菌的量差异不显著（$P<0.05$），说明复合菌系的菌种组成 100%为乳酸杆菌。

表 3-4　本研究中所用探针及靶目标

探针	OPD 编码	序列（5′～3′）	靶标生物
EUB338	S-D-Bact-0338-a-A-18	GCTGCCTCCCGTAGGAGT	细菌（*Bacteria*）
LAB158	S-G-Lab-0158-a-A-20	GGTATTAGCAY（C/T）CTGTTTCCA	乳酸杆菌（*Lactobacillus*）、肠球菌（*Enterococcus*）

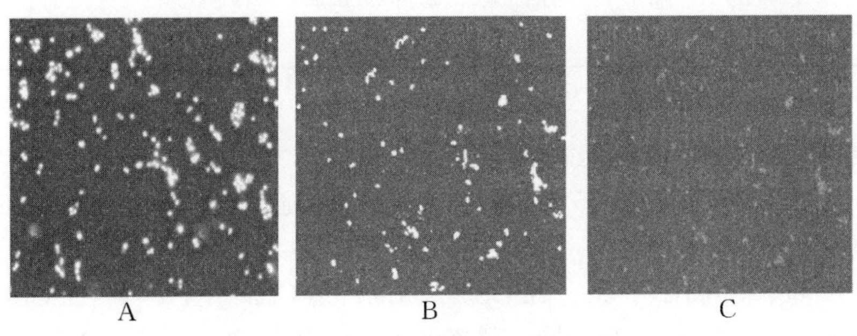

图 3-29　SFC-2 复合系的测定结果

A. DAPI 染色　B. 未加 DAPI、647 纳米　C. 未加 DAPI、555 纳米

3. 克隆文库分析复合系的组成多样性

随机选择了克隆出的 148 个白色菌落，菌落 PCR 扩增其 16S rDNA V3 区域，辅助 PCR-DGGE 单变性梯度凝胶筛选，最后得出 DGGE 图谱上处于不同位置的有 7 个条带。选择这 7 个条带对应的白色菌落（标记为 SFCB2-6c～SFCB2-12c）接种到含氨苄西林的 LB 培养液中，富集含转化质粒的菌体，提取质粒 DNA，测定其 16S rDNA 序列。结果在 7 个克隆中 SFCB2-6c、SFCB2-10c、SFCB2-11c、SFCB2-8c 和 SFCB2-12c 5 个克隆与发酵乳杆菌（*Lactobacillus fermentum*）相似率最高，SFCB2-7c 和 SFCB2-9c 分别与植物乳杆菌（*Lactobacillus plantarum*）和类干酪乳杆菌（*Lactobacillus paracasei*）相似率最高。在 148 个克隆文库中 113 个（76.3%）为 *L. fermentum* 的近缘种，30 个（20.3%）为 *L. plantarum* 的近缘种，5 个（3.4%）为 *L. paracasei* 的近缘种，分别对应图 3-28 中的条带 i、条带 b 和条带 h（表 3-5）。

表 3-5　克隆文库的 16S rDNA 序列分析

菌株	登录号	相似率（%）	近缘菌株名称		在克隆中所占比例（%）	对应条带
			来源	登录号		
SFCB2-1i	DQ399350	99.6	*Lactobacillus fermentum*	AF302116	—	i
SFCB2-2i	DQ399351	99.5	*Lactobacillus plantarum*	AL935258	—	b
SFCB2-4i	DQ399353	99.9	*Lactobacillus paracasei*	DQ199664	—	h
SFCB2-5i	DQ399354	99.5	*Lactobacillus paracasei*	AB126872	—	
SFCB2-6c	DQ486144	99.9	*Lactobacillus fermentum*	AF302116	60.1	
SFCB2-7c	DQ486145	99.9	*Lactobacillus plantarum*	AL935258	20.3	
SFCB2-8c	DQ399356	99.7	*Lactobacillus fermentum*	LCE575812	2.0	

（续）

菌株	登录号	相似率（%）	近缘菌株名称		在克隆中所占比例（%）	对应条带
			来源	登录号		
SFCB2-9c	DQ486146	99.9	*Lactobacillus paracasei*	DQ199664	3.4	
SFCB2-10c	DQ399355	99.4	*Lactobacillus fermentum*	AF302116	2.7	
SFCB2-11c	DQ486147	99.4	*Lactobacillus fermentum*	AF302116	3.4	
SFCB2-12c	DQ486148	99.4	*Lactobacillus fermentum*	LCE575812	8.1	
合计					100.0	

注：i 为 isolate；c 为 clone；所占比例为在 148 个克隆中所占比例。

4. 分离单菌株 16S rDNA 系统树的建立

利用从 SFC-2 中分离到的 5 株菌的 16S rDNA 和通过克隆得到的 7 个 16S rDNA 的序列，按照进化的距离远近建立了系统树（图 3-30）。在系统分析中，SFCB2-1i、SFCB2-3i、SFCB2-6c、SFCB2-8c、SFCB2-10c、SFCB2-11c 和 SFCB2-12c 与 *L. fermentum*、*L. cellobiosus* 位于同一系统组（100%置信度）。16S rDNA 序列比对结果 SFCB2-1i 与 *L. fermentum* 的相似率为 99.6%，与 *L. cellobiosus* 的相似率为 99.5%，而 SFCB2-3i 与 *L. fermentum* 和 *L. cellobiosus* 的相似率同为 99.7%。实际上 *L. fermentum* 与 *L. cellobiosus* 也属于同一系统组，其差异仅为 5 个碱基不同。菌株 SFCB2-2i 和 SFCB2-7c 明显位于杆菌基因组，在 100% 置信水平，同一系统分支的有 *L. paraplantarum*、*L. pentosus* 和 *L. plantarum*。SFCB2-2i 的 16S rDNA 序列分析结果表明，它与 *L. plantarum* 的相似率为 99.5%，与 *L. paraplantarum* 的相似率为 99.4%，与 *L. pentosus* 的相似率为 99.5%。而实际上 *L. plantarum* 和 *L. pentosus* 的 16S rDNA 序列非常相似，其差异仅为 2 个碱基，并且普遍认为它们属于同一 16S rRNA 系统组，只能用 16S 或 23S 较大区域的序列（Hammes et al.，1995）或者 *recA* 基因的部分序列（Torriani et al.，2001）进行系统树分析来区别。SFCB2-4i、SFCB2-5i 和 SFCB2-9c 在系统树中与 *L. paracasei* 最相似，同时与 *L. casei* 和 *L. lactis* 位于同一系统组（100% 置信度）。经 16S rDNA 序列分析，SFCB2-4i 与 *L. paracasei* 的相似率为 99.9%，与 *L. casei* 的相似率为 99.8%，而 SFCB2-5i 与 *L. paracasei* 的相似率为 99.5%，与 *L. casei* 的相似率为 99.4%。

二、乳酸菌复合系 SFL 的筛选及性质研究

（一）材料与方法

1. 培养

本试验作为筛选用的培养基质为 R-MRS 培养基（MRS 培养基中按 1%的比例添加水稻秸秆）。将来自东北两个水稻产区的 0.5 克的秸秆、土壤或者两者的混合物作为微生物源，接入 10 毫升培养基中厌氧培养于 5 ℃冰箱中。将本实验室所筛选的两组常温乳酸菌复合系（Al2 和 SFC-2）及购得的 3 组商业接种剂（CI：Sil-All 4×4、微贮王、益生康）也在同样的条件下培养。培养 10 天后，取液体 15 微升接入新鲜的培养基中，每培养 4 天转接一次，依次连续继代培养。

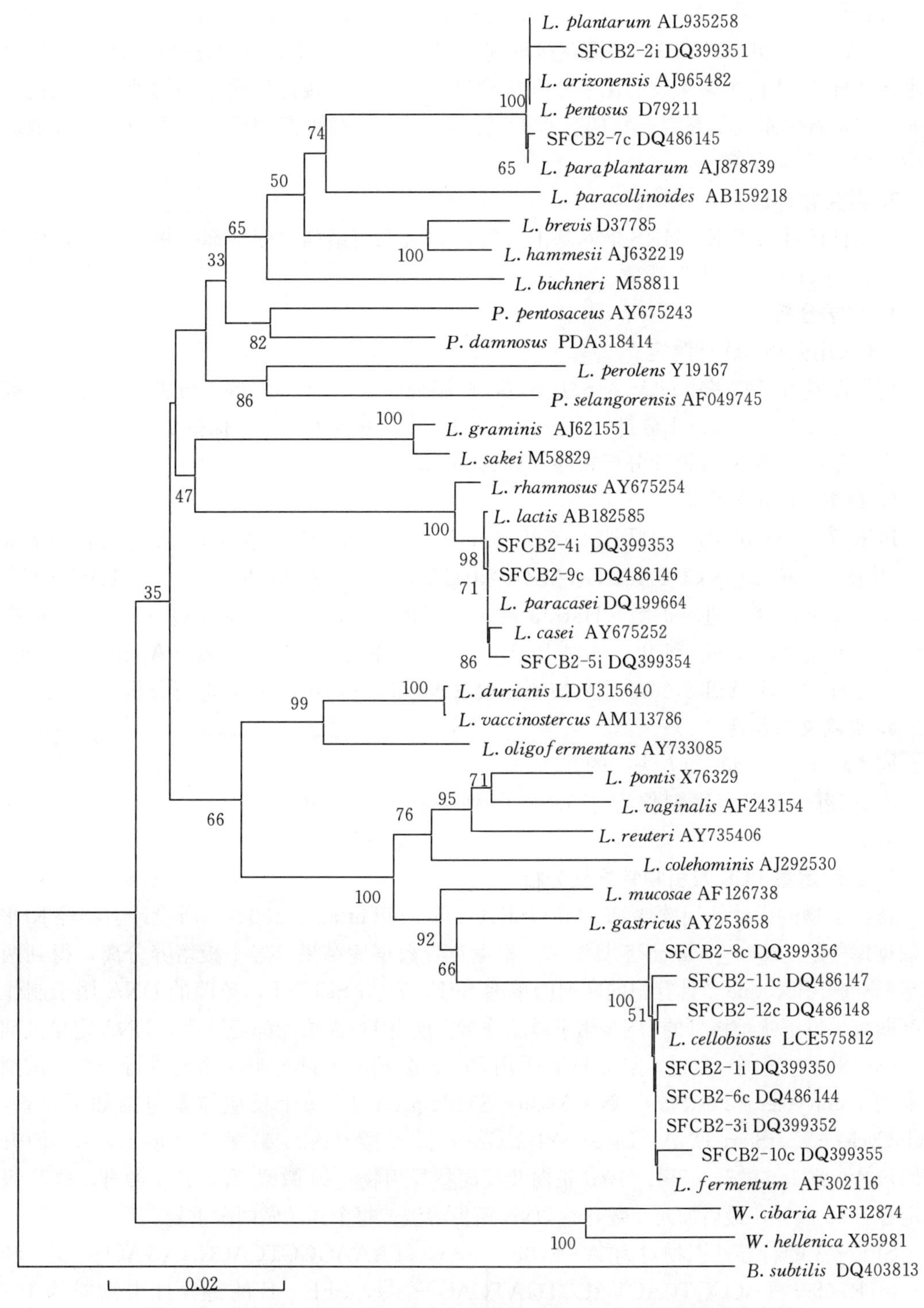

图 3-30 SFC-2 复合系 4 株分离菌及其 16S rDNA 克隆近缘系统分析

2. 实验室发酵

将收获后自然风干的水稻秸秆剪至1厘米，向其中添加葡萄糖使秸秆的最终含糖量达到7%（Yang et al.，2006）。将商业接种剂（CI）及本试验中筛选的复合系（SFL）以每克水稻秸秆1×10^6个菌落数的比率分别接到秸秆中，以不接任何微生物的处理为无接菌对照。向秸秆喷水使最终混合物的含水量达到70%，与菌种混匀后，装于100毫升玻璃瓶中，10℃厌氧发酵。

3. 微生物计数

乳酸杆菌计数于R-MRS培养基上进行，方法采用系列梯度稀释平板计数法，所涂平板于20℃下培养4天后计数。

4. 化学分析

pH采用微型pH计测定。

挥发性发酵产物采用GC-MS法测定，柱温程序为：60℃保持1分钟，每分钟升高7℃，升至100℃，维持1分钟，每分钟升高18℃，升至195℃，保持2分钟。

方差分析采用SAS统计分析软件（Version 6.12）。

5. PCR-DGGE分析

PCR采用AmpliTaqGold™反应系统（Perkin Elmer，ABI，美国）。胶上回收的条带采用引物357F（5′-CCTACGGGAGGCAGCAG-3′）和517R（5′-ATTACCGC-GGCTGCTGG-3′）进行扩增（Haruta et al.，2004）。扩增产物经过QIAquick PCR产物纯化试剂盒（Qiagen）纯化，通过BigDye终止循环测序反应试剂盒（Applied Biosystems）处理后，用ABI 3130xl型核酸测序仪（Applied Biosystems）进行分析。

6. 克隆文库构建

同本章第一节材料与方法中的方法。

本研究中所应用序列保存于DNA序列数据库中，对应的登录号为EF590122～EF590135。

7. 实时定量PCR及引物特异性分析

特异引物的设计使用软件PRIMROSE（Ashelfold et al.，2002）。所设计引物经RDP II数据库中的Probe_Match工具测试。根据克隆数据库结果，经平板培养分离，得到两株与Clone1和Clone 2具有相同序列的单菌SFL-A与SFL-B，单菌的DNA用于制作标准曲线。发酵水稻秸秆的DNA用于样品分析。所有DNA浓度都经过荧光DNA定量试剂盒（Bio-Rad，美国）定量。定量PCR采用Roche公司的LightCycler系统进行分析，试剂盒采用Lightcycler-FastStart DNA Master SYBR green Ⅰ。每个反应体系包括如下试剂：LightCycler-FastStart DNA Master SYBR Green Ⅰ，2微升；25毫摩/升$MgCl_2$，1.2微升（SFL-A）或1.6微升（SFL-B）；正向及反向特异引物（10微摩/升）各1微升，PCR级水定容至18微升，最后加入2微升的DNA模板溶液。每个样品做两次重复。

SFL-A的特异性引物对为A-278F（5′-GGTAAAGGCTCACCAAGACC-3′）和A-467R（5′-TACCGTCACTACCTGATCAG-3′），SFL-B的特异性引物对为B-456F（5′-TGGGAAGAACAG-CTAGAGTAG-3′）和B-612R（5′-TCCAATGC-CTTTCCGGAGTT-3′）。定量PCR的程序为：95℃预变性10分钟，接着按变性95℃

5秒，退火65 ℃ 6秒，延伸72 ℃ 20秒程序扩增40个循环，荧光检测在延伸阶段进行。退火到延伸阶段温度变化比率为每秒2 ℃，其余变化比率均为每秒20 ℃。扩增产物的特异性用熔解曲线进行分析（Kato et al.，2005），分析程序为95 ℃变性，70 ℃退火15秒，然后以每秒0.1 ℃的比率上升到95 ℃，其间一直检测荧光变化。

（二）研究结果

1. 乳酸菌复合系SFL的筛选

本研究以东北两个水稻产区的土壤、水稻秸秆及两者的混合物为接种源，同时，对本实验室筛选的两组组成稳定的常温乳酸菌复合系以及3个商业接种剂共11组微生物群均进行了5 ℃条件下的培养。在培养初期，多数培养物可以生长，然而，随着重复培养次数的增加，更多的复合培养物不再生长。经过长期连续继代培养，逐渐淘汰生长及pH下降缓慢的培养物，最终一组富集培养物由于更高的OD值及pH下降更为迅速而被选取，且通过DGGE检测，16次培养后，其图谱不再改变，该组富集培养物被定名为SFL（图3-31）。

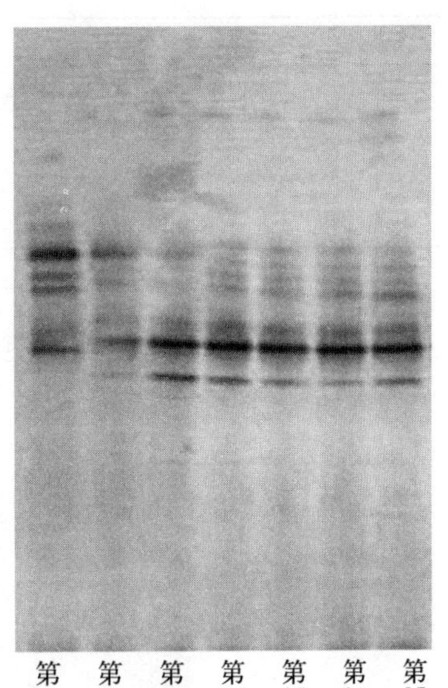

图3-31 筛选过程中的DGGE图谱

2. 秸秆发酵过程中pH动态

在10 ℃时，经过6天的发酵，接种后的发酵秸秆pH比不接种处理的要显著降低（$P<0.05$），表明添加接种剂可以明显加速水稻秸秆pH的下降。发酵6天后，接种SFL的处理pH下降到4.5以下，发酵10天时，pH下降到4.0左右。此结果表明，与商业接种剂比较，SFL可以使秸秆的pH下降得更为快速（图3-32）。在10 ℃下，所有处理的乳酸菌数在发酵第6天时达到最大值，之后开始下降。在发酵的起始阶段，SFL的乳酸菌数比商业接种剂的数量更高（$P<0.05$），在30天发酵结束时，其数目比商业接种剂及对照的低（$P<0.05$）（图3-33）。

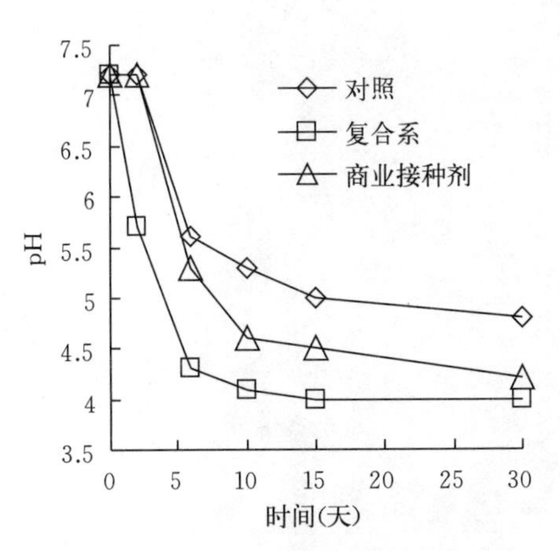

图3-32 10 ℃发酵过程中的pH动态

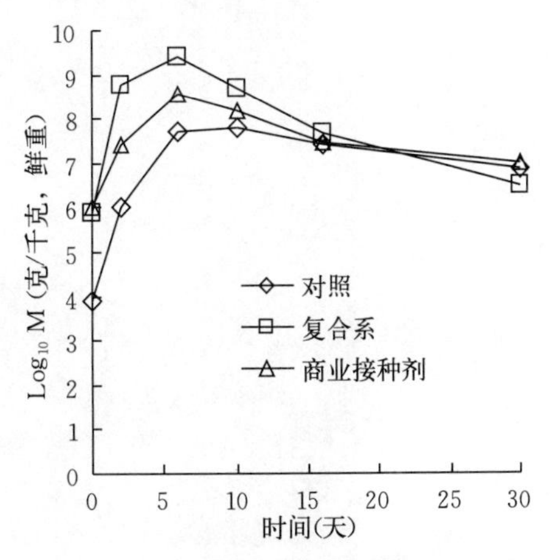

图3-33 10 ℃发酵水稻秸秆乳酸菌菌落数变化

M. 菌落数

3. 挥发性发酵产物分析

通过 GC－MS 所进行的发酵产物分析结果表明，接种剂的添加可以显著增加乙醇的浓度（$P<0.05$）（表 3－6）。就甘油来说，接种对其浓度并没有明显影响。而用 SFL 处理过的发酵秸秆的乳酸和乙酸的浓度分别达到 8.1 克/千克（鲜重）和 1.5 克/千克（鲜重），且均显著高于商业接种剂处理的发酵秸秆（$P<0.05$）。

表 3－6　稻秸发酵 30 天后挥发性产物的测定

温度（℃）	处理	乙醇（克/千克，鲜重）	乙酸（克/千克，鲜重）	乳酸（克/千克，鲜重）	甘油（克/千克，鲜重）
10	对照	0.2c	1.1b	0.0b	0.3a
	CI	1.6a	0.7c	2.0b	0.4a
	SFL	1.0b	1.5a	8.1a	0.1b

注：CI 为商业接种剂；SFL 为复合系；同一列数字后字母不同表示差异显著（$P<0.05$）。

4. 秸秆发酵体系中复合系定殖效果的确认

为确认秸秆发酵过程中接种剂的定殖情况，对发酵 6 天、16 天及 30 天的水稻秸秆中的微生物区系进行了分析（图 3－34）。在 10 ℃的整个发酵过程中，从对照中检测到了更多的微生物种属，而在接种处理中，微生物种属相对较少。在发酵 6 天后，与商业接种剂

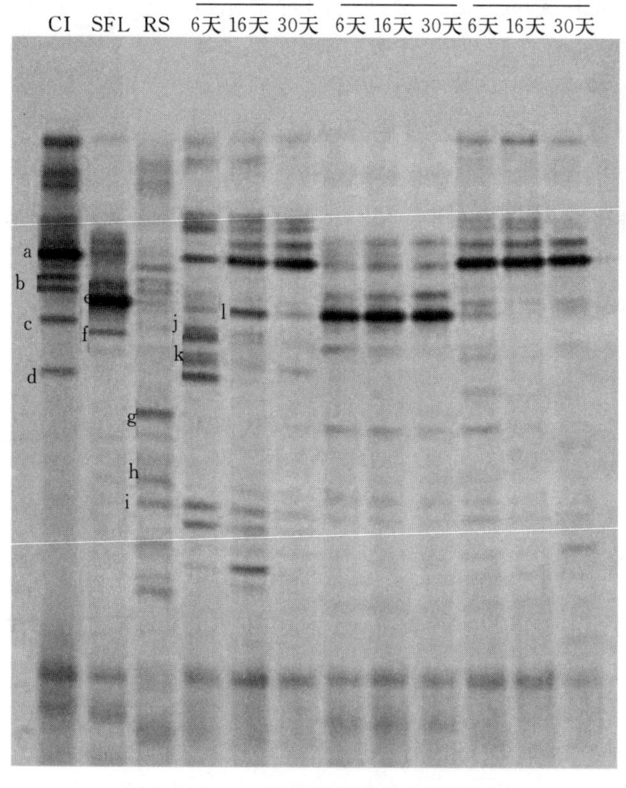

图 3－34　10 ℃发酵样品 DGGE 动态

CI. 商业接种剂　SFL. 复合系　RS. 对照

比较，SFL 中检测到更少的微生物种。而 SFL 的两种组成菌在 DGGE 图谱上均可以检测到，这种结果与 pH 动态及菌落数动态密切相关。

5. 克隆文库分析复合系的组成

结果表明，在所分析的 200 个白色菌落中，148 个属于 *Lactobacillus*，与 *L. sakei* 具有 99%的相似率，42 个属于明串珠菌属（*Leuconostoc*），与仁海明串株菌（*Leuconostoc. inhae*）具有 99%的相似率（图 3－35）。

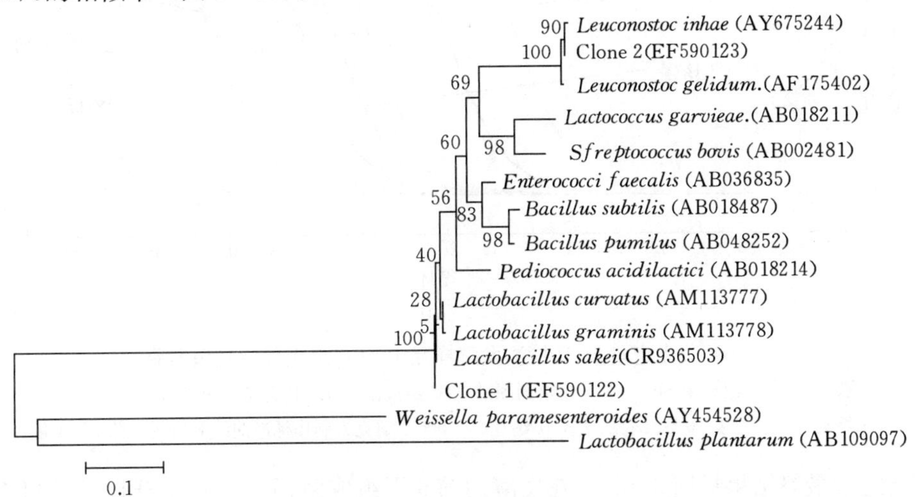

图 3－35　16S rDNA 系统发育分析

注：系统树构建方法为 Neighbor－joining 法；试验选择 200 个克隆子，其中 158 个与上述克隆文库中的 Clone 1 相同，42 个与 Clone 2 相同。

6. 水稻秸秆 10 ℃发酵过程中复合系组成菌的动态

DGGE 结果表明 SFL 可以定殖在发酵体系中。然而在发酵过程中两种组成菌的动态还不清楚，为此，用定量 PCR 来分析组成菌的动态。SFL－A 和 SFL－B 分别为 Clone1 和 Clone2 的代表性菌株。图 3－36 为 PCR 扩增过程中的产物荧光积累曲线。

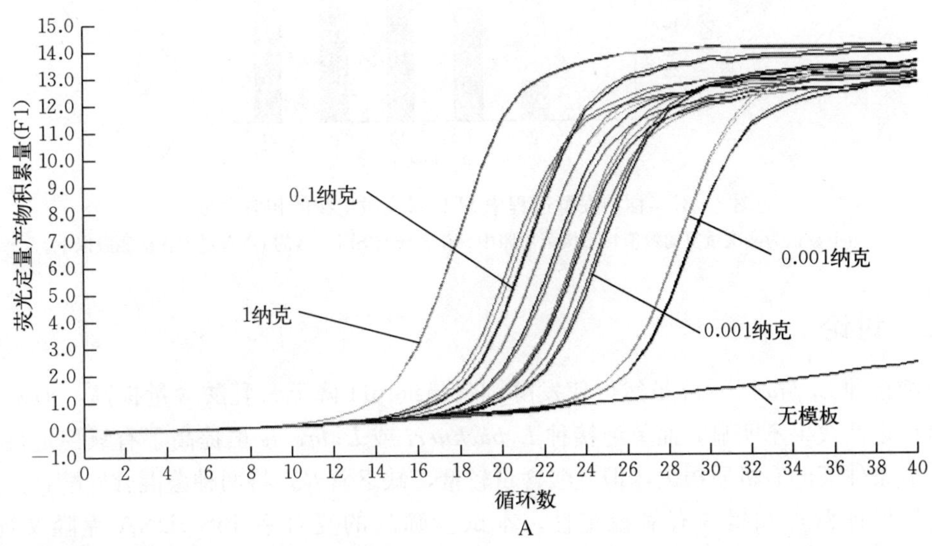

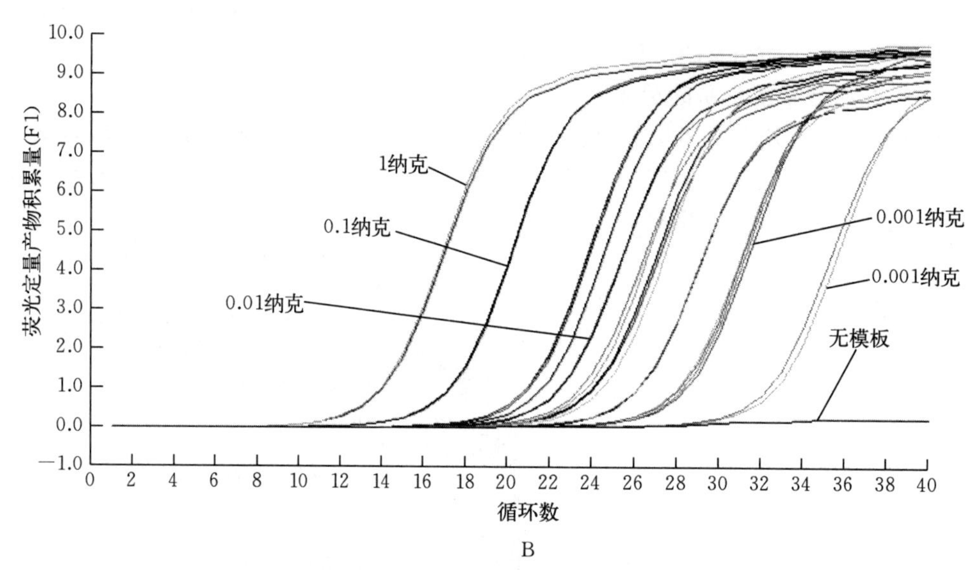

图 3-36　荧光定量 PCR 检测发酵样品中 SFL 组成菌荧光积累曲线

A. 组成菌 SFL-A 荧光检测图谱　B. 组成菌 SFL-B 荧光检测图谱

注：1 纳克、0.1 纳克、0.01 纳克、0.001 纳克、0.000 1 纳克为制作标准曲线时所用单菌 DNA 量。

荧光定量最终结果见图 3-37，在发酵的前 6 天组成菌 SFL-A 与 SFL-B 的 DNA 含量急剧变化，直到发酵的第 16 天，两者的总 DNA 量已经达到整体的 68%。对于组成菌 SFL-A，在发酵的前 16 天，DNA 含量不断增加，达到了总体的 65%，对于组成菌 SFL-B，在发酵的第 6 天，DNA 含量为 5.5%，达到整个发酵过程中的最大值。

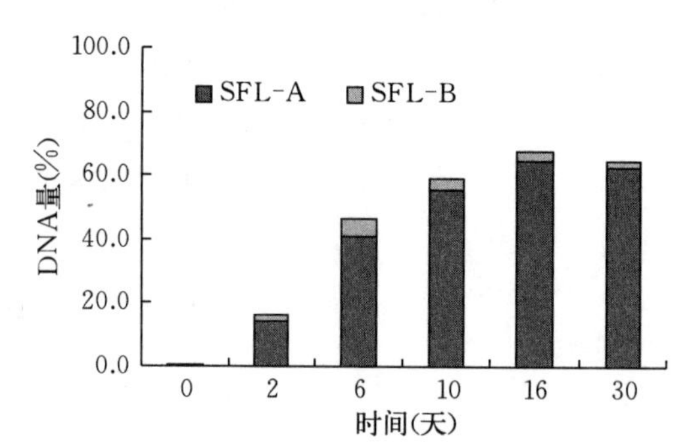

图 3-37　稻秸发酵过程中 SFL 组成微生物的相对含量

注：图中数值为两次重复的数值；不接菌对照中 SFL-A 与 SFL-B 的 DNA 量均在检测限以下。

三、讨论

单纯接种 *L. plantarum* 虽然可使发酵饲料最终 pH 降低、乳酸含量提高，但对改善其有氧稳定性效果不明显，而单纯接种 *L. buchneri* 或 *L. brevis* 虽提高了有氧稳定性，抑制了有氧条件下的有机质损失，但乳酸含量较低，缺乏营养，将两种菌混合发酵，一定程度上可以保证营养和提高有氧稳定性。本试验筛选的复合系 16S rDNA 克隆文库中，

76.3%为 *L. fermentum* 的近缘种，20.3%为 *L. plantarum* 的近缘种，3.4%为 *L. paracasei* 的近缘种，异型发酵乳杆菌 *L. fermentum* 常在青贮饲料中伴随一些异型发酵种如 *L. ferintoshensis* 或者同型发酵菌 *L. casei* 或者 *L. paracasei* 出现，并产生乙酸和乳酸（Sylvie et al.，2002）；*L. plantarum* 经常在青贮饲料中被作为同型发酵的接种剂使用（Danner et al.，2003；Nishino et al.，2004）；*L. casei* 作为同型发酵乳酸菌也常被接种于青贮饲料（Nishino et al.，2004）。说明 SFC-2 中的组成菌均为青贮饲料中的有益菌。

采用发酵的方法保存秸秆的营养成分、提高饲料的适口性，是提高秸秆饲料品质的主要手段之一。但是由于东北地区秋冬季节温度低，限制了青贮饲料中主要活动因子乳酸菌的活动。本研究为调查低温下秸秆发酵的可行性，利用实验室规模将秸秆进行10 ℃发酵。与商业接种剂比较，本研究中所筛选的复合系可以使发酵水稻秸秆 pH 下降更为迅速，并产生更多的乳酸，尽管这种趋势并没有 30 ℃条件下那么明显。但也清楚地表明，其在低温下一定程度地加速了秸秆的发酵。

本试验中应用商业菌剂，在 30 天发酵结束时，检测到的微生物与对照中一样，原因可能为商业接种剂中所含有的微生物种与本试验中所用秸秆中的微生物种相似，所以在 DGGE 上看到的与对照中的一样，该结果也表明，依靠在常温下对发酵起关键作用的菌在低温下对水稻秸秆进行发酵，效果并不理想。试验结果也清楚地表明本研究中的 SFL 可以定殖在秸秆发酵体系中。克隆文库结果揭示了 SFL 包含两种乳酸菌，一种与乳酸杆菌具有 99.9%的相似率，一种与明串珠菌具有 99%的相似率。到发酵的第 16 天，SFL 的两种组成菌 DNA 含量已经占到总 DNA 含量的 68%。该结果暗示了 SFL 成为发酵过程中微生物区系的主要群体。本研究中 SFL 组成菌的近缘种以前多见于肉制品的冷藏过程中，有关其在土壤和秸秆上存在情况的报道还较少。DGGE 结果证明了 SFL 组成微生物可以定殖在发酵过程中。采用定量 PCR 技术，分析了两种组成菌的动态，复合系组成菌 SFL-A 的 DNA 含量暗示其可能在发酵过程中起关键作用。

四、结论

经筛选，SFC-2 为性质稳定的秸秆乳酸发酵复合菌系，复合菌系的菌种组成 100% 为乳酸杆菌。在 148 个克隆文库中 113 个（76.3%）为 *L. fermentum* 的近缘种，30 个（20.3%）为 *L. plantarum* 的近缘种，5 个（3.4%）为 *L. paracasei* 的近缘种，系统发育树结果说明 SFC-2 中的组成菌均为青贮饲料中的有益菌。

经过对多种常温乳酸菌复合系的长期继代培养，最终富集到一组性质稳定的优质培养物，定名为 SFL。添加接种剂可以明显加速水稻秸秆 pH 的下降，与商业接种剂比较，SFL 可以使秸秆的 pH 下降更为快速。在发酵的起始阶段，SFL 的乳酸菌数比商业接种剂的数值更高（$P<0.05$），在 30 天发酵结束时，其数值比商业接种剂及对照的低（$P<0.05$）。接种剂的添加可以显著增加（$P<0.05$）乙醇的浓度，SFL 处理过的发酵秸秆乳酸与乙酸浓度均显著高于商业接种剂处理的发酵秸秆，而对甘油无影响。SFL 处理的发酵液中检测到的菌种少于商业接种剂及不接种菌系的发酵液。

在 200 个克隆文库中，148 个属于 *Lactobacillus*，与 *Lonastoc sakei* 具有 99%的相似率，42 个属于 *Leuconostoc*，与 *Leuconostoc inhae* 具有 99%的相似率。荧光定量结果显

示，在发酵的前 6 天组成菌 SFL－A 与 SFL－B 的 DNA 含量急剧变化，直到发酵的第 16 天，两者的总 DNA 量已经达到整体的 68%。对于组成菌 SFL－A，在发酵的前 16 天，DNA 含量不断增加，达到了总体的 65%，对于组成菌 SFL－B，在发酵的第 6 天，DNA 含量为 5.5%，达到整个发酵过程中的最大值。

第四节　秸秆生物饲料技术应用

一、秸秆高温发酵

（一）材料与方法

1. 材料

秸秆：玉米秸秆压缩块与 2%的蛋白胨水溶液（1∶1，m∶v）1∶1（m∶v）混匀，干物质含量为 42.72%。

菌剂：纤维素分解菌复合系 WDC2 为甘油冷冻保存，以 5%（v∶v）的接种量连续扩大培养。用 PCS 培养液（小麦秸秆 5 克、蛋白胨 5 克、NaCl 5 克、$CaCO_3$ 2 克、酵母粉 1 克、去离子水 1 000 毫升，121 ℃灭菌 20 分钟）在 60 ℃条件下静止培养 7 天后供接种用。接种量为每 100 克干秸秆接种 2 毫升。

2. 发酵方法

取 50 克秸秆装入孔径为 1 毫米的尼龙网袋（11 厘米×14 厘米）中，共 21 袋，另取 21 个空袋作为空白对照。分成 3 组，每组包含 7 个装秸秆的袋和 7 个空袋，分别埋入已装有 100 千克秸秆的发酵室①、②、③，设定加热板温度为 60 ℃，关闭出料口。每 24 小时搅拌一次，增加通氧量。取样方法：以试验开始当天为第 0 天，在第 1 天、第 3 天、第 5 天、第 7 天、第 10 天、第 12 天、第 15 天时，从 3 个发酵室中分别取 1 个装秸秆的袋和一个空袋，用于分析干物质的变化；从发酵室的上、中、下不同位点取样混合后用于分析 pH、秸秆成分、瘤胃降解率和微生物群等指标。

3. 设备

连续式秸秆发酵饲料制备机：构造如图 3－38 所示。该机的总容积为 1.5 米^3、有效容积为 0.9 米^3。用梯度隔板将发酵箱分成 3 个等体积的发酵室，物料在主轴上桨叶的旋转下搅拌、前进；各个发酵仓中物料的发酵时间、程度不同，形成发酵梯度。该设备在厌

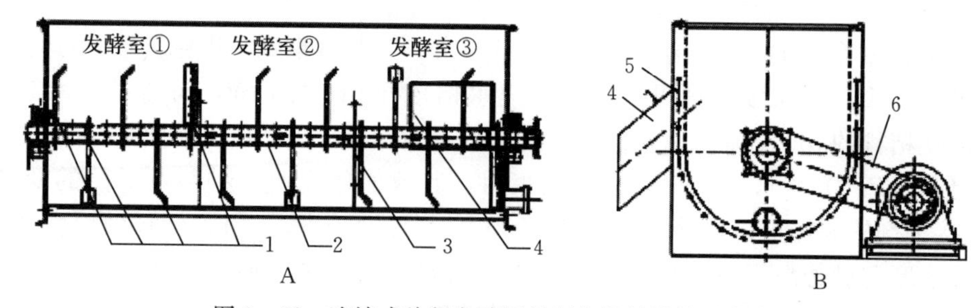

图 3－38　连续式秸秆发酵饲料制备机的结构示意图

1. 不同形式的桨叶杆　2. 主轴　3. 梯度隔板　4. 侧出料口　5. U 形管　6. 电机及传动

A. 主视图　B. 右视图

氧、耗氧过程中实现了秸秆丝（段）的连续式（间歇连续式）发酵、搅拌及输送，并能根据工艺要求对机内物料进行加热、保温或通风。本试验中，改变主轴上桨叶的排列，仅保留其搅拌功能，且不盖上盖板。

4. 养分含量测定

每天搅拌之前测量 30 厘米深处的秸秆温度。样品经 60 ℃、48 小时烘干后粉碎，过 630 毫米筛，准确称取 0.500 0 克，装入 F57 专用袋中，用 ANKOM220 型纤维分析仪测定中性洗涤纤维和酸性洗涤纤维含量（Van Soest et al.，1991）。可溶性糖含量用蒽酮比色法测定（Thomas et al.，1977）。粗蛋白质用凯式定氮法测定（Horwitz，1990）。干物质 NDF 和 ADF 瘤胃降解率采用尼龙袋法（冯仰廉，1984）。取 0.5 克样品到 10 毫升离心管中，加入 4.5 毫升蒸馏水，振荡，静置 30 分钟后用 HORIBA 212 型 Compact pH 计测量 pH。另取 5 克样品，加入 45 毫升任氏液（NaCl 9.00 克、KCl 0.12 克、$CaCl_2$ 0.24 克、$NaHCO_3$ 0.20 克、蒸馏水 1 000 毫升），放摇床上 200 转/分振荡 10 分钟，用双层纱布过滤后分装到无菌管中用来进行微生物学分析。

5. 提取 DNA

CTAB 法。

6. PCR - DGGE 及 DGGE 条带分析方法

聚合酶链式反应（polymerase chain reaction，PCR）使用 PTC 200 扩增仪。反应体系如表 3 - 7 所示。

表 3 - 7　PCR 反应液成分

相关物质	每 50 微升用量（微升）
DNA 模板（10 纳克/微升）	1
10×PCR 缓冲液（Perkin Elmer，日本）	5
$MgCl_2$（25 毫摩/升）	3
三磷酸脱氧核苷酸混合溶液（2 毫摩/升）	5
上游引物（45 微摩/升）	0.5
下游引物（45 微摩/升）	0.5
DNA 聚合酶（Perkin Elmer，日本，5 Unit）	0.2
SDW	34.8

7. 变性梯度凝胶电泳（denaturing gradient gel electrophoresis，DGGE）

同本章第一节材料与方法中的变性梯度凝胶电泳及测序方法。

（二）研究结果

1. 发酵过程中秸秆感观品质的变化

随着发酵时间的延长，秸秆颜色逐渐加深，第 0 天时为黄绿色，到发酵第 5 天时变为黄褐色，7 天后变为黑褐色。气味上也有显著变化，第 0 天时是秸秆自身的糊香味；发酵 3 天后变为弱酸香味；第 4 天和第 5 天时散发刺鼻的氨味；第 6～10 天，氨味中夹带腐臭味；第 11 天以后氨味消失，只剩浓重的腐臭味。微生物分解蛋白质、脂肪、糖类等产生氨、硫化氢等，使原料散发氨味和臭味。另外，从第 5 天开始，秸秆变得松散柔软。

2. 发酵过程中秸秆温度和 pH 的变化

发酵过程中温度和 pH 的变化如图 3-39 所示。发酵初期，秸秆温度迅速升高，第 3 天时达到 60 ℃。随着发酵时间的延长，木质纤维素的降解使秸秆变得松散，热量散失加快。6 天后温度缓慢下降，第 11 天后维持在 50 ℃左右。

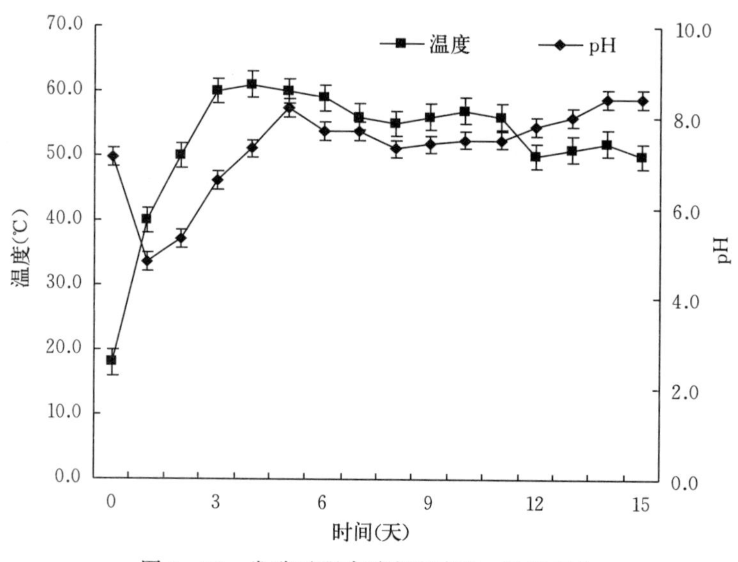

图 3-39 发酵过程中秸秆温度和 pH 的变化

3. 发酵过程中秸秆可溶性糖和粗蛋白质的变化

发酵初期，微生物迅速繁殖、代谢旺盛，秸秆中的大部分可溶性糖和粗蛋白质被微生物代谢利用，以 CO_2 和 NH_3 的形式散失。如图 3-40 所示，发酵第 7 天，秸秆中可溶性糖从 2.47%降至 1.54%，粗蛋白质含量从 8.54%降至 6.95%。发酵后期，可溶性糖含量趋于稳定，不再减少；而粗蛋白质的含量缓慢升高。

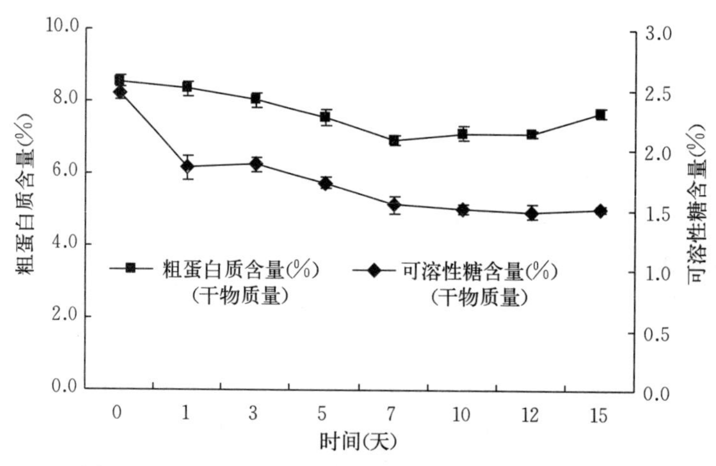

图 3-40 发酵过程中可溶性糖和粗蛋白质含量的变化

4. 发酵过程中秸秆木质纤维素的变化

如图 3-41 所示，随着发酵时间的延长，秸秆干物质逐渐减少，发酵 15 天损失 34.25%。在整个发酵过程中，半纤维素优先降解，纤维素和木质素的快速降解分别于发酵 7 天和 10 天后才开始。发酵第 5 天、第 10 天、第 15 天半纤维素的降解率分别为 19.77%、41.06%和 55.12%，纤维素的降解率分别为 5.90%、18.90%和 36.19%，木质素的降解率分别为 1.46%、5.20%和 37.14%。

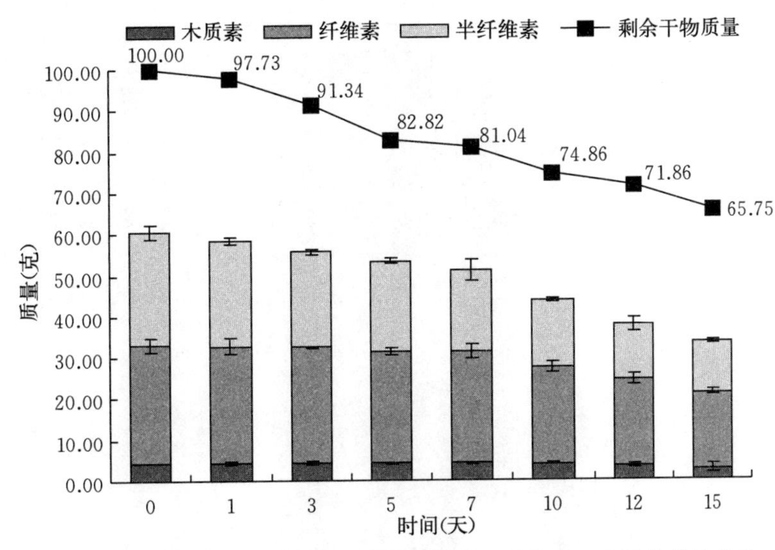

图 3-41　发酵过程中秸秆干物质及木质素、纤维素、半纤维素的变化

5. 发酵过程中秸秆 48 小时瘤胃降解率的变化

发酵时间>5 天的秸秆，虽然更加松散柔软，但其具有浓重的腐臭味，因牛拒绝采食而失去饲用价值。因此仅对发酵 0 天、3 天和 5 天的秸秆进行了牛瘤胃消化率试验，结果如表 3-8 所示。与发酵 0 天比较，发酵 3 天的秸秆的中性洗涤纤维和酸性洗涤纤维的牛瘤胃降解率变化不显著，但干物质的瘤胃降解率降低了 15.77%；发酵 5 天的秸秆的干物质、中性洗涤纤维和酸性洗涤纤维的瘤胃降解率均有显著提高，分别提高 13.13%、20.20%和 19.64%。

表 3-8　发酵秸秆的 48 小时瘤胃降解率

	发酵 0 天	发酵 3 天	发酵 5 天
干物质（%）	39.39±0.44a	33.18±0.22b	44.56±0.41c
中性洗涤纤维（%）	30.59±0.65a	31.38±0.53a	36.77±0.58b
酸性洗涤纤维（%）	22.91±0.72a	23.03±0.37a	27.41±0.28b

注：同一行数值后不同字母表示差异显著（$P<0.05$）。

6. 发酵过程中微生物群的动态变化

对发酵 0 天、1 天、3 天、5 天的秸秆上附着的微生物进行了 16S rDNA 和 26S rDNA

的 PCR - DGGE 分析，结果如图 3 - 42 所示。细菌多样性程度高，发酵 1 天即形成比较稳定的群体；真菌多样性程度低。王伟东等（2008）发现高温堆肥过程中接种复合系，复合系中的微生物很快成为优势菌群而抑制原料中其他的微生物，加快分解。通过比对，3、5、6、13、20、28、29、31、34 属 WDC2 复合系中的菌株，逐渐在秸秆中定殖，但未成为优势菌群而抑制其他微生物（表 3 - 9）。

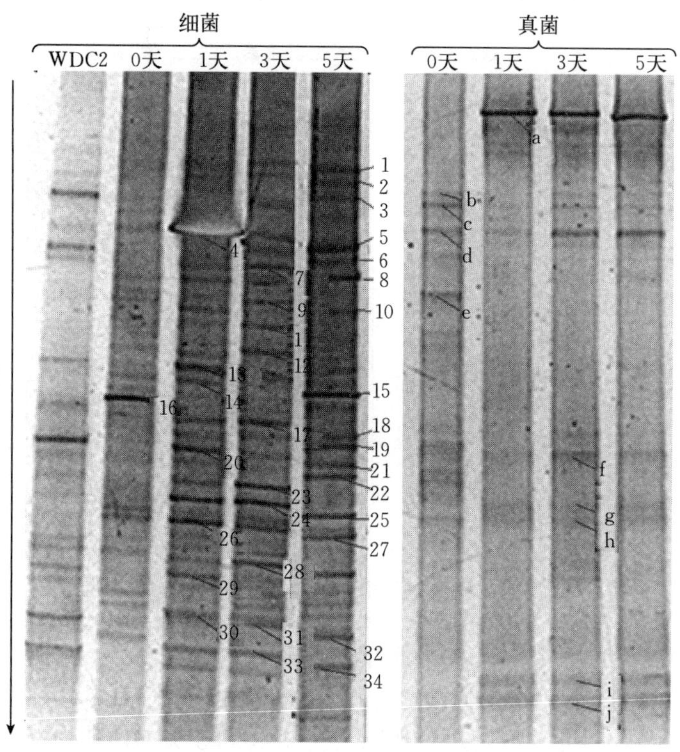

图 3 - 42 发酵不同时间秸秆中微生物的 PCR - DGE 图谱

表 3 - 9 各条带的近缘菌株

序号	相似菌	相似率	Ncbi 编号
1	未培养的堆肥细菌	94%	AB298560.1
2	未培养的堆肥细菌	94%	AB298560.1
4	乳酸菌	98%	JF811579.1
7	未培养的细菌	96%	EU779090.1
8	未培养的魏尔氏菌	100%	FJ195789.1
9	未培养的细菌	100%	HM141584.1
10	未培养的乳酸菌	97%	HQ420282.1
11	类肠膜魏斯氏菌	98%	AB671584.1
12	未培养的细菌	99%	HM141597.1
14	鞘氨醇杆菌	97%	AB563783.1

（续）

序号	相似菌	相似率	Ncbi 编号
15	乳酸片球菌	99%	GQ240304.1
16	乳酸片球菌	99%	GQ240304.1
17	未培养的细菌	94%	EF659259.1
18	鞘氨醇杆菌	98%	AB563783.1
19	嗜热球形脲芽孢杆菌	98%	HM193904.1
21	未培养的细菌	97%	EF659313.1
22	未培养的细菌	97%	EF659313.1
23	乳酸片球菌	99%	GQ240304.1
24	斯氏片球菌	94%	AB671578.1
25	鞘氨醇杆菌	98%	AB563783.1
26	乳酸菌	98%	GQ422710.1
27	乳酸菌	98%	GQ422710.1
30	未培养的细菌	94%	FJ658960
32	未培养的细菌	98%	GQ169679
33	未培养的 β-变形菌属细菌	96%	HM798762

二、高温分解与乳酸菌分步发酵提高秸秆饲料消化率及适口性

（一）材料与方法

1. 材料

秸秆：玉米秸秆压缩块，平均密度为 250 克/米^3，质量含水率约为 10.1%；2%蛋白胨水溶液：每升自来水中溶解 20 克蛋白胨。乳酸菌培养液：蔗糖 20 克，蛋白胨 10 克，NaCl 5 克，水 1 升；菌剂：本实验室筛选的木质纤维素分解菌复合系 WDC2 和乳酸菌复合系 SFC－2。WDC2 菌群中主要含有 11 种细菌，优先分解秸秆中的半纤维素。SFC－2 主要由 *L. Fermentum*、*L. Plantrum* 和 *L. Paracasei* 组成。二者均为甘油冷冻保存，分别以体积分数 5%的接种量连续扩大培养。WDC2 用灭菌的以小麦秸秆为碳源的蛋白胨纤维素培养液（peptone cellulose solution，PCS）在 60 ℃条件下静置培养 7 天后供接种用。SFC－2 用改良的 MRS－S 培养液（蔗糖代替葡萄糖）30 ℃静置培养 24 小时后供接种用。

2. 设备

秸秆饲料发酵机：总体结构如图 3－43 所示。设备采用摆线针轮减速机、输出转速为 10 转/分、电机功率为 5.5 千瓦。总容积为 1.5 米^3、有效容积为 0.9 米^3，用梯度隔板将发酵箱分成 3 个等体积的发酵室。该设备可实现秸秆的连续式发酵、搅拌及输送，并能根据工艺要求对机内物料进行加热、保温或通风。

厌氧发酵罐：总体结构如图 3－44 所示。钢制材料，圆柱形立体式结构，内径 36 厘米，罐体高 35 厘米，容积为 35 升，有效容积为 30 升。在罐体外围的加热套层中注入去离子水后，由罐体底部的加热器加热至（30±1）℃，并用 XMTD 数字调节仪控制温度。

搅拌系统由三相异步电机、变速器和带有分支的螺旋式搅拌器组成。电机转速为 1 400 转/分，变速器的调节范围为 100～500 转/分。

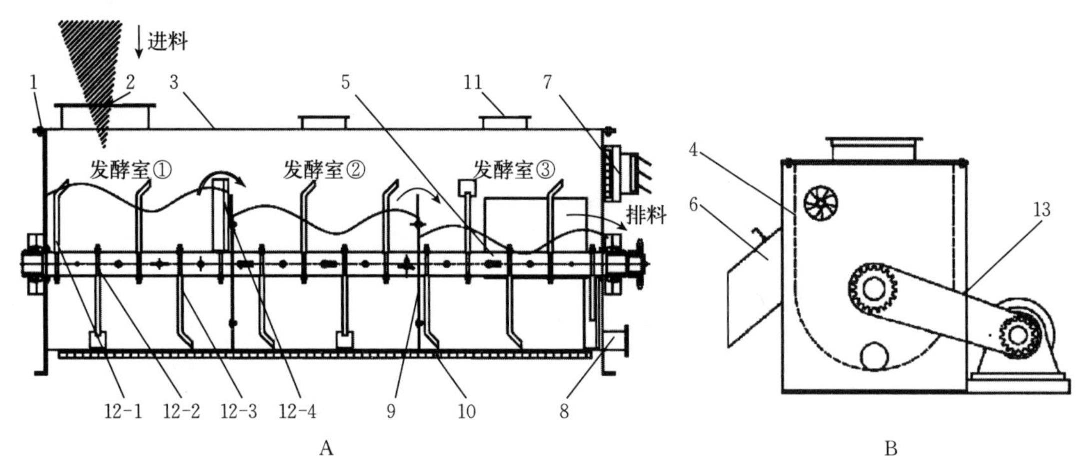

图 3-43　秸秆饲料发酵机的结构

1. 端板　2. 入料口　3. 上盖板　4. U形筒　5. 主轴　6. 侧出料口　7. 排气扇　8. 排液口
9. 梯度隔板　10. 加温板　11. 观察口　12-1～12-4. 桨叶杆　13. 电机及传动带
A. 主视图　B. 右视图

3. 发酵过程

（1）秸秆连续分解发酵

将分解菌培养物（每毫升活菌数为 8.0×10^9 个）用 2%蛋白胨水溶液稀释 30 倍，均匀喷洒到秸秆上，使秸秆最终含水率达 60%。以每天 30 千克秸秆（干质量）的频率连续进料 5 天，使总发酵物料量达 150 千克，之后每天等量进出料实现连续发酵。发酵温度控制在 60 ℃，每天进料时搅拌 5 分钟。发酵稳定后，发酵箱内不同发酵阶段的秸秆形成如图 3-45 所示的发酵时空梯度，可分别取样研究。取样方法为：发酵开始后的第 1～5 天，每天搅拌前分别测定发酵不同天数秸秆的核心温度，并于搅拌后于相应位置取样测定发酵不同天数秸秆的 pH；发酵开始前，将 100 克（鲜质量）原料装入 1 毫米孔的尼龙网袋（3 个重复），每天进料时，埋入同批原料的不同位置，发酵 5 天后在出料口随同批原料取出，连续取样 30 天，用于分析干物质、pH、粗蛋白质、可溶性糖、木质纤维素、体外消化率、微生物群等的变化。

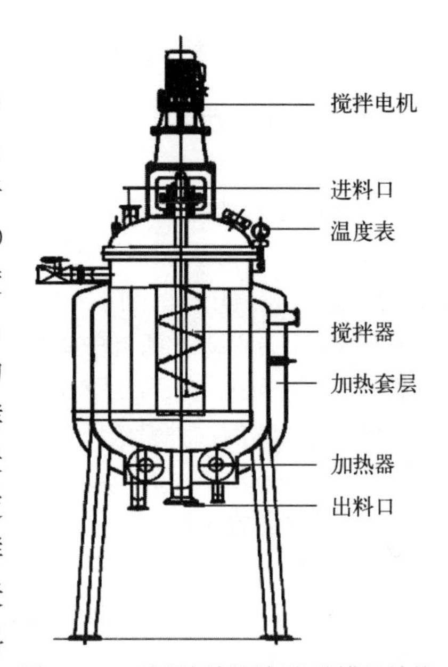

图 3-44　秸秆饲料厌氧发酵罐的结构

（2）乳酸菌连续发酵

配制乳酸菌培养液 30 升，煮沸 10 分钟，冷却至 30 ℃ 后倒入发酵罐中，接种 SFC-

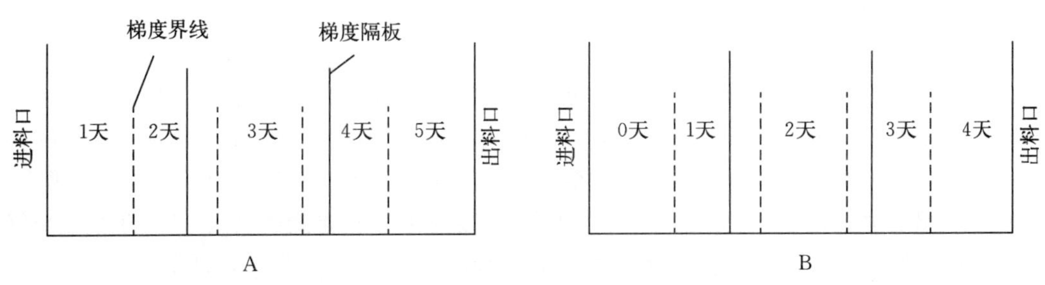

图 3-45　秸秆分批式连续发酵过程示意图

A. 出料前　B. 出料后

2，接种量为体积分数的 5%，搅拌均匀。采用流动培养的方式，每隔 24 小时，先放出 24 升发酵液，后加入等量的无菌培养液，连续发酵 30 天。每天取样测定发酵液的 OD_{600} 值、pH、挥发性产物和微生物群动态。

（3）秸秆分解发酵与乳酸菌发酵衔接

将乳酸菌发酵液按 1∶1（w∶v）的比例喷洒吸附到部分分解的秸秆中，搅拌均匀，制备秸秆发酵饲料。工艺流程如图 3-46 所示。

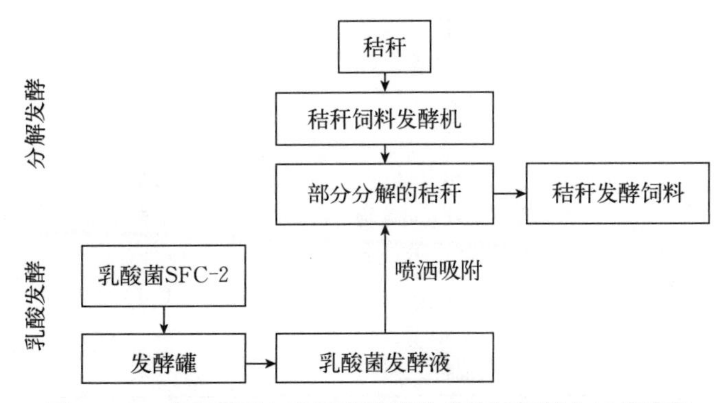

图 3-46　分解发酵与乳酸菌发酵分步秸秆饲料化工艺流程

4. pH 测定

pH 的测定使用 Compact 微量 pH 计（modle B-212，HORIBA，日本）。称取 0.50 克（鲜质量）秸秆到 10 毫升离心管中，加入 4.5 毫升蒸馏水，充分振荡，静置 30 分钟，8 000 转/分离心 15 分钟后取上清液测定。

5. 化学成分测定

样品经 60 ℃烘干 48 小时，粉碎，过 0.425 毫米筛。秸秆中可溶性糖（water-soluble carbohydrates，WSC）含量的测定采用蒽酮比色法。纤维素、半纤维素含量的测定使用酸碱洗涤法，准确称取粉碎后的样品 0.5 克，装入 F57 专用袋中，使用 ANKOM220 型纤维分析仪（北京和众视野科技有限公司）测定。粗蛋白质的计算用 $A_N \times 6.25$，A_N 的测定采用凯氏定氮法。体外消化率（in vitro digestibility，IVD）的测定采用 Tilley 等提出的 2 阶段离体消化试验法，模拟饲料在瘤胃、皱胃和部分小肠中的消化。OD_{600} 值的测定仪器为 BioSpec-mini 型紫外分光光度计（日本岛津）。

挥发性发酵产物的测定使用气质色谱（GC-MS，型号 QP5050，日本岛津）。乳酸菌发酵液：8 000 转/分离心 15 分钟，取上清液过 0.22 微米水系滤膜。秸秆：取 1 克，加 2 毫升去离子水，充分振荡静置后取浸提液，8 000 转/分离心 15 分钟后取上清液过 0.22 微米滤膜。分析柱：CP-Chierasil-Dex CB 型毛细管柱（25 米×0.25 毫米）；柱箱温度程序：60 ℃，2 分钟后以 5 ℃/分的速度升至 100 ℃，再以 15 ℃/分的速度升至 190 ℃，保持 2 分钟，共 18 分钟；汽化温度：190 ℃；检测器温度：230 ℃；检测器电压：1.5 千伏；载气：氦气（64 千帕）；流量：30 毫升/分；进样器为分流，分流比为 1/22，进样量为 1 微升。

6. 采食量测定

高温分解后的秸秆在喷洒乳酸菌发酵液后立即进行饲喂试验。选择生长发育、营养状况、食欲和体质均正常，且年龄、体质量（400 千克左右）及发育阶段基本一致的南阳黄牛 12 头，随机分为 2 组，每组 6 头，单槽饲喂。两组混合精料水平完全相同，对照组饲喂未发酵秸秆，试验组饲喂乳酸菌液吸附的发酵秸秆，日粮组成及营养物质含量见表 3-10。

表 3-10 基础日粮组成及营养成分（干基）

单位：千克

项目	种类	饲粮	
		对照组	试验组
组成	玉米秸	50.00	
	发酵玉米秸		50.00
	玉米	33.00	33.00
	豆粕	6.0	6.0
	棉粕	4.5	4.5
	玉米干酒糟及其可溶物	4.5	4.5
	磷酸氢钙（$CaHPO_4$）	0.2	0.2
	石粉	0.8	0.8
	食盐（NaCl）	0.8	0.8
	预混料	0.2	0.2
合计		100	100
营养水平	粗蛋白质	11.70	10.78
	中性洗涤纤维	46.67	40.56
	酸性洗涤纤维	29.65	22.50
	Ca	0.38	0.48
	总磷	0.24	0.30

注：每千克预混料含有 Fe 25 000 毫克、Cu 3 230 毫克、Mn 3 010 毫克、Zn 2 100 毫克、I 100 毫克、Se 100 毫克、Co 30 毫克、维生素 A 1 000 000 单位、维生素 D_3 32 000 单位、维生素 E 3 000 单位。

预试期为 10 天，试验期为 30 天。每天 7:00 和 17:30 分两次喂料，每天每头牛饲喂精饲料 4.5 千克，自由采食粗饲料，自由饮水。

（二）研究结果

1. 秸秆连续高温分解发酵过程

温度影响菌群的纤维素分解活性，60 ℃培养条件更有利于获得高效纤维素分解菌群。本研究秸秆发酵在秸秆发酵饲料制备机内进行，加热板温度设为 60 ℃。如图 3-47 所示，

秸秆初始温度为 18 ℃，试验启动后，秸秆核心温度迅速升高，发酵第 2 天即达到 50 ℃，第 3～5 天维持在 60 ℃左右，标志着发酵进入了高温期，此时嗜热菌代谢旺盛，有机质被大量分解。

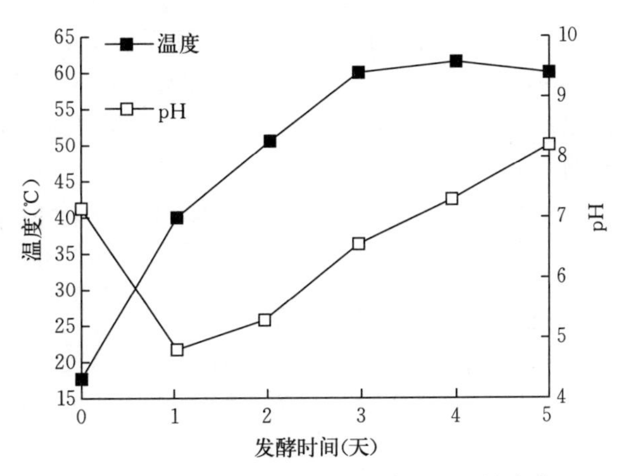

图 3-47　秸秆发酵过程中温度和 pH 的变化

2. 秸秆连续高温分解发酵产品品质的稳定性

将发酵启动后的第 5 天作为第 1 个取样日，分别于第 1 个、第 3 个、第 7 个、第 10 个、第 15 个、第 20 个、第 30 个取样日从出料口取样，观察发酵秸秆的表观品质，分析消化率、化学成分和微生物组成。

高温发酵过程中，微生物分解蛋白质，发酵第 5 天秸秆的粗蛋白质质量分数降至 7.63%，损失 10.66%。发酵前，玉米秸秆的干物质为 42.72%，可溶性糖、纤维素、半纤维素和木质素的质量分数分别占干物质的 2.47%、28.93%、27.35%和 4.25%。经过为期 5 天的高温发酵，秸秆干物质和可溶性糖分别损失 19.99%和 28.34%，纤维素、半纤维素和木质素分别降解 5.36%、18.83%和 3.29%。连续发酵过程中发酵 5 天秸秆的干物质和化学成分分析结果如表 3-11 所示。结果表明，不同批次发酵秸秆的干物质（dry matter，DM)、粗蛋白质（crude protein，CP)、可溶性糖（water soluble carbohydrate，WSC)、半纤维素、纤维素和木质素含量均无显著差异（$P>0.05$)。

表 3-11　不同取样日发酵秸秆的干物质和化学成分（%）

取样日	干物质	粗蛋白	可溶性碳水化合物	纤维素	半纤维素	木质素
第 1 个	34.23±0.12	7.58±0.02	1.79±0.03	27.12±0.47	22.34±0.56	3.99±0.16
第 3 个	34.31±0.09a	7.61±0.25a	1.76±0.02a	26.52±0.70a	22.2±0.60a	4.07±0.25a
第 7 个	34.47±0.21a	7.72±0.22a	1.77±0.01a	27.49±0.60a	22.09±0.79a	4.16±0.19a
第 10 个	34.12±0.17a	7.40±0.15a	1.78±0.04a	27.85±0.57a	22.22±0.52a	4.28±0.27a
第 15 个	34.18±0.15a	7.56±0.20a	1.84±0.08a	27.77±0.21a	22.35±0.48a	4.11±0.36a
第 20 个	34.53±0.19a	7.73±0.15a	1.75±0.04a	27.72±0.28a	22.38±0.55a	3.89±0.22a
第 30 个	34.42±0.21a	7.79±0.12a	1.83±0.02a	27.17±0.63a	21.97±0.48a	4.27±0.28a
平均值	34.32	7.63	1.77	27.38	22.22	4.11

注：数据后的字母 a 表示不同样品间差异不显著（$P>0.05$)，将发酵第 5 天作为第 1 个取样日。

不同批次发酵秸秆的pH、表观品质和体外消化率分析结果如表3-12所示。发酵前，秸秆为黄绿色，pH为7.1，散发糊香味，质地粗硬，干物质、中性洗涤纤维（neutral detergent fiber，NDF）和酸性洗涤纤维（acid detergent fiber，ADF）瘤胃降解率分别为39.39%、30.59%和22.91%。经过5天的高温发酵，秸秆呈黄褐色，pH升至8.0，松散柔软，散发氨味，干物质、NDF和ADF降解率均得到提高，分别提高了13.94%、22.56%和21.12%，而且不同批次的样品之间无显著差异（$P>0.05$）。本研究使用分解菌复合系WDC-2，该菌系由细菌组成，选择性地优先分解半纤维素，缩短了发酵周期，避免了干物质和纤维素的大量损失。

表3-12　不同取样日的发酵秸秆的pH、表观特征和瘤胃48小时降解率

取样日	pH	气味	色泽	质地	干物质降解率（%）	中性洗涤纤维降解率（%）	酸性洗涤纤维降解率（%）
第1个	8.1±0.2	氨味	黄褐色	松散柔软不粘手	44.47±1.56	37.67±1.43	28.37±1.88
第3个	8.1±0.2	氨味	黄褐色	松散柔软不粘手	44.30±1.39	36.52±1.22	27.56±1.96
第7个	7.9±0.2	氨味	黄褐色	松散柔软不粘手	45.52±1.27	37.44±1.58	27.87±1.53
第10个	8.2±0.2	氨味	黄褐色	松散柔软不粘手	44.38±1.65	38.09±1.47	28.43±1.26
第15个	8.1±0.2	氨味	黄褐色	松散柔软不粘手	46.05±1.19	37.81±1.26	28.12±1.71
第20个	8.2±0.2	氨味	黄褐色	松散柔软不粘手	45.17±1.67	36.99±1.01	26.77±2.25
第30个	8.3±0.2	氨味	黄褐色	松散柔软不粘手	44.25±1.42	37.93±1.44	27.75±1.82
平均值	8.1				44.88	37.49	27.75

对发酵秸秆中的细菌和真菌进行了16S rDNA和26S rDNA的PCR-DGGE分析，分析图谱如图3-48所示。发酵秸秆中细菌条带丰富，真菌条带较少；WDC2中部分菌株在

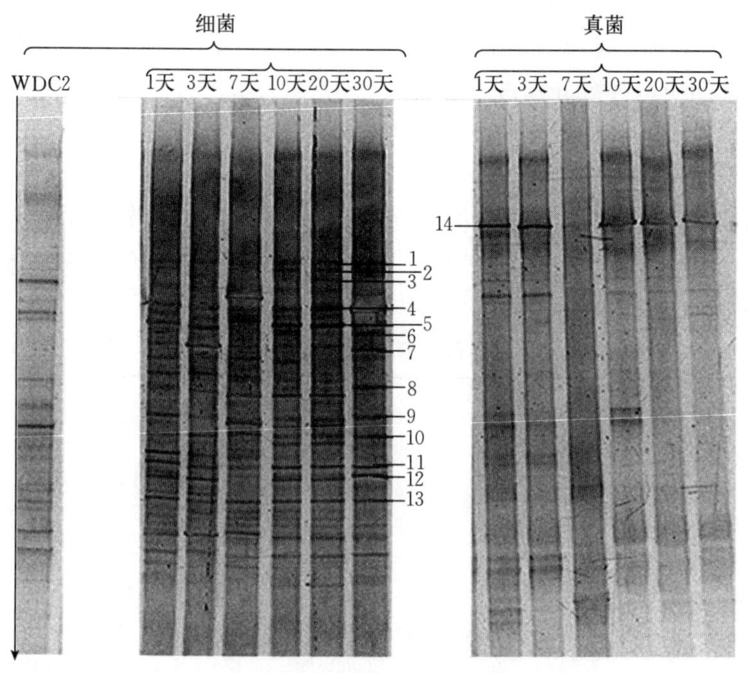

图3-48　SFC-2乳酸菌连续发酵过程中的DGGE图谱

注：图谱数字1～14表示切取回收的条带。

发酵过程中定殖。对不同条带切胶回收 DNA，测序后经 BLAST 数据库比对，条带的相似菌株如表 3-13 所示。细菌主要包括木质纤维素降解菌嗜热球形脲芽孢杆菌（*Ureibacillus thermosphaericus*），延缓腐败变质的乳酸片球菌（*Pediococcus acidilactici*），一些乳酸菌等细菌，以及可水解小麦秸秆产生乙醇的热带假丝酵母（*Candida tropicalis*）等，未见阴沟肠杆菌（*Enterobacter cloacae*）、产酸克雷伯氏菌（*Klebsiella oxytoca*）、蜡状芽孢杆菌（*Bacillus cereus*）、肺炎克雷伯氏菌（*Klebsiella pneumoniae*）、土生克雷伯氏菌（*Klebsiella terrigena*）、柠檬酸杆菌（*Citrobacter*）等致病菌或条件致病菌。真菌主要是热带假丝酵母（*Candida tropicalis*），该菌常存在于堆肥发酵的初始阶段，可水解小麦秸秆产生乙醇，未发现致病真菌。

表 3-13　各条带相似菌株

条带	近缘种	相似率（%）	NCBI 编号
1	未培养的细菌	98	EU460943.1
2	未培养的细菌	96	EU779090.1
3	未培养的魏尔氏菌	100	FJ195789.1
4	未培养的细菌	100	HM141584.1
5	类肠膜魏斯氏菌	98	AB671584.1
6	鞘氨醇杆菌	97	AB563783.1
7	未培养的细菌	99	HM141597.1
8	乳酸片球菌	99	GQ240304.1
9	未培养的细菌	94	EF659259.1
10	嗜热球形脲芽孢杆菌	98	HM193904.1
11	未培养的细菌	97	EF659313.1
12	斯氏片球菌	94	AB671578.1
13	鞘氨醇杆菌	98	AB563783.1
14	热带假丝酵母	100	GU373750.1

3. 乳酸菌连续发酵产品的性质、成分和稳定性

以接种后 24 小时作为第 1 个取样日，分别于第 1 个、第 3 个、第 7 个、第 10 个、第 15 个、第 20 个、第 30 个取样日测定乳酸菌发酵液的生物量（用 OD_{600} 表示）、pH 及有机酸浓度。经过 GC-MS 测定，所有样品中均有大量乙醇、乙酸、乳酸、甘油和少量二甘醇的积累。如表 3-14 所示，随着发酵时间的延长，发酵液的 OD_{600} 和 pH 均没有显著差异（$P>0.05$）；乳酸和乙醇含量降低，乙酸含量增加，第 30 天的样品中未检测到乙醇，分析该结果可能与进出料时发酵体系中氧浓度的增加有关。部分乳酸菌在有氧气的情况下能够启动呼吸链，进入有氧呼吸的生理状态，在 *L. plantrum* 和 *L. brevis* 的有氧代谢中均存在乳酸向乙酸的转化。为了避免有氧代谢，应尽量将连续发酵的时间控制在 10 天以内。

表 3-14　不同取样日乳酸菌发酵液的生物量、pH 及挥发性产物浓度

取样日	光密度 (OD_{600})	pH	乳酸 (毫克/毫升)	乙酸 (毫克/毫升)	乙醇 (毫克/毫升)
第 1 个	2.33±0.06	3.60±0.10	74.51±2.30a	1.68±0.03a	3.36±0.31a
第 3 个	2.34±0.07	3.60±0.10	71.31±2.01a	1.71±0.33a	2.88±0.18b
第 7 个	2.37±0.07	3.60±0.10	64.23±1.90b	1.76±0.08a	2.37±0.11c
第 10 个	2.39±0.07	3.60±0.10	63.98±1.99b	2.21±0.33b	1.52±0.11d
第 15 个	2.41±0.07	3.60±0.10	58.83±1.34c	3.56±0.27c	1.01±0.13e
第 20 个	2.41±0.07	3.60±0.10	51.31±1.61d	5.37±0.11d	0.31±0.07f
第 30 个	2.41±0.07	3.60±0.10	46.56±0.98e	8.96±0.26e	0.00±0.00g

注：同一列数据后的不同字母表示不同样品之间同一物质含量差异显著（$P<0.05$）。

乳酸菌连续发酵过程中的菌群动态变化如图 3-49 所示，以接种的 SFC-2 菌种为对照，连续发酵初期条带数逐渐增加，第 7 天条带数减少，从第 7 天开始菌群保持稳定。一般细菌适宜生长的 pH 条件在 4.4 以上，若低于该值，细菌的生长速率将大大降低，甚至死亡。本研究中每个批次的发酵液 pH 均低至 3.6，杂菌被抑制，保证了发酵菌群结构的稳定性。

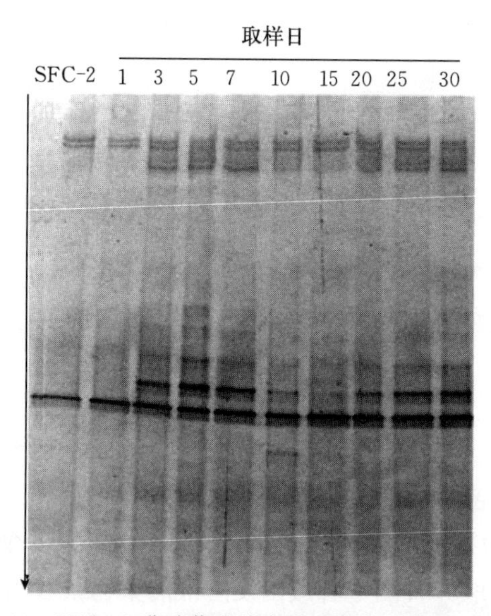

图 3-49　SFC-2 乳酸菌连续发酵过程中的菌群动态变化

4. 高温分解发酵与乳酸菌发酵分步饲料化工艺对秸秆饲料的性质和采食量的影响

秸秆经高温分解发酵后，干物质、中性洗涤纤维（neutral detergent fiber，NDF）和酸性洗涤纤维（acid detergent fiber，ADF）的降解率均得到提高，但粗蛋白质含量低，而且气味难闻。发酵秸秆与乳酸菌发酵液混合后，散发酸香味，适口性得到改善；粗蛋白质含量由 7.63% 提高到 10.39%，营养价值得到提高。采食量试验组显著高于对照组

($P<0.05$)，且随着饲喂时间的延长，试验组的采食量逐渐增加，平均值为 7.68 千克/天，比对照组提高了 21.71%。肉牛对秸秆干物质的采食量如表 3-15 所示。

表 3-15　肉牛对秸秆干物质的采食量

取样日	对照组（千克）	试验组（千克）
第 1 个	6.28±0.11	7.35±0.24
第 3 个	6.42±0.17	7.44±0.13
第 7 个	6.38±0.21	7.53±0.33
第 10 个	6.20±0.19	7.74±0.15
第 15 个	6.31±0.23	7.86±0.16
第 20 个	6.36±0.15	7.88±0.20
第 30 个	6.25±0.22	7.93±0.27
平均值	6.31	7.68

三、低温复合系实地发酵

（一）材料与方法

1. 发酵坑规格

发酵坑规格为 2 米×1 米×1.5 米。

2. 秸秆及菌剂用量

秸秆用量：2.5 升发酵瓶中秸秆用量为 350 克，3 $米^3$ 发酵坑理论秸秆用量为 420 千克；试验共计 3 个发酵坑，共用秸秆 1 260 千克，用铡草机切碎至 2 厘米左右待用。

菌剂用量：实地接种比率按每克秸秆接种活菌数 10^6 个计算。420 千克秸秆所需活菌数为 4.2×10^{11} 个，即玉米面菌剂 840 克；无接菌对照采用相同的处理方法处理玉米面，只是接入相应体积的培养基。

3. 发酵方法

实地发酵：在发酵坑内铺置塑料薄膜，在底部略撒菌剂，放入厚约 50 厘米的秸秆，将 1/3 份菌剂放入 326 千克水中，洒入 140 千克秸秆，再按此层总重的 0.5%洒入玉米粉 2.33 千克，压实（或：先向 420 千克秸秆中加入 980 千克水，混匀后，在坑内铺 50 厘米厚的秸秆，将 1/3 份菌剂撒入，每层加洒 2.33 千克玉米粉，压实），依次铺 3 层后，最上层洒入 500 克盐，封口，用土压实（马君峰，2007）。发酵 16 天后，打开发酵坑，每一个处理均取距离坑顶 20 厘米、50 厘米、80 厘米同质量的发酵水稻秸秆样品，混匀后，置于冰上保存，快速拿回实验室进行各类营养成分的分析。

（二）研究结果

1. 实地发酵过程

经过 16 天的发酵，4 个处理的 pH 分别为：CK（未接菌）为 5.1，SFL 为 4.4，单菌 SFL-A 为 4.2，单菌 SFL-B 为 4.3。在发酵过程中，从接单菌 SFL-B 处理的发酵瓶中不断流出发酵液，表明 SFL－B 的干物质损失严重，故去除，决定实地接种时用 SFL 及分离的单菌 SFL－A。

2. 微生物及化学成分分析

经过 16 天的发酵，检测指标见表 3－16。从表中可以看出，接菌对于 pH 的降低起到了明显的效果，这与实验室发酵的结果相符。从微生物学检测结果来看，3 个处理的细菌、乳酸菌差异不显著。

表 3－16　稻秸发酵 16 天后微生物及化学成分分析

处理	pH	细菌 ($\log_{10}M$)	乳酸菌 ($\log_{10}M$)	酵母菌与霉菌 ($\log_{10}M$)	乙醇 (g/kg)	乙酸 (g/kg)	乳酸 (g/kg)	甘油 (g/kg)	可溶性糖 (g/kg)	粗纤维 (g/kg)	粗蛋白质 (g/kg)
CK	4.8a	7.6a	8.4a	5.2b	0.6b	1.2b	0.7c	0.5a	1.9a	332a	35a
SFL	4.5b	7.1b	8.6a	4.6c	0.8a	2.4a	3.0b	0.5a	1.8a	332a	34a
SFL－A	4.5b	7.1b	8.5a	6.9a	0.8ab	0.0.9c	3.6a	0.4a	1.7a	331a	35a

注：CK 为未接菌，SFL 为复合系，SFL－A 为分离的单菌；M 为每克鲜样的菌落数；乙醇、乙酸、乳酸为每千克鲜样的含量，甘油、可溶性糖、粗纤维、粗蛋白质为每千克干样的含量；数字后面不同字母表示差异显著（$P<0.05$）。

3. 秸秆发酵乳酸菌培养基和发酵技术优化

针对乳酸菌（群）的发酵，比较了 8 种培养基的培养效果，再根据培养基的成本，最后优化了一套大量发酵饲料用乳酸菌（群）的“秸秆乳酸菌培养基”（缩写为 SLM）：工业葡萄糖 10 克，糖蜜 5 克，玉米蛋白 5 克，工业酵母粉 3 克，氯化钠 5 克，乙酸钠 1 克，碳酸钙 2 克。用稀释平板法比较该培养基与 MRS 培养基培养的活菌数，结果如表 3－17 所示。

表 3－17　秸秆乳酸菌培养基与 MRS 培养基中乳酸菌活菌数

培养基种类	12 小时总乳酸菌数（个）	24 小时总乳酸菌数（个）
秸秆乳酸菌培养基	9.50×10^{6}	1.87×10^{9}
MRS 培养基	1.10×10^{7}	3.21×10^{9}

从表 3－17 中可见，经过 24 小时培养，用秸秆乳酸菌培养基培养的活菌数达到 1.87×10^{9} 个，与 MRS 培养基培养结果相差不大。因此将“秸秆乳酸菌培养基”作为下一步中试及示范研究中的扩大培养基。

四、讨论

从感官特征来看，发酵前 5 天的秸秆适合用作动物饲料。发酵 1 天，秸秆的 pH 经历了先降后升的过程，这与吕育财等（2009）报道的 WDC－2 复合系对小麦秸秆分解过程中发酵液的 pH 变化趋势基本一致。不同之处在于，本试验的第 5～15 天，秸秆的 pH 又经历了较小幅度的先降后升。路鹏等（2008）发现在厌氧条件下纤维素分解不能进行，只能转化培养基中的糖和营养物质生成有机酸。因此，第 5～8 天 pH 略有下降，可能是由秸秆中氧浓度不足所致。发酵初期，温度迅速升高，为微生物创造了适宜的生长环境，它

们以可溶性糖和粗蛋白质作为碳源和氮源，迅速扩繁；至发酵后期，它们充分发挥降解功能，使得可溶性糖的消耗和生成达到平衡、不再变化，而微生物的扩繁增加了菌体蛋白质，从而使粗蛋白质的含量略有升高。半纤维素的降解率始终高于木质素和纤维素，表明高温发酵以降解半纤维素为主，保留了更多的纤维素。纤维素的保留有利于提高秸秆的瘤胃降解率。在以小麦秸秆作为碳源的 PCS 培养基中接种 WDC2，在 60 ℃恒温条件下静置培养 15 天，小麦秸秆中纤维素和半纤维素的降解率分别为 72.18%和 70.64%。本试验中，玉米秸秆接种 WDC2 后，在秸秆发酵饲料制备机中高温发酵 15 天，纤维素和半纤维素降解率分别达到 36.19%和 55.12%，纤维素的降解率显著低于半纤维素。虽然二者均为高温发酵，但前者是静置培养，属微好氧条件，而后者每天搅拌一次，氧浓度较高。陈活虎等（2006）发现，在高温好氧条件下，秸秆中半纤维素的降解速率高于纤维素和木质素。路鹏等（2008）揭示了纤维素分解复合菌系 MC1 在微耗氧条件下（<0.05 毫克/升）分解纤维素，氧浓度过高或过低均不利于纤维素的分解。Wang 等（2007）也证实了在好氧条件下半纤维素的降解速率要比在厌氧条件下快。

Zadrazil 等（1991）进行了大量白腐真菌处理秸秆的研究试验，结果表明：小麦秸秆经白腐真菌 30 天固体发酵后，木质素降解 40%～60%，纤维素和半纤维素降解 20%～40%，干物质损失 10%～40%，体内干物质降解率可从处理前的 40%左右提高到 50%～60%。本研究中，玉米秸秆经过 5 天的高温发酵，半纤维素、纤维素和木质素分别降解 19.77%、5.90%和 1.49%，干物质损失 17.18%，体内干物质降解率从处理前的 39.39%提高到 44.56%。虽然前者以木质素的降解为主，后者以半纤维素的降解为主，但秸秆的降解率均得到提高，可谓异曲同工。说明，降解部分半纤维素的方法也能提高干秸秆的降解率，而且在纤维素、半纤维素和木质素中半纤维素优先降解，有利于缩短发酵周期。

本研究中，发酵 3 天的秸秆与未发酵的秸秆比较，降解率显著下降。分析其原因为，秸秆的干物质由大量纤维物质和少量细胞内容物组成，高温发酵初期（≤3 天），微生物大量消耗粗蛋白质、可溶性糖等细胞内容物，而木质素、纤维素、半纤维素等纤维物质降解率低、结构未被充分打破，而纤维物质中各成分的紧密结合是妨碍秸秆消化的主要因素。因此，发酵初期干物质降解率下降。

吕育财等的研究表明 WDC2 是一个多菌种组成的菌群，包括纤维素分解菌和非纤维素分解菌，能够在高温环境下生长，并且多数与产甲烷和生物降解相关，其在本试验中所起到的作用，尚需进一步研究证实。对 WDC2 外的其他细菌条带切胶回收 DNA 后测序，结果显示，*Ureibacillus thermosphaericus* 属革兰氏阴性嗜热菌，降解木质纤维素但不吸收糖类；*Pediococcus acidilactici* 可产生细菌素，抑制李斯特氏菌（*Listeria monocytogenes*）和产气荚膜梭菌（*Clostridium perfringens*）的生殖，延缓肉制品的腐败变质；*Pediococcus stilesii* 可发酵糖类产生乳酸，与一些发酵食品风味的形成有关，常用作促酵物参与肉类和蔬菜的发酵。大部分真菌在温度达到 50 ℃时就不存在了，而当温度超过 60 ℃时，真菌几乎完全消失。本试验为高温发酵，故真菌较少，经测序分析与 *Candida tropicalis*（GU373750.1）的相似率为 100%，该菌常存在于堆肥发酵的初始阶段，可水解小麦秸秆产生乙醇。

温度影响堆肥进程，在高温（60 ℃）条件下，堆料的分解速度率在低温（25 ℃）条件下快。师建芳等研究证实，秸秆饲料发酵机可对机内物料进行加热、保温，使秸秆温度迅速升高至 50～60 ℃，为分解菌的生长及木质纤维素的分解创造了适宜的温度条件。本研究中，温度迅速升高并维持在 60 ℃左右与微生物的快速繁殖以及秸秆发酵饲料制备机的加热和保温作用有关。秸秆 pH 在发酵过程中先下降后升高。pH 的变化一定程度上能够反映菌群分解纤维素的能力，Liu 等研究发现木质纤维素分解复合菌系 MC1 分解水稻秸秆时，如果 pH 回升慢分解能力就差，如不能回升就失去分解能力。

在 SFL 处理中，其酵母与霉菌的数目明显比另外两个处理低，根据文献报道，酵母与霉菌数目低，表明发酵饲料的有氧稳定性好，而从乙酸产量来看，SFL 产乙酸的量明显比其他两个处理高，这也从本质上表明了乙酸是提高发酵饲料有氧稳定性的物质。从 SFL 本身组成来讲，其由同型发酵乳酸菌（乳酸杆菌）与异型发酵乳酸菌（明串珠菌）组成。在饲料乳酸发酵过程中，同型乳酸菌产生更多的乳酸，使发酵饲料的品质得以提高，但是过多的乳酸会使酵母与霉菌大量增殖，使得饲料二次发酵；异型乳酸菌除产生乳酸外，还会产生更多的乙酸，有利于增加发酵饲料的有氧稳定性，但会使饲料干物质损失严重。因此，同型乳酸菌与异型乳酸菌联合使用，在产生乳酸的同时，会产生适量的乙酸，相应带来的干物质损失被有氧稳定性所抵消，故同型与异型的联合使用是更值得推荐的。从这个角度来讲，SFL 较单菌 SFL－A 更有应用潜力。

五、结论

用纤维素分解菌复合系 WDC2 在实验室连续式秸秆发酵饲料制备机中高温发酵玉米秸秆，观测发酵过程中秸秆感观品质的变化，发酵前 5 天的秸秆适合用作动物饲料。发酵初期，秸秆温度迅速升高，第 3 天时达到 60 ℃。随着发酵时间的延长，木质纤维素的降解使秸秆变得松散，热量散失加快。6 天后温度缓慢下降，第 11 天后维持在 50 ℃左右。发酵初期，秸秆温度迅速升高，第 3 天时达到 60 ℃。随着发酵时间的延长，木质纤维素的降解使秸秆变得松散，热量散失加快。6 天后温度缓慢下降，第 11 天后维持在 50 ℃左右。整体先下降后上升，最后小幅度变化。发酵初期，秸秆中的大部分可溶性糖和粗蛋白质被微生物代谢利用，以 CO_2 和 NH_3 的形式散失。发酵后期，可溶性糖含量趋于稳定，不再减少；而粗蛋白质含量缓慢升高。

随着发酵时间的延长，秸秆干物质逐渐减少，发酵 15 天损失 34.25%。在整个发酵过程中，半纤维素优先降解。不同发酵时间秸秆 48 小时瘤胃降解率不同，与发酵 0 天比较，发酵 3 天的秸秆的中性洗涤纤维和酸性洗涤纤维的牛瘤胃降解率变化不显著，但干物质的瘤胃降解率降低了 15.77%；发酵 5 天的秸秆的干物质、中性洗涤纤维和酸性洗涤纤维的瘤胃降解率均有显著提高，分别提高 13.13%、20.20%和 19.64%。对发酵 0 天、1 天、3 天、5 天的秸秆上附着的微生物进行了 16 S rDNA 和 26S rDNA 的 PCR－DGGE 分析，结果表明，细菌多样性程度高，发酵 1 天即形成比较稳定的群体，真菌多样性程度低。

秸秆连续高温分解发酵过程中，发酵开始，秸秆核心温度迅速升高，发酵第 2 天即达到 50 ℃，第 3～5 天维持在 60 ℃左右，标志着发酵进入了高温期，此时嗜热菌代谢旺盛，

有机质被大量分解。经过为期 5 天的高温发酵后，秸秆干物质和可溶性糖分别损失19.99%和28.34%，纤维素、半纤维素和木质素分别降解5.36%、18.83%和3.29%。不同批次发酵秸秆的干物质（dry matter，DM）、粗蛋白质（crude protein，CP）、可溶性糖（water soluble carbohydrate，WSC）、半纤维素、纤维素和木质素的含量均无显著差异（$P>0.05$）。经过5天的高温发酵，秸秆呈黄褐色，pH升至8.0，松散柔软，散发氨味，干物质、NDF和ADF降解率均得到提高，分别提高了13.94%、22.56%和21.12%，而且不同批次的样品之间无显著差异（$P>0.05$）。对发酵秸秆中的细菌和真菌进行了16S rDNA和26S rDNA的PCR-DGGE，结果显示，发酵秸秆中细菌条带丰富，真菌条带较少，主要包括木质纤维素降解菌嗜热球形脲芽孢杆菌（*Ureibacillus thermosphaericus*）、延缓腐败变质的乳酸片球菌（*Pediococcus acidilactici*）和一些乳酸菌等。

乳酸菌连续发酵过程中，发酵液中有大量乙醇、乙酸、乳酸、甘油和少量二甘醇的积累，随着发酵时间的延长，发酵液的OD值和pH均没有显著变化（$P>0.05$）。连续发酵初期菌群动态条带数逐渐增加，第7天条带数减少并从第7天开始菌群保持稳定。酵秸秆与乳酸菌发酵液混合后，散发酸香味，适口性得到改善；粗蛋白质含量由7.63%提高到10.39%，采食量试验组显著高于对照组（$P<0.05$），且随着饲喂时间的延长，试验组的采食量逐渐增加。

低温复合系实地发酵接种时用SFL及分离的单菌SFL-A，接菌对于pH的降低起到了明显的作用，这与实验室发酵的结果相符。从微生物学检测结果来看，3个处理的细菌、乳酸菌活菌数差异不显著。最终优化出了适合乳酸菌群扩大培养的秸秆乳酸菌培养基。

第四章 | CHAPTER 4

秸秆炭化技术及产品开发研究

作为粮食生产大国，我国每年都产出大量的秸秆等废弃生物质。国家发展和改革委员会、农业部（现农业农村部）对全国“十二五”秸秆综合利用情况进行的终期评估显示，2015 年全国主要农作物秸秆理论资源量为 10.4 亿吨，可收集资源量为 9.0 亿吨。由于综合利用措施的缺乏，这些秸秆等生物质资源难以得到有效利用，大约有 33%～40%被废弃在田间。不仅浪费了大量资源而且对农村人居环境造成了污染，严重威胁交通运输和人们的生产生活安全。据专家测算，1 吨普通秸秆的饲养价值与 0.25 吨粮食的饲养价值相当。按照全部可收集的资源量换算，9 亿吨秸秆若全部用来燃烧，可折合约 4 亿吨标煤的热值；全部用作饲料，相当于 2 亿多吨粮食。从一定意义上讲，农作物种植业投入的耕地、淡水和其他农业投入品，收获的一半是籽粒成果，一半是秸秆成果。有效收集和利用农作物秸秆资源，就是捡回“另一半农业”。

因此，寻找将农业废弃物高效资源化利用的新途径，通过一定的技术或者渠道把数量庞大的农业废弃物变成社会发展需要的能源或者对农业发展有利的资源，从而在变废为宝的基础上减轻环境压力，是我们亟须解决的问题，也是具有重大意义的关键问题。

生物炭研究是近年来的热点研究之一，得到了广泛关注和认可。生物炭（又名生物质炭，bio - char）是指由农业废弃物、垃圾及其他废弃物等生物质在无氧或限氧条件下经过热解而炭化产生的高度芳香化的难溶性固态物质。具有原材料来源广、孔隙结构好、吸附能力强等显著特点，是理想的农用基质材料。利用现代工艺制备的生物炭多为粉状颗粒，含有碳、氢、氧等主要元素，还含有钾、钙、钠、镁等其他元素。生物炭具有多芳香环及非芳香环的复杂结构，也因此表现出较高的稳定性和难降解性，有研究者将生物炭施入土壤后发现，生物炭很难被微生物分解利用。

关于生物炭基肥的研制以及以生物炭为载体进行土壤改良已有很多研究。前期研究表明，生物炭具有良好的微观结构和理化性质，应用前景十分广阔。尤其是在作物生产上，生物炭对氮、磷等作物所需养分有较好的持留作用，可有效改善土壤理化性质，提高土壤保水、保肥能力，增加作物产量，生物炭的应用取得了良好效果，作物产量与品质均得到提高。研究显示，将生物炭与化学肥料混合或复合可显著提升农产品产量。前人的研究也表明，生物炭基肥能够提高小麦、花生、小白菜、青椒等作物的产量。生物炭的应用，一方面可有效破解“秸秆焚烧”的难题，减轻环境污染；另一方面通过炭化还田，可实现农林废弃物的高效、循环利用和耕地质量、作物生产的可持续发展。因此，充分发挥生物炭来源、结构及特性优势，特别是生物炭对土壤性状、养分离子、作物生长等的良好作用，对提升土壤质量和肥力水平，建立低碳、环保、可持续的现代农业发展模式，促进农业生

产可持续发展具有重要意义。

综合国内外相关研究结果，可知生物炭在改土、增产等方面具有积极作用。其中，生物炭可能是养分的持留、对养分利用效率的提高、对土壤微生物群系结构的调整、对土壤容重和孔隙结构的改善的重要影响因素。而这些作用都与生物炭的基础理化性质密切相关。因此，进一步对生物质不同炭化温度、加热时间、炭化得率等炭化过程与指标进行具体研究，分析不同条件下生物炭的主要理化性质，包括元素分布、孔径分布等，并对生物炭的养分持留性能进行深入研究，同时结合长期定位试验，验证与探讨生物炭对土壤碳、氮循环及微生态的影响，将为生物炭基产品设计、开发与应用奠定重要基础。

与国外相比，我国在生物炭产业化开发方面具有较好的基础和广阔的发展空间。在明确生物炭性质及其对养分的持留性能的基础上，根据作物养分需求，设计炭基专用肥、炭基土壤改良剂、炭基育苗基质等产品，延伸炭基产品产业链条，并进行相关产品的示范推广，将为我国生物炭产业的快速发展创造良好条件。

综上所述，针对我国耕地有机质含量低、中低产田面积大、化肥利用效率低、二次污染严重等问题，以农业废弃物资源化综合利用为出发点，以生物炭制备工艺与理化性质的关系为基础，研究秸秆炭化还田改土新技术，开发一系列炭基产品。通过炭化技术与生物炭养分持留控制技术的集成，实现农业废弃资源的高效利用，构建以生物炭为核心的现代农业循环技术体系，为我国农业的低碳、循环、可持续发展寻求技术途径。

第一节　生物炭的制备及特性研究

一、不同材质生物炭的制备及理化性质

1. 研究内容

主要研究不同材质生物炭的特性，包括微观结构、比表面积、孔容孔径、灰分、挥发分与固定碳含量等基础理化性质；同时，针对目前普遍认为的影响生物炭理化特性的关键因素：制炭温度来设计试验，研究不同制炭温度条件下，生物炭结构与碳含量、比表面积、孔径、表观密度、灰分、挥发分等的理化性质的关系，为生物炭的应用及其产品的开发提供科学依据。

2. 不同材质生物炭的制备及其理化性质的测定

试验采用东北地区 6 种典型农业废弃物玉米芯、玉米秸秆、稻壳、水稻秸秆、花生壳、蘑菇盘。

炭化前的准备：收集材料后，将其于室外自然晾晒风干后即装袋储存于干燥通风的环境中，其中玉米秸秆用铡草机铡成 5～10 厘米长的小段，玉米芯和蘑菇盘用粉碎机粉碎成 5～10 厘米的小块，花生壳、稻壳和水稻秸秆不做处理。

炭化方法：采用中国发明专利 ZL 200710086505.4 所描述的《简易玉米芯颗粒炭化炉及其生产方法》制备生物炭。该生物炭材料作为后续生物炭基础理化性质研究的供试材料。

测定方法：分别将生物炭样品放入研钵中研磨，过 0.150 毫米筛后装入密封袋中备

用，取混合均匀的样品测定生物炭中的碳、氮含量（德国 Elementar Vario Macro cube 元素分析仪）。采用微波消解法对供试材料进行前处理（意大利 Milestone ETHOS A 型），工作条件见表 4-1。

表 4-1 微波消解仪工作条件

步骤	时间（分）	功率（瓦）	温度（℃）
1	5	1 200	150
2	15	1 200	150
3	5	1 200	190
4	90	1 200	190

磷的测定方法参考《土壤全磷测定法》(NY/T 88—1988)，钾的测定采用原子吸收火焰分光光度法。采用比表面积及孔径分析仪（3H-2000PS2，北京），工作条件为静态容积法，以 99.999% N_2 为吸附质，在饱和蒸汽压为 103.60 千帕的条件下测试。进样前，所有的样品均在 150 ℃、真空条件下脱气 60 分钟，以清除试样表面已经吸附的物质。通过 BET 公式计算总比表面积、总孔体积和平均孔径。参照活性炭 pH 的测定方法用 pH 计测定酸碱度。

灰分测定方法：参考《木质活性炭试验方法 水分含量的测定》（GB/T 12496.4—1999）中所描述的方法，取 5～10 克试样，放入预先灼烧至恒重并称量过的 30 毫升瓷坩埚中，使试样在坩埚的底面厚度均匀。置于（150±5）℃的电热恒温干燥箱中干燥至恒重（一般 3 小时），取出放在干燥器中，冷却到室温后称量。按相关步骤和方法计算水分含量。同时，将 30 毫升瓷坩埚置于高温电炉中，于（650±20）℃条件下灼烧至恒重（约 1 小时），将坩埚置于干燥器中，冷却 30 分钟，称量（称准至 0.1 毫克）。称取经粉碎至 100 目的干燥试样 1 克（称准至 0.1 毫克），置于 30 毫升已灼烧至恒重的瓷坩埚中。将坩埚送入温度不超过 300 ℃的高温电炉中，打开坩埚盖，逐渐升高温度，在（650±20)℃条件下灰化至恒重。按相关步骤和方法计算最后水分含量。

挥发分的测定方法：按照《焦炭工业分析测定方法》《GB/T 2001—2013》中所描述的方法，用预先于（900±10)℃温度下灼烧至质量恒定的带盖瓷坩埚，称取过 0.150 毫米筛并且搅拌均匀的试样（1±0.01）克（称准至 0.000 1 克），使试样摊平，盖上盖，放在坩埚架上。打开预先升温至（900±10)℃的箱型高温炉炉门，迅速将装有瓷坩埚的架子送入炉中的恒温区，立即开动秒表计时，并关好炉门，连续加热 7 分钟，将坩埚和架子放入后，炉温会有所下降，但必须在 3 分钟内使炉温恢复到（900±10)℃，并继续保持此温度到试验结束，否则此次试验作废。到 7 分钟立即从炉内取出坩埚，放在空气中冷却约 5 分钟，然后移入干燥器中冷却至室温（约 20 分钟），称重。按相关步骤和方法计算最后含量。

固定碳含量的计算：

$$F_C=100-X_1-X_2-X_3$$

式中：F_C 为分析试样的固定碳含量（%）；X_1 为试样的水分含量（%）；X_2 为试样

的灰分含量（%）；X_3 为试样的挥发分含量（%）。

碘吸附值测定方法：称取过 100 目筛的干燥试样 0.5 克（称准至 0.4 毫克），放入干燥的 100 毫升碘量瓶中，准确加入盐酸（1∶9）10 毫升，使试样湿润，放在电炉上加热至沸，微沸（30±2）秒，冷却至室温后，加入 50 毫升的 0.1 摩/升碘标准溶液，立即塞好瓶盖，在振荡机上振荡 15 分钟，迅速过滤到干燥烧杯中。用移液管吸取 10 毫升滤液，放入 250 毫升碘量瓶中，加入 100 毫升水，用 0.1 摩/升硫代硫酸钠标准溶液进行滴定，在溶液呈淡黄色时，加入 2 毫升淀粉指示液，继续滴定使溶液变成无色，记录下使用的硫代硫酸钠的体积。

$$A=\frac{5\ (10c_1-1.2c_2v_2)\times 127}{m}\cdot D$$

式中：A 为试样的碘吸附值（毫克/克）；c_1 为碘标准溶液的浓度（摩/升）；c_2 为硫代硫酸钠标准溶液的浓度（摩/升）；v_2 为硫代硫酸钠溶液消耗的量（毫升）；m 为试样质量（克）；127 为碘（$1/2I_2$）的摩尔质量（克/摩）；D 为校正系数，根据剩余浓度查表得出。

3. 不同温度条件下的生物炭的制备及其理化性质的测定

以花生壳为试材，室外自然晾晒风干，贮藏待用。用剪刀将风干后的花生壳剪成 0.5 厘米×0.5 厘米的小块待测。

不同温度条件下生物炭的制备：根据生物质的热解过程，设定 200 ℃、300 ℃、400 ℃、500 ℃、600 ℃、700 ℃、800 ℃ 7 个不同炭化温度。取一定量的花生壳于 30 毫升瓷坩埚中，置于马弗炉内，开始加热，每分钟约升温 20 ℃，待马弗炉升至预设温度时开始计时，保持 30 分钟后关闭马弗炉电源，并迅速将坩埚取出，冷却备用。每种样品重复 8～10 次，确保样品的均匀性，装袋备测。理化性质的测定方法同本部分的 2。

二、研究结果与分析

（一）不同材质生物炭的基础理化性质

1. 生物质炭化后的微观结构变化

从图 4-1A、图 4-1B 可以看出，水稻秸秆的切割表面凸凹不平，形状不规则，结构轮廓界限模糊，而生物炭的切割表面光滑平整，各结构轮廓清晰。水稻秸秆薄壁细胞内的后含物因炭化过程中的热降解及分解作用而消失，生物炭薄壁细胞内层变得光滑、清晰。

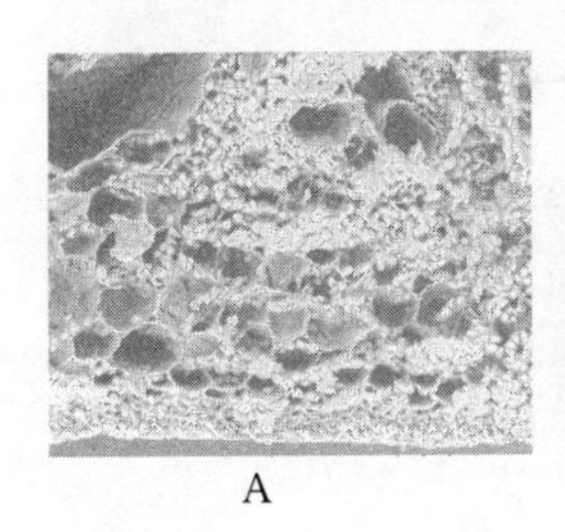
A

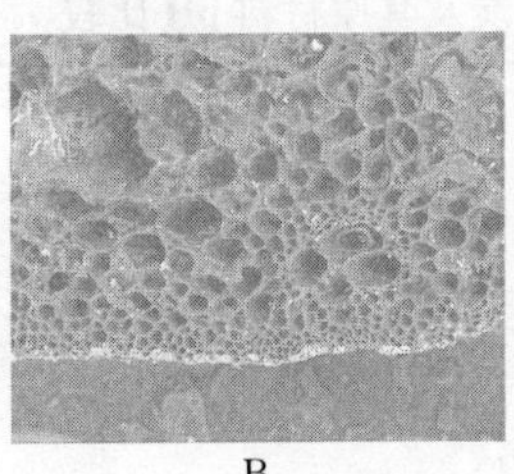
B

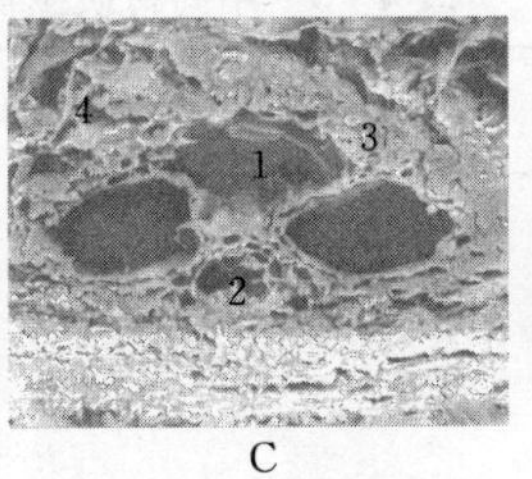

C

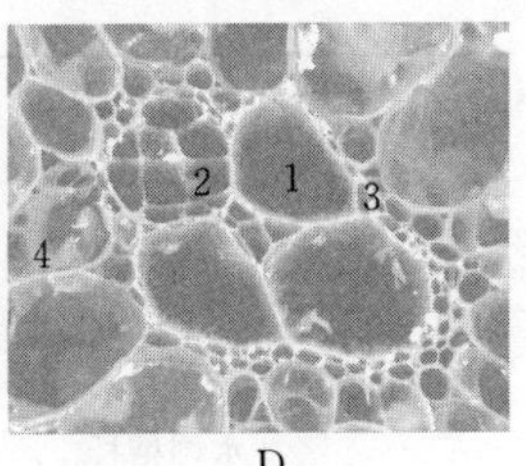

D

图 4-1 水稻秸秆与水稻秸秆炭表面扫描图片

1. 木质部 2. 韧皮部 3. 维管束鞘 4. 薄壁细胞

A. 放大 500 倍的水稻秸秆扫描图片 B. 放大 600 倍的水稻秸秆炭扫描图片

C. 放大 1 200 倍的水稻秸秆扫描图片 D. 放大 1 200 倍的水稻秸秆炭扫描图片

从图 4-1C、图 4-1D 可以看出，水稻秸秆炭保留了水稻秸秆微观构造的基本特征，能够清晰地辨别出其微观构造如薄壁组织和维管束等组分，形成了丰富的多微孔结构。水稻秸秆炭中构成维管束的维管束鞘、木质部和韧皮部 3 部分炭化形成光滑的表面，维管束鞘、木质部和韧皮部的轮廓非常清晰。以上结果可说明，生物质炭化后较好地保留了原有生物质的细微孔隙结构，炭架清晰、明显，微孔数量和孔隙结构非常丰富。可能与后含物分解消失而变得表面光滑平整有关。

2. 生物炭的养分含量

由表 4-2 可知，不同材质生物炭均含有作物生长所必需的氮、磷、钾 3 种营养元素，磷和钾含量较高。然而不同材料间氮、磷、钾养分含量和总养分含量差异很大。稻壳炭的总养分含量最高为 32%，蘑菇盘炭总养分含量最低，仅为 7.3%，前者是后者的 4.38 倍。以上结果表明，不同材质生物炭都含有作物生长所必需的氮、磷、钾 3 种营养元素，但与原材料的材质密切相关，不同材料间的差异较大。

表 4-2　不同材质生物炭养分含量的比较

生物炭	氮（N,%）	磷（P_2O_5,%）	钾（K_2O,%）	总养分（%）
玉米芯炭	0.8	18.5	2.8	22.1
玉米秸秆炭	1.3	12.5	1.6	15.4
水稻秸秆炭	1.4	19.3	1.0	21.7
稻壳炭	0.9	30.4	0.7	32.0
花生壳炭	1.6	6.2	0.6	8.4
蘑菇盘炭	1.4	5.4	0.5	7.3

现有研究认为，生物炭含有一定量的矿质养分，可增加土壤中矿质养分含量，如磷、钾等，虽然从试验结果看生物炭的养分含量相对较高，但是能否被植物有效吸收利用还需进一步研究。

3. 生物炭的 pH

如表 4-3 所示，原材料的 pH<7，显酸性；生物炭的 pH>7，显碱性。水稻秸秆炭、玉米芯炭和玉米秸秆炭的 pH 明显高于其余 3 种炭材料。炭化热解过程使得原材料由酸性变为碱性。

表 4-3　不同材质生物炭及其原材料 pH 比较

材质	原材料	生物炭
蘑菇盘	4.211 3	7.906 3
花生壳	5.555 7	7.938 7
稻壳	5.704 3	7.863 7
水稻秸秆	5.836 7	9.044 0
玉米芯	4.981 0	9.810 0
玉米秸秆	5.690 0	9.228 7

有研究认为，植物生长过程中对养分的吸收使得植物体内含有一定量的钾、钙、镁等金属离子，为保持体内电荷平衡，植物在生长过程中会在体内积累一定量的碱基，在热解

过程中这些碱基被浓缩，使得生物炭呈碱性。原材料的酸碱性因种类和产地的不同而不同，多呈酸性。生物炭通常显碱性的特性，使其可能作为改良酸性土壤的一种载体，对喜碱作物来说，也大有裨益。

4. 生物炭的比表面积

由图 4-2 可知，在原材料中，除花生壳外其余 5 种材料的比表面积差异不显著，花生壳比表面积最高，稻壳比表面积最低，前者是后者的 3.95 倍。而在生物炭中，稻壳炭、水稻秸秆炭和花生壳炭比表面积差异不显著，其余 3 种生物炭比表面积差异显著。生物质炭化前后，除玉米秸秆外，其余 5 种生物炭的比表面积均显著高于其原材料，其中比表面积增幅最大的为蘑菇盘炭，增加了 7 倍左右，增幅最小的玉米秸秆炭增加了 0.5 倍左右，其原因可能为在炭化过程中有大量的挥发分物质损失，从而导致了生物炭微、中孔隙结构增加，比表面积增大。由此可知，生物质炭化后其比表面积要显著高于其原材料，其具体数值与原材料材质密切相关。

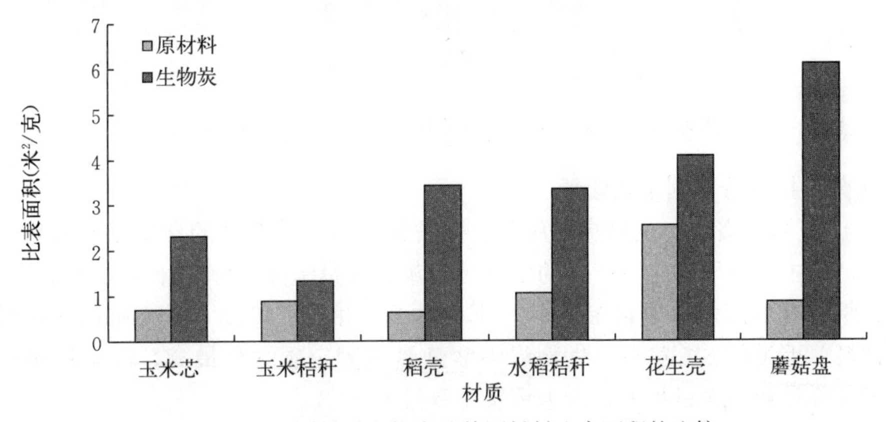

图 4-2　不同材质生物炭及其原材料比表面积的比较

5. 生物炭的孔容与孔径

由图 4-3 可知，不同材质的生物质在炭化后，其总孔体积均有所提高。其中，玉米芯、玉米秸秆、蘑菇盘 3 种生物质在炭化后，总孔体积大幅提高，差异显著。总孔体积提

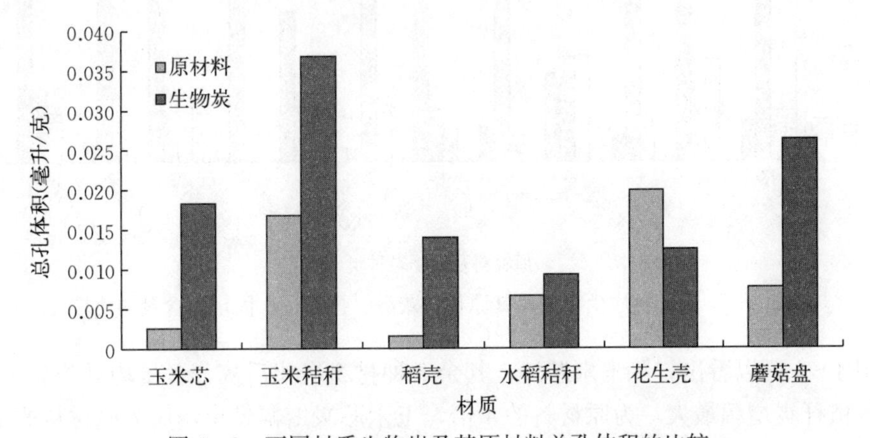

图 4-3　不同材质生物炭及其原材料总孔体积的比较

高意味着其孔隙结构与数量也具有较大提升。

从平均孔直径的测试结果来看（图 4－4），玉米芯、玉米秸秆和稻壳 3 种材料炭化后，平均孔直径显著增加，其余 3 种材料炭化后平均孔直径显著下降。炭化过程中，部分材料的总孔体积和平均孔直径有所下降，可能与制炭温度和过程有关。

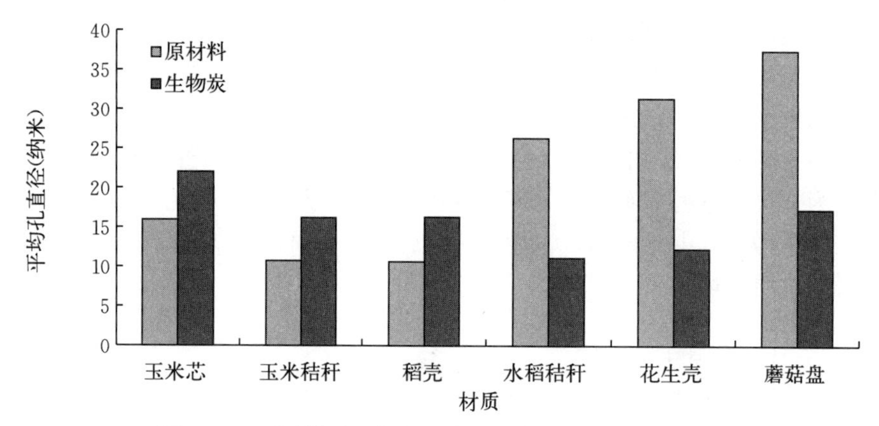

图 4－4　不同材质生物炭及其原材料平均孔直径的比较

6. 灰分、挥发分与固定碳含量

从图 4－5 可以看出，生物炭的灰分、挥发分、固定碳 3 者的含量因原材料的不同而发生改变，其中生物质炭化后产生的生物炭的灰分含量提高、挥发分含量降低、固定碳含量提高。原材料中挥发分含量最高，占原材料总重量的 74％，灰分和固定碳含量相近，各占原材料总重量的 8％左右。生物炭中蘑菇盘炭固定碳含量最高，占生物炭总重量的 54％，挥发分和灰分含量相近，占生物炭总重量的 23％。

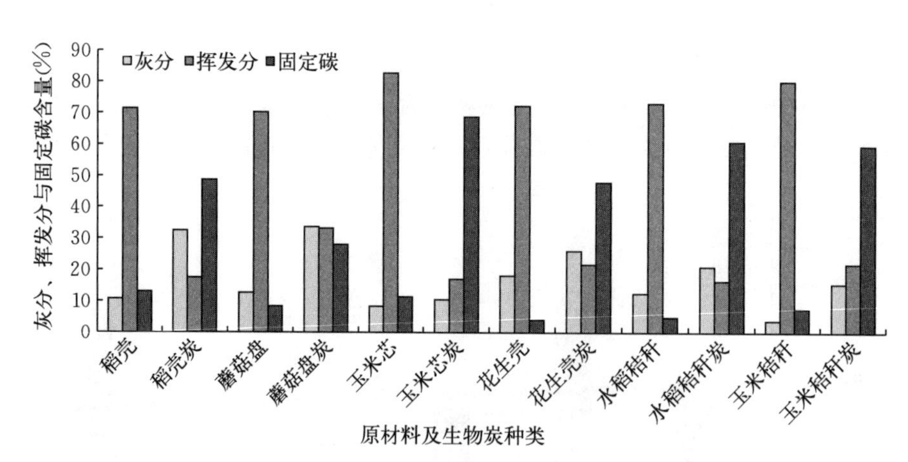

图 4－5　不同材质生物炭及其原材料灰分、挥发分、固定碳含量的比较

从图 4－6 可以看出，除玉米芯外，其余 5 种材料炭化后灰分含量均显著高于原材料。其中玉米秸秆炭增幅最大，为原材料的 4 倍，玉米芯炭增幅最小，仅为原材料的 1.26 倍。原材料中花生壳灰分含量最高，玉米秸秆灰分含量最低，前者是后者的 4.8 倍；生物炭中

蘑菇盘炭灰分含量最高，玉米芯炭灰分含量最低，前者是后者的3.2倍。结果表明：生物质炭化后灰分含量显著高于其原材料。

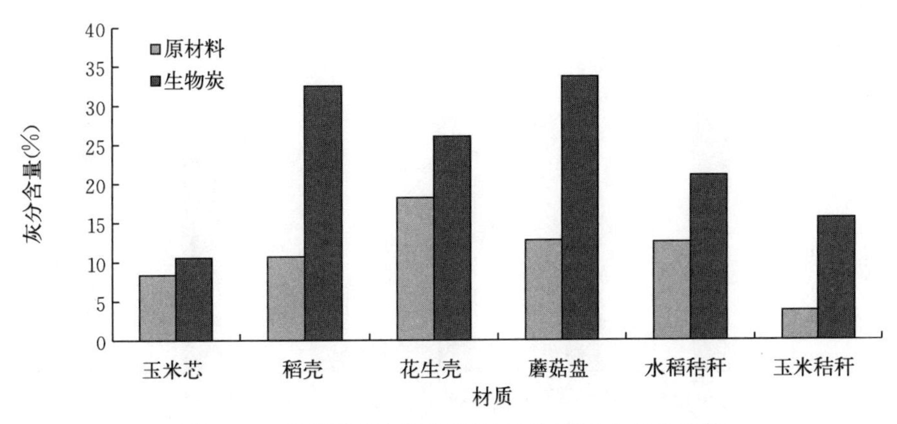

图4-6　不同材质生物炭及其原材料灰分含量的比较

何绪生（2011）的研究结果表明：灰分是生物质燃烧后残留的矿物质，热裂解温度升高，有机物损失增大，灰分在生物炭中的含量相应增大。本试验的结论与该结论一致。

从图4-7可以看出，生物质炭化后挥发分含量均显著低于原材料，其中降幅最小的是蘑菇盘炭，仅为原材料的2.12倍；降幅最大的是玉米芯炭，为原材料的4.85倍。原材料中玉米芯挥发分含量最高，蘑菇盘挥发分含量最低，前者是后者的1.2倍；生物炭中蘑菇盘炭挥发分含量最高，玉米秸秆炭挥发分含量最低，前者是后者的2倍。结果表明：生物质炭化后挥发分含量显著低于原材料。本试验得出的生物炭的挥发分含量显著低于原材料的结论进一步证明了我们先前得出的结论：生物质在炭化后，薄壁细胞内的球形小颗粒热解并挥发消失。

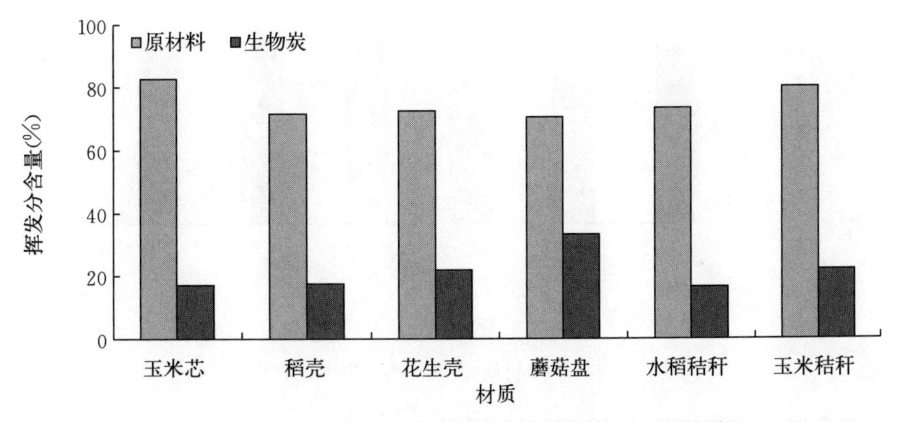

图4-7　不同材质生物炭及其原材料挥发分含量的比较

从图4-8可以看出，生物质炭化后固定碳含量显著高于原材料，其中水稻秸秆炭增幅最大，为原材料的12.69倍，蘑菇盘炭增幅最小，仅为原材料的3.3倍。原材料中稻壳固定碳含量最高，花生壳含量最低，前者是后者的12.2倍；生物炭中，玉米芯炭固定碳含量最高，蘑菇盘炭固定碳含量最低，前者是后者的2.5倍。结果表明：生物质炭化后固定碳含量显著高于其原材料。

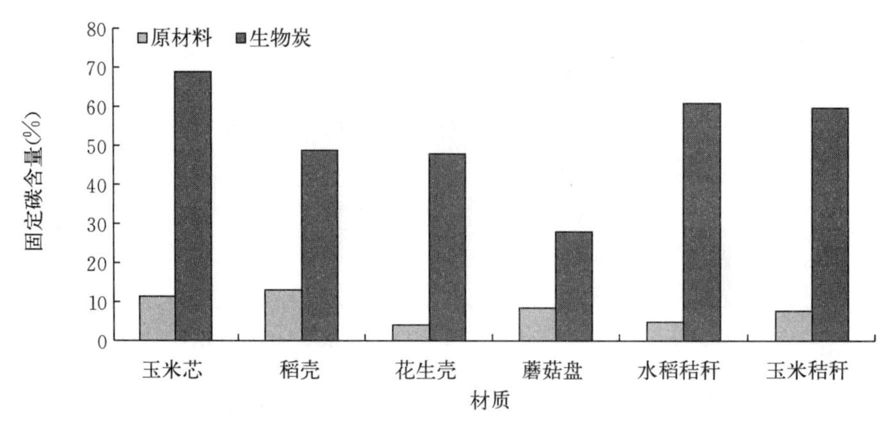

图4-8　不同材质生物炭及其原材料固定碳含量的比较

生物炭固定碳含量显著高于原材料，其原因可能是随着热解温度的升高，原材料中易分解的含碳化合物分解损失，难分解的固定碳比例相应地增加，所以生物炭中固定碳含量高于其原材料。

7. 碘吸附值

如图4-9所示，稻壳、水稻秸秆、花生壳、玉米芯、玉米秸秆属农业废弃生物质，其生物炭的碘吸附值差异不显著；蘑菇盘属木质生物质，其碘吸附值与以农业废弃物为原材料的生物炭差异显著。结果表明：同类材料中不同材质生物炭的碘吸附性能差异不显著；不同种类生物炭对碘的吸附性能差异显著，以农业废弃物为原材料的生物炭对碘的吸附性能优于木质生物炭。

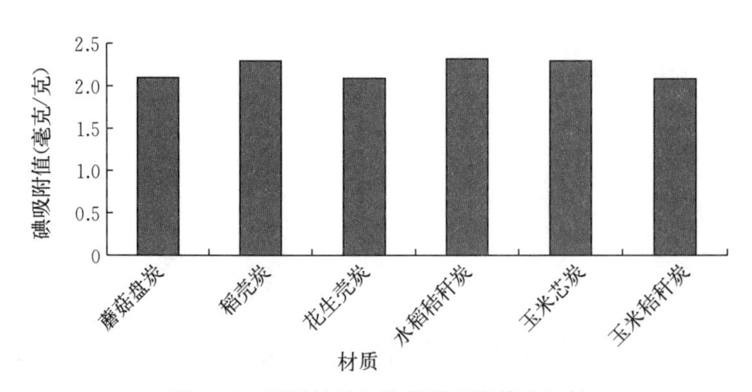

图4-9　不同材质生物炭碘吸附值的比较

（二）不同制炭温度对生物炭理化特性的影响

1. 对炭化物得率的影响

如图4-10所示，在反应的初始阶段（100～200 ℃），炭化物得率下降17%。在反应的第2个阶段（200～300 ℃），该阶段炭化物得率下降24%。在反应的第3个阶段

（300～500 ℃），该阶段炭化物得率下降 25%。当炭化温度达到 500 ℃时，进入反应的第 4 个阶段（500～700 ℃），该阶段质量损失速率减慢，炭化物得率仅下降了 10%。

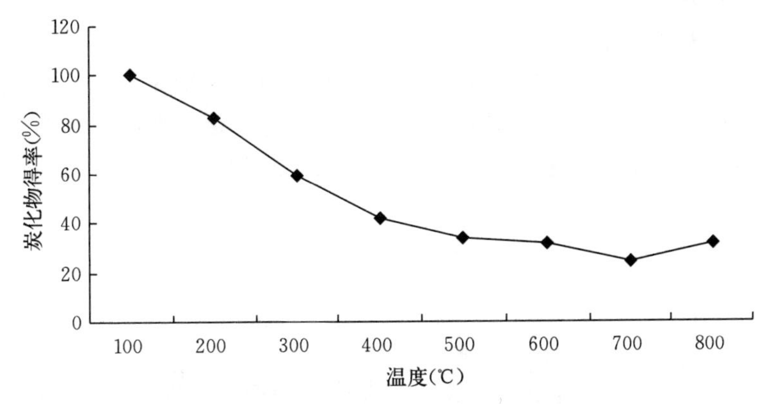

图 4-10　不同温度条件下花生壳炭化物得率的比较

在反应的初始阶段（100～200 ℃），炭化物得率呈下降趋势，该阶段主要发生了水分的蒸发，花生壳中自由水消失，花生壳的化学组成基本不变；在反应的第 2 个阶段（200～300 ℃），炭化物得率下降速度较快，该阶段反应有少量烟气产生，主要为不稳定组分半纤维素、纤维素中链状结构大分子及其分解所生成的单糖基的环状结构被裂解而生成的气体产物；反应的第 3 个阶段（300～500 ℃）为炭化反应的主要阶段，在这个阶段，炭化物得率下降最为明显，该阶段花生壳在高温状态下发生炭化反应，在质量快速损失的同时有大量浓烟、气体和焦油产生，以花生壳的纤维素和木质素的分解为主，生成木醋液、焦油、甲烷、一氧化碳、氢气等；当反应温度继续升高达到 800 ℃时，反应已经进入灰化阶段，炭化物表面出现白色的灰分，炭化物得率略有增加。

2. 对碳含量的影响

如图 4-11 所示，随着炭化温度的升高，花生壳炭的碳含量逐渐增加。当温度从 200 ℃升至 600 ℃时，花生壳炭的碳含量显著增加，高于 600 ℃以后，碳含量无显著增加。在整个炭化过程中，从 200 ℃升温至 300 ℃时，花生壳的碳含量增长最快。

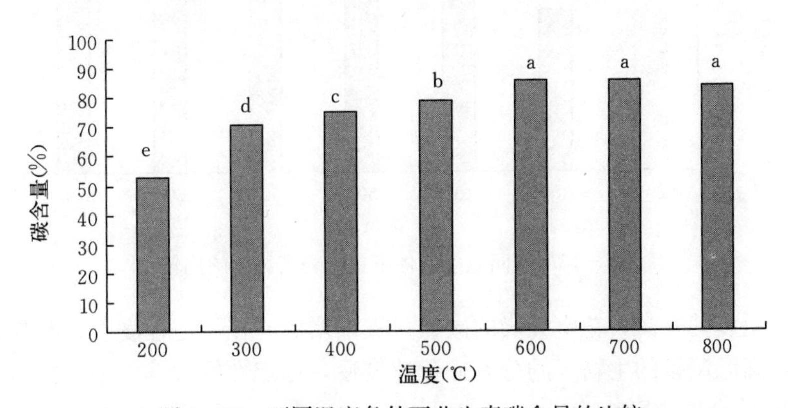

图 4-11　不同温度条件下花生壳碳含量的比较

有研究认为，随着热解温度的升高，生物质中相对增加的碳含量可能补偿了单位质量热解中因提高温度而降低的生物炭的产量，从而可能在一定程度上体现了碳含量随炭化温度提高而升高的趋势。

3. 对氮含量与碳氮比的影响

如图 4－12 所示，随着炭化温度的升高，花生壳的氮含量先增加后降低。当温度从 200 ℃升高到 400 ℃时，花生壳的氮含量显著增加；当炭化温度从 400 ℃上升至 800 ℃时，花生壳的氮含量略减小。在整个炭化过程中，从 200 ℃升温至 300 ℃时，花生壳的氮含量增长最快。

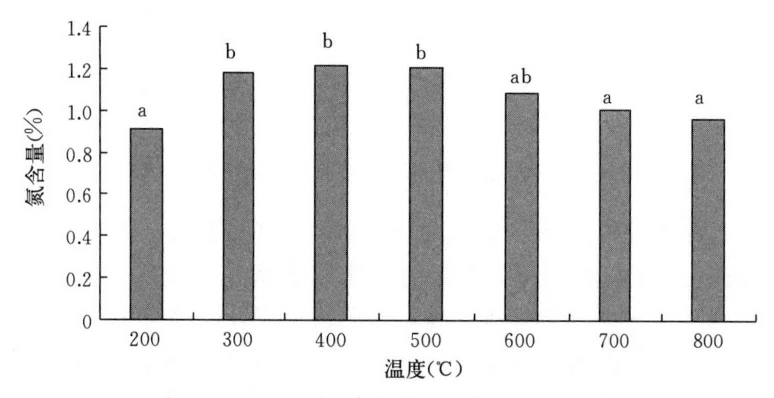

图 4－12　不同温度条件下花生壳氮含量的比较

如图 4－13 所示，随着炭化温度的升高，花生壳的碳氮比逐渐增大。当温度从 200 ℃升高到 500 ℃时，花生壳的碳氮比增加，但不显著；当温度高于 500 ℃时，花生壳炭的碳氮比增加显著。在整个炭化过程中，从 500 ℃升温至 600 ℃时，花生壳的碳氮比增长最快。

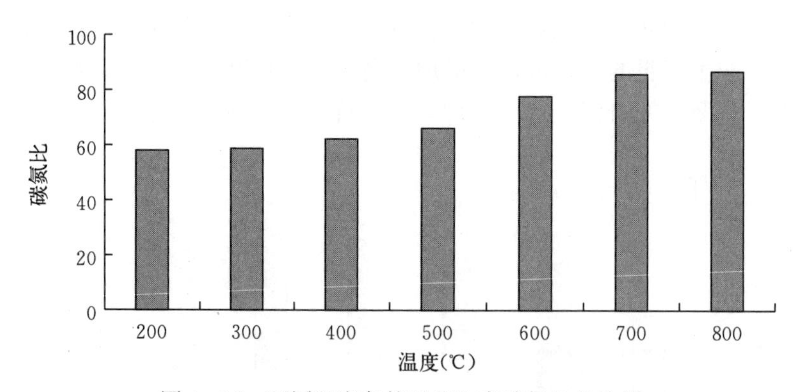

图 4－13　不同温度条件下花生壳碳氮比的比较

随着炭化温度的升高，花生壳炭的碳氮比逐渐增大，在一定程度上说明与低温制备的生物炭相比，高温制备的生物炭的分解矿化速度慢，稳定性好。

4. 对固定碳含量的影响

如图 4－14 所示，随着炭化温度的升高，花生壳炭的固定碳含量先增加后减少。当温

度从 200 ℃上升至 600 ℃时，花生壳炭的固定碳含量显著增加；当温度从 600 ℃上升至 800 ℃时，花生壳炭的固定碳含量显著下降。当温度从 200 ℃上升至 300 ℃时，固定碳含量增加最快。

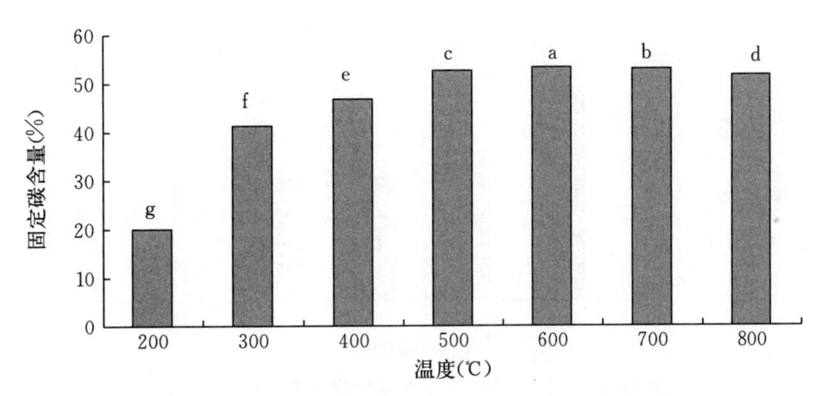

图 4-14　不同温度条件下花生壳固定碳含量的比较

5. 对 pH 的影响

如图 4-15 所示，随着炭化温度的升高，生物炭的 pH 逐渐上升。在 200～400 ℃时显著增大；当温度超过 400 ℃时，变化趋势不显著。在温度超过 250 ℃左右时，生物炭呈碱性，并且随着温度的升高，其碱性特征得以保留并趋于稳定。这也在一定程度上印证了生物炭呈碱性这一特质。

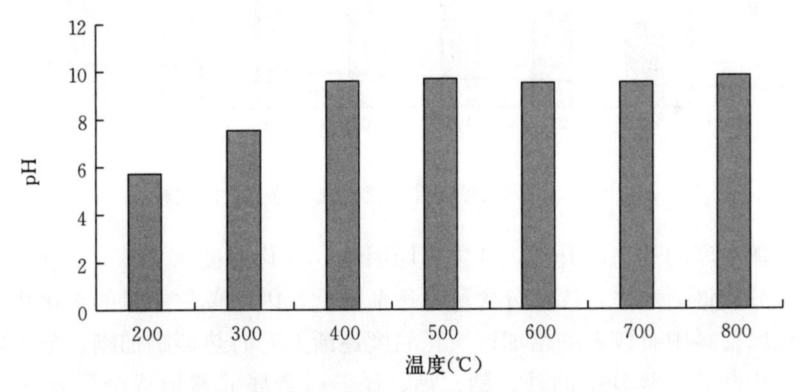

图 4-15　不同温度花生壳 pH 的比较

6. 对表观密度的影响

如图 4-16 所示，随着炭化温度的升高，生物炭的表观密度逐渐降低。温度从 200 ℃上升至 500 ℃时，表观密度显著降低；当温度在 500～700 ℃时，表观密度略有下降，但下降幅度不显著；当温度高于 700 ℃时，表观密度显著降低。

7. 对灰分的影响

生物炭中的灰分是生物炭的无机组成部分，是生物炭在高温条件下燃烧后剩余的白色或浅红色物质。如图 4-17 所示，随着炭化温度的升高，花生壳的灰分含量增加。当温度从 200 ℃上升至 600 ℃时，花生壳炭的灰分含量显著增加；当温度从 600 ℃上升至 700 ℃

时，花生壳炭的灰分含量略有增加，但不显著；当温度从 700 ℃上升至 800 ℃时，灰分含量显著增加。

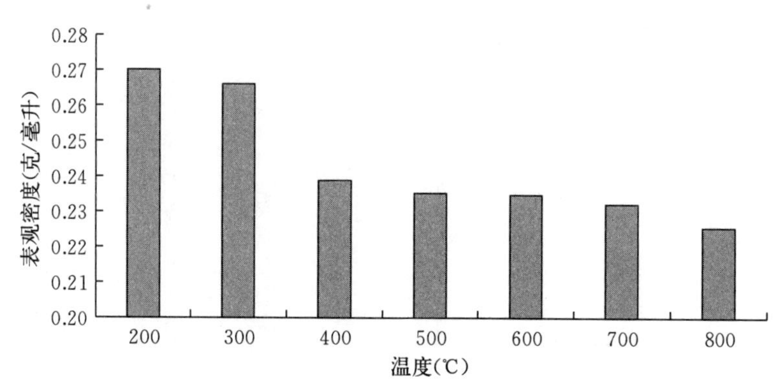

图 4-16　不同温度条件下花生壳表观密度的比较

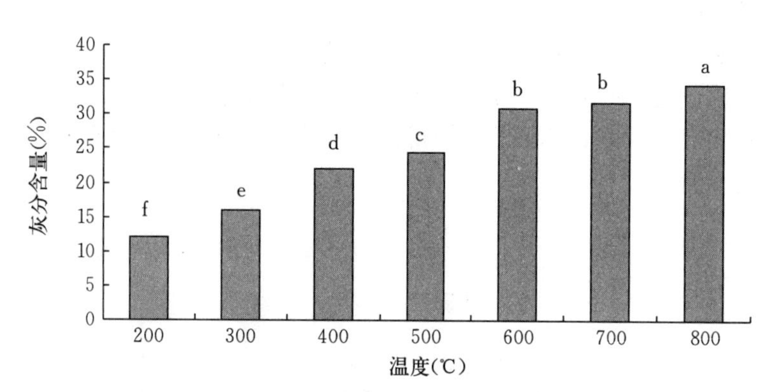

图 4-17　不同温度条件下花生壳灰分含量的比较

灰分含量随温度的升高而升高，其主要原因是：炭化温度从 200 ℃上升至 800 ℃时，花生壳中的水分会逐渐散失，挥发分含量也逐渐降低，因而单位质量的炭化物中，灰分所占的份额将较原材料中有较大的增加；炭化温度逐渐上升时热裂解加剧，分子间、分子内的化学键进一步断裂，灰分中的钾、钠、钙、镁等碱金属元素形成金属硫酸盐及硅酸盐等，因此灰分含量会增加。

周建斌（2005）的研究结果表明：竹炭的灰分含量随着炭化温度的升高而增加。Gheorghe（2009）、Singh（2010）等的研究结果表明：高温热裂解比低温热裂解的生物炭具有较高的灰分含量。本试验的研究结论与前人的研究结论相同。

8. 对挥发分的影响

如图 4-18 所示，随着炭化温度的升高，花生壳炭的挥发分含量逐渐降低，且差异显著。当温度从 200 ℃升至 300 ℃时，花生壳炭挥发分含量下降最为显著。

Gheorghe（2009）、Laird（2009）等的研究结果表明，原材料在生物炭中残留的挥发分随着热裂解温度的升高而减少，本试验得出的结论与前人的研究结论一致。

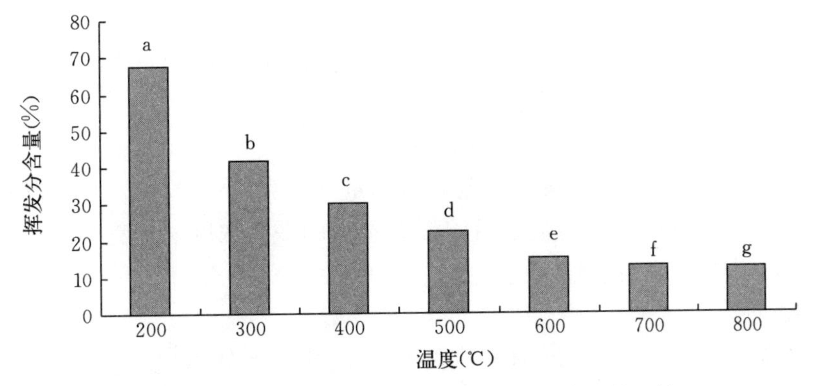

图 4-18　不同温度条件下花生壳挥发分含量的比较

三、小结

试验结果表明，生物炭基本保留了原材料的组织结构特征，同时，因细胞内后含物的热裂解消失而变得表面光滑平整、轮廓清晰。一般而言，生物质炭化后其比表面积要显著高于其原材料，其具体数值与原材料材质密切相关。不同材质的生物炭均含有作物生长所必需的多种营养元素，但其含量因原材料的不同而存在较大差异。生物质炭化后灰分、固定碳含量显著高于其原材料，挥发分含量显著低于原材料；不同种类生物炭对碘的吸附性能差异显著，以农业废弃物为基质的生物炭对碘的吸附性能优于木质生物炭。生物炭的平均碳含量约为 60%，灰分含量则普遍低于 33%。生物炭的 pH 分布为 7.8～9.8，呈碱性，孔径分布集中在 11～37 纳米，属中孔范围。

第二节　生物炭对硝态氮的吸附研究

一、研究内容与方法

1. 研究内容

以不同温度条件下制备的生物炭为试验材料，通过吸附动力学试验研究炭化温度对持留硝态氮的性能的影响。初步探索和明确生物炭对养分的吸附解吸能力，为生物炭在农业生产上的应用及生物炭产品开发提供依据。

2. 生物炭材料制备

花生壳采集于沈阳农业大学试验田。花生壳经风干后剪成 5 毫米×5 毫米的小块，分别在马弗炉中于 200 ℃、300 ℃、400 ℃、500 ℃、600 ℃、700 ℃、800 ℃条件下炭化 30 分钟，将炭化好的样品储存在自封袋中。

3. 吸附动力学试验

(1) 吸附试验

称取 1.0 克不同温度下制备的花生壳炭置于离心管中并称重（W_1），加入硝态氮浓度为 600 毫克/升的硝酸钾溶液 30 毫升（以 0.01 摩/升的 KCl 作背景电解质，再加几滴氯仿以防止微生物繁殖），以 180 转/分的振荡速率在（25±1）℃的条件下恒温振荡 5 分钟、

10 分钟、20 分钟、40 分钟、60 分钟、2 小时、4 小时、8 小时、16 小时、24 小时、36 小时后，立即在 3 500 转/分的条件下离心并过滤，测定上清液的硝态氮浓度。根据吸附前后硝态氮的浓度差计算硝态氮的吸附量，计算公式如下：

$$q=(C_0-C_e)\ V/W_1$$

式中：q 为单位质量花生壳炭吸附硝态氮的量（毫克/千克）；C_0 为吸附前溶液硝态氮的初始浓度（毫克/升）；C_e 为吸附后溶液硝态氮的平衡浓度（毫克/升）；V 为取样体积（毫升）；W_1 为花生壳炭质量（克）。

（2）解吸试验

吸附试验结束后应立即进行硝态氮的解吸试验，将分离出上清液的离心管称重（W_2），计算残留液中硝态氮量（W_2-W_1），然后加入 0.01 摩/升的 KCl 溶液 30 毫升，搅匀振荡 1 小时。25 ℃条件下恒温平衡 24 小时，在 3 500 转/分的条件下离心 10 分钟，倾倒上清液并过滤，测定上清液硝态氮浓度，根据吸附平衡后的浓度、残留液量计算硝态氮的解吸量。

对计算得到的不同时间的硝态氮吸附量用动力学数据进行研究，并用准一级、准二级、Elovich 方程和粒内扩散方程进行拟合。

（3）硝态氮的测定方法

滤液中硝态氮浓度的测定采用连续流动注射化学分析仪（AA3，德国）MT7 方法模块检测。

二、研究结果与分析

1. 硝态氮吸附动力学过程

花生壳炭对硝态氮的吸附量随炭化温度和吸附反应时间而变化（表 4－4）。从吸附反应开始到吸附反应的第 36 小时，吸附速率较小，吸附量上升缓慢，吸附量保持在 48 350 毫克/千克左右。反应进行到第 36 小时，除对照外其余处理的花生壳炭反应速率突然上升，吸附量上升幅度较大，吸附时间达到 48 小时，花生壳炭的吸附量达到 56 600 毫克/千克左右。

表 4－4　不同温度条件下制备的花生壳炭对硝态氮的吸附量随吸附反应时间的变化

炭化温度	硝态氮吸附量（毫克/千克）								
（℃）	5 分钟	15 分钟	35 分钟	60 分钟	2 小时	8 小时	16 小时	36 小时	48 小时
对照	48 306	48 360	48 326	48 313	48 302	48 454	48 860	48 256	40 235
200	48 302	48 302	48 325	48 652	48 382	45 862	48 406	49 895	56 623
300	48 382	48 384	48 338	48 323	48 313	49 583	48 156	50 523	56 620
400	48 300	48 300	48 325	48 356	48 336	48 523	48 403	50 925	56 623
500	48 392	48 392	48 340	48 324	48 323	48 236	48 293	49 928	56 001
600	48 330	48 330	48 363	48 321	48 345	49 813	48 341	50 123	56 014
700	48 382	48 382	48 363	48 311	48 323	46 224	48 388	49 863	56 178
800	48 300	48 300	48 361	48 324	48 382	49 124	48 202	49 896	56 079

花生壳炭对硝态氮的解吸量随炭化温度和时间而变化（表 4－5）。在反应的初始阶段（0～60 分钟），花生壳炭对硝态氮的解吸速率较大，解吸量上升较快；随着解吸反应的不断进行，解吸速率降低，解吸量上升幅度较小。解吸时间超过 36 小时，花生壳炭对硝态氮的解吸量逐渐下降。

表 4－5　不同温度条件下制备的花生壳炭对硝态氮的解吸量随炭化温度和吸附反应时间的变化

炭化温度	硝态氮解吸量（毫克/千克）								
（℃）	5 分钟	15 分钟	35 分钟	60 分钟	2 小时	8 小时	16 小时	36 小时	48 小时
对照	57 214	58 089	58 597	58 183	56 230	57 233	57 820	57 200	48 056
200	54 123	56 123	57 892	58 923	58 892	57 126	57 970	57 145	58 245
300	51 489	55 425	57 142	58 221	56 213	57 220	57 220	57 302	57 423
400	50 381	54 982	55 346	55 689	57 360	57 420	57 800	57 406	47 783
500	51 478	56 042	57 223	57 163	56 980	57 360	58 100	57 500	47 256
600	50 987	56 700	57 149	57 001	57 500	57 403	57 924	57 308	47 472
700	48 924	51 048	57 169	57 145	57 890	57 589	57 620	5 690	47 456
800	51 462	57 098	57 163	57 236	57 290	57 890	57 430	58 760	47 436

2. 炭化温度对硝态氮吸附的影响

花生壳炭对硝态氮的吸附量随炭化温度的变化如图 4－19 所示。在反应的初始阶段，花生壳炭对硝态氮的吸附量明显低于对照，且炭化温度对硝态氮的吸附量的影响差异不显著。当反应进行到第 60 分钟时，200 ℃花生壳炭的吸附量略高于对照，当炭化温度超过

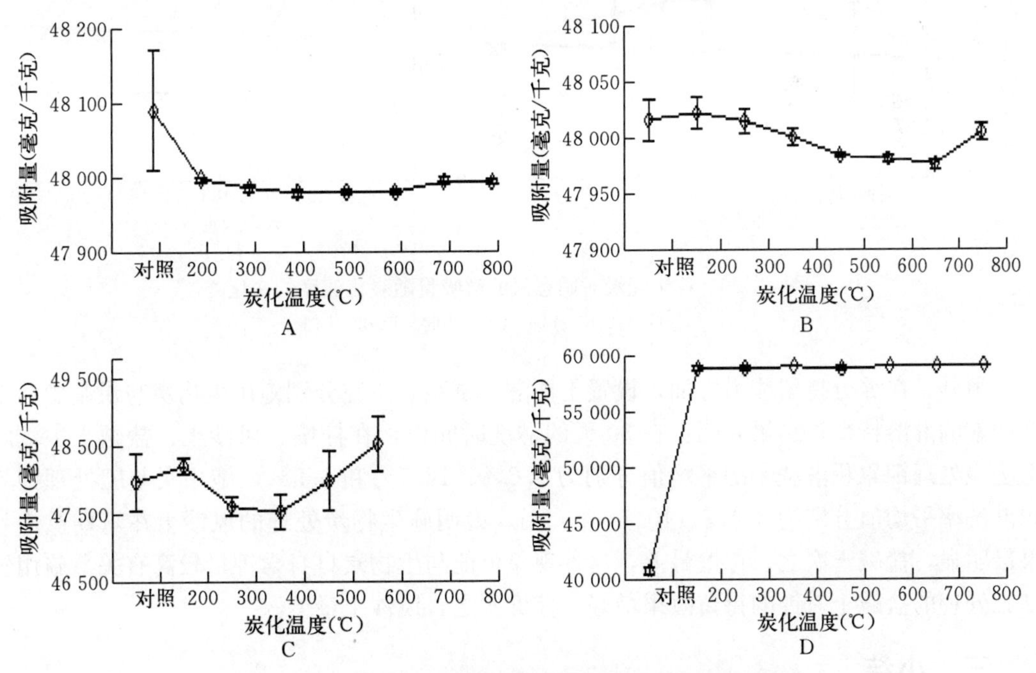

图 4－19　花生壳炭对硝态氮的吸附量随炭化温度的变化

A. 5 分钟　B. 60 分钟　C. 16 小时　D. 48 小时

200 ℃时，随着炭化温度的升高，吸附量逐渐下降，炭化温度高于 700 ℃时，吸附量略有上升。吸附反应进行到第 16 小时，200 ℃花生壳炭的吸附量高于对照，200 ℃到 400 ℃的花生壳炭的吸附量随炭化温度的升高而降低，而当炭化温度高于 400 ℃时，其趋势相反。吸附反应进行到第 48 小时，花生壳炭的吸附量显著高于对照，且炭化温度对硝态氮的吸附量影响不显著。

花生壳炭对硝态氮的解吸量随炭化温度的变化如图 4－20 所示。在解吸反应的初始阶段（8 小时以前），随着炭化温度的升高，花生壳炭对硝态氮的解吸量逐渐下降。当解吸反应进行到第 8 小时，花生壳炭的解吸量高于对照，且随着炭化温度的升高，出现先上升后下降的趋势。当解吸反应进行到第 36 小时，随着炭化温度的升高，花生壳炭的解吸量逐渐下降，且在 300～400 ℃时下降速率较大。

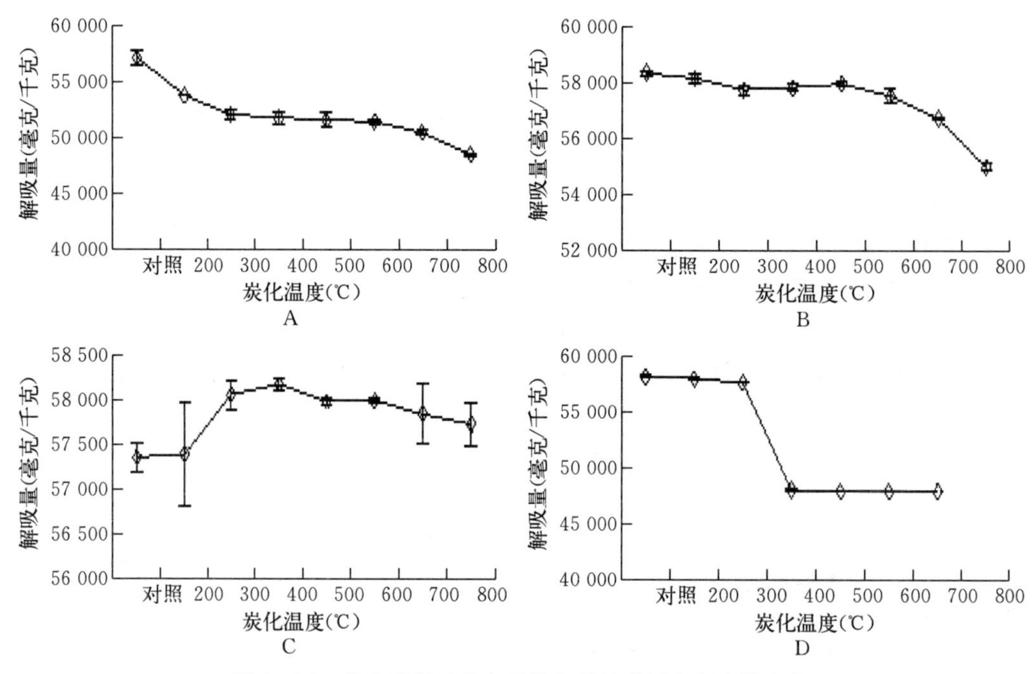

图 4－20 花生壳炭对硝态氮的解吸量随炭化温度的变化

A. 5 分钟 B. 60 分钟 C. 8 小时 D. 36 小时

另外，在养分持留能力方面，设置土柱淋溶试验，研究分别施用生物炭与炭基肥后土壤钾素的淋溶特征，结果表明：在 30 天的淋洗时间内，在棕壤、风沙土、盐碱土中，施生物炭处理钾累积淋洗率的平均值分别为 6.2%、12.5%和 6.5%，施用炭基肥处理钾累积淋洗率平均值分别为 3.4%、10.7%和 3%。说明施生物炭处理的风沙土在短期供钾效果最明显，盐碱土次之，棕壤最差，这种现象可能与生物炭自身含钾量较高有关。施用炭基肥处理的盐碱土对钾的持留效果最好，棕壤次之，风沙土最差。

三、小结

（1）随着吸附反应的进行，花生壳炭对硝态氮的吸附量缓慢增加，保持在 48 350 毫

克/千克左右。吸附进行到第36～48小时，吸附速率突然上升，吸附量保持在56 600毫克/千克左右。在吸附质与吸附剂反应的过程中，当吸附剂达到饱和状态时，吸附量会在达到最大值后趋于稳定。在本试验结果中出现先稳定后上升的情况，其原因可能是在反应的初始阶段，花生壳炭对硝态氮的吸附在5分钟以内已经达到饱和状态，故未出现增长趋势；反应进行到第48小时，吸附量增大，可能是反应条件发生了变化，导致花生壳炭的吸附量突然增加。

(2) 在解吸反应的初始阶段，花生壳炭的解吸量逐渐增大，反应时间超过2小时后，花生壳炭对硝态氮的解吸量逐渐稳定。吸附剂达到饱和状态时，在解吸液中吸附剂会出现解吸现象，解吸量会随着解吸时间的延长而逐渐降低。

第三节　生物炭对土壤养分的控释性能研究

一、研究内容与方法

（一）研究内容

初步探索、明确生物炭对不同土壤钾素养分淋溶的影响，为生物炭在农业生产上的应用及生物炭产品的开发提供依据。

（二）研究方法

1. 土壤与生物炭材料

土壤类型：棕壤取自沈阳农业大学试验田，盐碱土取自康平县郊。采集土样后进行风干处理，挑除杂质后过10目筛，充分混合均匀后备用。

生物炭材料由辽宁金和福农业开发有限公司提供。

2. 试验设计

试验中2个土壤类型分别为棕壤和盐碱土，6个施炭量处理，分别为：不添加生物炭（CK）、添加生物炭的量为土壤干重的2%（C1）、添加生物炭的量为土壤干重的4%（C2）、添加生物炭的量为土壤干重的6%（C3）、添加生物炭的量为土壤干重的8%（C4）、添加生物炭的量为土壤干重的10%（C5）。每个处理3次重复。

取60克过20目筛并清洗干净的石英砂，平铺于垫在杯底的两层细纱网上，以滤去淋溶过程中产生的泥土，使滤液澄清；另取含水量为3%的风干土309克，土壤中钾含量设计为400毫克/千克。添加生物炭的各处理炭粉添加量分别为：6克、12克、18克、24克、30克。将土壤充分混匀后装入淋溶杯中；再称取80克清洗后过筛的石英砂均匀铺在土壤上。将准备好的淋溶杯置于放有定量滤纸的漏斗上，收集滤液。第一次加蒸馏水时，将蒸馏水沿石英砂表面缓慢加入，使整个淋溶杯内的土壤达到水分基本饱和状态。淋溶试验开始后，于每天16:00分别浇水33毫升，3天取一次淋溶液。共淋溶30天，取样10次。收集的土壤淋溶液用于测定钾含量。钾的淋洗率为淋溶液中钾的含量占土壤、肥料和生物炭中总钾含量的百分比（以钾计,%），钾的淋洗量为单位质量干土中钾的淋洗量（以钾计，毫克/千克）。

3. 检测方法

供试土壤基本性质测定方法：pH用电位法测定，有机质用重铬酸钾法、土壤全氮用元素分析仪测定，碱解氮用碱解扩散法测定，全磷、速效磷用比色法测定，全钾和速效钾用火焰光度计法测定。淋溶液中钾的含量用紫外分光光度法测定。

二、研究结果与分析

（一）生物炭对棕壤钾淋洗量的影响

如图 4-21 所示，在整个试验期内，各处理的钾淋洗量随着淋溶时间的延长而减小，其中淋溶的前 6 天各处理钾的淋洗量下降速度快于第 9～30 天，淋溶至第 27 天时，各处理钾的淋洗量基本稳定在 3 毫克/千克。淋溶前 9 天，CK 的钾淋洗量在 27～37 毫克/千克，9 天后逐渐下降，并且小于其他处理。

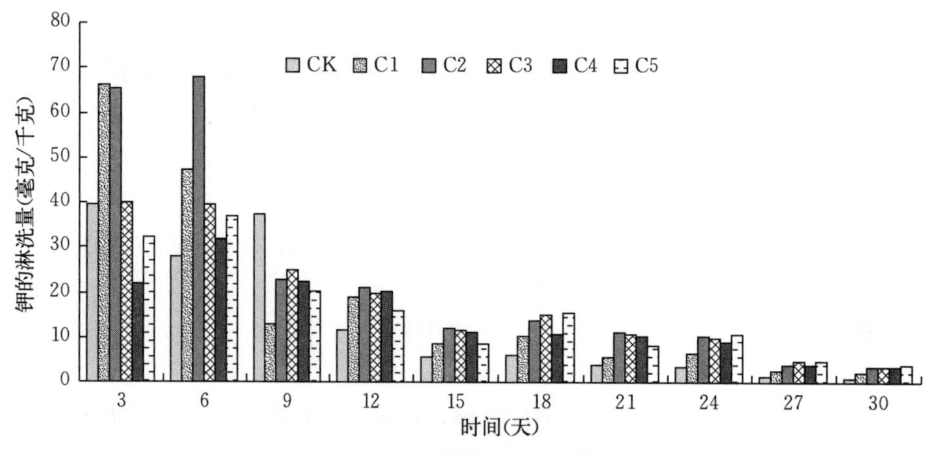

图 4-21　棕壤不同处理钾淋洗量

如图 4-22 所示，在整个试验期内，各处理的钾累积淋洗率依次为：C2>C1>C3>C5>C4>CK。在淋溶试验前期，随着淋溶时间的增加，CK 的钾累积淋洗率逐渐上升，直至淋溶第 9 天时基本稳定在 5 毫克/千克。在 9 天以后，随着淋溶时间的增长，施生物炭处理的钾累积淋洗率逐渐增加，且增加速率明显高于 CK，使得在淋溶结束时，CK 钾的累积淋洗率最小。这说明：在棕壤中，添加生物炭促进了肥料对土壤钾的供应。

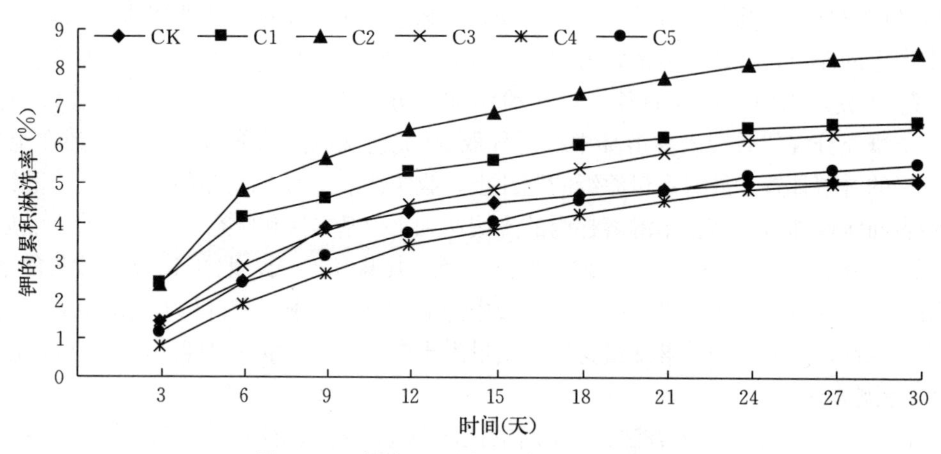

图 4-22　棕壤土不同处理钾的累积淋洗率

（二）生物炭对盐碱土钾淋洗量的影响

如图 4-23 所示，在整个试验期内，除 C2 处理的钾淋洗量在淋溶的前 6 天表现出高于其他处理外，其余处理各时期的钾淋洗量均随着生物炭用量的增加而增加，CK 的钾淋洗量明显低于其他处理。在淋溶的前 9 天，各处理的钾淋洗量均处于 12 毫克/千克以上，第 9 天以后，各处理的钾淋洗量迅速下降并基本稳定在 10 毫克/千克左右。

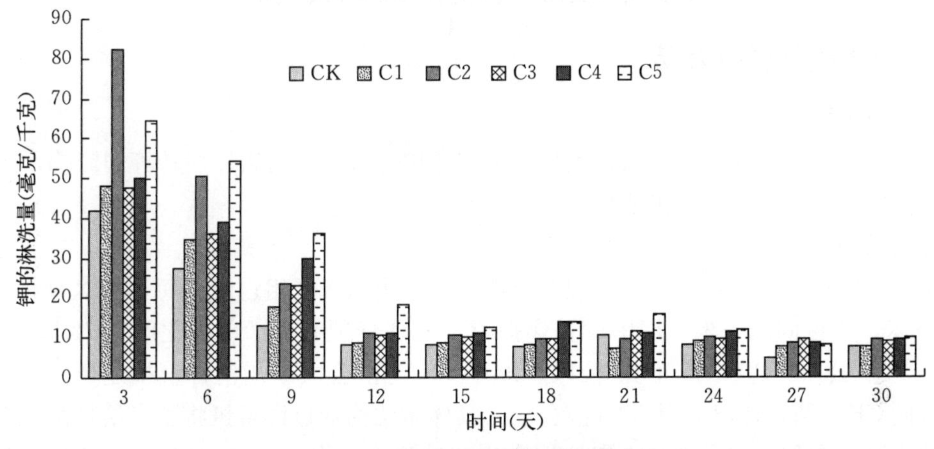

图 4-23　盐碱土不同处理钾淋洗量

如图 4-24 所示，在整个试验期，各处理的钾累积淋洗率依次为：C5＞C2＞C4＞C3＞C1＞CK。除 C2 处理外，其余各处理的钾累积淋洗率均随着生物炭用量的增加而增大。这表明：在盐碱土中，添加生物炭促进了肥料对土壤钾的供应，除 C2 处理外，其余处理施生物炭量越大促进效果越明显。

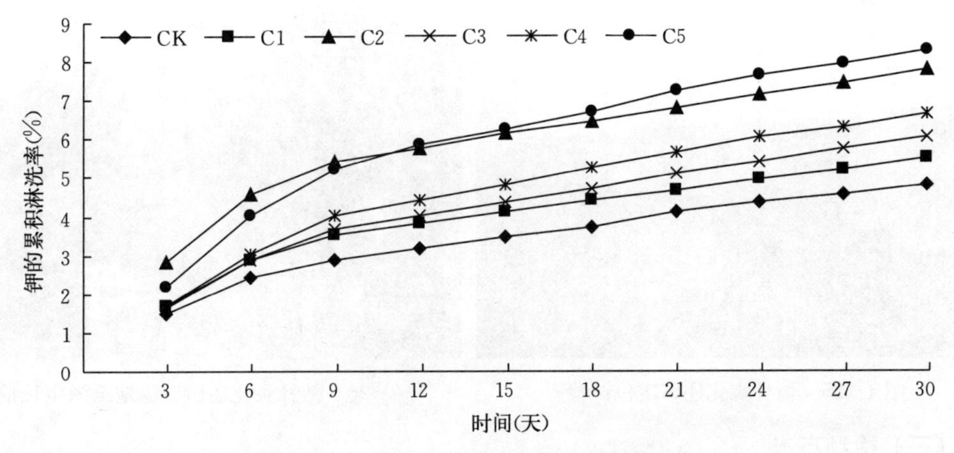

图 4-24　盐碱土不同处理钾的累积淋洗率

三、小结

在棕壤中添加生物炭促进了肥料对土壤钾的供应，钾淋洗量随着生物炭用量的增大而增加。在淋溶的前 9 天，各处理的钾淋洗量均为 12 毫克/千克以上，9 天后各处理的钾淋洗量迅速下降并基本稳定在 10 毫克/千克左右。在盐碱土中添加生物炭促进了肥料对土壤钾的供应，大部分处理表现为施生物炭量越大促进效果越明显。

第四节　秸秆炭化还田对旱地棕壤二氧化碳排放和土壤碳库管理指数的影响

一、研究内容与方法

（一）研究内容

通过长期定位试验，初步探索生物质不同还田方式对土壤碳库周转等的影响，为生物炭的农业应用及产品开发提供依据。

（二）试验设计

田间试验设 3 个处理，每个处理 3 个重复，采用随机区组设计，每个小区规格为 3.6 米×10 米，小区间隔 1 米，周围设置保护行。处理分别为：①单施化肥（CK），用量为 N 120 千克/公顷、P_2O_5 60 千克/公顷、K_2O 60 千克/公顷。②秸秆直接还田（ST），化肥投入同 CK，秸秆还田量为 7.5 吨/公顷（具体做法为通过铡草机将玉米秸秆铡成 5 厘米左右的小段，在翻耕整地之前人工均匀撒施到试验小区内）。③秸秆炭化还田（BC），化肥投入同 CK，玉米秸秆生物炭还田，还田量为 2.625 吨/公顷。秸秆直接还田与炭化还田的生物量保持一致，秸秆还田量为 7.5 吨/公顷。本试验的玉米秸秆生物炭由辽宁金和福农业开发有限公司提供，生物炭制备方法参照中国发明专利 ZL 200710086505.4《简易玉米芯颗粒炭化炉及其生产方法》（图 4-25、图 4-26）。

图 4-25　秸秆炭化还田定位试验

图 4-26　秸秆炭化还田试验地玉米生长情况

（三）检测方法

二氧化碳排放通量采用静态箱-气相色谱分析法进行测定。每小区安装 3 个采样箱，采样时间为 9:00—11:00。采样箱为圆柱体，由有机玻璃制成，箱体高 25 厘米，底面直径为 20 厘米，采样箱的上底面留一个圆孔以放置橡胶塞，在橡胶塞中间接入一根玻璃管，使玻璃管探入箱内 10 厘米。玻璃管的上端接一个三通阀，便于用注射器将采集的气体打

入气袋。每次气体取样量为 100 毫升，于 24 小时内采用气相色谱仪（Agilent 7890A）测定气体样品二氧化碳浓度。

在布置处理之前和玉米收获后采集土壤样品，用于测定土壤基本理化性质。每小区随机选取 3 点，用土钻采集 0～20 厘米土壤，混匀，带回实验室风干备用。土壤容重采用环刀法测定；土壤酸碱度采用 pH 计按土水比 1∶2.5 测定；土壤速效磷采用碳酸氢钠浸提-钼锑抗比色法测定；土壤速效钾采用乙酸铵浸提-火焰光度计法测定；土壤碱解氮含量采用碱解扩散法测定；土壤全氮、全碳含量采用元素分析仪（Elementer Macro Cube）测定。

土壤活性有机碳测定的具体步骤如下（Blair et al.，1995）：称取 2 克风干土壤样品（含碳 15～30 毫克）于 100 毫升塑料瓶内，加入 333 毫摩/升的高锰酸钾溶液 25 毫升，同时进行空白试验（CK），每个处理 3 次重复。振荡 1 小时后将样品离心 5 分钟（转速为 4 000转/分），取上清液用去离子水按 1∶250 稀释。然后将上述稀释液在 565 纳米波长处进行比色，注意土壤样品的含碳量一定要落在系列含碳范围内。根据消耗的高锰酸钾量求出样品活性有机碳含量。

二、研究结果与分析

（一）秸秆不同还田方式对土壤二氧化碳排放通量的影响

对玉米生育期内土壤二氧化碳排放通量进行测定，结果如图 4 - 27 所示。各处理二氧化碳排放通量在玉米生育期内基本呈相同的变化趋势，苗期气温偏低，土壤二氧化碳排放

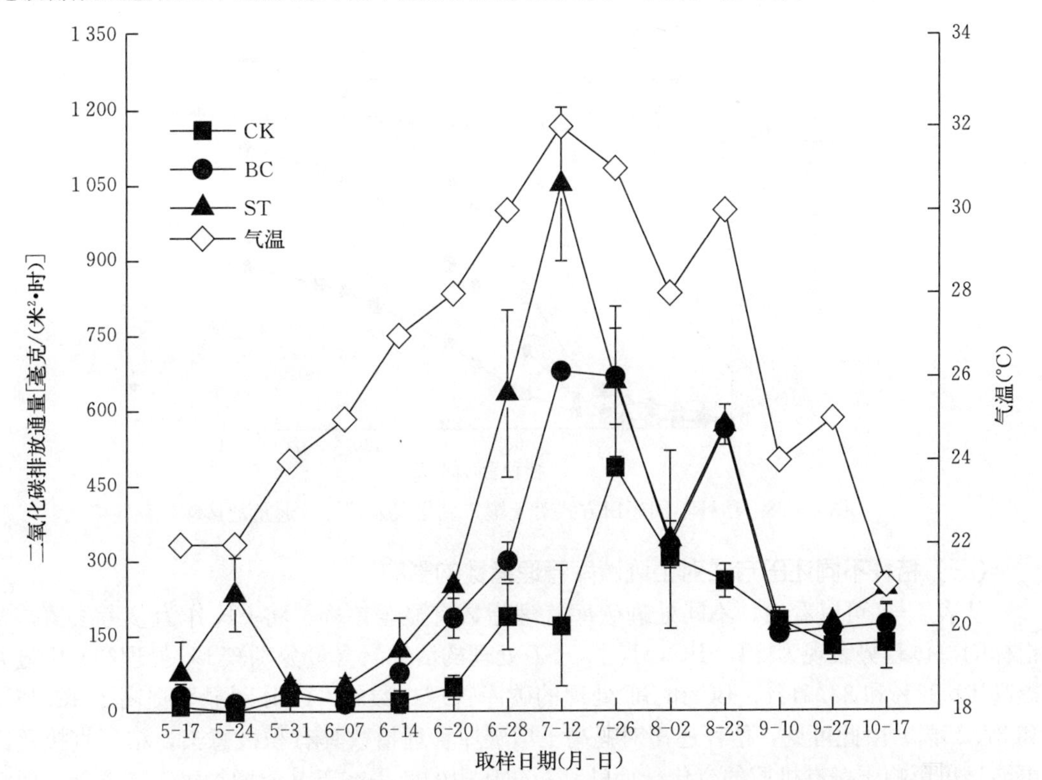

图 4 - 27　秸秆不同还田方式对土壤二氧化碳排放速率的影响

量相对较少，随着生育期的推进和气温的不断升高，土壤呼吸作用增强，二氧化碳排放通量显著增加，在7月中下旬气温达到最高，二氧化碳排放也达到高峰，之后随着气温的下降二氧化碳排放通量也逐渐下降。不同处理间二氧化碳排放通量均表现出随着气温的变化而先增加后降低的趋势。在玉米全生育期内BC、ST两个处理的二氧化碳排放通量均于7月12日达到最大值，分别为677.93毫克/(米^2·时)和1 051.31毫克/(米^2·时)，CK的二氧化碳排放通量于7月26日达到最大值，为485.23毫克/(米^2·时)，除9月10日的测定值以外，其余各时期二氧化碳排放通量的大小顺序均为ST>BC>CK，二氧化碳平均排放通量也表现出相同的规律，从大到小分别为395.88毫克/(米^2·时)、299.34毫克/(米^2·时)和170.39毫克/(米^2·时)，各处理间差异显著，其中ST处理的最大二氧化碳排放通量是BC处理的1.55倍，是CK的2.17倍，平均二氧化碳排放通量比BC处理高32.25%，比CK高132.34%。

（二）秸秆不同还田方式对土壤二氧化碳累积排放通量的影响

如图4-28所示，秸秆直接还田和炭化还田均显著增加了土壤二氧化碳累积排放通量，CK、BC和ST处理二氧化碳累积排放通量分别为547.96克/米^2、962.66克/米^{2}和1 273.15克/米^2。各处理间差异显著。在相同施肥条件下，等生物量的秸秆进行炭化还田可以显著降低土壤二氧化碳排放量，起到了良好的减排效果。

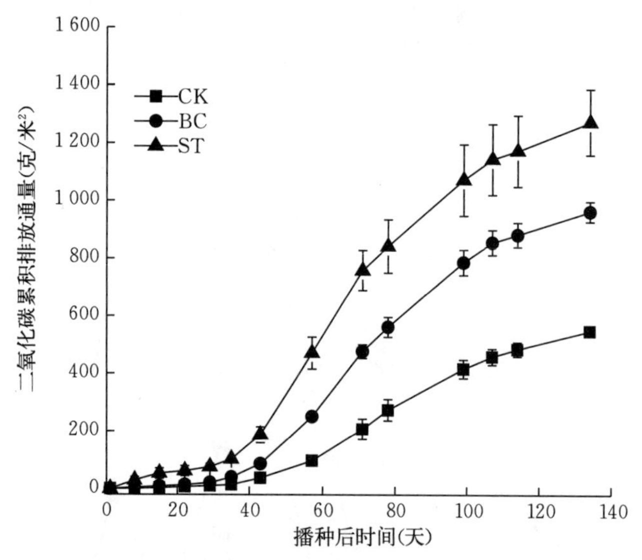

图4-28　秸秆不同还田方式对土壤二氧化碳累积排放通量的影响

（三）秸秆不同还田方式对土壤碳库管理指数的影响

从表4-6可以看出，不同处理碳库管理指数有显著差异。将CK作为参考土壤，各指标的总体趋势表现为ST>BC，其中，ST处理的活性炭含量分别较BC处理和CK显著提高19.32%和33.51%。BC和ST处理的碳库管理指数较CK分别显著提高了12.18%和37.25%。由此可见，秸秆还田对提高土壤碳库管理指数具有积极意义，秸秆直接还田更能显著影响土壤有机质的变化，而秸秆炭化还田的效果在于其能增加稳态碳含量，而活性有机碳组分小于秸秆直接还田且与CK无显著差异。

表 4-6　秸秆不同还田方式对土壤碳库管理指数的影响

处理	活性碳（克/千克）	稳态碳（克/千克）	总碳（克/千克）	碳库活度	活度指数	碳库指数	碳库管理指数
CK	1.85b	9.24b	11.09c	0.20b	1.00b	1.00c	100.00c
BC	2.07b	10.18a	12.25b	0.20b	1.02b	1.10b	112.18b
ST	2.47a	10.63a	13.10a	0.23a	1.16a	1.18a	137.25a

注：不同小写字母表示不同处理间差异显著（$P<0.05$）。

三、小结

通过秸秆炭化还田定位试验，对土壤、作物样品定期取样及相关指标进行测定发现，在施用相同化学肥料的条件下，秸秆还田能够显著增加土壤二氧化碳排放量，但与秸秆直接粉碎还田相比，等生物量的秸秆经炭化还田可以显著降低土壤二氧化碳排放通量和累积排放量，起到了良好的减排效果。秸秆还田对提高土壤碳库管理指数具有积极意义，而秸秆炭化还田能增加稳态碳含量。

第五节　生物炭产品示范推广研究

在中央财政推广等项目的联合支持下，在法库县、辽中区、新民市、彰武县、岫岩县、海城市等开展了炭基产品示范（包括生物炭育苗基质或炭基肥料）。具体实施地点和规模如下：

省本级（辽中科研基地）示范区：总面积 10 882 亩，其中生物炭水稻育苗基质示范面积 500 亩；炭基产品集中示范在辽中院士工作站，完成面积 382 亩，其中示范水田 352 亩，示范旱田 30 亩；秸秆炭化示范推广面积 10 000 亩。目前，共开展各种形式的技术培训 10 余次，培训 200 余人次，发放技术资料 300 份。

市本级示范区：总面积 2 000 亩，主要为在沈北新区等地完成的生物炭育苗基质示范。培训基层农业技术人员 100 余人次，广泛培训 200 余人次，发放培训资料 300 余份。

法库县示范区：总面积 11 310 亩，其中炭基肥示范推广面积 4 310 亩，包括炭基产品示范面积 710 亩、推广面积 3 600 亩；秸秆炭化示范推广面积 7 000 亩。结合玉米种植，举办专家培训班 5 期，培训农民 160 人次，发放培训资料 200 余份。

辽中区示范区：总面积 5 020 亩，主要为炭基水稻育苗基质的示范。集中培训 5 次，现场培训 12 次，技术小组成员先后到田间技术指导 10 余次，累计培训人员 150 余人次，发放培训资料 300 余份。

新民市示范区：总面积 1 520 亩，其中，新民市农业技术推广中心实施的炭基肥示范推广面积 520 亩，包括炭基马铃薯专用肥示范面积 220 亩、炭基玉米专用肥示范面积 300 亩；新民市区域性农业技术推广站实施水稻育苗基质示范 1 000 亩。集中培训 5 次，累计培训人员 80 人次，发放培训资料 100 余份。

彰武县示范区：总面积 6 823 亩，其中炭基肥示范推广面积 823 亩，包括兴隆山镇赵家村、花家村，西六乡烧锅村，东六镇红星村，满堂红镇大阪村；秸秆炭化示范推广面积6 000亩。开展各种形式技术培训5次，培训150余人次，发放技术资料250份。

岫岩县示范区：总面积520亩，主要是炭基肥的示范推广，其中玉米示范面积220亩，花生示范面积300亩。累计培训人员60人次，发放培训资料100余份。

海城市示范区：总面积4 000亩，为在西四镇示范的水稻育苗基质，集中培训4次，培训110人次，累计发放培训材料120余份。

表4-7为生物炭产品示范推广地点，单位和面积信息。

表4-7 生物炭产品示范推广地点、单位与面积

实施地点		实施单位	总面积（亩）	分项示范推广面积（亩）		
				育苗基质	秸秆炭化	炭基肥
省本级		沈阳农业大学（辽中科研基地）	10 882	500	10 000	382
沈阳市	市本级	沈阳市农业技术推广站	2 000	2 000	—	—
	法库县	法库县农业技术推广中心	11 310	—	7 000	4 310
	辽中区	辽中区农业技术推广中心	5 020	5 020	—	—
	新民市	新民市农业技术推广中心	520	—	—	520
		新民市区域性农业技术推广站	1 000	1 000	—	—
阜新市	彰武县	彰武县绿色食品产业化管理办公室	6 823	—	6 000	823
鞍山市	岫岩县	岫岩满族自治县农业技术推广中心	520	—	—	520
	海城市	海城市西四镇农业技术推广站	4 000	4 000	—	—
合计	—	—	42 075	12 520	23 000	6 555

如表4-8所示，生物炭产品推广示范研究成果显著，玉米、花生、马铃薯、水稻平均亩产为825.23千克、168.9千克、2 874.7千克和722.0千克，增产率分别为7.4%、5.3%、8.0%和5.6%，田间示范试验表明，生物炭作为育苗基质和炭基肥料可以有效提高作物产量。

表4-8 2014年炭基肥料应用产量结果

作物	示范区	百粒重（克）	百果/粒/单薯重（克）	单株成果数（个）	亩株数密度（株）	亩穗数（万穗）	穗粒数（粒）	平均亩产（千克）	增产率（%）
玉米	法库县	40.4	—	—	4 000	—	500	783.5	7.5
	彰武县	42.3	—	—	4 328	—	482	825.4	6.2
	新民市	43.6	—	—	3 800	—	526	866.8	8.6
	平均	42.1	—	—	4 043	—	503	825.23	7.4
花生	彰武县	44	—	8.5	486	—	—	168.9	5.3
马铃薯	新民市	—	212	6	2 287	—	—	2 874.7	8.0
水稻	辽中	3	—	—	—	18.2	179.8	722.0	5.6

第六节　结　　论

毫无疑问，粮食安全与环境安全是影响经济与社会可持续发展的重要因素，也引起了全社会的极大关注。作为人口和粮食生产大国，我们面临的问题一方面是土壤输入减少导致的土壤大面积退化，另一方面是大量的生物质资源被浪费。因此，通过高效、生态、环保的利用方式，将生物质返还到农田，在二者间架起一道技术桥梁，是增加土壤输入、减少面源污染、实现循环农业和低碳农业的必由之路。

生物炭理化性能的发挥与诸多因素有关，在试验中也具有较大的个体差异性，对其效能的评价不能一概而论。因此，在试验的设计、具体实施和最终评价中，应具体问题具体分析。

生物炭灰分、固定碳、挥发分、碘吸附值等理化特性与原材料材质、制炭温度密切相关。不同原材料材质、不同温度条件对生物炭理化性质有较大影响，在具体的应用和产品研发中，应根据试验目的、目标选择适宜的原材料材质与最佳的制炭温度，从而保证生物炭效能最优化和最大化。

生物炭对硝态氮的吸附动力学试验结果没有明显的规律性，与理论结果也有一定差异，可能与试验条件的选择和影响有关。需进一步摸索、调整和优化解吸时间等试验条件。

在棕壤、盐碱土不同土壤类型中添加生物炭明显增加了土壤钾的淋洗量，这种现象与生物炭自身含钾量较高有关。生物炭对养分持留性能具有积极影响，但在具体应用中其效能的发挥可能与施用土壤类型等综合环境因素有关。

生物炭产品推广田间示范使得玉米、花生、马铃薯、水稻分别增产7.4％、5.3％、8.0％和5.6％，由此可见，将生物炭作为育苗基质和炭基肥料可以有效提高育苗质量和作物产量，具有很大的实用性和利用空间。

第五章 CHAPTER 5

秸秆粪便快速堆肥及原位气体控制技术研究

第一节 国内外研究进展

目前，国内外对堆肥化过程中氨气排放的研究较多，而对温室气体减排技术的研究相对较少。总体而言，温室气体和氨气的减排技术研究可以从以下几个方面进行。

一、堆肥运行条件控制

大量研究结果表明，氨气的排放率随通风率的增加而增加。Osada 等（1997）的研究表明，在一定的通气范围内［20～80 升/(米^3·分)］，氨气排放量与通气率呈显著正相关关系，相关系数为 0.926。当超过该范围时，氨气排放量会由于物料含水率太低而减少。沈玉君（2009）的研究表明，氨气累积挥发量和通气率的大小呈线性相关关系（$R^2=0.9947$），通气率的增加会加快氮以氨气的形式损失。通气方式对氨气排放也有显著影响。Keener 等（2001）的研究认为，间歇式通风引起的氨气损失量要小于连续性通风，间歇性通气可以作为减少氨气排放的方法。杨宇等（2009）的研究也表明，添加氯化镁作为保氮材料后，在相同的平均通气率条件下，间歇通风的全氮损失率仅为连续通风的 41.35%。江滔等（2011）的研究表明，在堆肥化过程中翻堆、覆盖、通风等条件对温室气体及氨气的排放都有显著影响，猪粪与玉米秸秆堆肥最优的工艺为原料碳氮比（C/N）为 20、含水率为 65%、无覆盖、每周翻堆 1～2 次、条垛自然通风（密闭仓通风率为每千克鲜物质每分钟 0.4 升左右）。

二、外源微生物的应用

近年来，一些微生物添加剂也被应用于堆肥的氮素气体减排中。Kuroda 等（2004）从猪粪中分离出一种耐铵嗜热菌 TAT105，将其应用到猪粪堆肥中能减少 60%的氨气挥发。王卫平（2005）的研究表明氨气挥发主要产生在堆肥前 15 天的升温和高温期，添加 0.3%的复合菌剂 1（酵母菌、放线菌、芽孢杆菌）、复合菌剂 2（酵母菌、芽孢杆菌）和复合菌剂 3（酵母菌、放线菌）对猪粪堆肥中氨气的挥发都有一定的抑制作用，添加 0.5%的复合菌剂 1 有显著抑制作用（$P<0.05$）。在氧化亚氮减排方面，Fukumoto（2006）的研究表明添加亚硝酸盐氧化细菌（NOB）可以有效抑制 NO_2^- 的累积，促进 NO_3^- 的生成；未添加 NOB 的处理，土著 NOB 的生长要落后于铵氧化菌（AOB）。N_2O 的生成与 NO_2^- 含量变化一致，对照处理、每克含有 NOB 最大可能数为 10^6 的（废弃物

材料，waste material）和经培养每克含有 NOB 最大可能数达 10^{11} 的 WM 处理的 N_2O-N 的初始氮排放率分别为 88.5 克/千克、17.5 克/千克和 20.2 克/千克。

三、吸附剂和腐熟堆肥的使用

目前国内外对天然添加物减少堆肥氨挥发损失已进行了较多的研究。Sweeten 等（1998）发现人工土壤滤层可有效控制畜禽粪便堆肥工厂臭气的排放，并减少氮素挥发，增加堆肥的含氮量。Termeer 等（1993）研究发现矿质肥料改良剂可减少牛粪和鸡粪的氨挥发。Kithome 等（1998，1999）评估了天然沸石、黏土和椰壳纤维作为吸附剂减少猪粪堆肥氨挥发的潜力，结果表明天然沸石和椰壳纤维具有较好的减少氨挥发效果。

腐熟堆肥质地松软、比表面积大、有较强的吸附能力，而且含有大量的微生物如甲烷氧化菌，在国内外被广泛作为生物滤池填料使用（Abichou，2009；Scheutz，2009；Tanthachoon，2008），研究表明腐熟堆肥能够显著减少垃圾填埋场的甲烷排放，甲烷从腐熟覆盖层经过时，被甲烷氧化菌氧化。Barlaz 等（2004）研究以庭院垃圾堆肥作为覆盖层材料的甲烷氧化能力时发现，该覆盖层的甲烷氧化率约为 55%，显著高于土壤覆盖层的 21%。还有研究表明，向堆肥中添加富含亚硝酸盐硝化菌的腐熟堆肥后，堆肥的 N_2O 排放率显著降低，且堆肥中的硝酸盐含量迅速增加（Fukumoto，2006）。

四、镁盐、钙盐和磷酸盐的使用

大量研究表明，镁盐和钙盐对堆肥化过程中的氮素损失均有调控作用。Kithome 等（1999）的研究表明，分别添加总干物质重量的 20%的氯化钙、氯化镁和硫酸镁可以分别减少 94%、72%和 33%的氨气挥发，而同剂量硫酸钙对氨气几乎没有固定作用。DeLaune 等（2004）的研究结果显示，添加 $Al_2(SO_4)_3 \cdot 14H_2O$ 和磷酸分别减少了 17%和 12%的氨气排放。磷酸盐不仅可以减少氨气的挥发，还可以提高堆肥产品中的磷含量。在堆肥中加入过磷酸钙可形成磷酸-铵的配合物，同时 NH_4^+ 能交换 Ca^{2+}，减少氮的损失（任丽梅，2009）。钱承梁等（1996）的试验结果表明过磷酸钙抑制马粪、牛粪和人粪的氨挥发效果极佳。Hu 等（2007）以磷酸二氢钾作为市政垃圾堆肥的固氮剂，使氮损失从 38%降低到 13%。

此外，镁盐和磷酸盐的配合使用也是减少堆肥氮素损失的有效途径。主要作用机理是铵离子可形成磷酸镁铵结晶，镁盐和磷酸盐较合理的添加量（物质的量）为原料初始全氮量的 10%～20%，过高的添加量将对堆肥有机物降解产生不利影响（任丽梅，2009；Jeong，2005；Lee，2009）。

五、硝化抑制剂和脲酶抑制剂的应用

硝化抑制剂（DCD）是能够抑制土壤中亚硝化细菌等微生物活性的一类物质的总称，分为无机化合物和有机化合物。研究表明，硝化抑制剂能有效减少土壤中氧化亚氮的排放。Linzmeier 等（2001）通过同位素示踪研究发现，在冬小麦施肥过程中使用 3，4-二甲基吡唑磷酸盐（DMPP）可使肥料中的氧化亚氮的排放量减少 50%，使总的氧化亚氮的排放量减少 20%。Weiske 等（2001）分别在不同的土壤中使用 DCD 和 DMPP，对氧化亚氮排放的抑制效应分别达 70%和 97%，3 年平均使农田土壤的氧化亚氮的排放量分别下降 26%和 49%，使草地土壤的氧化亚氮的排放量下降 40%～60%。王改玲等（2006）的室内培养试验结果表明，在土壤含水率较低的条件下，施用 N－Serve 可以使氧化亚氮的排放量减少 65%。

脲酶抑制剂是指对土壤脲酶活性有抑制作用的元素或化合物。其中，氢醌（HQ）、*N*－丁基硫代磷酰三胺（NBPT）、苯基磷酰二胺（PPD）和环己基磷酰三胺（CHPT）等磷胺化合物的抑制效果最好（李香兰等，2009）。氢醌被认为是经济有效的脲酶抑制剂。脲酶抑制剂和硝化抑制剂被联合用于降低土壤中的氨气和温室气体排放量已有报道。Boeckx等（2005）的研究表明，在联合使用 DCD 和 HQ 的条件下甲烷和氧化亚氮的排放率降低了 58%和 62%。而 Xu 等（2002）联合施用 DCD 和 HQ 后，发现水稻田土壤的甲烷和氧化亚氮含量分别下降了 51.3%和 47.4%。

第二节　研究思路和方法

一、研究思路

研究了强制通风系统中 C/N、含水率和通风率等关键因素对温室气体和氨气排放的影响；探讨了条垛翻堆系统中通风方式、翻堆频率、覆盖和季节对温室气体及氨气的减排效果，在研究甲烷和氧化亚氮产生机理的基础上，比较了温室气体及氨气控制新材料与其减排效果。系统研究了腐熟堆肥覆盖、硝化抑制剂及脲酶抑制剂等控制材料及其在堆肥化过程中控制温室气体排放的技术。具体的研究技术路线如图 5－1 所示。

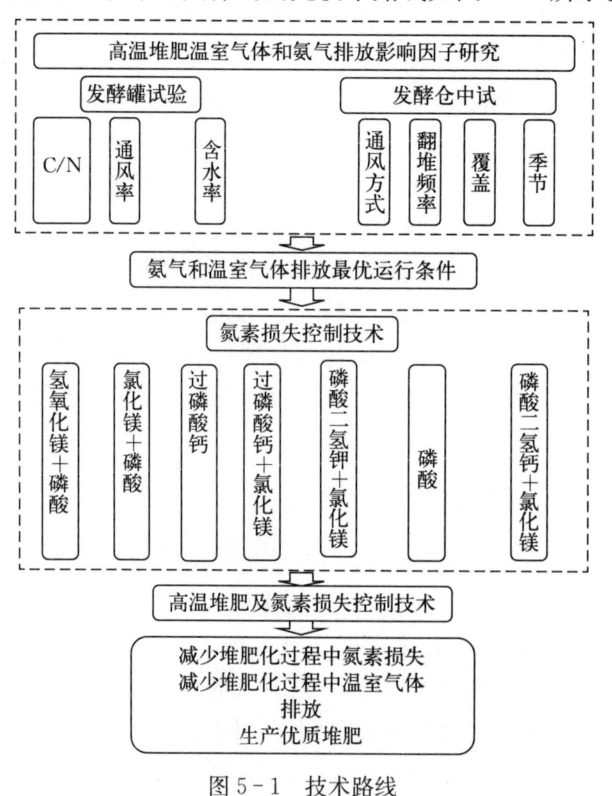

图 5－1　技术路线

二、研究方法

1. 强制通风系统中 C/N、含水率和通风率对温室气体和氨气排放的影响（发酵罐）

（1）堆肥材料和堆肥设备

试验猪粪取自北京市海淀区苏家坨养猪场，该养猪场采用干清粪模式。玉米秸秆取自中国农业大学上庄试验站，用粉碎机切割为 3 厘米左右的小段秸秆，其基本性状见表5-1。

表 5-1　堆肥初始物料的基本性状

类型	总有机碳（克/千克，干物质）	全氮（克/千克，干物质）	氨氮（克/千克，干物质）	含水率（%）	C/N
猪粪	362	27.4	1.1	71.2	13.2
玉米秸秆	419	10.1	—	8.9	41.5

堆肥在 60 升密闭发酵罐中进行（图 5-2），该发酵罐为不锈钢制成的双层圆桶状结构，顶部密封，高度为 70 厘米，外直径为 46 厘米，罐壁厚 5 厘米。发酵罐由软件 C-LGX 系统控制，通过该系统可以根据时间或堆体温度自动控制通风率，并自动记录温度（最小间隔 3 秒）。

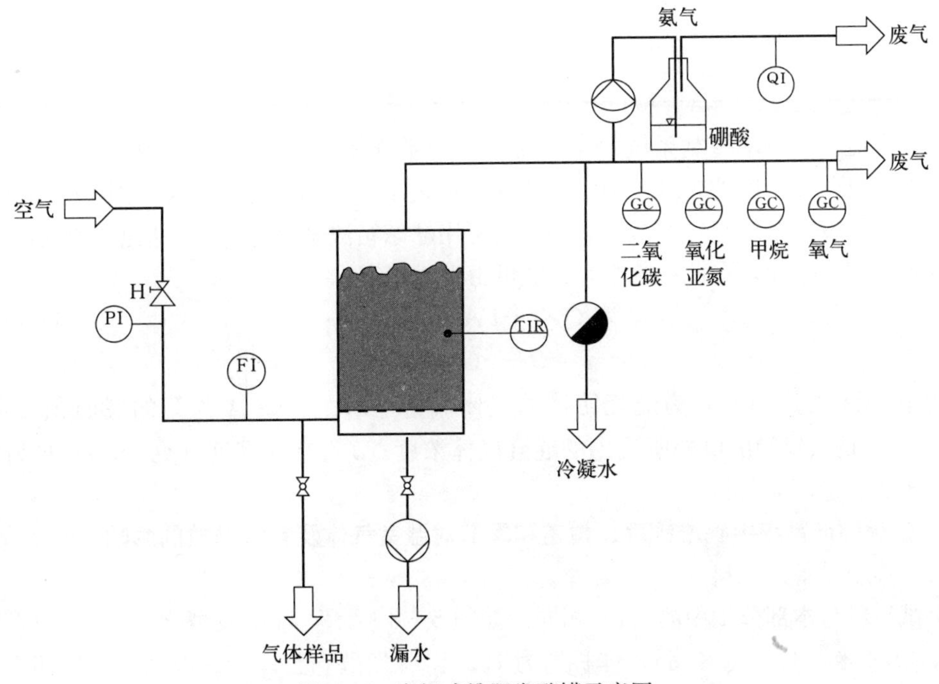

图 5-2　密闭式堆肥发酵罐示意图

H. 阀门　PI. 压力指示仪表　FI. 流量指示仪表　TIR. 温度指示仪表

GC. 气体收集器　QI. 流量指示器

（2）试验设计与堆肥方法

本研究以正交表 $L_9(3^4)$ 为基础，研究通风率、C/N 和含水率对堆肥化过程中温室气体产生的影响（表 5-2）。共设 9 个处理 T1～T9（表 5-2），其中通风方式为间歇式通风，通风 25 分钟、暂停 5 分钟。堆肥总共进行 37 天，分别在第 3 天、第 7 天、第 15 天、第 24 天对堆体进行人工翻堆，并同时取固体样 150 克左右。样品一式三份，一份储存在 4 ℃冰箱中待用；一份用烘箱在 105 ℃条件下烘干，测定含水率；另一份自然风干，粉碎后作为干样待用。

表 5-2　强制通风系统多因素正交试验设计

序号	含水率（%）	通风率［升/(千克·分)］	C/N	误差
1	65	0.24	15	1
2	65	0.48	18	2
3	65	0.72	21	3
4	70	0.24	18	3
5	70	0.48	21	1
6	70	0.72	15	2
7	75	0.24	21	2
8	75	0.48	15	3
9	75	0.72	18	1

利用温度反馈自动控制系统每半小时自动记录堆体温度，每天从发酵罐顶部取气体样，测定二氧化碳与甲烷含量。温室气体的通量表示单位时间单位面积气体质量的变化。本密闭式堆肥发酵系统结构类似动态箱，故可用动态箱法来计算通量。根据气体不可压缩原理和物质守恒定律，在此系统中，F 值可由下式确定：

$$C_2Q_{入}\rho+FA=C_1Q_{出}\rho \tag{5-1}$$

$$F=(C_1-C_2)Q\rho/A \tag{5-2}$$

式中：$Q=Q_{入}=Q_{出}$，为流经箱体的气体流量（米^3/天）；A 为箱的底面积（米^2）；C_1、C_2 分别是入口和出口处所流出的混合气体浓度；ρ 为空气密度（克/米^3）；F 为待测的气体排放通量（克/天）。

2. 条垛翻堆系统中翻堆频率、覆盖和季节对温室气体及氨气排放的影响（发酵仓）

（1）堆肥设备及材料

供试材料与本部分 1 中的（1）相同。如图 5-3 所示，堆肥发酵仓规格为 1.04 米×0.8 米×1.4 米（长×宽×高），体积约为 1.2 米^3。发酵仓整体为砖混结构，顶部为开放式。底部为带有通风小孔的强化塑胶板，小孔直径为 3 毫米，空面积占总底面积的 5%。发酵仓前部由 7 块可装卸木板组成，便于进出料和翻堆。发酵仓用于模拟条垛式堆肥中氧气最为缺乏的中央部分。本试验采用的覆盖材料是无纺土工布。

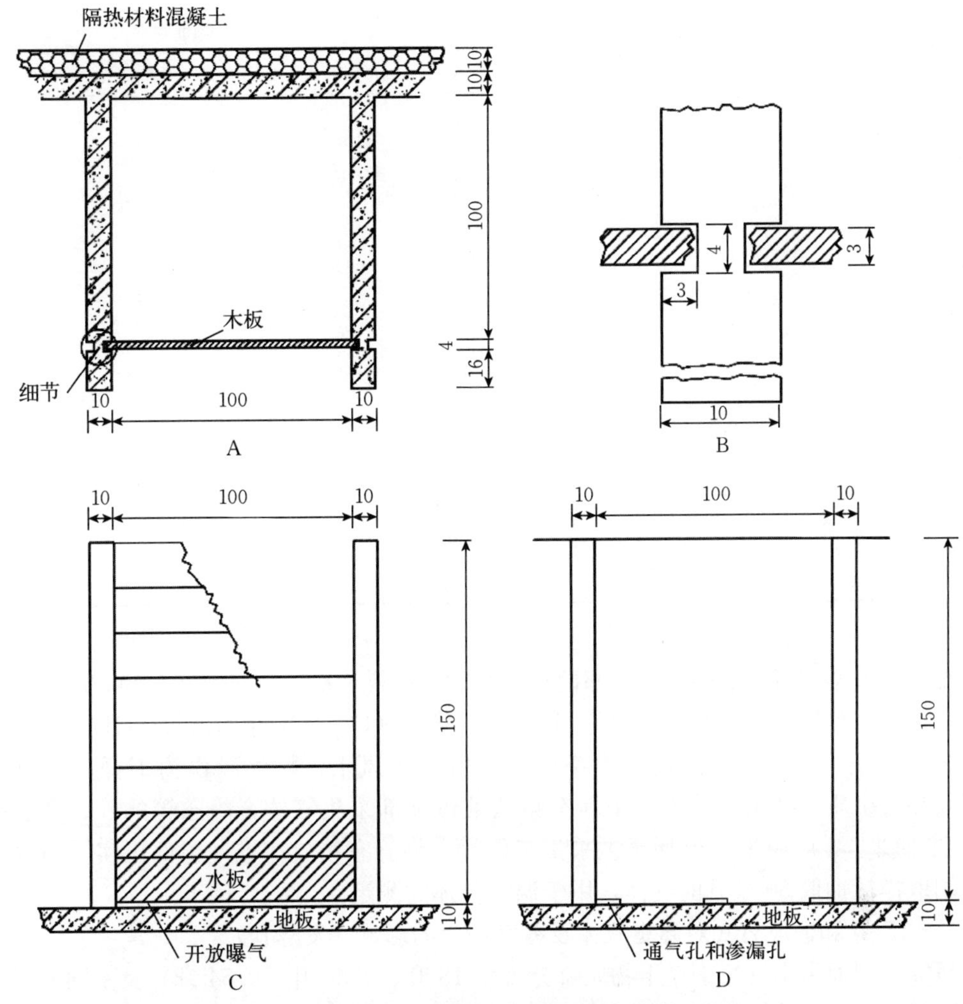

图 5-3　半敞开式自然通风堆肥发酵仓示意图（单位：厘米）

A. 俯视图　B. 细节　C. 正视图　D. 后视图

(2) 试验设计与堆肥方法

如表 5-3 所示，温暖季节试验的翻堆频率为每周 0 次、每周 1 次、每周 2 次，选取翻堆频率的依据是目前欧洲条垛翻堆系统普遍采用的翻堆频率（即平均每周 1～2 次）；而寒冷季节的翻堆频率则分别设为每周 0 次、2 周 1 次、每周 1 次，寒冷季节翻堆频率设计的依据是温暖季节的试验结果：翻堆频率为每周 1 次、每周 2 次的各处理之间无显著差异；同时，为避免翻堆活动造成过多的热量损失使得堆肥反应停滞，也应对寒冷季节翻堆频率做以上设计。

猪粪和玉米秸秆按湿重比 7∶1 混合，混合后的含水率为 63%～64%，C/N 为 17.1～17.8。试验共计 10 周（70 天），温暖季节平均温度为 13.5 ℃（23:00），寒冷季节平均温度为−4.9 ℃（23:00）。

表 5-3 条垛翻堆系统中的试验设计

试验序号	发酵仓序号	季节		覆盖条件		翻堆频率			
		温暖	寒冷	不覆盖	覆盖	每周 0 次	2 周 1 次	每周 1 次	每周 2 次
B1	5	√		√		√			
B2	3	√		√				√	
B3	1	√		√					√
B4	6	√			√	√			
B5	4	√			√			√	
B6	2	√			√				√
B7	5		√	√		√			
B8	3		√	√			√		
B9	1		√	√				√	
B10	6		√		√	√			
B11	2		√		√		√		
B12	4		√		√			√	

注：图中“√”表示试验设置满足该条件。

温暖季节堆肥每周取样一次，寒冷季节每两周取样一次，每次取样大约 300 克。样品一式三份，一份储存在 4 ℃冰箱中待测 pH、电导率（EC）、发芽率指数（GI）；一份用烘箱在 105 ℃条件下烘干，测定含水率；另一份自然风干，粉碎后作为干样，待测全氮（TN）和有机质（OM）。每天使用静态箱从堆体顶部采集气体，静态箱的长、宽、高分别为 78 厘米、105 厘米、20 厘米。采集气体时。将静态箱放在堆体顶部压实，通气平衡后，用取样针抽取 50 毫升的气体，用于温室气体的测定。

3. 通风率和通风方式对温室气体及氨气产生的影响（发酵仓）

研究不同通风率（每千克干物质每分钟 0.18 升、0.36 升、0.54 升）及不同通风方式（连续通风、通 40 分钟停 20 分钟、通 20 分钟停 40 分钟，平均通风率均为每千克干物质每分钟 0.36 升）条件下温室气体及氨气的排放规律。研究在中试条件下通风率和通风方式对温室气体及氨气排放的影响。

（1）堆肥材料和堆肥设备

供试材料与本部分 1 中的（1）相同，试验所用发酵仓（图 5-3）采用空气压缩机供气，通过转子流量计控制流量，通过节流阀自动控制通气时间。

（2）试验设计与堆肥方法

试验设计如表 5-4 所示，通风控制设计为连续通风和间歇通风的机械强制通风，处理 4、处理 5 和处理 6 的连续通风率分别为 0.54 [升/(千克·分，干物质，下同)]、0.36 升/(千克·分）和 0.18 升/(千克·分)，处理 2 和处理 3 采用间歇通风，通过时间继电器改变风机开关时间，处理 2 设计为通风 20 分钟、停止 40 分钟，通风率为 1.08 升/(千克·分)，处理 3 设计为通风 40 分钟、停止 20 分钟，通风率为 0.54 升/(千克·分)，其中，处理 2 和处理 3 的通风率与处理 5 的通风率相同。设不通风对照，总堆制时间为 70 天。

可用温度反馈自动控制系统记录堆体的温度，分别在第 0 天、第 9 天、第 22 天、第 36 天、第 51 天、第 70 天人工翻堆时取固体样，其他气体测定和样品测定项目同本部分 1 中的（2）。

表 5-4 不同通风率和通风方式的试验设计

处理	通风率［升/(千克·分)，干物质］	通风方式
处理 1	0	无通风
处理 2	1.08（平均 0.36）	通风 20 分钟、停止 40 分钟
处理 3	0.54（平均 0.36）	通风 40 分钟、停止 20 分钟
处理 4	0.54	连续
处理 5	0.36	连续
处理 6	0.18	连续

样品一式三份，一份储存在 4 ℃冰箱中待测 pH、电导率（EC）、发芽率指数（GI）；一份样品用烘箱在 105 ℃条件下烘干，测定含水率；另一份自然风干，粉碎后作为干样，待测全氮（TN）和有机质（OM）。

4. 氧化亚氮产生机理研究（发酵罐）

（1）堆肥材料和堆肥设备

堆肥在 60 升密闭发酵罐中进行（图 5-4），供试材料与本部分 1 中的（1）相同，理化性质见表 5-1。

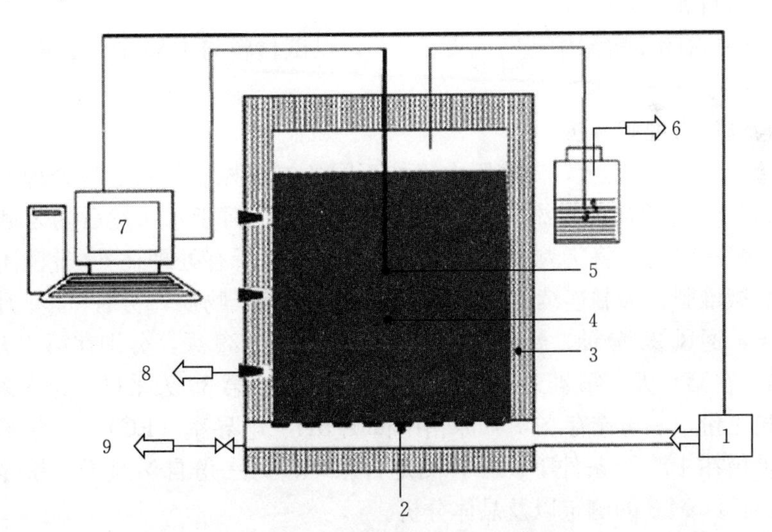

图 5-4 密闭发酵罐堆肥反应器

1. 空气泵 2. 筛板 3. 绝热层 4. 堆肥原料 5. 温度传感器 6. 气体样采集口 7. 自动化控制系统 8. 固体样采集口 9. 渗滤液收集口

（2）试验设计与堆肥方法

试验设计如表 5-5 所示，试验共设 5 个处理。处理 1 为对照（CK），处理 2～处理 4 分别在初始、高温期、降温期向堆肥添加硫酸铵、亚硝酸钠和硝酸钠，每次添加量为全氮的 2%（添加氮源的氮素净重为全氮的 2%）。研究不同形态氮源对氧化亚氮产生的影响。处理 5 添加硝化抑制剂（DCD），研究当堆肥硝化反应受抑制时氧化亚氮排放的规律，明确硝化反应在氧化亚氮产生中的作用，添加量为全氮的 7.5%（添加 DCD 的重量为全氮的 7.5%），分 3 次添加。

表 5-5　氧化亚氮产生机理试验设计

处理	添加物	添加时间			
		第 0 天	第 4 天	第 10 天	第 16 天
处理 1	对照				
处理 2	硫酸铵	2.0	2.0	2.0	2.0
处理 3	亚硝酸钠	2.0	2.0	2.0	2.0
处理 4	硝酸钠	2.0	2.0	2.0	2.0
处理 5	DCD	2.5		2.5	2.5

通风率分别控制为每千克干物质每分钟 0.38 升，通风方式为间歇式通风，通风 25 分钟、暂停 5 分钟。堆肥总共进行 28 天，分别在第 4 天、第 9 天、第 17 天翻堆。分别在第 0 天、第 4 天、第 9 天、第 17 天、第 28 天时取样，每次取样 200 克左右。样品分两份保存，一份自然风干，用以测定 TOC（总有机碳）、TN（全氮）等指标；一份 4 ℃条件下保存，用以测定含水率、pH、EC、硝态氮、铵态氮、GI 等指标。

5. 化学添加剂对温室气体及氨气减排的影响研究（发酵罐）

（1）堆肥材料和堆肥设备

堆肥在 60 升密闭发酵罐中进行（图 5-4），供试材料与本部分 1 中的（1）相同，理化性质见表 5-1。

（2）试验设计与堆肥方法

试验设计如表 5-6 所示，向堆肥中添加不同的氮素控制材料。各处理氮素控制材料按初始全氮的 20%等物质的量添加。将称好的化学试剂溶于水，然后均匀洒在猪粪和玉米秸秆表面，多次混匀，将猪粪中存在的大颗粒碾碎。所有处理在 60 升密闭堆肥化装置中进行高温好氧堆肥，强制连续通风，通风率为每千克干物质每分钟 0.36 升，通风方式为间歇式通风，通风 25 分钟、暂停 5 分钟。堆肥周期为 39 天，分别在第 4 天、第 10 天、第 18 天翻堆，在第 0 天、第 4 天、第 10 天、第 18 天、第 39 天采样。每次采样 150 克左右，样品一式三份，一份储存在 4 ℃冰箱中待测 pH、电导率（EC）、发芽率指数（GI）；一份样品用烘箱在 105 ℃条件下烘干，测定含水率；另一份自然风干，粉碎后用于全氮（TN）、有机质（OM）的测定以及晶体分析。

表 5-6　试验设计

编号	添加材料	缩写
1	磷酸＋氢氧化镁	P+MO
2	磷酸二氢钙	SP
3	磷酸	P

（续）

编号	添加材料	缩写
4	磷酸＋氯化镁	P＋MC
5	磷酸二氢钙＋氯化镁	SP＋MC
6	磷酸二氢钾＋氯化镁	KP＋MC
7	磷酸二氢钙＋氯化镁	CaP＋MC
8	对照	CK

6. 腐熟堆肥覆盖对温室气体及氨气减排的影响研究（发酵仓）

（1）堆肥材料

供试材料与本部分 1 中的（1）相同。

（2）试验设计与堆肥方法

试验共设计 3 个处理，分别为对照、混合和覆盖。覆盖处理为在堆肥表层覆盖一层 20 厘米的腐熟堆肥，且每次翻堆的时候单独翻堆，翻堆后将腐熟堆肥继续覆盖在堆肥表面。混合处理为堆肥初期在堆肥表面覆盖一层 20 厘米的腐熟堆肥，第一次翻堆时均匀混合至堆肥中。

堆肥的翻堆频率为每周一次，堆肥周期为 70 天。每次翻堆的时候取样 200 克左右用于测定相关指标。

7. 过磷酸钙作为固定剂的开放式堆肥试验（发酵仓）

（1）堆肥材料

供试材料与本部分 1 中的（1）相同。

（2）试验设计与堆肥方法

试验共设 6 个处理，除对照外，根据混合物料初始全氮物质的量的 5%～25%（物质的量添加比例＝过磷酸钙中磷单质物质的量/混合物料全氮物质的量×100%，约相当于初始物料干质量的 3.3%～16.5%），设 6 个不同过磷酸钙添加水平。各处理实际添加材料用量和处理编号见表 5－7。

表 5－7　试验设计

处理与编号	猪粪＋玉米秸秆（千克）	过磷酸钙（千克）	物质的量添加比例（%）①	质量添加比例（%）②
对照（CK）	570	0	0	0
T1（0.05M3）	570	6.2	5	3.3
T2（0.10M）	570	12.4	10	6.6
T3（0.15M）	570	18.6	15	9.9
T4（0.20M）	570	24.8	20	13.2
T5（0.25M）	570	31.0	25	16.5

① 添加比例＝过磷酸钙中磷单质物质的量/混合物料全氮物质的量×100%。

② 基于猪粪与玉米秸秆混合物料的干物质质量。

③ 混合物料初始全氮物质的量，余同。

堆肥当天，将猪粪与玉米秸秆及过磷酸钙添加材料充分混合后，调节各处理含水率使其与对照相同（约67%），装入堆肥发酵仓。发酵仓设计用于模拟条垛堆肥堆体中部氧气最为缺乏的部分，单个仓规格为1.1米×0.8米×1.4米（长×宽×高），体积约为1.2米^3。发酵仓前部仓门由7块厚度为5厘米可上下装卸的木板组成，使用时安装在左右墙体上的不锈钢凹槽中，便于进出料和翻堆。堆肥自然通风，堆制周期为70天（2011年4—6月），每周翻堆1次，翻堆时间为第7天、第14天、第21天、第28天、第35天、第42天、第49天、第56天和第63天。

8. 硝化抑制剂（DCD）添加量及堆肥添加剂综合评价试验（发酵罐）

（1）堆肥材料和堆肥设备

供试材料与本部分1中的（1）相同，理化性质见表5-1，堆肥在60升密闭发酵罐中进行（图5-4）。

（2）试验设计与堆肥方法

如表5-8所示，试验共设7个处理，DCD的添加水平为堆肥全氮的2.5%～10%。而氢氧化镁和磷酸按照堆肥初始物料中全氮的15%等物质的量添加。HQ的添加量为堆肥初始全氮的0.75%。DCD的添加时间如表5-8所示，氢氧化镁和磷酸在堆肥的当天添加，HQ分别在第0天和第10天添加，每次添加3.5%。

表5-8 试验设计

处理	DCD添加量（%）		
	第0天	第10天	第16天
处理1	—	—	—
处理2	2.5	2.5	2.5
处理3	2.5	—	—
处理4	2.5	2.5	—
处理5	2.5	2.5	2.5
处理6	5.0	2.5	2.5
处理7	2.5	2.5	2.5

堆肥共进行28天，分别在第4天、第9天、第17天翻堆。分别在第0天、第4天、第9天、第17天、第28天取样，每次取样200克左右。样品分两份保存，一份自然风干，用以测定TOC、TN等指标；一份4℃条件下保存，用以测定含水率、pH、EC、硝态氮、铵态氮、GI等指标。

第三节 研究结果

一、强制通风系统中C/N、含水率和通风率对温室气体和氨气排放的影响（发酵罐）

1. 温度和氧气

如图5-5所示，所有处理的温度均呈典型的堆肥温度变化趋势，各处理均经历了升温、高温、降温3个阶段。堆肥开始后，由于猪粪中含有的易降解有机物的快速分解，堆体温度迅速上升，尤其是通风率为 0.48 升/(千克·分)、0.72 升/(千克·分）的处理。在氧气充足的条件下，堆肥反应剧烈，堆肥第二天温度上升至 70 ℃以上。而通风率为 0.24 升/(千克·分）时 3 个处理温度上升较为缓慢（表 5-9），需 5～7 天才能达到 70 ℃以上。堆肥发酵罐出口氧气的浓度表明，在堆肥早期，所有低通风率处理的供氧不足，在近两周的时间内，出口氧气含量低于 8%。这表明，过低的通风率将阻碍堆肥的有效进行，导致堆体升温较慢，阻碍了堆肥的腐熟进程。同时，过低的通风率还有可能导致堆体内出现大量厌氧区域。

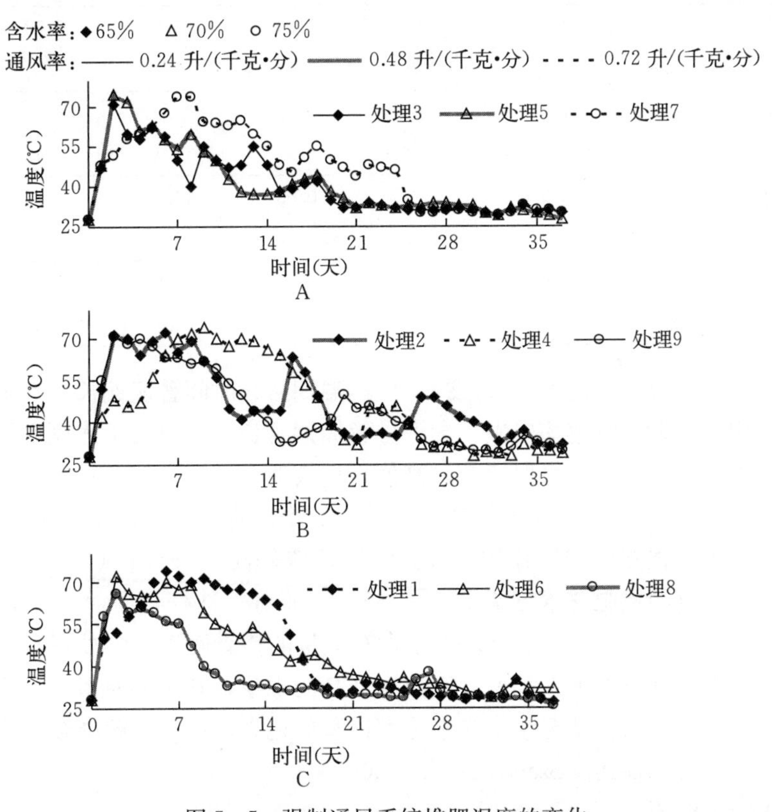

图 5-5　强制通风系统堆肥温度的变化

A. C/N 为 21　B. C/N 为 18　C. C/N 为 15

表 5-9　主要化学指标变化

处理	项目	TN	TOC	NH_3	NO_x-N	C/N	pH	含水率（%）
		（克/千克，干物质）						
处理 1	初始值	23.6	348.2	1.83	0.03	14.7	8.6	64.1
	结束值	28.1	301.5	2.16	0.23	10.7	8.1	71.6
处理 2	初始值	20.8	380.1	1.25	0.03	18.3	8.5	65.2
	结束值	25.5	318.5	0.50	0.21	12.5	8.5	66.0
处理 3	初始值	19.0	393.7	0.90	0.03	20.7	8.3	63.7
	结束值	23.9	351.4	0.33	0.24	14.7	8.6	65.0

（续）

处理	项目	TN	TOC	NH_3	NO_x-N	C/N	pH	含水率（%）
		（克/千克，干物质）						
处理 4	初始值	20.6	380.2	1.48	0.02	18.4	8.5	71.3
	结束值	24.7	342.7	0.83	0.17	13.9	8.2	75.9
处理 5	初始值	19.0	400.8	1.25	0.03	21.1	8.3	70.6
	结束值	27.9	369.0	0.36	0.19	13.2	8.4	73.5
处理 6	初始值	23.5	352.2	2.02	0.03	15.0	8.7	70.8
	结束值	20.6	283.5	0.76	0.41	13.7	8.5	63.5
处理 7	初始值	19.3	408.7	0.90	0.02	21.2	8.4	75.7
	结束值	26.2	370.5	0.76	0.12	14.1	8.4	79.6
处理 8	初始值	23.7	352.6	2.25	0.03	14.9	8.6	76.8
	结束值	19.6	324.3	2.38	0.04	16.5	8.1	76.6
处理 9	初始值	20.9	376.4	1.64	0.02	18.0	8.6	74.0
	结束值	23.8	338.2	0.45	0.38	14.2	8.5	61.9

低通风率的 3 个处理，温度上升较慢，但高温期持续时间普遍偏长。其主要原因是低通风率导致堆肥在前期分解速率较慢，导致分解周期延长。同时由于通风率低，水分的损失较低，使得堆体的含水率始终保持在较高值，比较适合微生物的生长。

处理 8 为低 C/N（15）和高含水率（75%）条件，前期分解产生的大量水和氨态氮对好氧微生物产生了强烈的抑制作用，导致堆肥反应停滞。Brown（2008）的研究表明，对于粪便而言，适宜的堆肥含水率为 55%～65%，而对于秸秆物质而言，适宜的堆肥含水率为 75%～85%。C/N 为 15 的处理由于含有大量的猪粪而不适应过高的含水率。

在高温期末端，部分处理在翻堆后有温度升高的现象，其主要原因是一些未被充分降解的堆肥材料通过翻堆被移动至温度和水分都适宜的地方，造成分解继续。这种趋势在过去的文献中也有大量的描述（Szanto et al.，2007）。

2. 化学指标的变化

表 5-9 是各处理的化学指标在堆肥初始阶段和结束阶段的变化。随着堆肥的进行，由于氨气的挥发，堆肥在前期氨态氮大量损失，TN 含量在第 1～2 周内普遍下降。而后在堆肥的中后期堆肥中的有机质大量分解，氨气损失逐渐减少，TN 的含量又逐渐增加。到堆肥结束后，除处理 8 以外所有处理的 TN 均有所增加。处理 8 在堆肥早期由于氨态氮的大量挥发 TN 含量迅速下降，而后由于高含水率以及低 C/N 反应终止，导致堆肥在后期的有机质降解率很低，从而无法增加堆肥产品的 TN 含量。堆肥结束后，各处理的干物质 TN 含量为 19.6～28.1 克/千克。堆肥各处理的 TOC 含量均随着堆肥的进行逐渐降低。堆肥进行得越久，TOC 含量的降幅越大。由于 TN 普遍增加而 TOC 含量均不断下降，导致堆肥的最终产品的 C/N 在堆肥结束后均有所上升。

各处理的含水率变化同堆肥物料性质和通风率有密切关系。高通风率的各处理在堆肥的升温期水分损失较大，在翻堆时必须添加合适的水分以确保微生物的生存。而低通风率

的各处理由于水分损失相对较小，在堆肥高温期未添加额外的水分以保持微生物活性。堆肥后期随着堆肥温度的下降，微生物分解产生的水分很难被通气带出发酵罐，导致各处理的含水率均有不同程度的增加。

由于堆肥原始物料氨氮含量较高，导致堆肥的 pH 偏高。堆肥开始后，由于强烈的分解作用堆肥的氨氮含量继续增加，在第 7 天左右，几乎所有处理的氨氮含量和 pH 均达到最大值。而后随着氨气的大量挥发，堆肥物料的氨氮含量逐渐降低，pH 也逐步降低，大约在第 3 周以后，pH 逐渐稳定。

各处理的氨氮含量随着通风率的变化而有较大差异。对于通风率为 0.48 升/(千克·分)、0.72 升/(千克/分) 的处理，堆肥结束后氨氮含量有较大幅度的降低。而对于低通风率的各处理，由于低通风率导致氨化作用延长，导致堆肥结束的时候堆肥材料中的氨氮含量还处于较高值。各处理结束时的硝态氮含量同通风率显著相关，通风率越高堆肥结束时硝态氮的含量越高。

3. 氨气排放

强制通风堆肥系统氨气排放规律见图 5－6。堆肥开始后，通风率为 0.48 升/(千克·分) 和 0.72 升/(千克·分) 的各处理反应强烈，温度迅速增加。同时，堆体内氨氮浓度极高，导致这些处理在堆肥开始两天后就迅速达到氨气排放的最大值。而后由于氨气的大量挥发，堆肥体内氨氮浓度下降，氨气的排放逐渐下降，并持续两周左右。其间，部分处理在翻堆后氨气浓度和温度有上升的趋势，其主要原因是翻堆后部分未充分降解的堆肥材料被移动至氧气水分充足的地方继续分解。

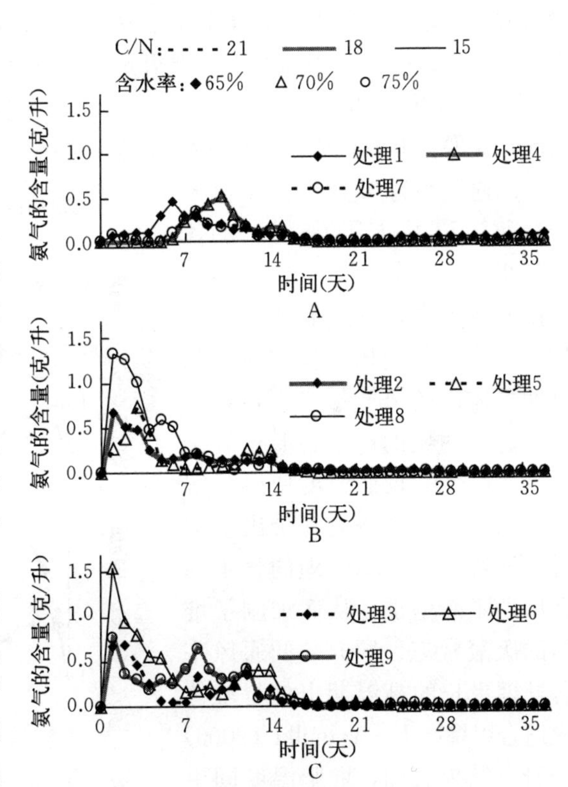

图 5－6　强制通风堆肥系统氨气排放规律

A. 通风率为 0.24 升/(千克·分)　B. 通风率为 0.48 升/(千克·分)　C. 通风率为 0.72 升/(千克·分)

低通风率 [0.24 升/(千克·分)] 的各处理，其氨气挥发在早期较慢，其主要原因是低通风率造成堆体厌氧，产生大量低分子量有机酸，使堆体的 pH 降低。同时，由于低通风率的各处理温度上升较慢。低温和低 pH 的联合作用导致堆体早期氨气排放率低。而后随着堆体温度的逐渐升高，堆肥物料中的易分解物质消耗殆尽，堆体的厌氧状况逐渐减轻，堆肥出口的氧气浓度也逐渐升高。低通风率的各处理的氨气排放逐渐增加，并在第 2 周内达到峰值。

对于所有处理而言，堆肥的氨气排放同温度和氧气消耗率都显著相关，均是在温度和氧气消耗的高峰期有较大排放。这种关系也被 Pagans 等 (2006) 和 de Guardia 等 (2008)

的研究证明。高氧气消耗率表明，该时期微生物的活性强、分解作用剧烈，导致温度和氨氮浓度均为较高值，从而使得氨气排放率也高。数据分析结果表明，通风率（$P=0.0189$）和C/N（$P=0.0442$）都对氨气的排放有显著影响。这同Osada等（2001）和Yamulki（2006）的研究结论一致。水分含量对氨气的排放无显著影响（$P=0.2483$），这同El Kader等（2007）的结论不同。El Kader等认为，水分含量的增加将导致堆肥孔隙度的减小，从而减少氨气的排放。但在本研究中，强制通风的影响降低了孔隙度对堆肥通风、供氧的影响，从而导致水分对氨气排放的影响不显著。

4. 甲烷排放

所有堆肥处理甲烷排放的高峰期均出现在堆肥的初期，几乎所有处理都在堆肥的前5天达到堆肥甲烷排放的最大值。堆肥前2周的甲烷排放占整个堆肥周期甲烷总排放量的63%～93%。这种排放规律同Fukumoto等（2003）及Szanto等（2007）的研究结论一致。甲烷的产生必须在严格的厌氧条件下进行，但在本试验中，在氧气浓度较高的条件下（>10%），堆肥尾气中仍有高甲烷排放率出现。这种反常的现象可以用堆肥物料本身性质来解释。本试验中采用的是干清粪猪粪，里面含有大量结构紧密的猪粪颗粒。Zausing等（1993）的研究表明，在自然状态下，氧气能够渗透入这种动物粪便的距离为1～3毫米，因此在大的猪粪颗粒内部，厌氧情况是不可避免的。

同通风率为0.48升/(千克·分）和0.72升/(千克·分）的各处理相比，低通风率各处理的甲烷排放量更高，排放周期也更长（图5-7）。低通风率导致在堆肥早期堆体内的氧气供应不足，从而促进了甲烷的产生。低排放率及进而产生的较低温度使得分解产生的水分很难被通气带出发酵罐，导致低通风率处理的含水率在后期不断增加，从而加剧了堆体的厌氧状态。同时，低通风率各处理更长的高温期也使得堆体更适合甲烷产生。Yamulki（2006）的研究结果表明，堆肥温度同甲烷排放之间有着显著的线性关系，这种理论也被Steed等的研究证明。

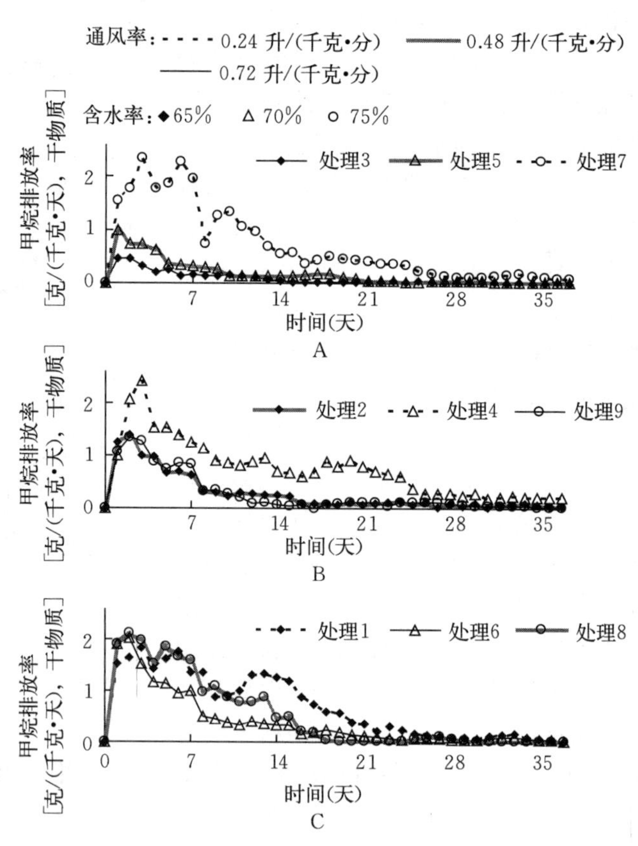

图5-7 强制通风堆肥系统甲烷排放率

A. C/N为21 B. C/N为18 C. C/N为15

堆肥一周后，所有处理的甲烷排放量均逐步下降，通风率为0.48升/(千克·分）和0.72升/(千克·分）的各处理在两周后，

甲烷排放基本停止。造成这种情况的原因有两个：①随着堆肥的逐渐进行，堆肥物料中的易降解物质被逐步耗尽，导致堆肥微生物的活性降低，对氧气的需求也逐渐下降，从而缓解了发酵罐内堆肥物料的厌氧状况。②翻堆活动有效地破坏了堆肥物料中的大猪粪颗粒，使得厌氧区域减少。

数据分析结果显示，通风率（$P=0.0113$）和C/N（$P=0.0246$）都能显著影响甲烷的排放，但是水分含量不能。其主要原因是堆肥物料的水分在堆肥开始后迅速变化，尤其是通风率为0.72升/(千克·分）时的各处理的水分含量由于高通风率和高温而迅速下降。

5. 氧化亚氮排放

如图5-8所示，所有处理的氧化亚氮排放均在堆肥开始后迅速上升，并在一周内达到排放的最大值。而后，排放率开始下降，排放高峰期持续10天左右。这种排放模式同以前的研究类似（Sommer et al.，2000；Yamulki，2006；El Kader et al.，2007）。但另外一些研究则认为，在堆肥的前期氧化亚氮的排放率非常低，因为早期过高的温度会对硝化细菌或亚硝化细菌产生抑制。

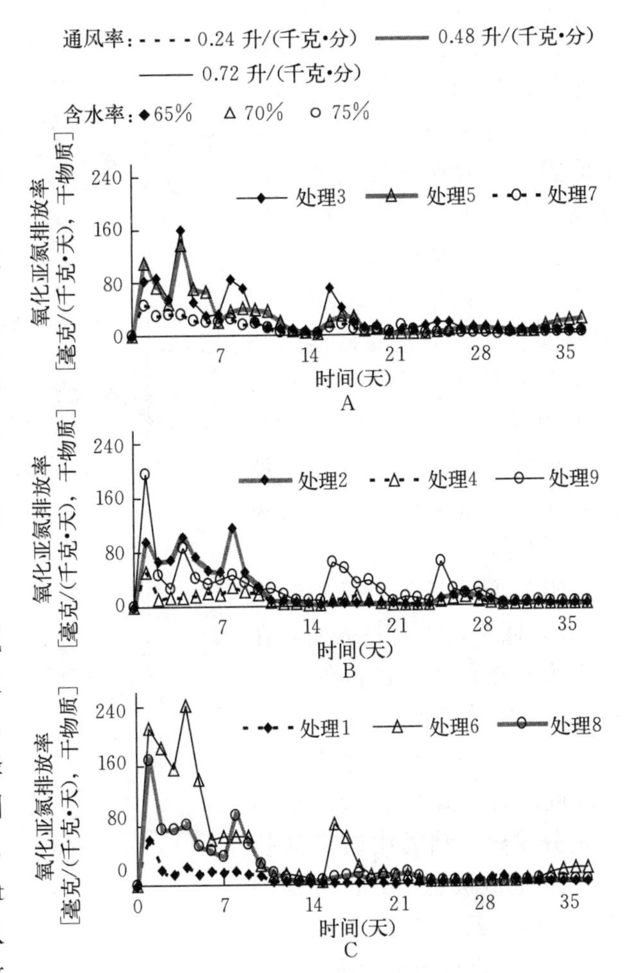

图5-8 强制通风堆肥系统氧化亚氮排放率
A. C/N为21 B. C/N为18 C. C/N为15

并且由于新鲜的猪粪内硝酸盐含量很低，可以忽略不计，因此反硝化作用缺乏必要的底物。所以，这些研究认为堆肥早期氧化亚氮是不可能产生的（Fukumoto et al.，2003；Thompson et al.，2004）。但Szanto等（2007）的研究表明，在堆肥早期，产甲烷菌能够在高温条件下实现对氨气的氧化。Hao等（2004）则认为，在堆肥前期表层的温度和氧气含量均适宜于硝化反应的进行。El Kader等（2007）则认为堆肥刚开始时的氧化亚氮高排放量是因为氧化亚氮在堆肥前的物料中已经形成。

在堆肥后期，翻堆后所有高通风率处理均出现了氧化亚氮排放小高峰。这种现象也出现在了Fukumoto等（2003）和El Kader等（2007）的研究中。其主要原因是，氧化产生的NO_2^-/NO_3^-经翻堆后被转移至厌氧或缺氧的环境后被反硝化形成氧化亚氮。

数据分析结果表明，通风率对氧化亚氮的产生有显著影响，而含水率和C/N对氧化亚氮产生的影响不显著（$P=0.0493$）。

6. 发芽指数（GI）

如图 5－9 所示，低通风率［0.24 升/（千克・分）］处理在堆肥开始后的第一周内有部分处理的发芽率有所下降。其主要原因是低通风率导致堆体内缺氧，产生小分子有机酸等物质。而后随着堆肥内部厌氧状况的改善以及随后氨氮的排放，GI 逐步增大。但所有低通风率处理由于通风率低导致堆肥氨化作用延长，到堆肥结束时，各处理的氨氮含量较高，这使得低通风率各处理在堆肥结束时 GI 偏低。

所有低 C/N 处理堆肥结束后 GI 均低于 80%，这表明，在常规堆肥条件下，过低的 C/N 将导致堆肥难以腐熟。Huang 等（2004）也发现，在经过长达 63 天的堆肥后，低 C/N 处理仍不能充分腐熟。猪粪中较高的盐分含量是造成低 GI 的主要因素。同时，低 C/N 处理的通气性能较差也会导致堆肥难以腐熟。

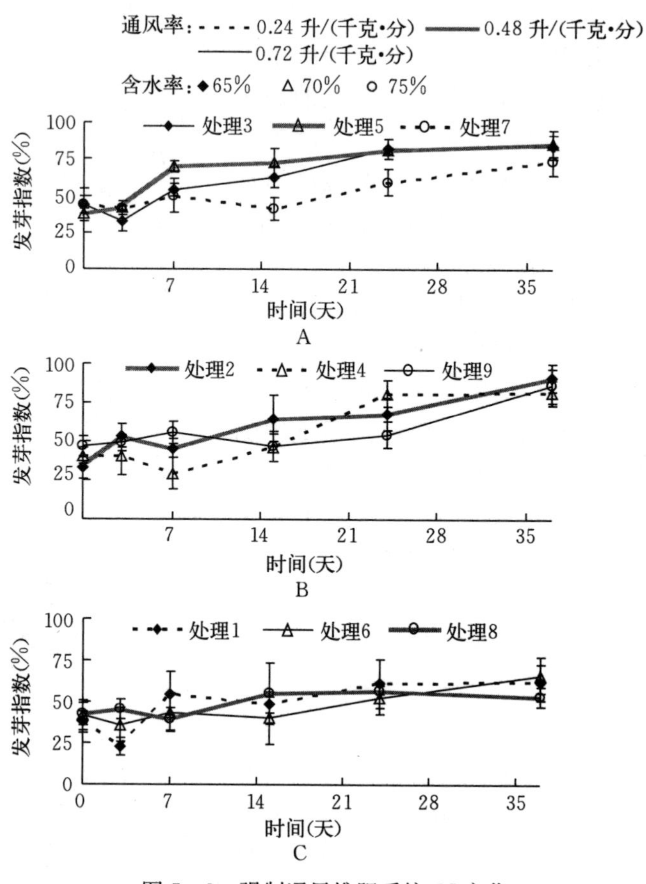

图 5－9　强制通风堆肥系统 GI 变化

A. C/N 为 21　B. C/N 为 18　C. C/N 为 15

二、条垛翻堆系统中翻堆频率、覆盖和季节对温室气体及氨气排放的影响（发酵仓）

1. 物理性状及温度变化

如图 5－10 所示，试验开始后由于堆肥物料的迅速分解产生大量热量导致所有处理的温度均迅速上升。寒冷气候条件下，堆肥的升温速率并未受到低温的影响，甚至较温暖季节更高。堆肥降解产生的热量足以使堆体在低温条件下保持较高的温度，Hao 等（2001）的研究也证明了这一现象。各处理在 60 ℃以上的高温期均大于 3 周，确保了堆肥取得良好的卫生化效果。同温暖气候条件下的处理相比，寒冷条件下各处理的高温期显著缩短。其主要原因是，随着易降解碳源的消耗，堆肥反应逐渐减弱，同时低温导致堆体热量迅速损失，翻堆后堆体温度急剧下降，堆肥反应终止。

不翻堆各处理由于供氧不足，堆肥反应进行缓慢，易降解物质的分解时间延长，堆肥周期延长。同时，不翻堆使得堆体热量损失减小，因而，到堆肥结束时不翻堆处理仍有较

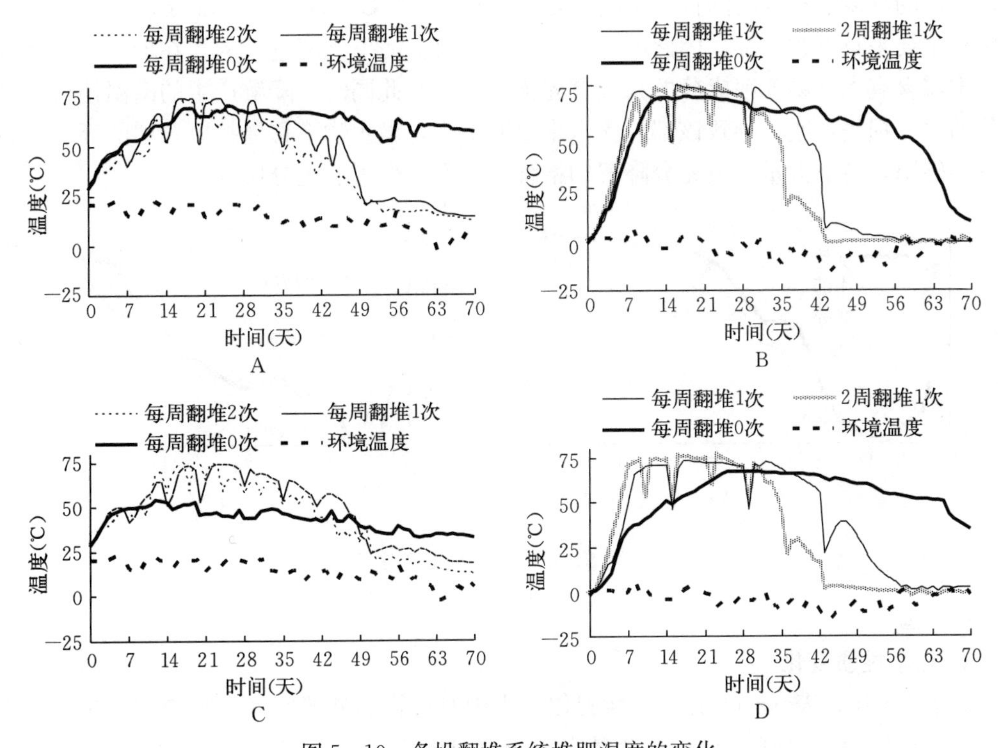

图 5-10　条垛翻堆系统堆肥温度的变化

A. 温暖季节-不覆盖　B. 寒冷季节-不覆盖　C. 温暖季节-覆盖　D. 寒冷季节-覆盖

高温度。不翻堆处理中，有覆盖的两个处理升温较慢，堆体温度也相对较低，其主要原因是堆肥的覆盖材料阻碍了堆肥顶部氧气的交换，降低了堆肥获取氧气的速率，从而也使得堆肥的降解速率更低，产生热量更少。

温暖季节的堆肥处理在试验开始后堆肥物料迅速降解，堆肥体积逐渐下降，到第 6～7 周，所有翻堆处理体积下降率均在 65%左右。此后，堆肥反应趋于停滞，堆肥体积基本保持不变。而寒冷季节各处理的降解速率相对较快，在第 5～6 周时，堆肥体积下降率便接近 65%，而后由于堆肥可利用碳源逐渐耗尽，堆肥温度迅速下降，堆肥体积基本保持不变。

堆肥开始后温暖季节处理和寒冷季节处理均有强烈的氨气味和吲哚气味。温暖季节的各翻堆处理吲哚气味在第 5 天左右减弱，而后出现强烈的有机酸味，表明堆体厌氧情况较为严重。两周后氨气味逐渐减弱，并在第 3 周左右消失。大约 5 周后所有异味消失，堆肥逐渐变为新鲜泥土气味。不翻堆处理前 3 周气味同翻堆处理气味大致相同，但氨气味和有机酸味一直持续到堆肥结束。寒冷季节处理的堆肥气味变化同温暖季节处理大致相同，但吲哚气味持续时间相对较长，达 10 天左右。

堆肥结束后，不翻堆的两个处理出现明显分层现象（图 5-11）。堆体可以通过含水率明显地分为 3 层：顶层（12～18 厘米）含水率约为 60%；中间层 15～20 厘米，含水率仅为 20%左右；底层 35～45 厘米，含水率约为 70%。中层主要为大量未降解秸秆，下层则含有大量的未降解猪粪细颗粒。这种分层形成的原因是，不翻堆各处理的底层在重力作用下孔隙度逐渐下降，含水率逐渐增加，使得堆肥底部的供氧效率逐渐减弱。温度数据显示，底层的高温期持续时间仅为1周，最高温度约55℃，远低于翻堆处理。不翻堆处理的供氧主要来自堆肥顶部，因此堆肥的降解也是自上而下逐渐进行的。在堆肥逐渐进行的过程中，含有大量易降解成分的猪粪首先被降解；与此同时，降解产生的高温使得被降解部位的水分损失加剧，导致该部位含水率急剧下降，微生物下移寻找更合适的环境和更易降解的碳源，留下大量未被充分降解的秸秆，从而产生了上述分层现象。

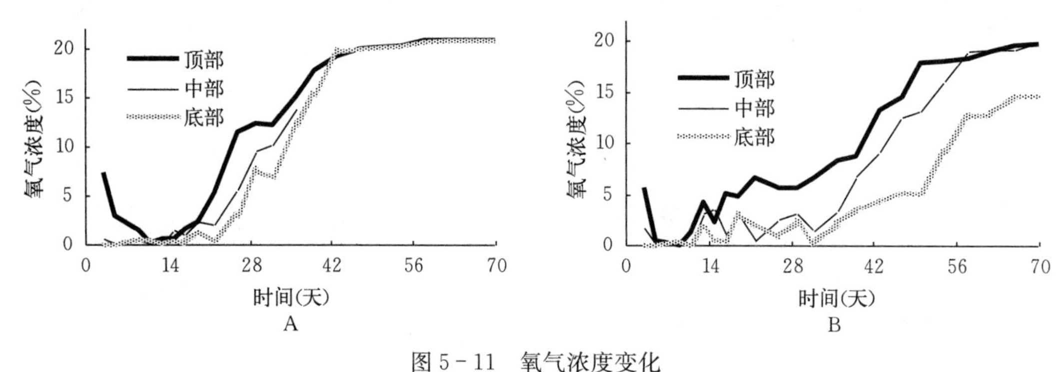

图5-11 氧气浓度变化

A. 寒冷季节-每周翻堆1次-无覆盖 B. 寒冷季节-不翻堆-无覆盖

2. 化学性质变化

如表5-10、表5-11所示，堆肥化过程中有机物的分解使得堆肥的有机质含量逐渐下降，从而使得有机碳（TOC）含量也逐渐降低。同时，由于大量氨气的挥发，堆肥全氮含量（TN）也逐步下降。但由于堆肥的氮损失率低于碳损失率，造成堆肥全氮含量的增加和最终产品C/N的降低。

表5-10 温暖气候条件下堆肥的化学性质变化

项目		pH	C/N	发芽指数（%）	DM②（克/千克，干物质）	TN（克/千克，干物质）	TOC（克/千克，干物质）	NH_4^+（克/千克，干物质）	NO_3^-（克/千克，干物质）
$1_{2/N}$①	初始值	8.6	18.2	32.0	370.3	20.7	375.2	7.1	0.01
	结束值	7.2	14.1	116.6	451.0	19.9	281.4	0.9	0.56
$2_{2/C}$	初始值	8.6	18.2	32.0	370.3	20.7	375.2	7.1	0.01
	结束值	7.2	13.3	83.8	421.4	20.9	277.7	1.1	0.51
$3_{1/N}$	初始值	8.6	18.2	32.0	370.3	20.7	375.2	7.1	0.01
	结束值	7.3	13.9	118.4	449.3	19.9	275.8	1.0	0.49
$4_{1/C}$	初始值	8.6	18.2	32.0	370.3	20.7	375.2	7.1	0.01
	结束值	7.3	13.1	82.7	436.4	21.9	285.7	1.1	0.52
$5_{0/N}$	初始值	8.6	18.2	32.0	370.3	20.7	375.2	7.1	0.01
	结束值	7.9	13.4	53.6	435.1	22.7	303.6	2.3	1.29
$6_{0/C}$	初始值	8.6	18.2	32.0	370.3	20.7	375.2	7.1	0.01
	结束值	7.9	15.0	52.3	381.8	22.3	333.7	3.1	0.72

注：① 中1～6试验仓号，右下标中0、1、2为翻堆频率（次/周），C、N为覆盖条件，C=覆盖、N=不覆盖。

② 堆肥某一时期，每千克湿基含有干物质质量的比例，下同。

表 5-11　寒冷气候条件下堆肥的化学性质变化

项目		pH	C/N	发芽指数（%）	DM（克/千克，干物质）	TN（克/千克，干物质）	TOC（克/千克，干物质）	NH_4^+（克/千克，干物质）	NO_3^-（克/千克，干物质）
$1_{1/N}$	初始值	7.4	17.4	39.3	360.1	22.2	380.1	3.2	0.06
	结束值	8.5	9.0	85.2	583.0	32.0	284.0	1.4	0.30
$2_{1/C}$	初始值	7.4	17.4	39.3	360.1	22.2	380.1	3.2	0.06
	结束值	8.8	8.6	80.6	569.2	33.6	285.5	2.0	0.23
$3_{0.5/N}$	初始值	7.4	17.4	39.3	360.1	22.2	380.1	3.2	0.06
	结束值	8.9	8.8	73.5	560.7	33.1	284.9	2.0	0.26
$4_{0.5/C}$	初始值	7.4	17.4	39.3	360.1	22.2	380.1	3.2	0.06
	结束值	8.8	8.5	70.5	573.6	34.5	286.8	2.1	0.21
$5_{0/N}$	初始值	7.4	17.4	39.3	360.1	22.2	380.1	3.2	0.06
	结束值	8.6	10.2	67.4	594.9	31.4	313.3	3.3	1.69
$6_{0/C}$	初始值	7.4	17.4	39.3	360.1	22.2	380.1	3.2	0.06
	结束值	8.5	10.0	65.6	603.2	32.3	315.7	4.2	0.73

堆肥结束后，所有处理的硝态氮含量均有较大幅度增加，但增加幅度最大的是不翻堆处理。其主要原因是，不翻堆处理形成的中间层含水率极低，同时氧气供应充足，因此硝态氮含量较高。

温暖季节的堆肥结束后各处理氨氮含量均有较大幅度下降；而寒冷季节堆肥结束后氨氮含量下降幅度偏小，且氨氮含量偏高。造成这种原因的主要因素是：①温暖季节堆肥的初始物料中氨氮含量偏高；②寒冷季节堆肥在 6 周以后温度迅速下降，堆肥的腐熟阶段被终止。

3. 发芽指数变化

发芽指数是检验堆肥腐熟度最直接、最有效的方法（Zucconi et al.，1981），并且可以预测堆肥毒性的发展（Mathur，1991）。理论上发芽指数<100%为无植物毒性，但在实际试验中如果发芽指数>50%，则认为堆肥已腐熟并达到了可接受程度即基本没有毒性（李国学等，2000）。一般认为，发芽指数达到 80%～85%时，堆肥即可认为没有植物毒性或基本腐熟。Garcia 等（1990）认为，在堆肥过程中，根据堆肥腐熟度可分为 3 个阶段：抑制发芽率阶段，这个阶段一般发生在开始堆肥的第 1～13 天，这种堆肥对发芽几乎完全抑制；发芽指数迅速上升阶段，这个阶段一般发生在第 26～65 天；发芽指数缓慢上升至稳定阶段，继续堆肥超过 65 天，发芽指数可上升至 90%。这些结果表明，发芽的抑制性物质是在堆肥过程中慢慢消除的。如图 5-12 所示，各翻堆处理均大致经历了先下降、后逐步上升的阶段。堆肥的发芽指数在前 1～2 周下降，与氨气的释放达到毒害浓度及低分子量短链挥发性脂肪酸（主要为乙酸）的形成有关（Wong，1985；Fang et al.，1999；Huang et al.，2004）。有研究表明，堆肥的发芽指数与氨气排放率显著负相关（郭瑞，2010）。而后，由于氨气的大量挥发以及低分子脂肪酸的分解，堆肥的发芽指数逐渐升高，到第 8 周时基本稳定。

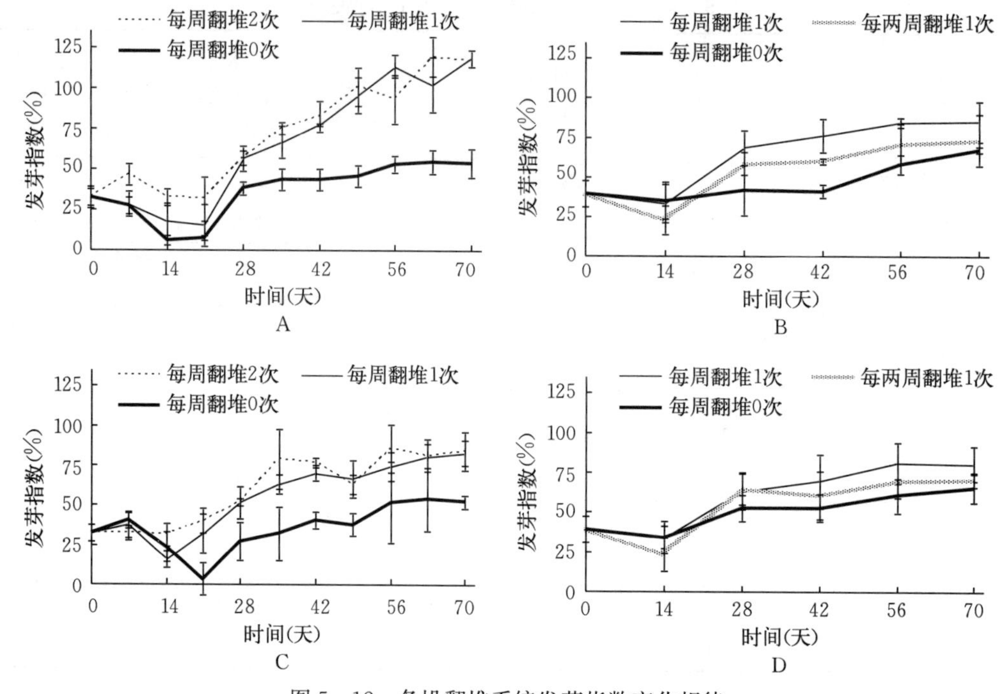

图 5-12 条垛翻堆系统发芽指数变化规律

A. 温暖季节-不覆盖 B. 寒冷季节-覆盖 C. 温暖季节-不覆盖 D. 寒冷季节-覆盖

翻堆频率对堆肥产品的发芽指数有显著影响，翻堆频率越高，堆肥腐熟度越高。但翻堆频率为每周 2 次和每周 1 次的处理间差异不明显。不翻堆的各处理发芽指数显著低于翻堆处理。氧气的缺乏导致堆肥周期延长，到堆肥结束时堆肥下层物料中氨氮含量仍处于较高状态（2.3～4.2 克/千克，干物质）。

覆盖对堆肥的发芽指数也有显著影响。覆盖处理降低了堆体氧气交换的速率，在增加了甲烷排放的同时也降低了堆肥微生物的活性，使得堆肥腐熟进程减缓。同时，覆盖将对氨气的排放产生抑制作用，减少氨气的排放，但同时也增加了堆肥物料中氨氮的含量。

同温暖季节堆肥相比，在寒冷季节堆肥产品的发芽指数明显偏低（如在每周翻堆 1 次、不覆盖的条件下，温暖季节和寒冷季节堆肥最终产品的发芽指数分别为 118%和 85%）。在 4～6 周以后，寒冷季节各翻堆处理的发芽指数的增加非常缓慢。其主要原因是，在堆肥过程中，高温期后由于易降解物质的逐渐消耗，堆肥微生物的活性减弱，分解产生的热量在低温条件下迅速散失，使得堆体温度迅速下降到 0 ℃以下，微生物活动停滞。因此，在寒冷季节条件下，减少堆肥在腐熟期的热量损失，使堆体处于合适温度是寒冷季节条件下堆肥成功的重要保证。

4. 氨气排放规律

温暖季节的堆肥处理，在堆肥开始当天氨气的排放率为最高值，其主要原因是温暖季节堆肥的原料中氨氮含量较高，占初始全氮的 34.3%；同时该时期气温较高，加速了氨氮的挥发。而后氨气的排放率迅速下降到较低水平。一周以后随着堆肥分解速率的逐渐增加，堆肥温度和氨氮含量迅速增加，氨气的排放率也逐渐上升。堆肥的排放高温期大约持

续两周左右，而后由于易降解物质的逐渐消耗，氨气的挥发也逐渐减少，并在第 4 周左右消失。每周翻堆 1 次和每周翻堆 2 次处理的氨气排放率差异性不显著。

不翻堆处理同翻堆处理相比氨气排放率差异显著。主要表现在，从第 2 周开始，不翻堆处理由于供氧不足分解速率减慢，从而氨氮的产生量较低。同时，厌氧产生的大量有机酸也抑制了氨氮的挥发。但在分解速度减慢的同时，不翻堆处理的分解周期也被延长，使得不翻堆处理的氨气排放周期长于翻堆处理，达 7 周左右（图 5－13）。

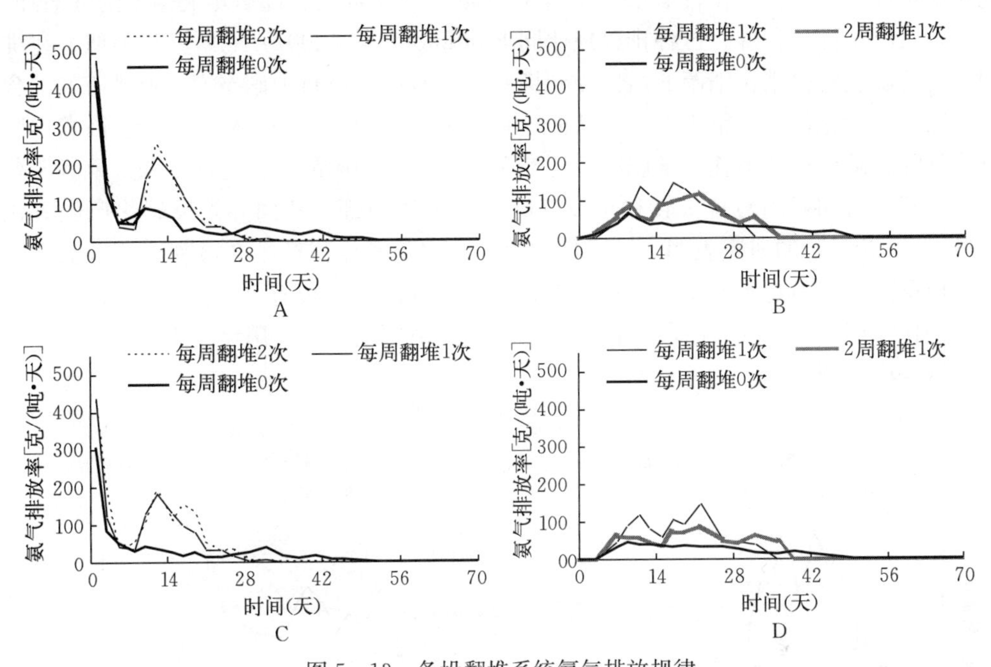

图 5－13　条垛翻堆系统氨气排放规律

A. 温暖季节-不覆盖　B. 寒冷季节-不覆盖　C. 温暖季节-覆盖　D. 寒冷季节-覆盖

覆盖对堆肥过程中氨气的排放有显著影响，能减少氨气的排放，尤其是在翻堆频率较低时。其主要原因是，覆盖材料能够在堆肥高温期吸收堆肥产生的大量水分，使得堆肥的表层形成大约 5 厘米的高含水率层。该高含水率层同覆盖材料一起降低了堆体获得氧气的速率，从而导致堆肥分解率降低。同时，该高含水率层还降低了堆肥气体挥发速率，并对氨气具有一定的吸收作用。因此，堆肥的氨气的排放率降低。翻堆会破坏这一高含水率层，使堆体匀质化，因此高翻堆频率的处理覆盖的排放率下降。

寒冷季节堆肥初期氨气的排放率很低，其主要原因是低温以及堆肥初始物料的低氨氮含量。较低的翻堆频率使得寒冷季节堆肥的氨化期延长，氨气的排放高峰期为 3 周左右，较温暖季节更长。

堆肥结束后温暖季节堆肥的氨气损失占初始全氮的 19.8%～39.2%，而寒冷季节的氨气损失占初始全氮的 10.3%～29.5%。寒冷季节堆肥氨氮损失率偏低，其初始物料中氨氮含量较低是最重要的原因。同时，堆肥表面较低的温度也会抑制氨气的挥发。试验结果同 Kuroda 等（1996）及 Morand 等（2005）的研究结果相似，但数值高于 Szanto 等（2007）的试验结果，在 Szanto 等的试验中，仅有 2.5%～3.9%的初始全氮以氨氮的形式挥发。该试验中堆肥物料的高含水率（67%～72%）和高密度（818～856千克/米^3）是氨气的排放率偏低的主要原因。而El Kader等（2007）的研究也表明，压缩以及向堆体添加大量水分都将降低堆体的空气孔隙度，从而使得堆肥的氨气的排放率降低30%～70%。

5. 氧化亚氮排放规律

温暖季节堆肥的翻堆处理在堆肥的初始阶段氧化亚氮的排放率很低，只有每周翻堆1次的处理在不覆盖的条件下，在第1周的末期有一次较小的排放高峰，而后堆肥各处理的氧化亚氮排放率一直保持在较低水平（图5-14）。3～4周后，随着堆肥温度的逐渐降低，翻堆后开始出现排放高峰。这种排放规律同Fukumoto等（2007）的研究相类似。在堆肥早期较高的温度使得硝化细菌的活性受到抑制，同时堆肥原料中硝态氮、亚硝态氮的含量很低，因此反硝化作用也很难发生，从而导致在堆肥初期氨气的排放率很低。随着堆肥的进行，易降解碳源逐渐消耗，堆肥温度逐渐下降，硝化细菌的活性逐渐增强。翻堆硝化反应产生的硝酸盐和亚硝酸盐被转移至氧气缺乏的堆体内部，从而导致反硝化产生氧化亚氮。He等（2001）的研究表明，堆肥化过程中氧化亚氮往往产生在可利用碳源被耗尽的时候。但反硝化细菌是异养型微生物，没有合适的碳源将难以存活。He等认为是硝化细菌的反硝化作用导致了这一阶段氧化亚氮的产生。硝化细菌的反硝化作用已经在污水处理研究领域被广泛证实。

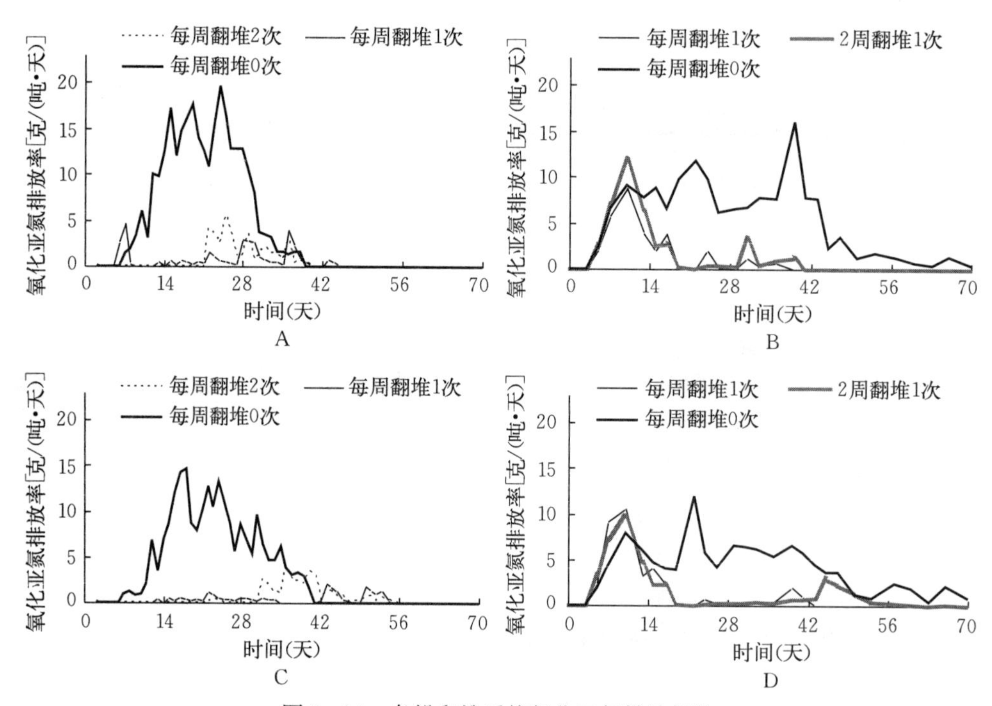

图5-14　条垛翻堆系统氧化亚氮排放规律

A. 温暖季节-不覆盖　B. 寒冷季节-不覆盖　C. 温暖季节-覆盖　D. 寒冷季节-覆盖

同温暖季节堆肥不同的是，寒冷季节堆肥氧化亚氮的排放率在开始4～5天的时候开始逐渐增加，并在1周左右时达到最大值，而后随着翻堆作用氧化亚氮排放率逐渐降低。

到堆肥后期，伴随着翻堆活动，氧化亚氮又出现新的排放高峰期。这种排放规律同 Szanto 等（2007）、Sommer 等（2000）以及 Hao 等（2001）的研究结果类似。Szanto 等认为，甲烷氧化菌能够在高温条件下实现对氨气的氧化，从而产生氧化亚氮。而 Sommer 等和 Hao 等则认为，堆肥早期产生的氧化亚氮源于堆肥表层，因为堆肥表层和空气相接触，热量损失快、温度低，同时氧气含量较高，适于硝化反应的进行。寒冷季节在堆肥的中后期同样出现了氧化亚氮排放的高峰，其原因与温暖季节一样，硝化反应产生的硝酸盐和亚硝酸盐在翻堆作用下被转移至堆肥的中下层，在反硝化作用下产生氧化亚氮。

6. 甲烷排放规律

各翻堆处理的甲烷的排放率随着堆肥温度的升高和堆体内氧气的缺乏而逐渐上升，并在第 1 周结束的时候达到最大值。各翻堆处理的甲烷主要产生在堆肥高温期，占整个堆肥过程中甲烷排放率的 89.4%～98.7%，Manios 等（2007）、Osada 等（1997）的研究均得到了同样的结论。其主要原因是在堆肥高温期，氧气的消耗速率远高于氧气的补充速率，二氧化碳的产生使堆体内迅速出现厌氧区域，这不仅有利于甲烷的产生，还有利于甲烷的稳定（Hao et al.，2004），故该时期甲烷产生量较大。而后，由于易降解物质的逐渐消耗，堆体内的氧气含量逐步升高，堆肥物料含水率下降，堆体内的厌氧情况得到极大改善；4～5 周后甲烷不再排放（图 5－15）。

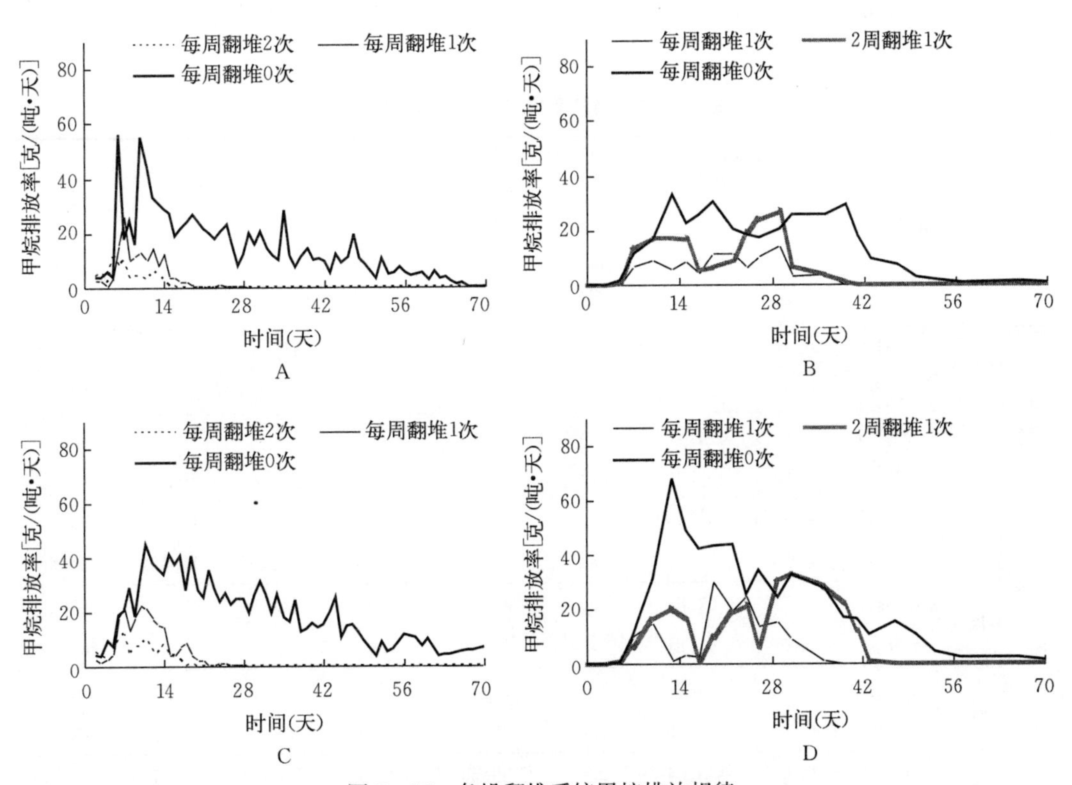

图 5－15　条垛翻堆系统甲烷排放规律

A. 温暖季节-不覆盖　B. 寒冷季节-不覆盖　C. 温暖季节-覆盖　D. 寒冷季节-覆盖

翻堆对甲烷排放有显著影响，在同等条件下，翻堆频率越高，甲烷排放率越低。其中一个主要原因是翻堆能显著改善堆体的通风性能，提高堆体的供氧能力。另外，翻堆将破坏堆肥物料中的大粒径颗粒，减少其中存在的厌氧区域。不翻堆处理的甲烷排放率与翻堆处理有很大不同，主要表现在不翻堆处理的排放周期更长，排放率更高。由于无翻堆作用，堆肥逐渐形成分层，下层含水率增加，且底部供氧能力缺乏，导致下层氧化还原电位极低（<−200 毫伏）。同时，上层分解产生的热量使得底层的温度始终保持在 35～40 ℃，极有利于甲烷的产生。

覆盖显著促进堆体的甲烷排放，其主要原因是覆盖物在堆体表层形成了一层高含水率的膜。这层膜的存在不仅有效地减少了氨气的挥发，也降低了空气从堆体表层交换进入堆体的效率，从而减少了氧气的供给，增加了甲烷的排放。

不同气候条件下堆肥甲烷的排放有所差异，主要表现在翻堆条件下，寒冷季节堆肥甲烷排放周期更长，排放率更高。

7. 物料平衡和温室效应分析

如表 5－12 所示，堆肥化过程中的氮大部分以氨气的形式挥发，占初始全氮的 10.3%～39.20%。这同 Huther 等（1997）、Osada 等（2001）、Wolter 等（2004）及 Morand 等（2005）的研究结论基本一致。同不覆盖处理相比，覆盖能降低 4.1%～34.0%的氨气挥发。翻堆频率越高，降低的幅度越小。温暖季节的堆肥中，氨气挥发较寒冷季节更高。在夏季堆肥中猪粪原料中氨氮含量过高是其中最重要的因素，导致在堆肥的前 3 天，氨氮大量损失。

表 5－12　物料平衡和温室效应分析

季节	翻堆频率	是否覆盖	碳素平衡（碳,%）			氮素平衡（氮,%）		温室气体排放（千克/吨，二氧化碳当量）		
			甲烷挥发	碳素损失	氧化亚氮损失	氨气损失	氮素损失	CH_4	N_2O	总排放量
温暖季节	每周 0 次	不覆盖	0.69	51.47	3.80	30.00	36.33	87.86	136.12	223.98
		覆盖	0.92	37.16	3.00	19.80	26.08	117.15	107.46	224.61
	每周 1 次	不覆盖	0.11	61.28	0.49	39.20	51.16	14.01	17.55	31.56
		覆盖	0.16	58.06	0.30	33.40	43.81	20.37	10.75	31.12
	每周 2 次	不覆盖	0.05	59.49	0.50	38.90	49.83	6.37	17.91	24.28
		覆盖	0.07	60.68	0.45	37.30	48.28	8.91	16.12	25.03
寒冷季节	每周 0 次	不覆盖	0.50	52.88	3.93	12.80	18.22	63.87	147.35	211.23
		覆盖	0.76	51.81	2.94	10.30	14.66	97.09	110.23	207.32
	2 周 1 次	不覆盖	0.25	63.33	1.05	27.90	29.96	31.94	39.37	71.31
		覆盖	0.36	62.73	1.07	23.70	26.24	45.99	40.12	86.11
	每周 1 次	不覆盖	0.14	63.64	0.81	29.50	32.15	17.88	30.37	48.26
		覆盖	0.22	63.16	0.96	26.60	31.59	28.10	35.99	64.10

堆肥结束后氧化亚氮的损失占总初始全氮的 0.30%～3.93%，这一结果显著高于强制通风系统（1.5%～7.3%）。Hao 等（2001）的研究表明，在没有良好通风设备的条件下，即使堆体内有较高浓度的温室气体，其表面挥发速率也很低。堆肥体内高浓度温室气体和极低的表面挥发率同时存在。在 Szanto 等（2007）及 Fukumoto 等（2003）的研究中氧化亚氮的损失率也占到初始全氮的 2.4%～9.9%。在这些研究中，均有良好的通风系统，如在 Szanto 等的试验中，堆肥装置配有良好的设备用以改善堆体的通风效率，而在 Fukumoto 等的试验中配有通风系统用以导出堆体中的气体。这些技术措施的存在加快了堆体内的气体挥发，从而导致高的气体挥发率。

寒冷季节堆肥（尤其是翻堆处理）的氧化亚氮排放率显著高于温暖季节。其主要原因是在寒冷季节堆肥的初期，氧化亚氮排放率显著高于温暖季节。寒冷季节堆肥表层温度更低，有利于硝化反应的进行，从而产生氧化亚氮（Sommer et al.，2000；Hao et al.，2001）

堆肥化过程中甲烷的挥发占总初始总碳的 0.07%～0.92%。这同 Morand 等（2005）和 Tamura 等（2006）的研究结论基本一致。同温暖季节相比，寒冷季节的不翻堆处理甲烷排放率相对较低，冬季堆肥体内外更大的温差导致堆体烟囱效应的加强，提高了堆肥的通气效率。因此，寒冷季节堆肥不翻堆处理的氧气供应条件更为有利。这也使得寒冷季节堆肥的降解率显著高于温暖季节。

堆肥结束后，翻堆处理的温室气体排放率为 25.03～86.11 千克/吨（二氧化碳当量，下同），远低于强制通风系统。同温暖季节相比，在相同处理条件下寒冷季节条件下的氧化亚氮排放率显著增加，而甲烷排放的差异不显著。总体而言，覆盖会促进甲烷的排放，从而导致最终的温室气体排放量略高。翻堆对温室气体排放有显著影响，翻堆频率越高，温室气体排放率越低。

三、通风率和通风方式对温室气体及氨气产生的影响（发酵仓）

1. 化学性质变化

各处理的 pH 在堆肥的初期迅速下降，其主要原因是强制通风导致堆肥中的氨氮大量损失。两周后随着各处理的分解大量进行，堆体的氨氮含量又逐渐增加。到堆肥结束时，各处理的 pH 多稳定在 8.1～8.2。不同通风率和通风方式之间无显著差异。

从第 1 次翻堆开始，每次翻堆时都必须添加适当的水分以保持堆肥微生物的活性，每次添加水量为 20～50 千克。通风率越高，堆体水分损失越大，高温期维持时间越短。到堆肥结束时，各处理的含水率均在 35%左右，远低于条垛翻堆系统。

堆肥开始后，除通风率为 0.18 升/(千克·分）的处理外，其他处理的全氮含量由于氨氮的大量挥发迅速下降。而后由于有机质的大量分解，堆肥的干物质总量迅速下降，堆肥的全氮含量开始增加。到堆肥结束时堆肥的全氮含量为 20.08～28.4 克/千克（干物质）。通风率对堆肥结束时全氮含量有显著影响：通风率越高，堆肥结束时全氮含量越低。不同通风方式对堆肥结束时的全氮含量也有显著影响：在平均通风率相同的条件下，间歇通风同持续通风相比氮素损失少，堆肥结束时全氮含量更高（表 5 - 13）。

表 5-13　堆肥主要化学性质始末值

项目	参数	始末值	pH	C/N	发芽指数（%）	DM（克/千克，干物质）	TN（克/千克，干物质）	TOC（克/千克，干物质）	NH_4^+（克/千克，干物质）	NO_3^-（克/千克，干物质）
通风率[升/(千克·分)，干物质]	0	初始值	8.12	17.3	12.7	363.7	21.2	367.4	5.67	0.07
		结束值	8.16	8.9	85.2	583.0	32.0	284.1	1.41	0.35
	0.18	初始值	8.12	17.3	12.7	363.7	21.2	367.4	5.67	0.07
		结束值	8.17	10.3	98.8	647.5	28.4	292.2	1.10	0.52
	0.36	初始值	8.12	17.3	12.7	363.7	21.2	367.4	5.67	0.07
		结束值	8.23	12.6	101.3	659.4	23.2	293.5	0.99	0.51
	0.54	初始值	8.12	17.3	12.7	363.7	21.2	367.4	5.67	0.07
		结束值	8.16	14.8	93.3	671.6	20.1	296.8	0.79	0.56
通风方式	持续	初始值	8.12	17.3	12.7	363.7	21.2	367.4	5.67	0.07
		结束值	8.23	12.6	101.3	659.4	23.2	293.5	0.99	0.51
	通 40/停 20	初始值	8.12	17.3	12.7	363.7	21.2	367.4	5.67	0.07
		结束值	8.21	11.4	106.7	652.7	25.2	287.1	0.93	0.29
	通 20/停 40	初始值	8.12	17.3	12.7	363.7	21.2	367.4	5.67	0.07
		结束值	8.23	10.9	118.2	633.6	26.1	285.9	0.92	0.30

各处理的氨氮含量在堆肥开始后均迅速下降，到第 1 次翻堆时，各处理的氨氮含量均下降到 1.0 克/千克（干物质）以下，在第 2 次翻堆时下降到 0.5 克/千克（干物质）左右，而后虽然有机质的分解会产生大量的氨氮，但在高温和高通气率的条件下均迅速损失。堆肥结束时，各处理的氨氮大多在 0.9 克/千克（干物质）左右。通风率为 0.18 升/(千克·分）的处理其氨氮含量同其他处理相比略高，整个堆肥周期其氨氮含量均在 1.0 克/千克（干物质）以上。低通风率降低了氨氮的损失，同时较高的含水率也更有利于氨氮的保存。

通风率对堆肥硝态氮的含量无显著影响，到堆肥结束时，不同处理的硝态氮含量均在 0.5 克/千克（干物质）左右。间歇通风的硝态氮含量较连续通风低，其原因可能是在通风的间歇期反硝化作用导致硝态氮含量下降。

2. 发芽指数

如图 5-16 所示，各处理发芽指数的变化趋势基本一致：堆肥开始后强制通风以及随之而来的高温的联合作用，使得堆肥初期氨氮损失较快，堆肥的发芽指数升高；第 5 周以后增速变缓。通风率对发芽指数的变化有显著影响：高通风率［0.54 升/(千克·分)］的处理在堆肥初期发芽指数上升较快，到第 5 周结束时堆肥的发芽指数已超过 80%。但随后高通风率导致堆肥缺水严重，此后腐熟进程受影响，到堆肥结束时其发芽指数反而低于低通风率［0.18 升/(千克·分)］处理。在相同通风率的条件下，不同通风方式对堆肥的发芽指数也有显著影响。同持续通风相比，间歇通风处理在堆肥结束时的发芽指数更高。

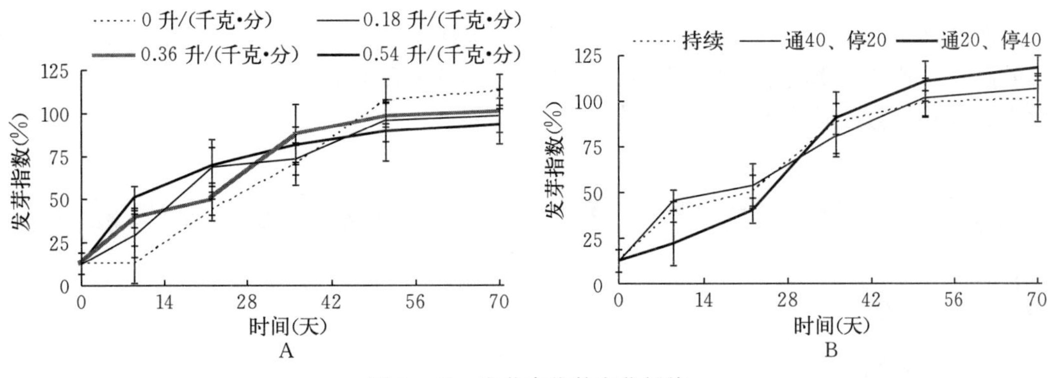

图 5-16　发芽率指数变化规律

A. 通风率　B. 通风方式

3. 氨气

强制通风使得各通风处理在堆肥开始后温度迅速上升到 70 ℃左右，且由于猪粪初始 pH 在 8.1 左右，呈弱碱性，在高温和高 pH 的双重作用下，猪粪中的氨氮迅速转化为氨气并随着强制通风排出堆体（图 5-17）。通风率越高各处理的氨气排放率越高，高通风率加快了堆体内产生的氨气向外排放。而不通风处理由于堆体温度上升速度较慢，堆体氨氮与氨气之间的平衡更倾向于以氨氮的形式存在。

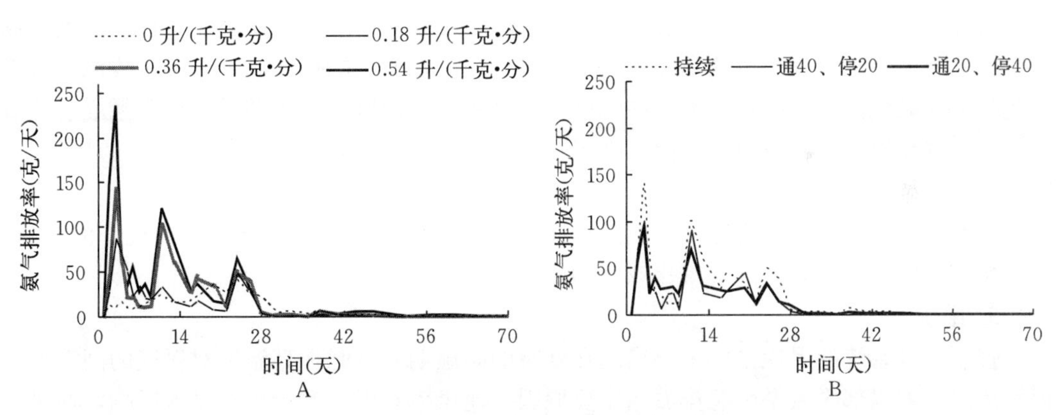

图 5-17　中试条件下强制通风系统氨气排放率变化

A. 通风率　B. 通风方式

间歇通风和持续通风氨气的排放规律基本一致。在相同的通风率（平均值）条件下，持续通风的氨气排放率更高，这同杨宇等（2009）的研究结论相同。在间歇通风时期，堆肥分解产生的氨氮被微生物利用转化为有机氮，降低了氨氮含量。

4. 氧化亚氮

如图 5-18 所示，各处理氧化亚氮的排放从第 1 周结束后开始逐渐增加并在第 2 周内达到峰值。这一排放规律同 Fukumoto 等（2003）、Thompson 等（2003）和 Yamulki（2006）的研究结果类似，即氧化亚氮的排放高峰期产生在堆肥的中后期。同条垛翻堆系统相比，强制通风系统的氧化亚氮排放高峰期出现相对较晚，但排放周期更长。条垛翻堆系统的氧化亚氮排放一般从第2～3天开始迅速增加，而后在1周左右达到排放的最大值，第1次排放高峰期大约持续1周左右。条垛翻堆系统在堆肥后期，往往在翻堆后出现新的排放高峰。其主要原因是，好氧区域产生的硝酸盐和亚硝酸盐通过翻堆被转移至厌氧或兼性厌氧区域，通过反硝化产生氧化亚氮。

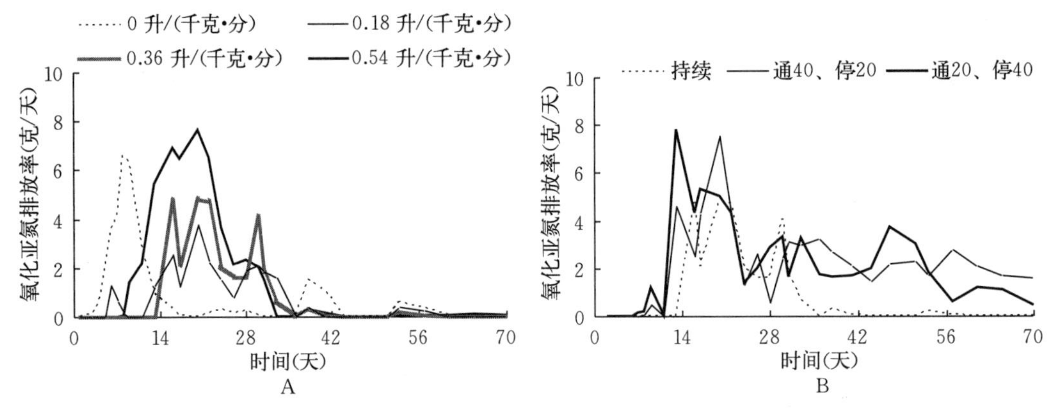

图5-18　中试条件下强制通风系统氧化亚氮排放率变化

A. 通风率　B. 通风方式

而强制通风系统的氧化亚氮产生量与条垛翻堆系统有较大差异。强制通风系统的氧化亚氮排放同氨气排放显著相关，氧化亚氮的排放高峰期同氨气排放基本一致。Szanto等（2007）的研究表明，甲烷氧化菌能在堆肥的高温期实现对氨气的氧化，从而产生氧化亚氮。在堆肥前2天氨气排放的高峰期，并没有出现氧化亚氮的排放高峰，其主要原因可能是此时甲烷氧化菌活性相对较低。在堆肥的后期，强制通风系统也并没有出现翻堆后的氧化亚氮排放高峰。主要原因是，此时堆肥在强制通风作用下水分含量较低，且通风充足，缺乏厌氧区域，从而实现了对硝酸盐或亚硝酸盐的反硝化。

间歇通风同连续通风相比，排放高峰期更长。间歇通风增加了堆肥化过程中的硝化/反硝化交替作用，因此促进了氧化亚氮的产生。

5. 甲烷

强制通风系统的甲烷排放主要出现在堆肥的高温期，堆肥在高温期对氧气的高需求使得堆体内出现局部厌氧是甲烷排放的主要原因。通风率对甲烷的产生有显著影响，通风率越高甲烷排放率越低，这同在60升发酵罐中得到的结论一致。同不翻堆处理相比，通风率为每千克干物质每分钟0.18升的处理的甲烷排放率更高。造成这种现象的主要原因是，在低通风率条件下，堆体内厌氧条件较为严重，产生大量甲烷；同时，通风使得堆体内产生的甲烷迅速被转移出堆体。Hao等（2001）的研究表明，在没有强制通风的条件下，堆体内出现厌氧环境，产生大量甲烷，但由于通风条件差，这些甲烷对外扩散的速率非常低，使得在堆体内高浓度而对外低排放的现象出现。同时，条垛翻堆系统中产生的甲烷在向外缓慢扩散的过程中被表层好氧区域氧化（图5-19）。

不同的通风方式对甲烷的排放也有显著影响。在相同的通风率（平均值）条件下，连续通风处理的甲烷排放率更高。其原因可能是，在通风的间歇期，堆体内产生的甲烷在堆肥表层被甲烷氧化菌氧化。

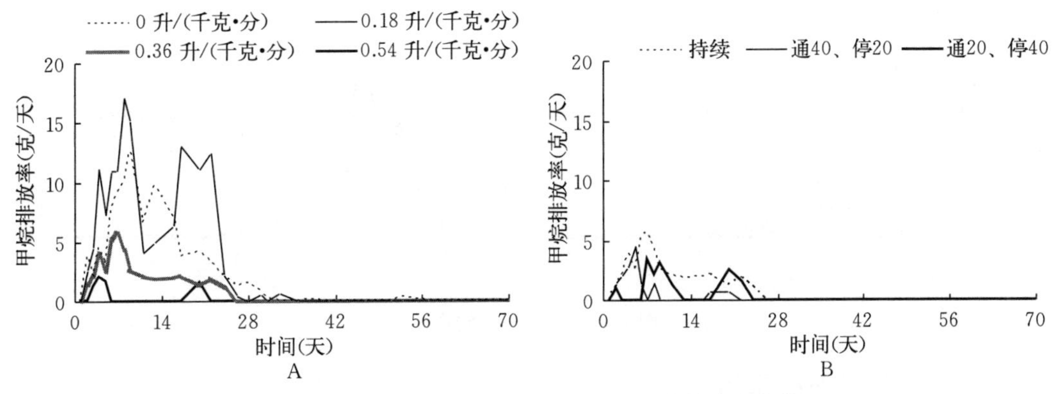

图 5-19　中试条件下强制通风系统甲烷排放率变化

A. 通风率　B通风方式

四、氧化亚氮产生机理研究（发酵罐）

1. 氨气和 NH_4^+ 变化

各堆肥物料中氨氮的变化趋势基本一致（图 5-20），在堆肥早期由于易降解物质的迅速分解，堆肥物料中的氨氮含量保持在较高水平。而后由于氨气的大量挥发以及堆肥反应的减慢，氨氮含量开始迅速下降。10 天后基本保持在稳定状态。添加 NH_4^+ 的处理在堆肥后期由于堆肥温度的下降，添加的 NH_4^+ 的不能完全通过氨气挥发损失掉，因此 NH_4^+ 的含量逐渐上升，到堆肥结束时显著高于其他处理。

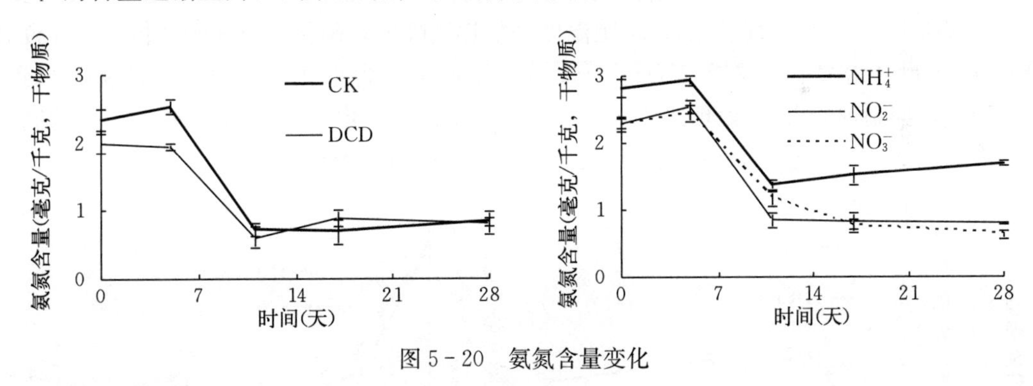

图 5-20　氨氮含量变化

也有大量学者认为在堆肥早期有可能通过硝化反应产生氧化亚氮。因此在许多研究中氨气的排放高峰常常伴随着氧化亚氮的排放高峰（Szanto et al.，2007；El Kader et al.，2007；Yamulki，2006）。

各处理氨气的排放规律同氨氮含量基本一致（图 5-21）。堆肥开始后，易降解物质的迅速分解导致堆肥温度的迅速上升和氨氮含量增加，这导致氨气挥发迅速增加并在第 1 次翻堆后达到峰值。每次翻堆后往往伴随着氨气排放的高峰。翻堆不但能有效地混匀堆肥使未充分降解的物质获得足够的氧气，还能使堆肥疏松从而有利于氨气的挥发。添加 NH_4^+ 处理的氨气挥发率同其他处理相比略高，其主要原因是 NH_4^+ 的添加在堆肥后期使堆体获得了其他处理没有的 NH_4^+ 源。

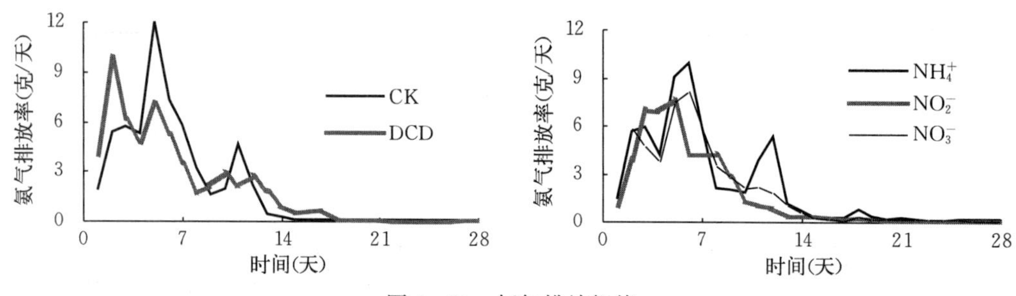

图 5-21　氨气排放规律

2. 氧化亚氮和 NO_x^- 变化

硝酸盐和亚硝酸盐含量同氧化亚氮排放存在着密切关系。Hao 等（2004）的研究表明，在堆肥过程中氧化亚氮的挥发同堆肥里的硝酸盐含量存在线性关系，而同氨氮含量无关。Beck-Friis 等（2000）的研究也表明，在氧化亚氮产生的位点，往往伴随着高浓度的硝酸盐。而 He 等（2001）的试验结果则表明，堆肥化过程中氧化亚氮的排放同亚硝酸盐而不是同硝酸盐存在着线性关系。

除添加亚硝酸钠的处理外，其他处理中的 NO_2^- 含量极低（低于 10 毫克/千克），因此将 NO_3^- 和 NO_2^- 加在一起分析。除添加硝酸钠和亚硝酸钠的两个处理外其他各处理的 NO_x^- 含量较低，为每千克干物质 54～71 毫克，而添加硝酸钠和亚硝酸钠的两个处理约为每千克干物质 400 毫克。堆肥反应开始后，由于反硝化作用，对照的 NO_x^- 被消耗；同时，由于堆肥初期的高温作用，硝化反应受到抑制。综合以上两点因素，NO_x^- 含量在堆肥初期有所下降。第 2 次翻堆后，堆肥温度开始逐渐降低，硝化反应开始进行，这导致对照 NO_x^- 含量开始增加。添加 $(NH_4)_2SO_4$ 处理的 NO_x^- 含量变化趋势同对照基本一致，而添加硝化抑制剂 DCD 的处理则不同。在堆肥的降温期，由于 DCD 对硝化反应的抑制作用，堆肥中 NO_x^- 含量一直保持在每千克干物质 50 毫克的较低水平（图 5-22）。

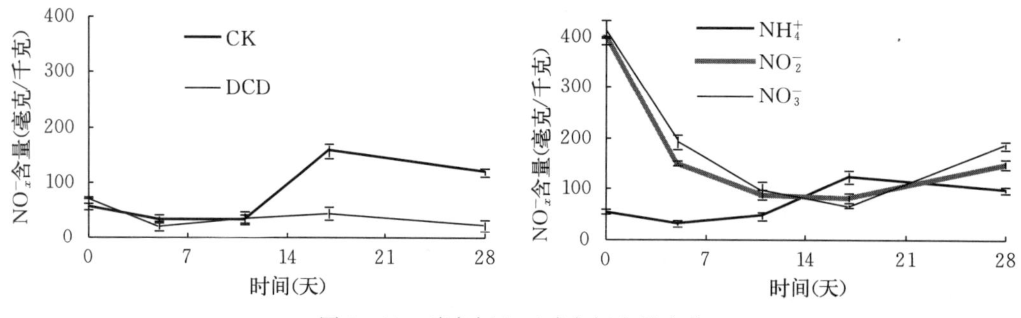

图 5-22　硝态氮和亚硝态氮含量变化

添加硝酸钠和亚硝酸钠的两个处理在堆肥初期由于外加氮源的缘故，NO_x^- 含量较高，约为每千克干物质 400 毫克。堆肥开始后由于反硝化作用 NO_x^- 含量开始迅速下降，但由于第 1 次翻堆时间为第 4 天，因此翻堆堆肥物料中仍有较高含量的 NO_x^-。第 2 次、第 3 次翻堆时添加硝酸钠和亚硝酸钠的两个处理的 NO_x^- 含量均较低，反硝化作用是 NO_x^- 含

量降低的主要原因。堆肥结束时上述两个处理的 NO_x^- 含量较高，其主要原因是这两个处理在第 3 次翻堆后添加的 NO_3^- 和 NO_2^- 未被充分反硝化。

堆肥开始后对照、DCD 以及添加硫酸铵处理均有少量氧化亚氮排放（图 5－23）。由于硝化抑制剂的作用，这一阶段产生的氧化亚氮是 NO_3^- 和 NO_2^- 反硝化的结果。堆肥初期的氧化亚氮排放仅持续两天左右，而后便降至非常低的水平。其原因可能是 NO_3^- 和 NO_2^- 耗尽，反硝化反应难以进行；同时，高温和 DCD 又抑制了硝化反应，因此在堆肥的高温期，氧化亚氮排放率非常低。第 3 次翻堆后对照和添加硫酸铵的处理均出现了氧化亚氮排放的高峰，其主要原因是在第 2 次翻堆后，堆肥温度开始逐渐下降，硝化反应积累了一定量的 NO_3^- 和 NO_2^-。本试验中由于猪粪颗粒被粉碎，堆肥物料的厌氧状况在堆肥早期不严重，因此甲烷的排放率非常低，影响了甲烷氧化细菌的生长。综合以上分析，可以认为在堆肥早期迅速出现的氧化亚氮，主要来源于 NO_3^- 和 NO_2^- 的反硝化作用。

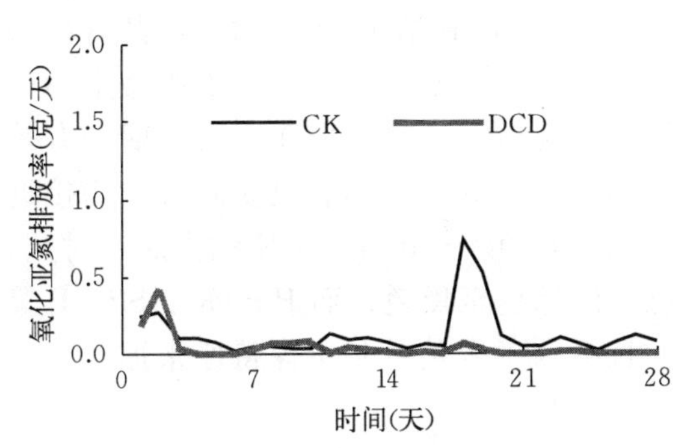

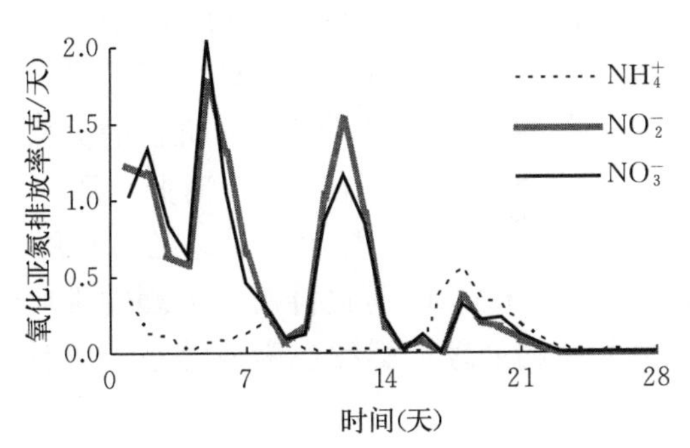

图 5－23　氧化亚氮排放规律

添加硝酸钠和亚硝酸钠的两个处理的氧化亚氮排放规律类似，其排放率均显著高于对照。由于堆肥原材料所含的 NO_3^- 和 NO_2^- 均显著低于添加量。因此，可以认为 NO_3^- 和 NO_2^- 均是氧化亚氮产生的重要氮源。虽然 NO_3^- 不能直接被反硝化为氧化亚氮，但是可以首先通过反硝化形成 NO_2^-，再进一步被反硝化为氧化亚氮。试验结果也证明，添加 NO_3^- 和 NO_2^- 的两个处理的氧化亚氮的排放规律基本一致。

五、化学添加剂对温室气体及氨气排放的影响研究（发酵罐）

1. 温度

如图 5－24 所示，当堆肥开始后各处理温度迅速上升，到第 3～5 天时，各处理温度达到最大值。在这一时期，堆肥物料中的易降解物质的迅速分解是堆肥温度上升的主要原因。堆体在高温期保持 7～12 天，而后由于可降解物质的逐步消耗，堆肥反应趋于平缓，堆体温度也逐渐下降，到第 4 周以后各处理温度基本同室温相同，堆肥反应趋于停滞状态。

同对照相比 SP＋MC、P＋MC、SP、D 等处理的温度显著偏低，其原因可能是化学添加剂的使用导致这些处理的 EC 偏高，对堆肥中的微生物产生了抑制作用。

2. 化学性质

堆肥开始后如图 5－25 所示，各处理有机物的降解情况由于添加氮素控制材料的不同

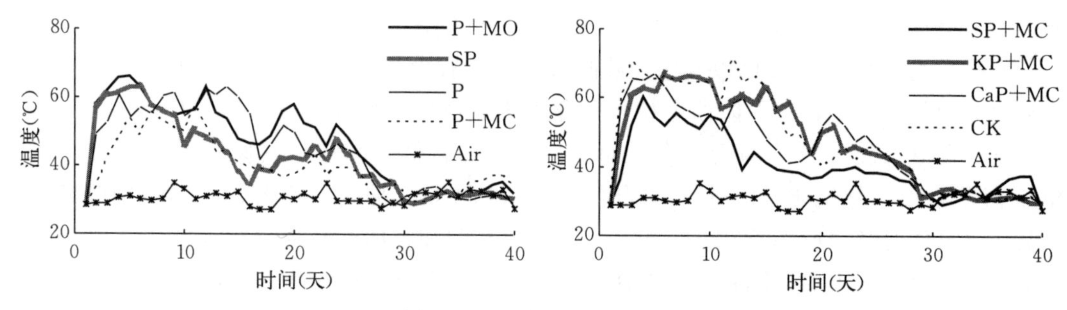

图 5-24 堆肥温度的变化

P+MO. H_3PO_4+Mg $(OH)_2$ SP. Ca $(H_2PO_4)_2$ P. H_3PO_4 P+MC. H_3PO_4+$MgCl_2$

Air. 环境 SP+MC. Ca $(H_2PO_4)_2$+$MgCl_2$ KP+MC. KH_2PO_4+$MgCl_2$ CaP+MC. Ca $(H_2PO_4)_2$+H_3PO_4

而呈现较大差异。对照在堆肥开始后的前 2 周分解迅速，到第 18 天的时候，其有机物的降解基本完成。而 SP+MC、P+MC、SP 等处理由于氮素控制材料对堆肥微生物产生了显著的抑制作用，因此有机物的分解被抑制、延迟。这些处理在堆肥后期仍有较为强烈的分解。堆肥结束后，对照、P+MO、KP+MC 等处理的有机质降解率均接近 60%；而P+MC、SP、P 等处理的有机质降解率仅有 30%～40%。堆肥结束后，对照、P+MO、KP+MC 等高降解率处理的堆肥颜色为深棕色至黑色；而 P+MC、SP、P 等低降解率的处理堆肥颜色为浅棕色至黄棕色，且有的玉米秸秆基本保持原来形状，降解率较低。

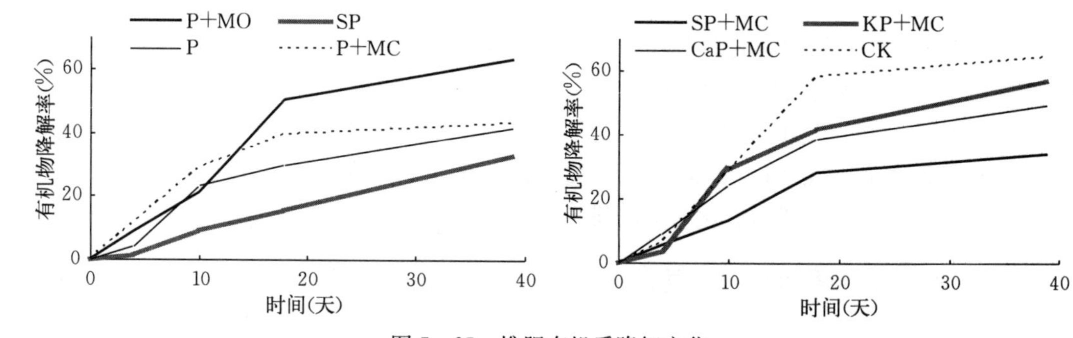

图 5-25 堆肥有机质降解变化

堆肥中的氨氮含量也因堆肥氮素控制材料的不同而不同（图 5-26)。对照的氨氮含量在堆肥开始后由于有机物的大量分解而小幅上升，而后随着氨气的挥发而逐渐降低，到第 19 天的时候基本稳定在 2 克/千克左右。而 P+MO 处理由于形成了鸟粪石 $(MgNH_4PO_4 \cdot 2H_2O)$ 沉淀，因此在堆肥初期氨氮含量并未显著增加。堆肥结束后，其氨氮含量同对照处理基本相当。而 SP、CaP+MC、P 等处理的氨氮含量则呈上升趋势。堆肥结束后，这些处理的氨氮含量高达 8～9 克/千克。其主要原因是这些处理抑制氨氮损失的主要机理是降低堆肥的 pH，因此分解反应产生的氨氮在堆肥内累积，氨氮含量逐渐增加。

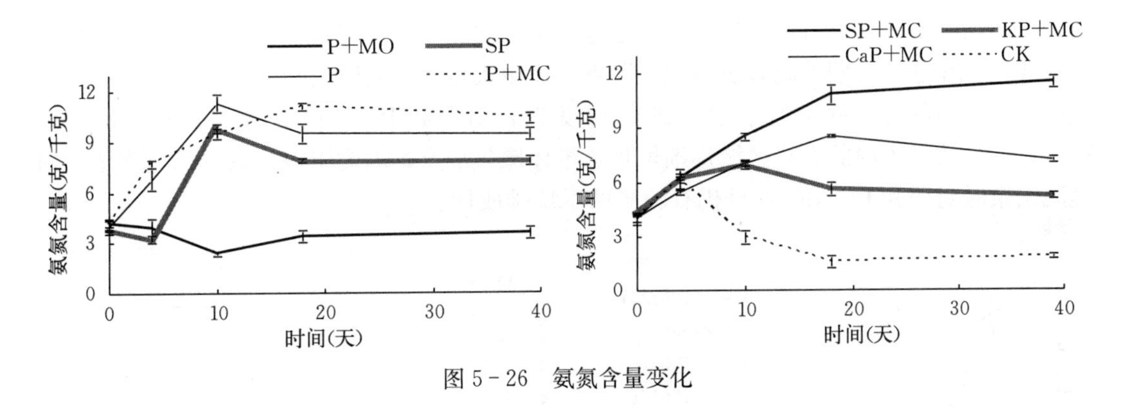

图 5-26 氨氮含量变化

3. 氨气

堆肥开始后各处理的氨气排放由于氮素控制材料的不同而呈现出不同的规律（图 5-27）。对照在堆肥开始第 1 天便有氨气排放，而后随着温度的升高氨气排放率迅速增加；到第 1 次翻堆后，氨气排放率达到最大值。而后，由于氨氮氮源的减少，氨气排放迅速减少。第 2 次翻堆后，未被充分分解的材料被转移至氧气含量充足的区域，堆肥后出现新的排放高峰。

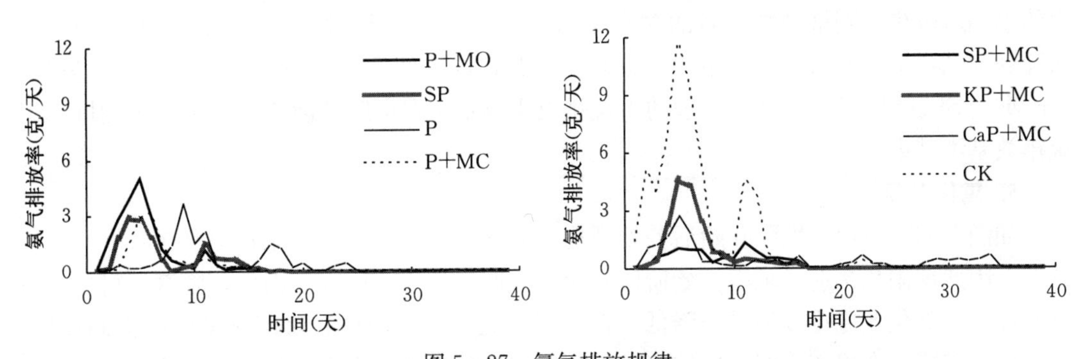

图 5-27 氨气排放规律

P 和 P+MC 处理由于堆肥初始 pH 过低，在堆肥初始阶段氨气排放量较低，并且这两个处理的排放高峰同对照相比显著滞后。研究表明，堆肥化过程中氨气的排放同温度和 pH 显著相关，在 pH 低于 7 的条件下，NH_4^+ 很难通过氨气的形式挥发（任丽梅，2009）。

SP+MC 处理由于过磷酸钙和氯化镁的双重作用，堆肥初始 EC 较高，对堆肥微生物产生了显著的抑制作用，其堆肥降解率显著低于对照。同时，由于过磷酸钙和氯化镁对氨气挥发的双重控制，该处理在整个堆肥周期内排放率一直很低。

剩余各处理，其氨气排放规律同对照基本相似，但由于添加了氮素控制材料，氨气排放率较低。

4. 甲烷

如图 5-28 所示，堆肥反应开始后对照和 P+MO 处理易降解物质迅速分解，导致堆肥氧气缺乏，因此产生大量甲烷。而后，随着易降解物质的逐渐消耗，堆肥中氧气含量逐渐增加，到第1周结束后，甲烷排放接近零。第2次翻堆后，对照和P+MO处理逐步进入降温期，在这一时期堆肥有机质大量降解，产生大量水。同时由于温度下降，水分损失减少，堆体内的含水率迅速增加。到第18天时，对照和P+MO处理的含水率均接近75%。这导致堆体内的厌氧区域逐渐增加，堆体厌氧加重，因此甲烷排放率迅速增加。到堆肥结束时对照和P+MO处理仍有较高的甲烷排放量。

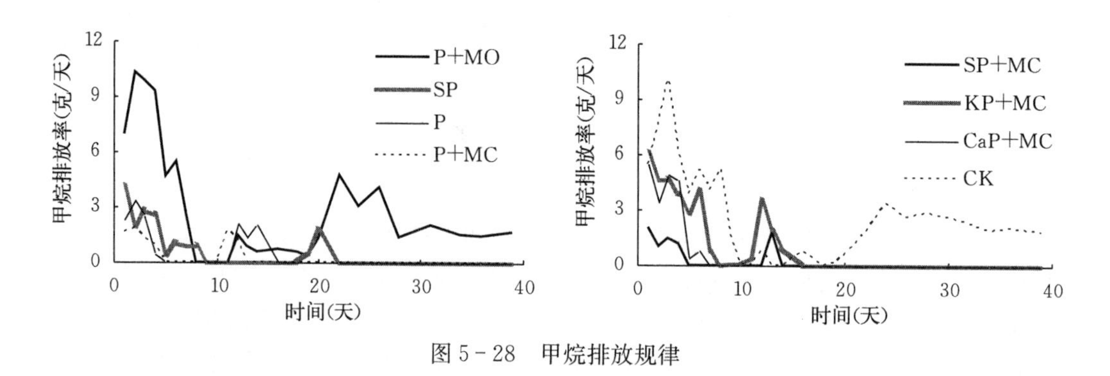

图5-28　甲烷排放规律

而P+MC、SP、SP+MC、P等处理堆肥的降解受到了强烈抑制，因此堆肥降解产生的水相对较少，到堆肥结束时的含水率为65%～70%，相对较低。同时，由于微生物活性受抑制，堆体的氧气含量也相对较高。因此，这些处理堆体内的厌氧区域相对较少。P+MC、SP、SP+MC、P等处理的甲烷排放主要集中在堆肥的前4天，第1次翻堆后甲烷排放基本结束。

5. 氧化亚氮

如图5-29所示，堆肥开始后各处理均有氧化亚氮排放。猪粪原料中存在着少量的硝态氮，因此反硝化是造成堆肥初始阶段氧化亚氮产生的主要原因。而后，随着原料中硝态氮的耗尽，氧化亚氮排放率迅速降低。在堆肥高温期，由于高温对硝化细菌的抑制作用，硝化反应停滞。有报道表明，甲烷氧化菌能够在高温条件下实现对氨气的氧化从而产生氧化亚氮。但在本研究中，甲烷排放量低，排放周期相对较短，因此很难实现甲烷氧化菌群的生长。所以，在此阶段，所有处理的氧化亚氮排放量均很低（0～0.036克/天）。

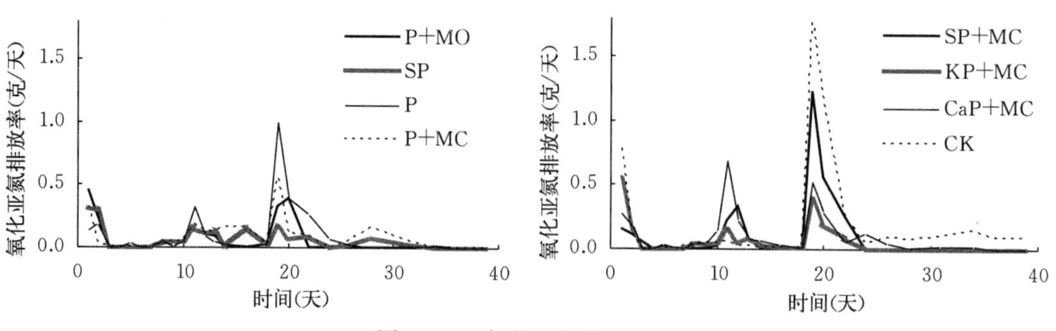

图5-29　氧化亚氮排放规律

第 2 次翻堆后，SP＋MC、CaP＋MC 等处理出现了新的排放高峰，其主要原因是，这些处理在高温期温度相对较低，在高温期硝化细菌并未完全失活，从而产生了少量硝酸盐，这些硝酸盐在翻堆后被反硝化从而形成氧化亚氮。

对照的氧化亚氮排放主要集中在第 3 次翻堆后，第 2 次翻堆后产生的硝酸盐在翻堆后被反硝化形成氧化亚氮。到堆肥结束时，对照仍有较多的氧化亚氮排放，甲烷氧化菌对氨气的氧化可能是对照在堆肥末期产生氧化亚氮的主要原因。

同对照相比，P＋MO、KP＋MC 等处理的氧化亚氮排放水平相对较低。堆肥中的 NH_4^+ 和 PO_4^{3-}、Mg^{2+} 反应生成鸟粪石沉淀，导致堆肥中的氨氮含量降低。这也间接导致了堆肥中的 NO_3^- / NO_2^- 硝酸盐含量下降，从而使得氧化亚氮排放量降低。

6. 发芽指数

如图 5－30 所示，各处理的发芽指数因氮素控制材料的不同而不同。对照的发芽指数从第 4 天后迅速增加，到第 18 天时已超过 80%，到堆肥结束时已接近 100%。而 P 处理和 P＋MC 处理由于堆肥初始 pH 过低，导致氨氮在堆肥内累积，氨氮含量较其他处理更高，因此堆肥结束时发芽指数偏低，均未超过 80%。而 P＋MO、KP＋MC 和 SP＋MC 等处理，堆肥初始 pH 适宜，同时形成大量鸟粪石晶体，沉淀了大量氨氮，因此最终堆肥产品的发芽指数较高，均在 100%左右。过磷酸钙处理在堆肥后虽然 EC 和氨氮含量均偏高，堆肥降解率也偏低，但其最终发芽指数却超过 100%，其原因值得进一步研究。

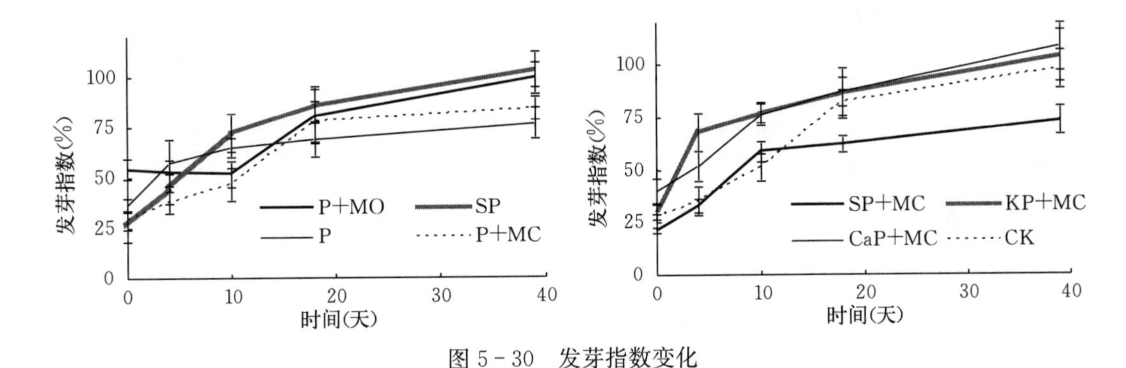

图 5－30 发芽指数变化

7. 晶体分析

有研究表明，磷酸和氢氧化镁在酸性条件下的主要反应式如（5－3）所示，在弱碱性条件下，主要反应式为式（5－4），在碱性条件下，主要反应式为式（5－5）。

$$Mg(OH)_2+2H_3PO_4 \longrightarrow Mg(H_2PO_4)_2+H_2O \quad (5-3)$$

$$Mg(OH)_2+H_3PO_4 \longrightarrow MgHPO_4+2H_2O \quad (5-4)$$

$$Mg(OH)_2+2/3H_3PO_4 \longrightarrow 1/3Mg_3(PO_4)_2+2H_2O \quad (5-5)$$

在升温期和高温期，含氮化合物在氨化细菌的作用下分解出氨气：

$$CO(NH_2)_2+3H_2O \longrightarrow 2NH_4^+ +2OH^- +CO_2 \longrightarrow 2NH_3+2H_2O+CO_2 \quad (5-6)$$

$$CH_3CHNH_2COOH+(1/2)O_2 \longrightarrow CH_3COCOOH+NH_3 \quad (5-7)$$

$$CH_2OHCHNH_2COOH \longrightarrow CH_3COCOOH+NH_3 \quad (5-8)$$

氨气溶于水后分解出NH_4^+，NH_4^+与固定剂发生反应（5-10），由于该处理的溶液偏碱性，故有利于反应（5-11）的进行：

$$NH_3+H_2O \longrightarrow NH_4^+ + OH^- \quad (5-9)$$

$$MgHPO_4+NH_4^+ + OH^- + H_2O \longrightarrow MgNH_4PO_4 \cdot 6H_2O \quad (5-10)$$

$$Mg(H_2PO_4)_2+NH_4^+ + OH^- + H_2O \longrightarrow MgNH_4PO_4 \cdot 6H_2O \quad (5-11)$$

研究表明，污水中鸟粪石结晶体的最佳 pH 为 7～11。堆肥的 pH 也在此范围内，因此堆肥过程中磷酸盐和镁盐能够形成以$MgNH_4PO_4 \cdot 6H_2O$（鸟粪石）为主的混合晶体。这也被大量的试验所证明（任丽梅，2009）。

如表 5-14 堆肥产品的矿物组成所示，所有处理的最终堆肥产品中均检测出了鸟粪石。猪粪和秸秆中也含有营养元素磷和镁，这导致对照在堆肥过程中，形成少量鸟粪石结晶。P+MO 处理的鸟粪石含量最高，这表明 P+MO 的形式仍然是形成鸟粪石晶体的最佳组合，二者按 1∶1 混合后的材料呈弱酸性，更有利于鸟粪石晶体的形成。而 P+MC 处理虽然同 P+MO 处理添加的镁盐和磷酸的量完全一样，但由于 P+MC 的组合导致堆肥的 pH 显著降低，EC 显著升高，这一反应将导致微生物活性减弱，堆肥原料的分解受抑制，产生的氨气大量减少，将导致鸟粪石晶体减少。而 KP+MC 和 SP+MC 两个处理磷酸盐的游离程度相对较低，因此形成的鸟粪石含量也较 P+MO 处理更低。

表 5-14　堆肥产品的矿物组成

处理	鸟粪石（%）	方解石（%）	石英（%）	斜长石（%）	滑石（%）	石膏（%）	蒙脱石（%）	迪磷镁铵石（%）	白云石（%）	透钙磷石（%）
P+MO	81	5	11	2	—	—	—	—	1	—
SP	15	9	32	22	5	12	2	1	2	—
P	19	1	41	30	2	4	—	—	1	2
P+MC	56	3	13	17	—	5	6	—	—	—
SP+MC	14	11	37	15	—	10	3	7	3	—
KP+MC	58	5	6	22	—	—	—	3	6	—
CaP+MC	36	5	21	20	—	7	—	4	—	7
CK	6	12	39	29	—	3	—	—	6	5

SP+MC、P 以及 SP 处理控制氮素的主要机理为降低堆肥物料的 pH、减少氨气挥发。因此，这些处理形成的鸟粪石晶体相对较少（图 5-31）。其镁盐主要来源于堆肥原料。

六、腐熟堆肥覆盖对温室气体及氨气减排的影响研究（发酵仓）

1. 温度和其他物理指标变化

如图 5-32 所示，试验开始后堆肥物料的迅速分解产生大量热量导致所有处理的温度均迅速上升。各处理 60 ℃以上的高温期均大于 3 周，确保堆肥取得良好的卫生化效果。第 4 周以后，随着有机碳源的逐渐消耗，温度开始下降。到第 7 周结束时，所有处理的温度均下降到室温，堆肥反应基本停滞。数据分析结果显示，不同处理间温度的差异不显著。在第 5 周后对照温度又上升的原因是，在本次翻堆后向堆体添加了适量的水，堆体内的微生物在水分合适的条件下继续分解未被分解的原料。

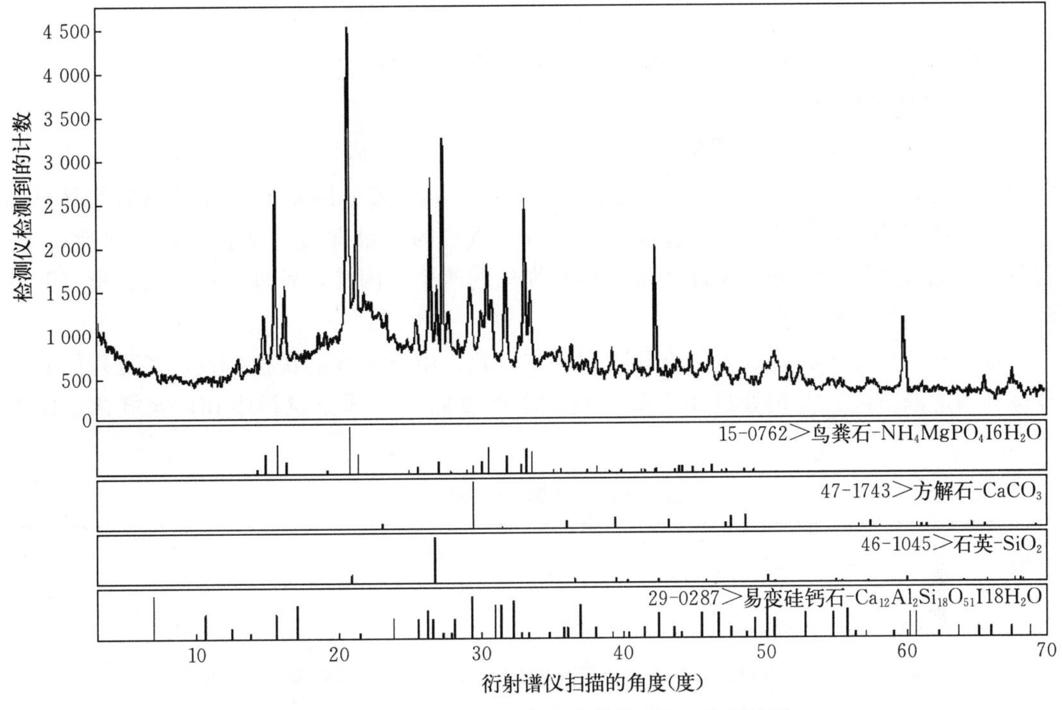

图 5-31　P+MO 处理产品中晶体 XRD 鉴定结果

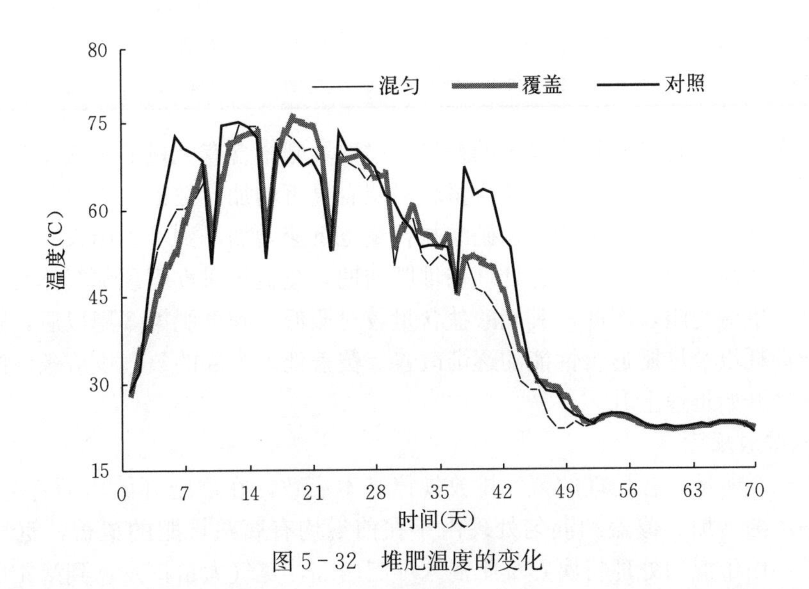

图 5-32　堆肥温度的变化

堆肥各处理的堆肥物料在试验开始后迅速降解，堆肥体积在此期间逐渐下降，第 7 周结束后，所有翻堆处理体积下降率均在 55%左右。而后，堆肥反应趋于停滞，堆肥体积基本保持不变。而寒冷季节各处理的降解速率相对而言更快，在第 5～6 周时，堆肥体积下降率接近 65%，而后由于堆肥可利用碳源的逐渐消耗，堆肥温度迅速下降，堆肥体积基本保持不变。

堆肥开始后各处理均有强烈的氨气味和吲哚气味。吲哚气味在第5天左右减弱，而后开始出现强烈的有机酸味，表明堆体厌氧情况较为严重。两周后氨气味逐渐减弱，并在第3周左右消失。大约5周后所有异味消失，堆肥逐渐呈新鲜泥土味。

2. 化学性质变化

堆肥开始后，由于有机质的大量分解，堆肥的总有机碳（TOC）含量迅速下降。到堆肥结束时，混匀处理的TOC含量显著低于对照。其主要原因是混匀处理添加的腐熟堆肥与堆肥原料相比，初始TOC含量更低。由于氨气的大量挥发，堆肥的全氮逐渐将少，但由于堆肥有机质降解的速率高于堆肥氮素损失的速率，因此，各处理的全氮含量（TN）在堆肥结束后均有所升高。

堆肥开始后3个处理的氨氮变化规律基本一致，由于氨气的快速挥发，各处理的氨氮含量开始逐渐下降。混匀处理由于翻堆后覆盖的腐熟堆肥同原材料中和，氨氮含量偏低（表5-15）。

表5-15 主要化学指标变化

处理	始/末值	pH	C/N	发芽指数（%）	DM（克/千克）	TN（克/千克）	TOC（克/千克）	NH_4^+（克/千克）	NO_3^-（克/千克）
混匀	初始值	8.12	15.02	12.70	363.70	21.24	367.41	5.67	0.07
	结束值	7.97	9.19	131.71	631.81	29.23	268.61	1.28	1.10
覆盖	初始值	8..12	17.30	12.70	363.70	21.24	367.41	5.67	0.07
	结束值	7.99	10.48	106.06	586.30	29.77	312.12	1.10	0.72
对照	初始值	8.12	17.30	12.70	363.70	21.24	367.41	5.67	0.07
	结束值	8.09	9.93	112.66	637.87	29.29	290.98	0.98	0.58

堆肥硝态氮的变化则有较为显著的差异。腐熟堆肥中含有大量的硝酸盐和亚硝酸盐氧化菌，这导致在堆肥混匀后，硝酸盐含量较对照有显著增加。在第3周以后，由于堆肥温度的下降，硝化反应开始逐渐增强，硝酸盐含量也迅速增加。到堆肥结束时，混匀处理的硝酸盐含量显著高于对照。而覆盖处理在堆肥初期，覆盖物对堆肥顶部气体交换的影响导致堆体内氧气供应受阻，因此，其硝酸盐含量较对照低。到堆肥第5周以后，随着可降解物质的逐渐消耗以及堆肥通气性能的逐渐改善，覆盖处理内部的氧气供应条件改善，堆肥中硝态氮含量开始迅速上升。

3. 氨气排放规律

如图5-33所示，各处理的氨气排放规律基本一致，在堆肥开始后随着温度的上升，氨气排放率逐渐增加。覆盖和混匀处理由于在前期均有腐熟堆肥的覆盖，氨气损失率较低。翻堆后，由于混匀处理将腐熟堆肥混入堆肥内部，氨气大量挥发。到第4周后随着可降解物质的逐渐消耗和温度的下降，氨气排放率迅速降低。

覆盖处理的氨气排放率显著低于对照，其主要原因是腐熟物料对氨气的吸附作用。覆盖处理在第3周达到排放的高峰，此时堆体的温度和氨氮含量均为最大值。到堆肥结束时，堆肥物料的全氮损失显著高于氨气排放量，其主要原因是堆肥腐熟物料对堆肥产生的氨气有吸附作用。Maeda等（2009）的研究表明，在堆肥表层添加腐熟堆肥作为覆盖物

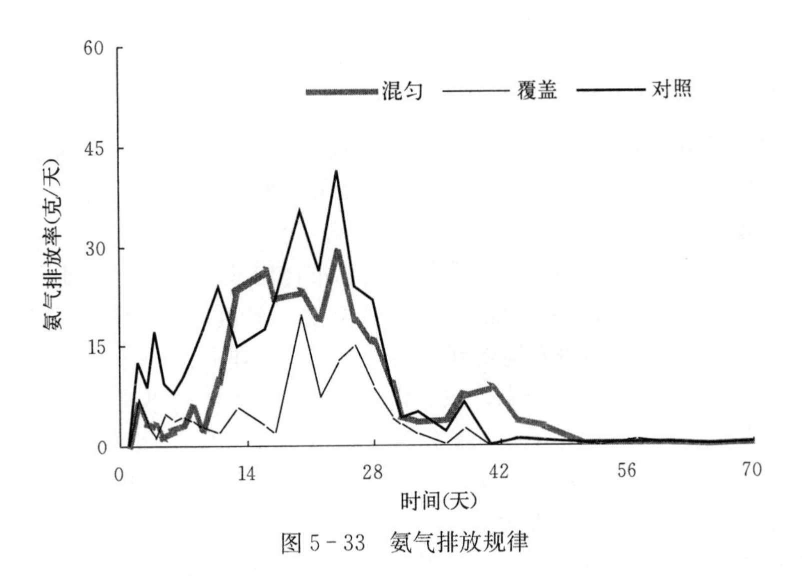

图 5－33　氨气排放规律

后，堆肥系统出口空气的氨气浓度由 196 毫克/米³ 下降至 62 毫克/米³。

数据分析结果显示，在堆肥表层覆盖腐熟堆肥对氨气的挥发有一定的抑制作用，能够显著减少堆肥化过程中氨气的排放。

4. 氧化亚氮

如图 5－34 所示，各处理的氧化亚氮排放率在堆肥开始后逐步上升，一周左右达到顶峰。在第 1 次翻堆后各处理的氧化亚氮排放率都有所下降。这种排放规律同 Sommer 等（2000）的研究结论一致。在堆肥早期过程中，堆肥表层的硝化反应是氧化亚氮产生的主要原因。第 1 次翻堆后，氧化亚氮的排放量迅速下降，表层的硝化细菌被翻堆转移至堆肥内部后，被堆肥产生的高温所抑制。对照和表面覆盖处理在堆肥的后期出现了两次排放的小高峰期，这些小高峰出现的原因是氧化产生的硝酸盐和亚硝酸盐被翻堆转移至堆肥中央的缺氧区域，被反硝化生成氧化亚氮。

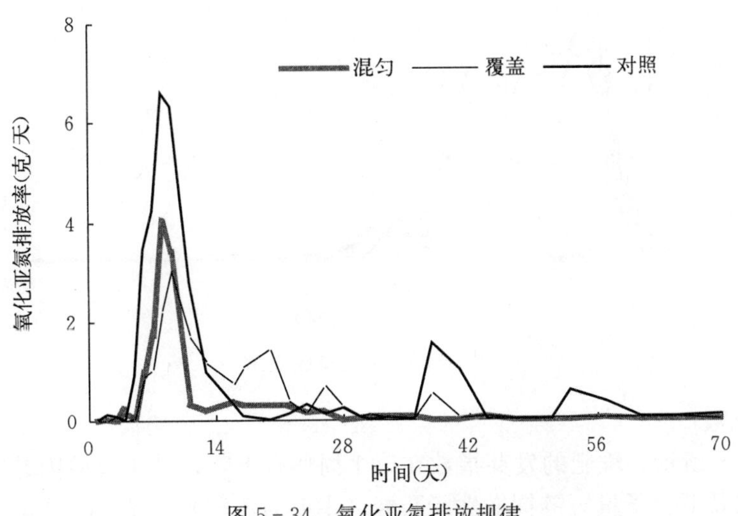

图 5－34　氧化亚氮排放规律

混匀处理翻堆后，氧化亚氮排放率迅速下降至非常低的水平，该结论同 Fukumoto 等的研究结论一致。在该研究中，富含亚硝酸盐氧化菌的腐熟堆肥和经过驯化处理的腐熟堆肥（后者亚硝酸盐氧化菌含量更高）在堆肥排放的高峰期被混入堆肥。结果表明，混入腐熟堆肥后，堆肥的硝酸盐含量迅速增加，而亚硝酸盐含量迅速下降。到堆肥结束的时候，氧化亚氮的总排放率下降到 17.5 克/千克（腐熟堆肥）和 20.2 克/千克。

5. 甲烷排放规律

各处理的甲烷的排放率随着堆肥温度的升高和堆体内氧气的缺乏逐渐上升，并在第 1 周结束的时候达到最大值。各翻堆处理的甲烷主要产生在堆肥高温期，Manios 等（2007）、Osada 等（1997）的研究均得到了同样的结论。其主要原因是在堆肥高温期，氧气的消耗速率远高于氧气的补充速率，二氧化碳的产生使堆体内迅速出现厌氧区域，这不仅有利于甲烷的产生，还有利于甲烷的稳定（Hao et al.，2004），因此该时期甲烷产生量较大。而后，由于易降解物质的逐渐消耗，堆体内的氧气含量逐步升高，堆肥物料含水率下降，堆体内的厌氧状况得到极大改善；4～5 周后甲烷不再排放。

同对照相比，混匀处理和覆盖处理的甲烷排放规律基本一致。但在第 1 次翻堆后，混匀和覆盖处理的甲烷排放率有所降低，其原因是覆盖层能够对排放的甲烷产生氧化作用。在堆肥早期同对照相比，覆盖和混匀处理的甲烷排放率没有显著降低，其主要影响因素是含水率。Whalen 等（1990）的研究结果表明，甲烷氧化的最佳环境湿度为 10%～20%，过高的湿度将降低甲烷的氧化速率，当土壤湿度达到 35%时，甲烷氧化速率极低。他们认为，土壤含水量的提高制约了空气在土壤中的传输，从而制约了甲烷的氧化，同时也抑制了其他各种微量气体的产生。王云龙等（2007）认为在高湿度条件下，甲烷和氧气的扩散限制了甲烷的氧化，同时这种高湿度环境中 NH_4^+ 的积累也抑制了甲烷的氧化（图 5-35）。

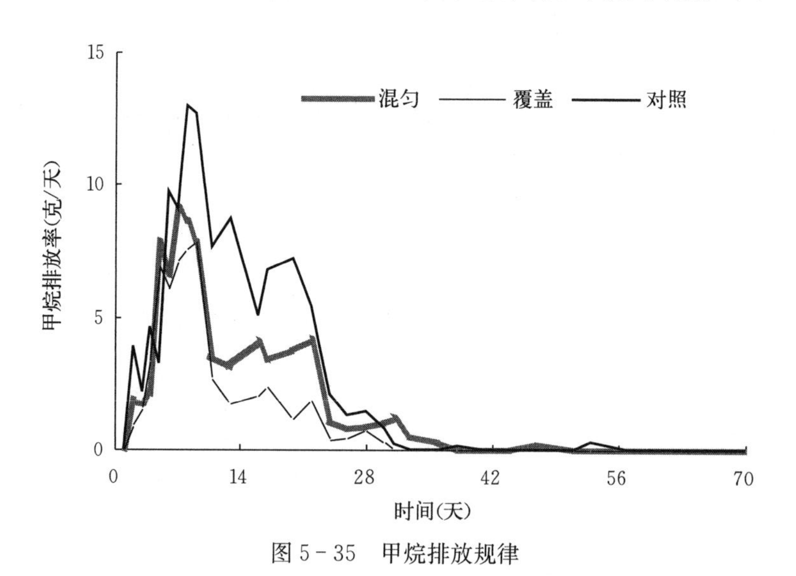

图 5-35 甲烷排放规律

6. 发芽指数

如图 5-36 所示，堆肥的发芽指数在第 1 周略有下降，其主要原因是氨气的释放达到毒害浓度以及低分子量短链挥发性脂肪酸（主要为乙酸）（Fang et al.，1999；Huang et al.，2004）的产生。有研究表明，堆肥的发芽指数与氨气排放率显著负相关（郭瑞，2010）。而后，由于氨气的大量挥发以及低分子脂肪酸的分解，堆肥的发芽指数逐渐升高。到第 6 周结束的时候，所有处理的发芽率指数均高于 80%，表明堆肥基本腐熟。

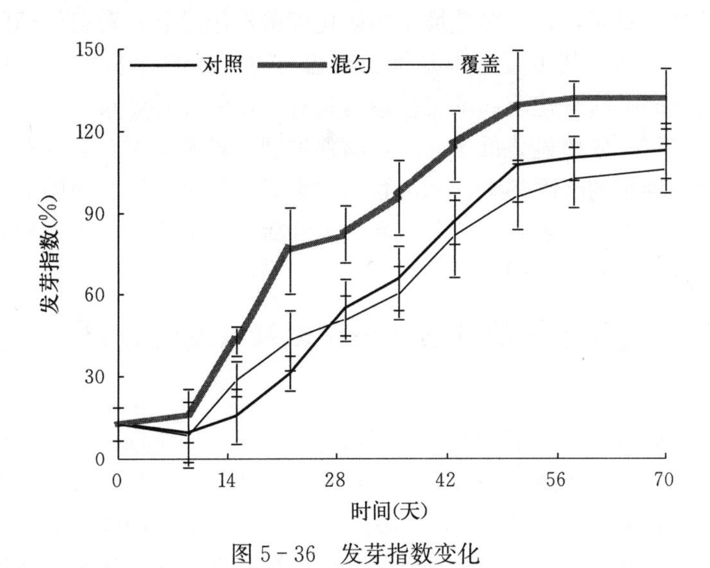

图 5-36　发芽指数变化

混合腐熟堆肥能显著提高堆肥的发芽指数，从第 2 周开始，混匀处理的发芽指数迅速增加，其主要原因为：腐熟堆肥相对干燥的物理特性提高了堆肥的通风性能，减少了堆肥的厌氧区域，第 1 周产生的有机酸被大量氧化；腐熟堆肥改善了堆肥的通风性能，提高了氨气的挥发效率，堆体内的氨氮含量降低；腐熟堆肥自身的结构优势使其对大量有害物质具有较强的吸附能力。

7. 物料平衡分析与讨论

如表 5-16 所示，堆肥结束后，0.17%～0.26%的初始有机碳以甲烷的形式挥发。同对照相比，混匀处理能减少 29%的甲烷排放。混匀处理减少甲烷排放的主要原因是混合后的腐熟堆肥改善了堆肥的通气性能，降低了堆肥物料的含水率。覆盖处理也能降低甲烷排放率（35%），其主要原因是在堆肥的中后期腐熟堆肥层对甲烷的氧化作用。杨文静等（2010）将腐熟堆肥和陶粒 1∶1 混合后作为甲烷的氧化介质，对甲烷进行氧化。当氧化介质厚度为 30 厘米时，甲烷的氧化速率达到了 4.47 摩/(米^2·天)，这一值远高于对照产生的甲烷［峰值约为 1 摩/(米^2·天)］，腐熟堆肥对甲烷的氧化作用相对较低。

表 5-16　物料平衡和温室效应分析

项目	碳素平衡（%，碳）		氮素平衡（%，氮）			温室气体排放（千克/吨，二氧化碳当量）		
	CH_4-C	总碳素损失	NH_3-N	N_2O-N	总氮素损失	CH_4-C	N_2O-N	总排放
混匀	0.19	45.50	14.34	0.49	19.92	23.0	17.8	40.9
覆盖	0.21	55.90	9.10	0.96	19.08	21.0	34.8	55.7
对照	0.24	54.79	18.51	1.35	22.36	32.3	48.9	81.2

混匀处理的氧化亚氮排放水平显著低于对照，在翻堆后混匀处理的氧化亚氮排放率迅速下降到非常低的水平，并且在第4周的时候消失。腐熟堆肥中含有的亚硝酸盐氧化菌对亚硝酸盐进行了氧化，使得反硝化产生氧化亚氮的途径受抑制。堆肥结束后混匀处理的硝酸盐含量也显著高于对照，表明腐熟堆肥的硝化细菌作用显著。覆盖处理的氧化亚氮排放水平较对照也有所下降。其主要原因是堆肥覆盖层对气体的挥发有一定的抑制作用。同时，腐熟堆肥的亚硝酸盐氧化菌和堆肥接触后具有一定的接种效果。

覆盖处理的氨气排放率显著低于对照，腐熟堆肥在堆肥初期对氨气具有较强的吸附作用。堆肥后期腐熟堆肥的吸附逐渐饱和、含水率下降导致腐熟堆肥吸附能力下降等原因导致氨气排放率逐渐增加。覆盖处理的总氮素损失和氨气排放率有较大差异，其主要原因是覆盖材料对氨气的强烈吸附作用。

七、过磷酸钙作为固定剂的开放式堆肥试验（发酵仓）

1. 温度

温度是反映堆体有机物降解状况的重要指标。本研究堆肥期间不同处理的堆体中心温度变化如图5-37所示。从图中可以看出，对照和添加初始全氮量5%过磷酸钙的处理在堆肥第3天即达到高温期（>50℃），而添加10%～25%的过磷酸钙对堆体升温过程产生了一定影响。其中，10%添加量的处理到第6天达到高温期，15%～25%添加量的处理则延迟到第15天左右才达到堆肥高温期。各处理分别经过持续30天左右的高温期后，堆体温度陆续降低。以上温度指标变化结果表明，过磷酸钙的添加对堆体有机物的降解过程产生了不同程度的影响。当添加量达到和超过初始物料全氮物质的量的10%时，堆体内在

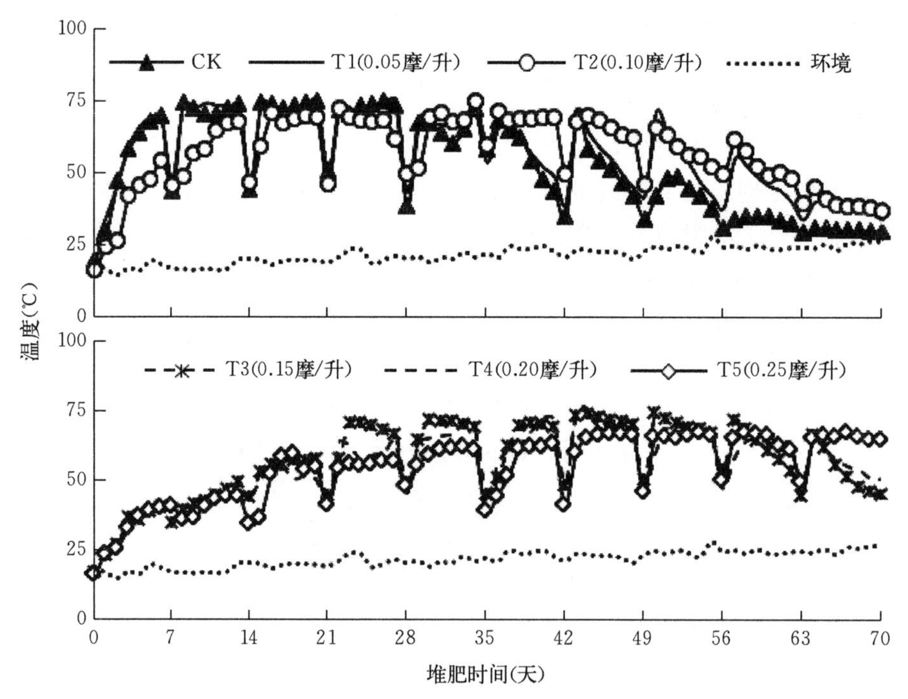

图5-37　过磷酸钙添加材料对堆肥温度的影响

升温阶段起主导作用的嗜热微生物活性可能受到了一定抑制，导致升温缓慢，且随着过磷酸钙添加量的增加，不利影响更为明显。Jeong 等（2005）通过对堆肥中磷酸盐和镁盐混合添加材料用量的研究发现，超过原料全氮物质的量的 20%的磷酸盐和镁盐添加材料将对堆肥有机物降解产生不利影响。Lee 等（2009）则通过小型反应器模拟试验发现，磷酸盐和镁盐添加量不宜超过初始物料全氮物质的量的 10%，本研究取得的结果与其研究结果相似。但与其不同的是，本试验中添加初始物料全氮物质的量的 15%～25%的过磷酸钙的处理经过相对较长的升温阶段后，有机物降解作用并未受到完全抑制，堆体温度仍然达到了高温堆肥的无害化要求，高温阶段天数与对照相当。这说明仅从温度指标来看，若不受堆肥时间限制，添加高量过磷酸钙处理仍然能够实现堆肥的升温和高温腐熟过程。

2. 氨气

图 5－38 是堆肥期间不同处理氨挥发速率监测结果。从图中可以看出，堆肥起始至第 42 天，对照及过磷酸钙添加量小于和等于 10%的处理在高温期出现明显的氨气排放高峰，且排放率最大值一般出现在翻堆后 1～2 天。本试验中过磷酸钙添加材料的使用起到了明显降低堆体氨排放率的效果。由图可见，堆肥 0～28 天，随着过磷酸钙添加量的增加，堆体氨挥发排放峰值明显低于对照。从第 29 天开始，对照处理由高温阶段过渡到后腐熟阶段，氨气排放率呈逐渐降低的趋势，添加过磷酸钙的处理由于降温过程相对缓慢，相继出现了氨气排放率高于对照的现象，但各添加过磷酸钙的处理在整个堆肥周期内的氨气排放峰值仍低于对照的峰值。至堆肥第 42 天后，对照和添加 5%过磷酸钙的处理氨气排放率趋于零，其他处理氨气排放率也保持在较低水平。而此时过磷酸钙添加量为 15%～25%的处理仍处在高温发酵阶段，由此说明，虽然堆体温度被认为是与堆肥氨挥发强度显著相关的因素，但并非唯一决定性因素。当堆体因添加材料、物料结构、pH 或翻堆频率等因

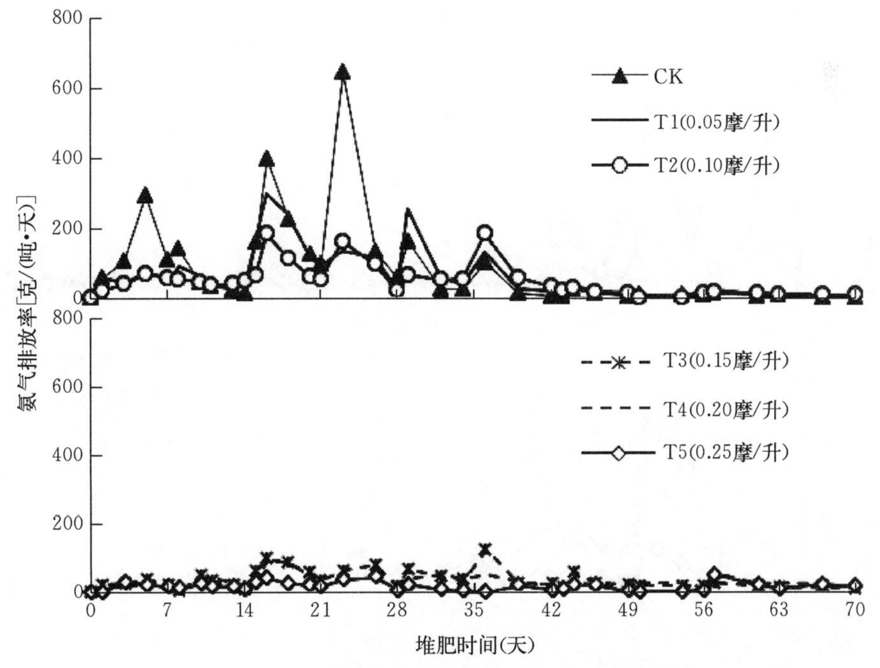

图 5－38　过磷酸钙添加材料对氨气排放室的影响

素获得较强的 NH_4^+ - N 保持能力时，高温期产生的大量 NH_4^+ - N 相对不易转化成氨气挥发损失（Beck - Friis et al.，2001；Jeong et al.，2005）。总体来看，本试验条件下，添加初始物料全氮物质的量的 5%～25%的过磷酸钙处理堆肥 70 天内的累积氨气排放率损失与对照相比分别减少了 27.6%、39.9%、52.4%、60.2%和 76.5%。各处理氨气挥发累积排放量与过磷酸钙添加量呈极显著线性负相关关系（$R=-0.981$，$P<0.01$）。过磷酸钙添加材料使堆体氨气挥发减少的主要原因可能是其作为酸性肥料使堆体初始 pH 略有下降，另外，可能是磷酸根离子的添加促使部分 NH_4^+ - N 与堆肥物料中的 Mg^{2+}、Ca^{2+} 等其他离子结合，形成 $NH_4MgPO_4 \cdot 6H_2O$ 结晶及 NH_4CaPO_4 复合体等，不易向 NH_3 - N 转化（Torkashvand，2010）。

3. 甲烷

图 5 - 39 是堆肥期间各处理甲烷排放率监测结果。从图中可以看出，各处理堆肥前 28 天的甲烷排放率相对较高，其中堆肥起始阶段（0～4 天）添加过磷酸钙的处理甲烷排放率低于对照；堆肥第 28 天后，随着可利用有效碳源的减少，对照和添加 5%过磷酸钙的处理甲烷排放率逐渐降低并接近于零，10%添加量的处理第 35 天后开始趋近于零，而添加量为 15%～25%的处理第 42 天后仍有少量甲烷排放。由此可见，不同的过磷酸钙添加量对甲烷排放率产生了不同程度的影响。与以往研究类似的是，各处理总体排放规律仍表现为在有机物分解速率较快的高温期排放量较大，对照处理 86%的甲烷排放发生在堆肥前 3 周。从图 5 - 39 中还可以看出，过磷酸钙添加量为 5%、10%和 25%的处理甲烷排放率低于其他处理。从堆肥 70 天的累积排放率来看，添加初始物料全氮物质的量的 5%、10%和 25%的过磷酸钙的处理甲烷累积排放率分别比对照降低 87.3%、22.6%和

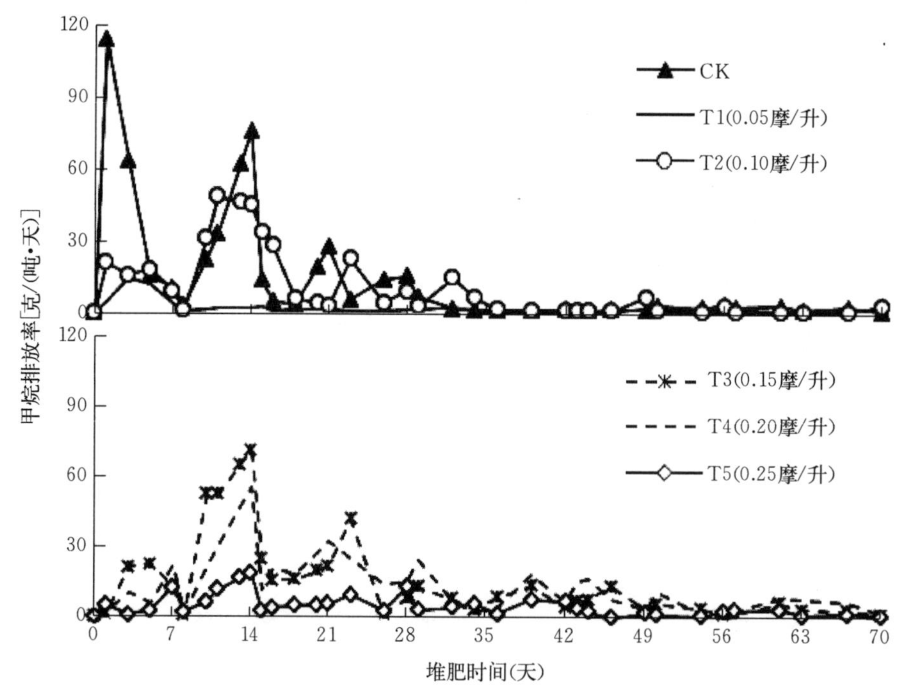

图 5 - 39 过磷酸钙添加材料对甲烷排放率的影响

60.8%；但添加量为15%和20%的处理甲烷排放率与对照相差不大。以上结果表明过磷酸钙添加材料用量与其对甲烷的减排效果未呈线性相关关系。Hao等（2005）认为，堆体中SO_4^{2-}浓度的增加会对产甲烷菌产生抑制作用，从而使甲烷排放率降低；但Sung等（2003）认为，较高的NH_4^+浓度对产甲烷菌和甲烷氧化作用均可能造成不利影响，从而导致甲烷排放量的改变。本试验中不同的过磷酸钙添加量可能对堆体氧化还原电位和与甲烷产生和代谢相关的微生物群落造成了不同的影响，各处理甲烷排放可能受到SO_4^{2-}、NH_4^+、PO_4^{3-}以及游离氨等多种活性离子的共同影响。总体而言，本试验中各处理甲烷排放率低于强制通风发酵罐试验中的甲烷排放率。

4. 氧化亚氮

堆肥中铵态氮的硝化与硝态氮的反硝化过程均有可能产生氧化亚氮，He等（2001）认为，堆肥后期的反硝化作用对堆肥总氧化亚氮排放率的贡献较大。由于过磷酸钙添加材料对堆体内铵态氮和硝态氮的质量分数产生了一定影响，因而可能相应地影响堆体氧化亚氮的排放规律。从图5-40可以看出，添加过磷酸钙处理的堆肥前14天的氧化亚氮排放率与对照相比略有下降，这可能与对照前期有机物降解速率相对较快有关；第14～35天，对照氧化亚氮排放速率降低，添加过磷酸钙处理呈现排放率高于对照的趋势；第35～49天，随着堆体内可供微生物利用碳源的不断消耗，氮素反硝化作用增强，各处理出现了整个堆肥周期氧化亚氮排放的峰值。总的来看，过磷酸钙的添加对堆肥期间氧化亚氮排放峰值和排放过程产生了一定影响，对照排放高峰主要出现在堆体升温期和降温期，在堆肥高温期（>50 ℃）的排放速率相对较低，而添加过磷酸钙的处理在堆肥高温期仍有较多的氧化亚氮排放。以往也有一些研究在堆肥高温期检测到较高的氧化亚氮排放率（Sommer

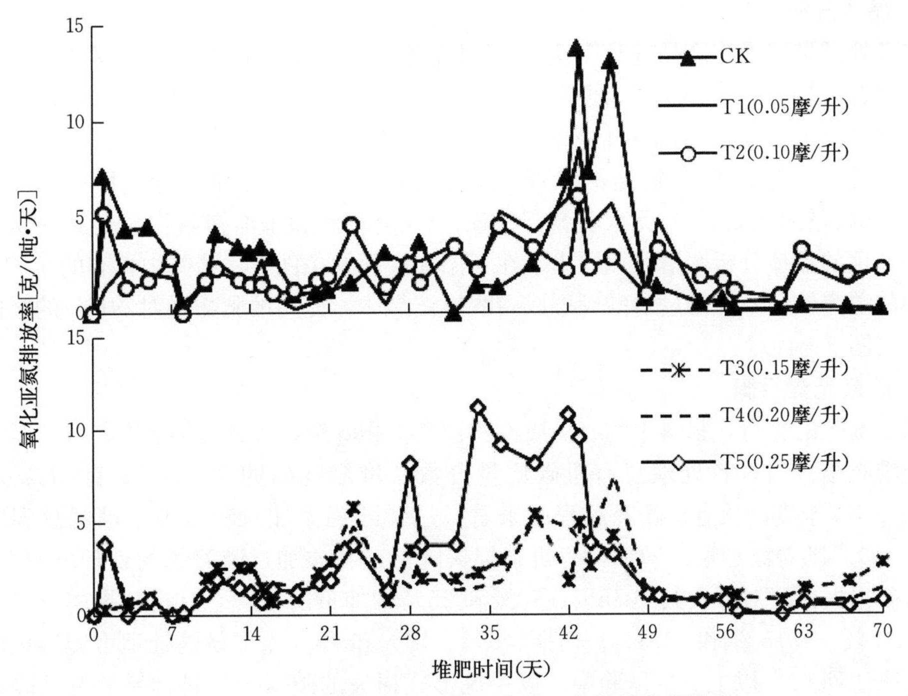

图5-40 过磷酸钙添加材料对氧化亚氮排放率的影响

et al.，2000；Hao et al.，2004；Szanto et al.，2007），并认为这可能不仅与堆体初始硝态氮浓度有关，还可能是因为堆体中存在其他氧化菌能够在高温条件下实现对氨的氧化。本试验中过磷酸钙的添加可能对部分氨氧化菌产生了有利影响，促进了高温条件下的氧化亚氮排放，但其作用机制尚不明确。从累积排放量来看，本试验条件下，添加5%～20%过磷酸钙的处理氧化亚氮累积排放量比对照略有降低；而添加25%过磷酸钙的处理氧化亚氮累积排放量略高于对照；多重比较检验结果表明不同添加比例处理组间差异不显著。

5. 发芽指数

如图5-41所示，堆肥过程中各处理GI总体呈先降低后升高趋势。堆肥第28天后，对照和5%添加量的处理发芽指数达到60%以上。堆肥第35天，10%添加量的处理发芽指数达到60%以上；随后，15%～25%添加量的处理发芽指数也陆续升高。添加初始物料总氮物质的量的10%及以上的过磷酸钙对堆肥物料发芽指数的变化过程产生了影响，减缓了发芽指数的升高趋势。至堆肥结束时，各处理发芽指数均达到100%以上，但25%添加量的处理堆肥发芽指数显著低于对照，这可能与该处理堆肥结束时物料NH_4^+-N浓度相对最高有关；其他处理堆肥结束时发芽指数与对照差异不显著。

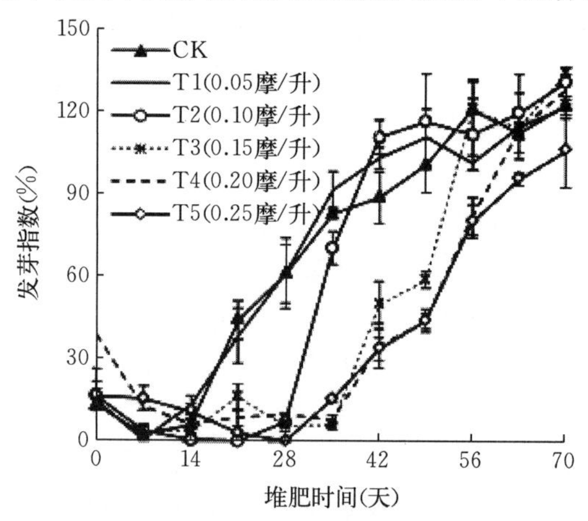

图5-41 不同比例过磷酸钙添加材料堆肥发芽指数变化

6. 晶体分析

对各处理堆肥最终产品进行X射线衍射晶体分析，结果表明，各处理堆肥产品中结晶相均含有大量石英（SiO_2）和少量斜长石［（Na，Ca）Al（Si，Al)$_3$$O_8$］，但添加不同比例过磷酸钙的各处理结晶相中鸟粪石（$NH_4MgPO_4 \cdot 6H_2O$）结晶的比例达到20%以上，显著高于对照。其余新增的结晶相还包括20%以上的钾石膏［$K_2Ca(SO_4)_2 \cdot 2H_2O$］和微量的（≤5%）无水石膏（$CaSO_4$）。由对照和添加初始物料全氮物质的量的20%的处理的晶体分析图谱可以看出，在不添加镁盐的条件下，猪粪中含有的镁离子可与物料中的游离铵和添加的过磷酸钙形成磷酸镁铵晶体，提高堆肥物料对NH_4^+的吸附和固定能力（图5-42）。

7. 碳氮元素平衡

随着堆肥的进行，物料中的有机质不断被微生物降解，各处理堆肥有机碳含量逐渐下降。至堆肥结束时，各处理总有机碳质量分数从堆肥起始的324～378克/千克下降到239～262克/千克。从有机碳降解程度来看，过磷酸钙添加材料减少了堆肥总碳素消耗（图5-43）。随着添加量的增加，有机碳损失降低，各添加过磷酸钙的处理堆肥70天的总有机碳损失低于对照。其中15%、20%和25%添加量的处理总有机碳损失分别比对照减少11.5%、19.5%和38.3%。对照、5%、10%和15%添加量的处理堆肥结束时有机碳损失率达到60%以上。本试验中，以甲烷形式损失的碳素未超过初始总有机碳质量的0.3%，其余主要为二氧化碳损失。

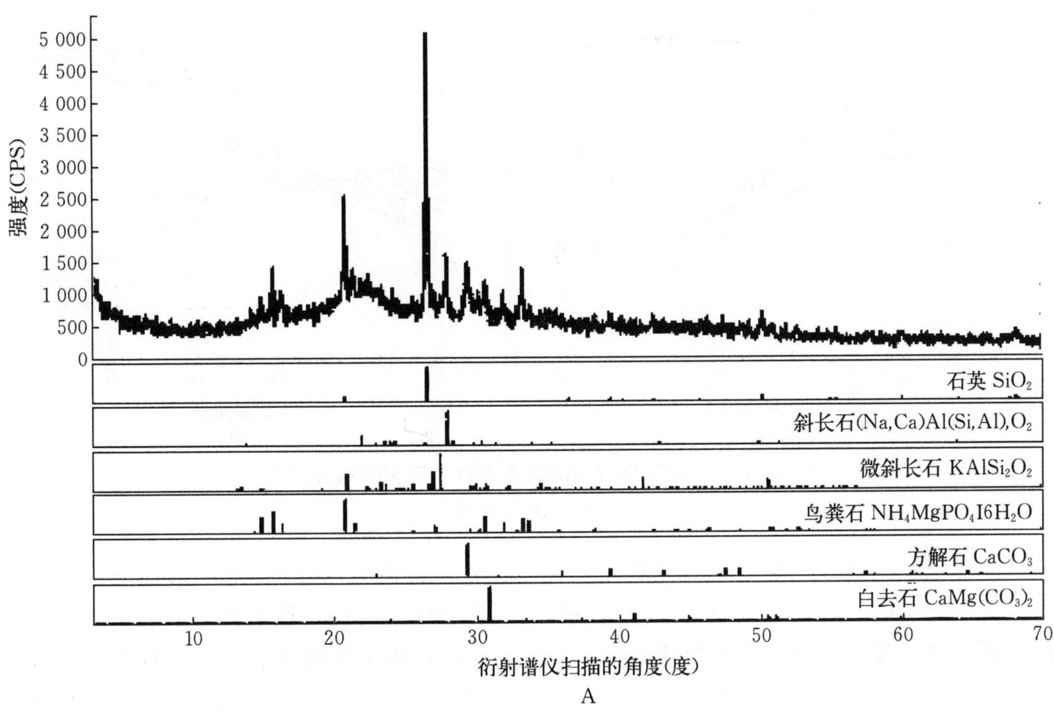

A

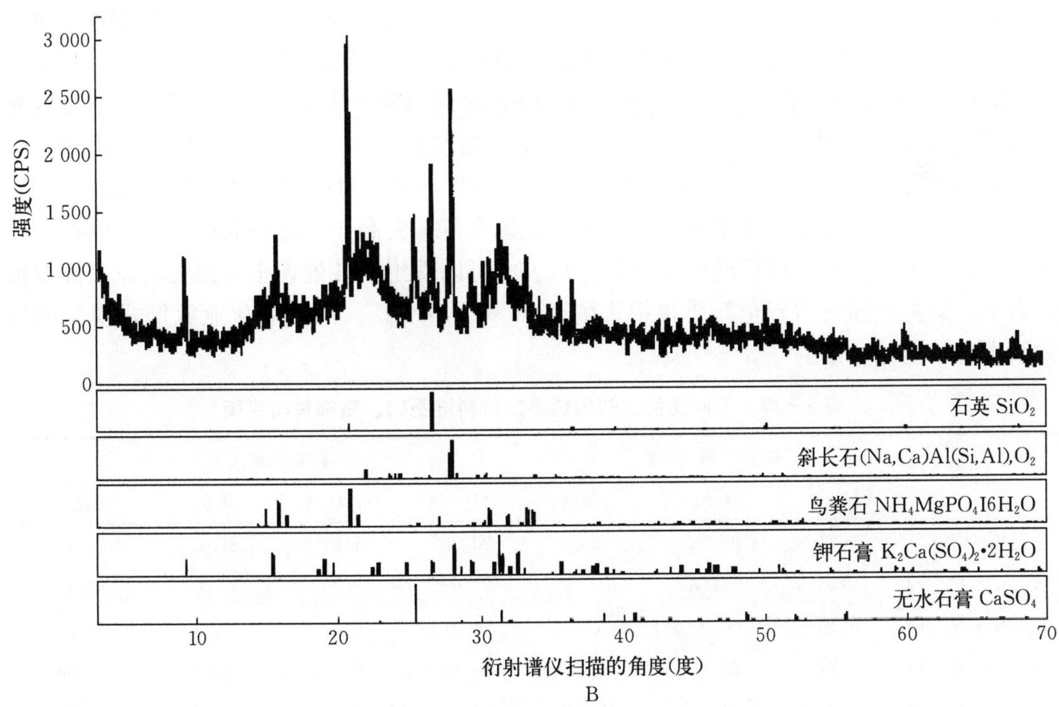

B

图 5-42　产品晶体 XRD 检测结果

A. 对照　B. T4 处理

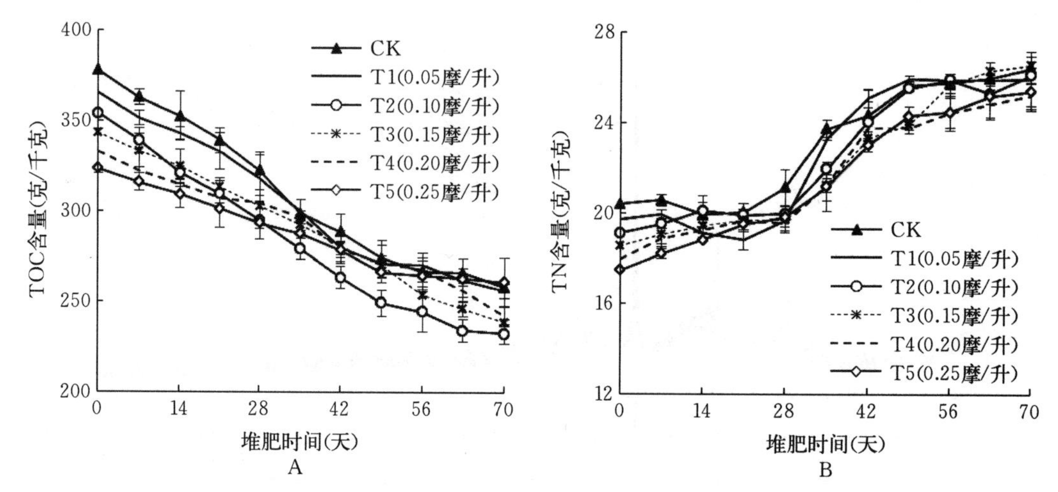

图 5-43 不同比例过磷酸钙添加材料堆肥碳氮含量变化

A. 总有机碳 B. 全氮

随着堆肥的进行，各处理单位质量干物质全氮含量呈上升趋势。堆肥过程中，添加不同比例过磷酸钙的处理单位质量干物质中的氮素含量低于对照，这主要是由于添加不同比例过磷酸钙的各处理起始总干物质质量相对较高，但堆体中可降解有机质物料总量则与对照相同。从氮素损失来看（表 5-17），本试验条件下，过磷酸钙作为添加材料显著降低了堆肥全氮损失。随着添加量的增加，固氮效果更明显。添加初始物料全氮物质的量 5%～25%的过磷酸钙处理全氮损失分别比对照减少了 9.3%、14.6%、30.1%、45.8%和 71.5%。与以往研究相比，林小凤等（2008）添加物料干质量 5.2%～15.7%的过磷酸钙达到了减少全氮质量损失 14%～85%的效果，翁俊基等（2012）添加物料鲜质量 1%～3%的过磷酸钙使堆肥全氮质量损失减少 33.6%～52.9%。对同等添加比例下的固氮效果对比结果表明，本试验条件下添加过磷酸钙处理全氮损失高于上述研究。学者分别在 1 升和 187 升反应器中模拟堆肥的全氮损失。从表中可以看出，各处理全氮损失均以氨挥发损失为主，氨挥发损失占到全氮质量损失的 59.9%～87.9%。而以氧化亚氮形式损失的氮素约占初始全氮质量的 0.8%～1.2%。

表 5-17 不同比例过磷酸钙添加材料堆肥碳、氮损失与平衡

处理	碳素平衡（%）			氮素平衡（%）			
	CH_4-C	其他	总损失	NH_3-N	N_2O-N	其他	总损失
对照（CK）	0.21	68.22	68.43	35.30	1.01	3.84	40.15
T1（0.05 摩/升）	0.03	64.08	64.11	27.98	0.86	7.57	36.42
T2（0.10 摩/升）	0.16	66.37	66.53	21.21	0.84	12.23	34.28
T3（0.15 摩/升）	0.24	60.32	60.56	16.80	0.76	10.50	28.06
T4（0.20 摩/升）	0.22	54.84	55.06	14.83	0.90	6.01	21.74
T5（0.25 摩/升）	0.08	42.13	42.21	8.30	1.15	2.01	11.46

注：表中“碳素平衡”指占初始总有机碳的百分比，“氮素平衡”指占初始总有机氮的百分比。

8. 温室效应

堆肥过程中产生的甲烷和氧化亚氮是主要的温室气体，根据政府间气候变化专门委员会 2007 年的报告，单位质量甲烷和氧化亚氮的 100 年温室效应分别是二氧化碳的 25 倍和 298 倍。本试验堆肥条件下，每处理 1 吨新鲜猪粪与玉米秸秆混合物所排放甲烷和氧化亚氮折合温室气体二氧化碳当量结果见表 5-18。从表中可以看出，在未计二氧化碳排放量的条件下，不同比例过磷酸钙添加材料使堆肥温室效应相对降低 11%～36%。不同比例过磷酸钙添加材料在不同程度上减少了堆肥过程总碳损失率，这部分损失主要为二氧化碳。总体来看，不同比例过磷酸钙添加材料在一定程度上起到了减少猪粪与玉米秸秆堆肥总温室气体排放的效果。

表 5-18　不同比例过磷酸钙堆肥温室效应

单位：千克/吨，二氧化碳当量

项目	CK	T1 (0.05 摩/升)	T2 (0.10 摩/升)	T3 (0.15 摩/升)	T4 (0.20 摩/升)	T5 (0.25 摩/升)
氧化亚氮	31.3	26.1	25.0	22.4	26.4	33.7
甲烷	11.6	1.6	8.8	12.9	12.0	4.3
合计	42.9	27.7	33.8	35.3	38.4	38.0

八、硝化抑制剂（DCD）添加量及堆肥添加剂综合评价试验（发酵罐）

1. 温度变化

堆肥开始后各处理的温度均迅速上升，到第 3 天的时候，各处理的温度均超过 70 ℃。各处理的温度保持在高温期达两周左右，而后各处理的温度开始逐渐下降，到第 3 周结束时各处理的温度均接近室温，表明堆肥反应趋于停滞。各处理的温度没有显著差异，硝化抑制剂、磷酸、氢氧化镁以及氢醌的添加对堆肥温度无显著影响。各处理保持在 55 ℃以上的时间均超过 7 天，这表明所有处理均能达到良好的卫生化效果（图 5-44）。

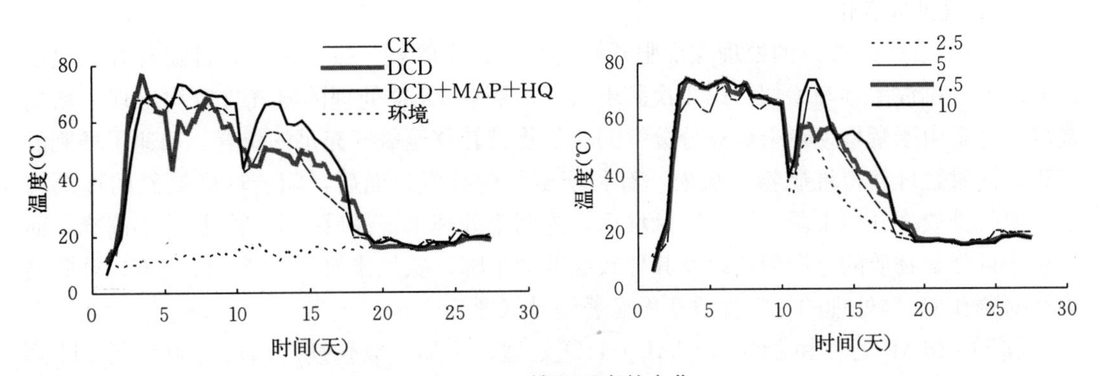

图 5-44　堆肥温度的变化

注：图中“2.5、5、7.5、10”分别代表硝化抑制剂（DCD）的不同添加量，即 2.5%、5%、7.5%和 10%，余同。“DCD+MAP+HQ”指“DCD+Mg $(OH)_2$+H_3PO_4”，余同。

2. 物理化学指标变化

堆肥反应开始后，添加物质对堆肥反应无显著抑制作用，导致有机质降解情况基本一致。堆肥结束后各处理的 TOC 含量为 301.1～310.6 克/千克，处理间无显著差异。除对照和 DCD 处理外，其他处理堆肥结束时 TN 的含量为 35.5～38.6 克/千克。对照和 DCD 处理由于未添加氢氧化镁和磷酸而氮素损失率偏高，导致堆肥最终产品的含氮量偏低（29.3～30 克/千克）。

堆肥反应开始后，由于易降解物质的大量分解，各处理的氨氮含量有所增加。而后，由于氨氮的大量挥发和可降解物质的逐渐消耗，堆肥的氨氮含量逐渐降低。到堆肥结束时下降至 0.8～1.5 克/千克。同对照相比，添加了氢氧化镁和磷酸的处理由于 pH 偏低和添加了 DCD，堆肥氨氮累积量较高。

对照的硝酸盐含量在堆肥开始后由于反硝化作用有所降低。第 2 次翻堆后，随着堆肥温度的逐渐降低，硝化反应开始进行。到第 3 次翻堆时，硝酸盐含量迅速增加到 123.0 毫克/千克。而添加量为 2.5%的处理，由于 DCD 在堆肥降解过程中逐渐被降解，因此抑制作用减弱，到第 3 次翻堆时，硝酸盐含量有所增加。其他处理由于 DCD 的强烈抑制作用，在堆肥后期硝酸盐含量未显著增加（图 5-45）。

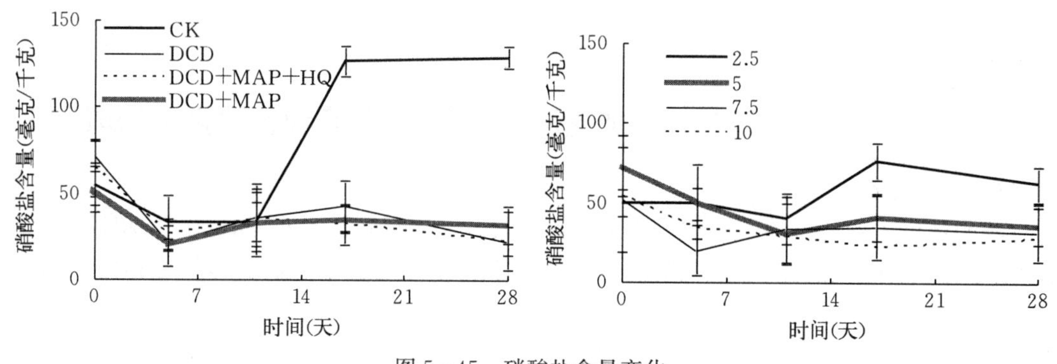

图 5-45　硝酸盐含量变化

3. 氨气排放变化

对照和只添加 DCD 的处理在堆肥开始后便有较高的氨气排放率，并且随着堆肥温度的升高氨气排放率逐渐增加。第 1 次翻堆后，对照和 DCD 处理的氨气排放均出现了新的高峰，这是由于翻堆使得未被充分分解的有机物被转移至氧气充足的位置，加速了堆肥的进程。同时翻堆使得堆肥物料疏松，有利于氨气的挥发。而后，随着堆肥氨氮的逐渐挥发，氨气排放率开始下降。第 2 次翻堆后，这两个处理出现最后一个氨气排放小高峰，而后由于可降解物质的逐渐消耗以及其导致温度的下降，氨气排放率逐渐下降至零。堆肥结束后对照和 DCD 处理的氨气排放率无显著差异（图 5-46）。

DCD+MAP 处理和 DCD+MAP+HQ 处理，添加氢氧化镁和磷酸导致堆肥 pH 降低，同时固定了大量的 NH_4^+，导致堆肥初期的氨气排放率同对照相比显著降低。同对照一样，随着堆肥温度的上升氨气排放率也逐渐增加，并在第 1 次翻堆后达到最大值。1 周后 DCD+MAP 处理的氨气排放率逐渐下降到一个较低水平（0.5～1.5 克/天），两周后，氨气排放基本结束。DCD+MAP+HQ 处理同 DCD+MAP 处理相比，在早期的排放率更低，其主要原因是 HQ 抑制了猪粪原料中尿素的分解，使得堆肥早期 NH_4^+ 含量降低。

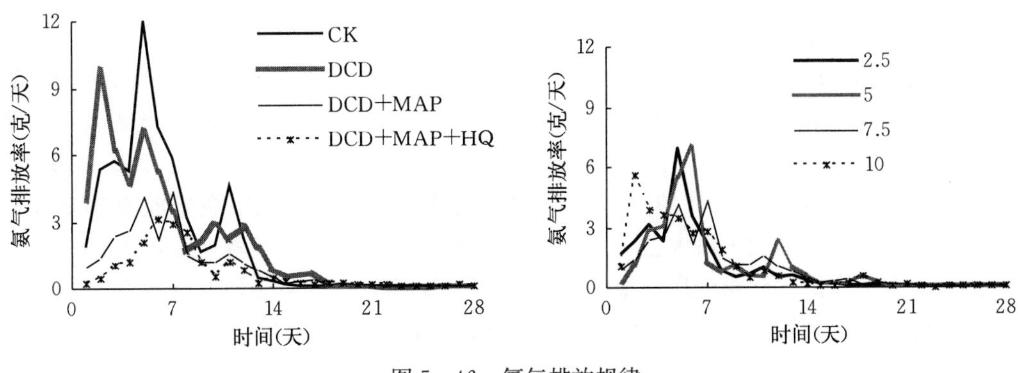

图 5-46 氨气排放规律

不同DCD浓度处理的氨气排放规律同对照基本一致，但由于均添加了氢氧化镁和磷酸，因此氨气排放率较低。DCD浓度对氨气的排放无显著影响。

4. 氧化亚氮排放

由于高温和DCD的联合作用，堆肥的硝化反应难以进行，因此不会通过硝化反应产生氧化亚氮。这导致在第3次翻堆前堆肥的氧化亚氮排放率极低。在第2次翻堆后，堆肥的温度逐渐下降，同时氧气也较为充足，因此这一时期逐渐有硝化反应发生。第3次翻堆时，对照的硝态氮含量有较大幅度的增加。这导致在第3次翻堆后出现氧化亚氮排放高峰（图5-47）。

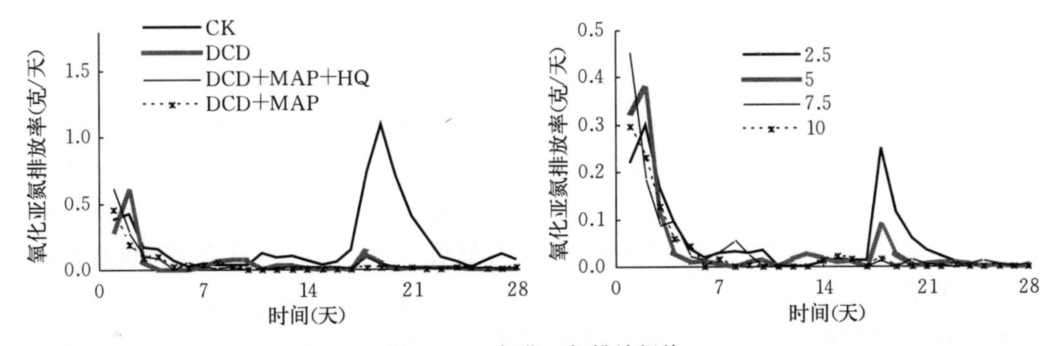

图 5-47 氧化亚氮排放规律

添加了DCD的处理，除在堆肥初期由于反硝化产生氧化亚氮外，在整个堆肥周期中由于硝化抑制剂的作用，氧化亚氮的排放率均很低。DCD添加量为2.5%的处理在第3次翻堆后有一个氧化亚氮排放小高峰，其原因可能是添加的DCD在堆肥初期的高温作用下被分解（DCD在80℃以上易热解为氨气），堆肥的温度下降后发生硝化反应，导致堆肥中的硝态氮和亚硝态氮含量增加。当DCD添加量达到5%以后，整个堆肥周期内的氧化亚氮的排放率均很低。由于在堆肥早期高温能有效地抑制硝化反应的进行。因此，可在堆肥的降温期开始添加DCD以节约DCD用量。

堆肥开始后，各处理均有较高的（甲烷）排放率。除对照外，各处理均添加了硝化抑制剂（DCD），同时，硝化细菌将受到高温抑制。因此，在此阶段氧化亚氮主要来源于猪粪原料中硝酸盐、亚硝酸盐的反硝化。

5. 甲烷排放

各处理甲烷的排放规律基本一致，但对照的甲烷排放率相对较高。其原因是DCD能抑制产甲烷菌的活性（李香兰等，2009）。堆肥早期易降解物质的快速分解导致堆肥局部缺氧，因此在堆肥的第1周均有较高的甲烷排放率。第2次翻堆后，由于堆肥温度下降，堆肥产生的降解水难以随空气离开发酵罐，因此堆肥的含水率逐渐上升。到第3次翻堆时，含水率均接近80%。这导致堆肥内部的厌氧状况加剧，因此甲烷排放率越来越高。到第2周结束时普遍达到了最大值。而后由于碳源的逐渐消耗以及堆肥温度的逐渐下降，甲烷排放率逐渐降低。到第3周结束时各处理的甲烷排放基本恒定，并保持在较低水平，直至堆肥结束。在堆肥的早期，DCD+MAP+HQ处理的甲烷排放率同对照基本一致。第2次添加HQ后，该处理的甲烷排放率显著低于对照。研究表明，HQ能抑制以醋酸盐为底物的产甲烷菌的发酵过程（李香兰等，2009）（图5-48）。

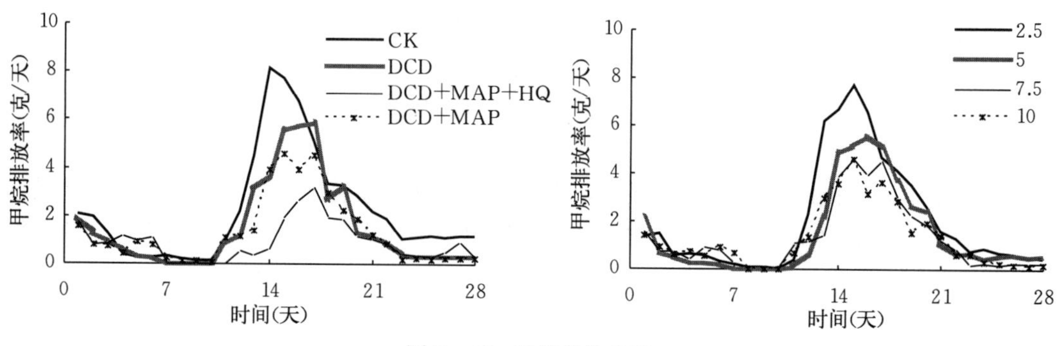

图5-48 甲烷排放规律

不同浓度的DCD处理的甲烷排放规律基本一致。在堆肥初期，各处理的甲烷排放率无显著差异。DCD在堆肥早期对甲烷的产生没有显著的抑制作用。其原因可能是DCD在较高温度下易被分解为氨气。在堆肥后期，随着堆肥含水率的提高，甲烷排放率逐渐增加，在第2个排放高峰期，DCD对甲烷的产生有显著抑制作用，DCD添加浓度越高，甲烷排放率越低。

6. 物料平衡分析

如表5-19所示，试验结束后，对照的甲烷排放率为初始全氮的2.0%，由于DCD能抑制产甲烷菌的活性（李香兰等，2009），因此添加了DCD的处理甲烷排放率有所降低。但添加量为2.5%的处理其甲烷排放率与对照无显著差异。DCD的添加能显著抑制氧化亚氮的生成，各添加DCD的处理的氧化亚氮排放率均显著降低。DCD添加量达到5%以上时，减排效果最佳。

表5-19 物料平衡

序列	处理	碳素平衡（%）		氮素平衡（%）		
		CH_4排放	总碳素损失	N_2O排放	NH_3排放	总氮素排放
1	CK	2.0	58.5	1.84	32.8	37.0
2	DCD7.5%	1.4	61.9	0.65	33.6	37.7

（续）

序列	处理	碳素平衡（%）		氮素平衡（%）		
		CH_4排放	总碳素损失	N_2O排放	NH_3排放	总氮素排放
3	DCD7.5%+MAP	1.2	58.8	0.44	15.5	19.5
4	DCD7.5%+MAP+HQ	0.8	59.8	0.49	11.4	15.4
5	DCD2.5%+MAP	2.1	58.2	1.30	16.0	20.3
6	DCD5.0%+MAP	1.4	58.1	0.44	17.8	22.5
2	DCD7.5%+MAP	1.2	58.8	0.44	15.5	19.5
7	DCD10%+MAP	1.2	60.6	0.41	15.8	20.3

脲酶抑制剂HQ的添加能显著降低氨气的排放率，其主要原因是在堆肥初期HQ有效抑制了猪粪中尿素的分解。HQ对甲烷排放也有显著的抑制效果，但其最佳添加浓度还有待进一步研究。

同对照相比，各处理的总温室气体排放率降低了40%～50%，当DCD和HQ联合使用时，减排效果最佳，甲烷和氧化亚氮排放率分别降低了61%和73%（表5-20）。

表5-20　温室气体排放率

序列	处理	温室气体排放率			
		甲烷（千克/吨，二氧化碳当量）	氧化亚氮（千克/吨，二氧化碳当量）	总排放量（千克/吨，二氧化碳当量）	减排率（%）
1	CK	222.4	60.2	282.6	0.0
2	DCD7.5%	154.7	22.2	176.9	37.4
3	DCD7.5%+MAP	129.9	14.4	144.3	48.9
4	DCD7.5%+MAP+HQ	82.4	15.9	98.4	65.2
5	DCD2.5%+MAP	227.2	41.2	268.4	5.0
6	DCD5.0%+MAP	154.1	14.5	168.6	40.3
2	DCD7.5%+MAP	129.9	14.4	144.3	48.9
7	DCD10%+MAP	128.1	13.7	141.8	49.8

第四节　主要结论

一、强制通风系统中C/N、含水率和通风率对温室气体和氨气排放的影响

（1）氧化亚氮主要产生在堆肥的高温期，甲烷氧化菌对氨气的氧化是氧化亚氮产生的主要原因；翻堆后高通风处理有显著的排放高峰出现，此时对硝酸盐、亚硝酸盐的转移、反硝化是氧化亚氮产生的主要原因。通风率对氧化亚氮的产生有显著影响，通风率越大氧化亚氮排放量越高；C/N和含水率对氧化亚氮产生的影响不显著。

（2）甲烷主要产生在高温期，占整个堆肥过程的63%～93%。在两周后甲烷的排放基本停止。低通风率的处理由于堆肥物料分解周期被延长以及含水率上升，在堆肥后期仍

有较高的甲烷排放率。C/N 对甲烷的产生有显著影响，C/N 越低甲烷的排放率越高；通风率对甲烷的产生也有显著影响，通风率越高，甲烷排放率越低。初始含水率对甲烷的产生无显著影响。

（3）堆肥化过程中氨气的排放主要发生在堆肥的高温期。通风率对氨气的产生有显著影响，通风率越大氨气排放率越高；C/N 对氨气的产生有显著影响，C/N 越低氨气排放率越高。初始含水率对氨气的产生无显著影响。

（4）正交分析结果显示：猪粪与玉米秸秆堆肥的最优方案为通风率 0.48 [升/(千克·分)]、C/N 比 21、含水率 65%。

二、条垛翻堆系统中翻堆频率、覆盖和季节对温室气体及氨气排放的影响

（1）在寒冷季节和温暖季节的堆肥中，有机物质分解产生大量热能保持堆体温度在 60 ℃以上的时间达 3～4 周。堆肥将获得良好的卫生化效果。但在冬季的降温期，由于室温过低，堆体热量损失较快。堆肥反应进入腐熟期后，温度迅速下降，会中止堆肥的腐熟，影响堆肥的腐熟度。

（2）翻堆频率对氧化亚氮的产生有显著影响。对于翻堆处理而言，氧化亚氮的排放高峰主要出现在堆肥的升温期，此时甲烷菌对氨气的不完全氧化导致大量氧化亚氮的产生；在堆肥后期，翻堆作用导致硝酸盐和亚硝酸盐的不完全反硝化，进而导致氧化亚氮的再次排放。不翻堆处理由于出现了分层现象，加剧了堆体内硝化和反硝化反应的交替作用，显著促进了氧化亚氮的排放。

（3）覆盖物能够吸收来自堆肥的蒸发水汽，从而形成一个高含水率的吸收层。这个吸收层能阻碍堆肥表面气体的交流，吸收堆肥过程中排放的氨气；也能阻碍堆体表层氧气的交换，导致堆体氧气缺乏，从而增加了甲烷排放率并影响堆肥的腐熟进程。由于翻堆能破坏这一含水层，因此翻堆频率越高覆盖的影响就越小。覆盖对氧化亚氮排放的影响不显著。

（4）不同季节，堆肥的降解进程并未受到显著影响。除不翻堆的处理外，其他处理的降解率均接近 60%。在相同的翻堆频率下，冬季的温室气体排放率高于夏季，其主要原因是在寒冷季节堆肥的初期，其氧化亚氮排放率显著高于温暖季节。寒冷季节堆肥表层温度更低，有利于硝化反应的进行，从而产生氧化亚氮。

（5）在每周翻堆一次、不覆盖的条件下能够实现良好的卫生化效果，并且使堆肥腐熟。同时，温室气体排放也被控制在较低水平。在冬季堆肥的腐熟阶段做好堆体保温是实现堆肥充分腐熟的重要保证。

三、通风率和通风方式对温室气体及氨气产生的影响

（1）通风率对氧化亚氮的排放率有显著影响，通风率越高，氧化亚氮排放率越高。与发酵罐中的结论类似，相比较而言，发酵仓中的排放率更低 [C/N 为 18、通风率约为 0.4 升/(千克·分)、含水率为 65%的条件下，中试和发酵仓的氧化亚氮排放率分别为初始全氮的 1.71%和 4.2%]，堆肥规模越小，氧化亚氮排放率越高。

（2）在中试条件下，通风率对甲烷的排放率有显著影响：通风率越高，甲烷排放率越

高。这一结论同在发酵罐中的结论类似，但在相似条件下，发酵仓中的排放率更低［C/N为18、通风率约为0.4升/(千克·分)、含水率为65%的条件下，中试和发酵仓的甲烷排放率分别为初始总碳的0.09%和3.7%］，堆肥规模越小，甲烷排放率越高。同时发酵仓的顶层氧气充足，甲烷随气流通过这一区域时被部分氧化。

（3）不同通风方式对温室气体和氨气排放率有显著影响。同连续通风相比，间歇通风能减少氨气和甲烷的排放，却增加了氧化亚氮的排放。间歇通风促进了堆肥中的厌氧、好氧交替，从而导致氧化亚氮排放率的增加。

（4）与条垛翻堆系统相比，强制通风系统水分更容易散失，由于堆肥水分不足而使微生物活性受抑制，因此在强制通风系统中，含水率的保持非常重要。

（5）在猪粪与玉米秸秆的堆肥过程中，通风能减少堆肥的腐熟时间，但并不能有效提高堆肥的降解率，也不能有效提高最终堆肥产品的品质。同时，通风还将显著提高堆肥的总温室气体排放率，并增加堆肥成本。

四、氧化亚氮产生机理

（1）在强制通风系统中（发酵罐），堆肥初期的氧化亚氮主要来源于堆肥原料中NO_3^-和NO_2^-的反硝化。堆肥后期的氧化亚氮主要来源于堆肥过程中产生的NO_3^-和NO_2^-被翻堆转移至厌氧区域的反硝化作用。

（2）在中试条件下，氧化亚氮的排放主要集中在堆肥的高温期（尤其是不翻堆处理），其原因是甲烷氧化菌对氨气的不完全氧化产生氧化亚氮。在发酵罐体系中，由于规模小，这一现象并未出现。

（3）在试验条件下，NO_3^-和NO_2^-均和氧化亚氮的排放率显著相关，两个添加处理的氧化亚氮排放规律基本一致。虽然NO_3^-不能直接被反硝化为氧化亚氮，但在堆肥中NO_3^-反硝化为NO_2^-的反应非常快，不会对NO_2^-排放构成限制。

五、化学添加剂对温室气体及氨气排放的影响

（1）磷酸＋氢氧化镁和磷酸＋氯化镁两种添加方式都能在堆肥化过程中形成鸟粪石晶体，从而降低堆肥过程中的氨气排放减少。磷酸＋氯化镁处理的排放率更低，但是建立在较低的降解率的基础上的。磷酸＋氯化镁处理的最终产品pH偏低，NH_4^+含量偏高，导致堆肥最终产品的发芽指数低于80%。

（2）磷酸二氢钾＋氯化镁和磷酸二氢钙＋氯化镁两个处理都取得了良好的固氮效果，磷酸二氢钾和磷酸二氢钙两种化学材料均可作为磷酸的替代品。尤其是磷酸二氢钙价格相对低廉，有望在实际中得到应用。

（3）磷酸二氢钙处理取得了良好的固氮效果，同时由于SO_4^{2-}对甲烷细菌的抑制作用，甲烷的排放率下降。但由于SO_4^{2-}对堆肥微生物的强烈抑制作用，堆肥的降解、腐熟进程受到影响，堆肥最终产品未充分腐熟。由于过磷酸钙价格低廉，因此其在堆肥中的应用有良好的价格优势。过磷酸钙在较低添加浓度下的作用效果有待进一步研究。

六、腐熟堆肥覆盖对温室气体及氨气排放的影响

（1）腐熟堆肥具有良好的吸附性能，能显著降低堆肥化过程中氨气的排放率。同时，

也能在堆肥的中后期对产生的甲烷起到良好的氧化效果，降低甲烷排放率。

（2）腐熟堆肥中含有大量亚硝酸盐氧化菌，亚硝酸盐氧化菌能促进亚硝酸盐向硝酸盐的转化，从而抑制氧化亚氮的产生。

（3）腐熟堆肥同堆肥原料混匀后能够有效地改善堆肥的物理结构，提高堆体的通气性能，并最终提高堆肥产品的腐熟度。

七、过磷酸钙作为固定剂对堆肥气体排放的影响

（1）在自然通风条件下，添加堆肥初始物料全氮物质的量5%～25%（折合干质量的3.3%～16.5%）的过磷酸钙可降低猪粪堆肥氨挥发损失、全氮素损失和总有机碳损失，起到除臭保氮、提高堆肥品质的作用。堆肥后期物料NH_4^+－N浓度与过磷酸钙添加量呈显著正相关关系；堆肥氨挥发和全氮损失比率与过磷酸钙添加量呈显著负相关关系。

（2）添加初始物料全氮物质的量的5%和10%的过磷酸钙能在一定程度上降低猪粪堆肥甲烷和氧化亚氮的排放，分别使每吨物料堆肥化过程的温室效应比对照降低36%和21%。添加初始物料全氮物质的量的15%～25%的过磷酸钙会对有机物料降解速率产生明显不利的影响，推迟堆肥腐熟进程。若实际堆肥生产时间受限（自然通风条件下少于56天），则不宜选择过高添加量。

（3）总体来看，适量（初始物料全氮物质的量的5%～15%，初始物料干质量的3.3%～9.9%）添加过磷酸钙对堆肥GI和有机物降解率影响较小，并能降低堆肥全氮损失和总温室效应，提高堆肥品质。过磷酸钙作为一种低成本、易获得的磷肥，在堆肥工程实践中具有一定的应用价值。

八、硝化抑制剂（DCD）添加量对堆肥气体排放的影响

（1）硝化抑制剂DCD能够在强制通风系统（60升发酵罐）的堆肥化过程中较好地抑制硝化反应的进行。导致添加DCD的处理在堆肥的中后期硝酸盐含量较对照低，从而减少了堆肥中后期氧化亚氮的产生。

（2）添加氢氧化镁＋磷酸的条件下，添加全氮重量2.5%～10%的DCD，对堆肥反应无抑制作用，堆肥反应可以顺利进行，硝化抑制剂可以配合MAP途径同时施用，能够降低堆肥化过程中的氨气和氧化亚氮的损失率。

（3）脲酶抑制剂HQ能在堆肥初期有效地抑制氨气的挥发，到第2周以后HQ的作用减弱。其原因可能是在堆肥早期的氨气排放中，猪粪中尿素的分解是氨氮的主要来源，而在堆肥后期，氨气主要来源于有机物的分解。

第六章 | CHAPTER 6

密闭式反应器堆肥系统研制

第一节　密闭筒仓式反应器研制背景

堆肥化技术是实现农业废弃物无害化处理和资源化利用的关键技术，但传统堆肥存在着堆体升温慢、分解缓慢、易产生氨气、硫化氢以及其他臭味化合物的问题。为克服传统堆肥的缺点，国内外自20世纪50年代以来开发出多种多样的密闭式堆肥系统，它们共同的特点是堆肥化过程在密闭式堆肥系统中进行，避免了堆肥物料与环境的直接接触，减少了对环境的二次污染。密闭式堆肥系统能够改善和促进微生物新陈代谢，在发酵过程中通过对物料的搅拌、通风等措施，实现堆肥反应的快速进行，代表了堆肥化技术发展的方向。密闭式堆肥反应器有很多，分类也各式各样，下面介绍几种常见的密闭式堆肥反应器。

筒仓式堆肥反应器是一种从顶部进料、从底部卸出堆肥的立式结构，具有搅拌系统、曝气系统和臭气处理装置。送料斗将物料输送到发酵仓内，搅拌装置在筒仓上部混合新加入的堆肥原料。通风系统由筒仓底部向堆料中鼓入空气，堆肥化过程中产生的臭气统一在筒仓的上部被收集处理。此反应器的堆肥周期为10天，在自身重力的作用下，物料能够实现自上而下的流动，下方配有出料口，每天从出料口取出占筒仓体积1/10的腐熟物料，再加入与取出物料体积相同的物料。原料必须在进入筒仓前混合均匀，这种堆肥系统的占地面积很小，但由于原料在筒仓中垂直放置，易出现物料压实的情况，进而导致部分物料厌氧发酵，美国的查尔斯顿污泥堆肥厂采用的就是这种发酵设备（万英等，2002）。该设备机械化程度高、密闭性好，主要用于生活垃圾、畜禽粪便等有机固体废弃物的堆肥化处理。

塔式发酵工艺的基本结构为密闭式多层发酵仓，每层底部为活动翻板，发酵原料由装置的顶部进入，经布料装置撒入顶层发酵仓，一定间隔期后，发酵原料在重力作用下经活动翻板落入下层。发酵塔顶部设有抽风口，外接除臭系统，装置的两侧设有通风及排风管线，将空气引入活动翻板下面，经活动翻板的缝隙进入上一层发酵仓，从上一层发酵仓的顶部或上部排出，实现散热和供氧功能，发酵周期为4～6天（陈海滨等，2006）。塔式发酵堆肥系统的优点是所需人力和占用土地面积较少，缺点是投资较大，设备维修困难（李季等，2011）。

滚筒式堆肥反应器是一个使用水平滚筒来混合、通风以及输出物料的堆肥系统，滚筒架在一个很大的支座上，通过一个机械传动装置来转动。此系统由滚筒的出料端向进料端的方向通风，空气的流动方向与原料的运动方向相反，伴随着滚筒的翻转，原料在滚筒中和空气充分混合在一起。滚筒可以分为分体式滚筒和合体式滚筒。分体式滚筒分为两到三个仓，每个仓都装有一个移动门，每天堆肥结束后，打开出料仓的移动门，清空出料仓，然后依次打开其他隔仓的移动门，使堆料相继移动，一批新的堆料被装入第1个隔仓。合体式滚筒使所有堆料按照其装入滚筒时的次序运动，可以通过调整滚筒的转速和滚筒的倾斜度来调整物料的发酵周期。

我国对密闭式堆肥反应系统的研究较少，少量研究多集中在2000年以后，如通风静态仓式、静态垛式、卧式滚筒式，主要的问题表现在：

（1）对密闭式堆肥系统缺乏研究，已有的研究主要集中在实验室层面，小型实验室好氧堆肥反应器系统集中在10～100升，处理规模较小，没有工厂化生产应用，不能满足实际生产对密闭式堆肥系统的需求。

（2）国内缺乏对密闭式堆肥发酵系统中布料、翻搅、通风、保温和进出料各个系统的综合研究，尤其是连续式发酵工艺要求的密闭式堆肥装置的研发，不同物料的堆肥发酵工艺操作模式等方面的研究与未来堆肥产业化的发展需要存在较大差距。

（3）作为现代堆肥技术的重要方面，堆肥过程控制技术研究和实践成了热点之一。近年来随着多变量预测控制等先进控制方法的应用，控制达到了新的水平，在实现优质、高产、低消耗的控制目标方面前进了一大步，特别是工业控制中出现了多学科间的相互渗透与交叉，人工智能和智能控制受到人们的普遍关注，信号处理技术、数据库、通信技术以及计算机网络的发展为实现高水平的自动控制提供了强有力的技术手段，国内的研究缺乏对堆肥化过程关键参数如氧气、温度、含水率等的直接监测、动态模拟、优化调控等综合软、硬件控制系统的研究。

第二节　密闭筒仓式反应器研制

一、密闭筒仓式反应器方案设计

本任务前期进行了大量调研，通过对比美国ABT公司、韩国FINE E TECH（株）公司、日本中部ECOTEC（株）公司等的相关技术和设备，提出了密闭式堆肥反应系统的关键问题和解决方案，包括结构形状、筒仓容积、抗腐蚀性材料、曝气均匀性等4方面。

（1）在结构形状方面，矩形有利于联排布置，适于钢筋混凝土结构；圆形筒仓受力均匀，适于钢结构。

（2）在筒仓容积方面，应考虑筒仓制造方式对容积的限制、出料设备对容积的限制、搅拌设备对容积的限制。

（3）在抗腐蚀性方面，可以考虑选择钢筋混凝土内衬环氧玻璃钢、缠绕环氧玻璃钢筒仓、特殊钢板内外搪瓷涂层拼装钢板筒仓、不锈钢钢板焊接或铰接筒仓等材料和结构形式。

（4）在曝气均匀性方面，可以考虑空气导管式曝气，搅拌桨叶式曝气，底部曝气管式曝气等不同方式。

综合堆肥反应器研发的关键问题，设计确定了中型的（日处理 3 吨）密闭式堆肥反应器采用圆形筒仓结构，工厂标准化生产现场拼接安装，选用耐腐蚀的不锈钢板制造内筒，采用空心搅拌桨叶组合进行搅拌和曝气（表 6－1）。

表 6－1　设备方案技术要求及解决方案

工作部分	技术要求	解决方案
1. 上料装置 1.1 投料料斗 1.2 料斗升降机	不锈钢 碳钢防腐	专业生产
2. 筒仓式反应器 2.1 筒仓罐体	尺寸：3.0 米×3.6 米，容积为 25 米^3 内筒：不锈钢板拼装 保温及外壳：岩棉保温板＋不锈钢（或铝）保护外壳	专业生产 专业施工
2.2 中间轴和搅拌桨叶	中间轴：合金钢锻造或车削，中空并有空气孔 搅拌桨叶：不锈钢板焊接，有不等距的曝气孔	请专家解决 专业生产
2.3 驱动总成	液压站：电机驱动液压站 驱动器：液压缸推动棘爪棘轮转动	请专家解决 专业生产
2.4 出料装置	螺旋机：无轴不锈钢出料螺旋机，直径为 300 毫米，长度为 3 米	专业生产
3. 曝气鼓风 3.1 鼓风机 3.2 管道连接	铸铝高压涡轮鼓风机 迷宫式或填料涵式	专业生产
4. 排气及除臭 4.1 排风机 4.2 生物滤塔	玻璃钢离心排风机 玻璃钢拼装多层滤塔，有机无机混合填料	专业生产
5. 筒仓座及钢结构部分	筒仓座：钢板焊接，防腐 钢梯和检修平台：型钢和钢板焊接，防腐 栏杆：不锈钢管焊接	专业生产 专业施工
6. 电气及控制	电机控制箱 自动运行及仪表测控	专业生产

二、密闭筒仓式反应器设备设计

1. 密闭筒仓式反应器设计

密闭式堆肥发酵反应器是本任务中堆肥发酵系统的关键设备，依据前期制定的技术方案，筒仓式反应器结构如图 6－1 所示。

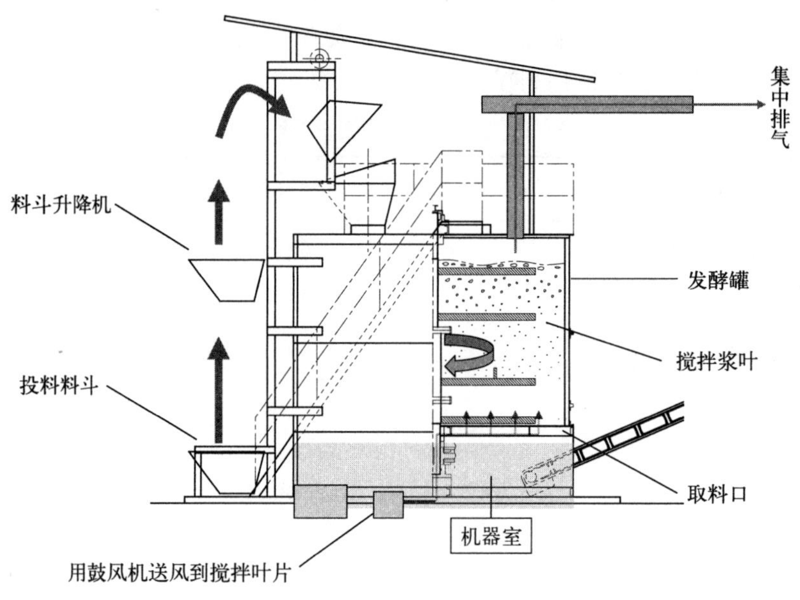

图 6-1　筒仓式反应器系统结构图

筒仓式反应器组成各部分的功能性要求和主要技术参数及材质要求如表 6-2 所列。

表 6-2　设备设计的功能和技术要求

组成部分	功能性要求	技术参数及材质
上料装置	投料料斗：接收污泥等物料 料斗升降机：垂直提升料斗，上升到最大高度时翻转	料斗容积：0.8 米^3，不锈钢 投料口启闭机：0.5 千瓦；料斗升降机：2.2 千瓦，碳钢防腐
筒仓式反应器	外形：反应器为平底平盖圆柱形筒仓 中间轴：中空并有空气孔，可分段法兰连接 搅拌浆叶：3 层，每层 2～3 片浆叶，有不等距的曝气孔	筒仓罐体尺寸：3.0 米×3.6 米，容积为 25 米^3 内筒：不锈钢板预制、拼装 保温及外壳：岩棉保温板+不锈钢（或铝）保护外壳 中间轴：合金钢厚壁钢管 浆叶：不锈钢板焊接
驱动总成	液压站：电机驱动液压站 驱动器：双液压缸，双臂推动棘爪棘轮转动	液压站：4 千瓦
出料装置	筒仓内物料通过桨叶旋转出料，筒仓底部设出料螺旋机	螺旋机：1.1 千瓦
曝气鼓风	鼓风机：铸铝高压涡轮鼓风机，出口装蝶阀 风管连接：旋转接头密封	鼓风机：5.5 千瓦 风管：不锈钢

（续）

组成部分	功能性要求	技术参数及材质
排气及除臭	排风机：玻璃钢离心排风机 生物滤塔：玻璃钢拼装多层滤塔，有机无机混合填料	排风机：1.1千瓦 风管：UPVC管
筒仓座及钢结构部分		筒仓座：钢板焊接，防腐 钢梯和检修平台：型钢和钢板焊接，防腐 栏杆：不锈钢管焊接
电气及控制	电机控制箱 自动运行及仪表测控	电加热器：1千瓦

2. 密闭筒仓式反应器组成

密闭筒仓式堆肥反应器为一体化装置，如图6-2所示。

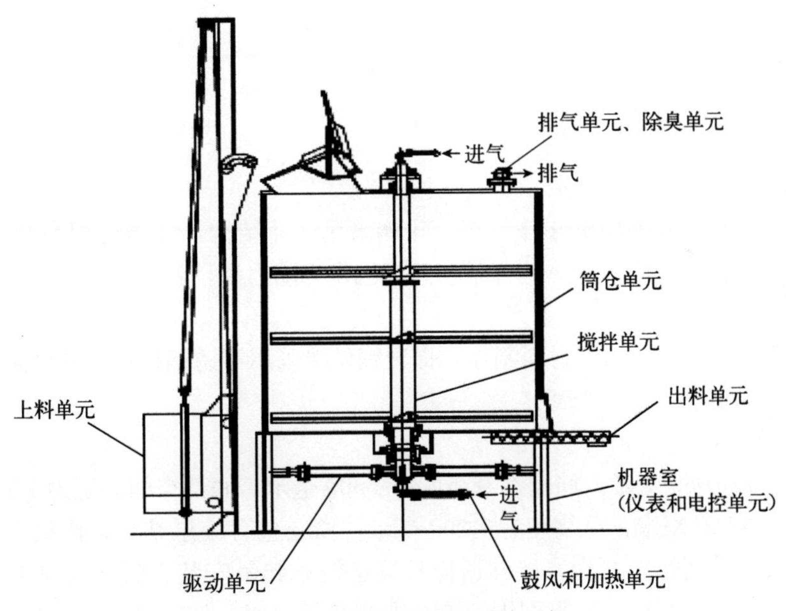

图6-2　密闭筒仓式反应器组成

本套装置主要由以下几个单元组成：

上料单元、筒仓单元、搅拌单元、驱动单元、出料单元、鼓风和加热单元、排气单元、除臭单元、仪表和电控单元等9个单元。

在后面的功能描述中就每个单元的配置分别做出了说明。

3. 密闭筒仓式反应器技术参数

密闭筒仓式反应器技术参数见表6-3。

表 6-3　VTFY/T-25 筒仓式反应器技术参数

名称	单位	数值
设计压力	兆帕	常压
设计温度	℃	0～100
工作压力	兆帕	常压
工作温度	℃	60～80
处理物料		畜禽粪便、餐厨垃圾、污泥等
处理能力	吨/天	3～4（视物性变化而变）
筒仓规格	直径×长度	3 200 毫米×3 600 毫米
全容积	米^3	25
鼓风机	米^3/时	720
引风机	米^3/时	4 300
装机功率	千瓦	18.8（含电加热 21.8）
卸料方式		螺旋输送机
加热方式		电加热
操作方式		连续

三、密闭筒仓式反应器功能描述

1. 上料单元

本装置的上料单元采用单斗斗提机，斗体采用浅斗结构，斗体容积为 0.8 米^3，浅斗内表面光滑防止物料粘底。斗体上升采用卷扬机作为动力源，卷扬机采用地面布置便于维护和检修。

斗体采用 SUS304 不锈钢材料制作，提升钢丝绳采用不锈钢材料，其余采用碳素钢材料。斗提机装机功率为 2.2 千瓦。

2. 筒仓单元

筒仓直径为 3 080 毫米，筒仓本身高度为 4 500 毫米，底部空间高度为 1 500 毫米。设备主体高度为 6 000 毫米，总高度为 7 200 毫米。筒仓包含 3 层结构，内筒、保温层、保温保护壳。筒仓采用焊接结构，能够适应长途运输和起吊安装。筒仓内筒采用 6 毫米厚 SUS304 不锈钢材料制作，中间采用 50 毫米厚岩棉板保温，外壳采用 1.5 毫米厚 SUS304 磨砂板做保护壳。筒仓底板采用 25 毫米厚碳钢材料，保证基本强度，然后内壁采用 6 毫米厚 SUS304 材料做衬里，衬里和底板之间做大孔位包覆填焊。

筒仓底部设置多条腿支撑，支撑空间高度为 1 500 毫米。筒仓顶上盖采用 6 毫米厚 SUS304 不锈钢材料，并且加设井字筋保证整体的稳定性。筒仓顶设置快开式检查孔。筒仓侧壁底部设置出料口兼检修入孔，出料口位置与筒仓顶的进料口成 180°角，仓壁底部的出料口采用螺栓紧固、人工开启。

筒仓采用了内筒、保温层、保温保护壳 3 层结构，结构上筒仓与仓顶、底板形成全密

封焊接，保证了设备一体化强度，局部拉筋保证强度和稳定性。筒仓全容积为25米^3，装载系数为0.8。

3. 搅拌单元

本装置搅拌单元采用90°立式搅拌轴，搅拌轴是一个受到交变载荷按照疲劳强度设计的轴体。搅拌轴采用轴承支撑，底部采用两个轴承，1个承受纯粹的轴向力，采用平面轴承，1个是轴向和径向联动受力的调心轴承。平面轴承的主要作用是轴向受力和当搅拌轴运动时克服轴向反作用力。调心轴承的作用是支撑轴向转动，保证同轴度稳定的条件下搅拌轴的转动。

搅拌桨叶采用截面不对称菱形结构，把锐角菱形作为主切入面进行主动搅拌，钝角菱形面主要是为了曝气保护防堵塞曝气孔。搅拌桨叶分3层布置，每层3个搅拌叶，分布相位角相差60°。搅拌桨叶内部采用25毫米厚碳钢板作为受力元件，非对称"T"字形布置，外面采用6毫米厚SUS304不锈钢进行包覆，做成犁铧状搅拌桨叶。搅拌桨叶钝角面按照径向不同密度设置曝气孔。

搅拌轴顶部设置轴承，主要用于径向管制，基本不受轴向力。搅拌轴底部设置两级密封，机内设置迷宫密封，机外设置填料密封，保证机内物料不外泄。搅拌轴下端设计用于搅拌轴转动的棘轮，轴体下端设置进气总孔，采用旋转接头和金属软管结构。

搅拌轴采用中空结构，保证曝气连续顺利完成。搅拌轴采用外径245毫米、壁厚33毫米的碳钢管作为受力轴，采用6毫米厚SUS304不锈钢作为防腐保护层进行包覆。搅拌轴中间采用不锈钢榫槽法兰进行连接。

4. 驱动单元

本装置的驱动单元采用液压站作为动力源。液压站采用非保压式结构，液压站油箱容积为100升。液压站电机功率为2.2千瓦，液压泵排量为5毫升/转，提供的压力为21～25兆帕，所有的阀门、单向阀、油管、接头全部采用高压元件。

从液压站总管出来的液压油采用高压油管分配到两个液压缸。每个液压缸活塞直径为80毫米，单个液压缸提供的推力为25吨。液压缸总长度为850毫米，最大行程为425毫米，有效行程为400毫米，可在最大行程内调整行程，回油阀门设定决定了回油时间和有效行程。对液压缸后端顿挫受力与仓体的支撑腿受力而言，液压缸后缸体采用简支结构对转动受力有良好的分解作用。

液压缸施力给搅拌臂，液压缸与搅拌臂之间采用简支连接，液压缸往复运动发力给搅拌臂，搅拌臂带动拉转棘爪运动，拉转棘爪带动棘轮转动，棘轮采用16齿，模数为30，节距为95毫米；每转动一次形成有效转动22.5°，然后液压缸排油解除液压力，液压缸收回，拉转棘爪在弹簧的作用力下与棘轮自动脱离。复位后，止转棘爪在弹簧力的作用下自动卡位止转，防止轴体倒转。一个作业周期约2分钟，作业时间可以通过液压油流量调节。

本装置设置一个棘轮、两个拉转棘爪、两个止转棘爪。棘轮、棘爪、中间简支转轴全部采用45号钢制作。棘轮厚度为80毫米，棘爪厚度为75毫米。简支点采用磨床加工。搅拌臂采用两层夹持结构，搅拌臂与棘轮之间的复位相对运动采用滑动黄铜轴套结构。

5. 出料单元

物料排放从控制箱面板启动搅拌轴运转，将筒仓内底部的物料刮进出料螺旋机入料口，同时启动出料螺旋机，出料螺旋机将物料输送到手推车或堆成堆，人力送到成品储存地点。出料单元基本配置是 1 台 LS200 螺旋机，长度约为 2 米。出料螺旋机装机功率为 3 千瓦。

6. 鼓风和加热单元

本装置根据好氧发酵原理，采用空气作为氧气源，选用中压鼓风机将空气通过空心轴送入筒仓内，并且使其均匀地分布在物料中。该单元包含了 1 台涡轮式鼓风机，1 个出口阀，1 套电加热器和 1 个电加热器容器，以及通风管路和管件。鼓风机出口安装对夹式蝶阀控制送风量，送风进入一个小容量的长形圆筒容器里面，该容器里面通过电加热器干烧加热到 60～70 ℃，然后进入软管，旋转接头送入筒仓内。鼓风机风压头约为 0.032 兆帕，风量约为 530 米^3/时，鼓风机装机功率为 5.5 千瓦，加热器运行功率为 3 千瓦。

需要说明的是电加热器不是随时开启的，电加热器是否开启与环境温度、季节、空气湿度等很多因素有关。电加热器的开启直接受筒仓内发酵温度的控制，采用温控装置下限控制电加热器的开启，这个下限在控制系统中设定。

7. 排气单元

由于筒仓内不断地送入空气，加上发酵过程产生的蒸汽和废气，所以发酵仓内需要配置排气单元以排除大量的气体。

排气单元包含 1 台引风机，采用 A 式传动，这个引风机的作用是排出筒仓内的气体和维持筒仓内微负压。引风机和曝气鼓风机一样需要长时间运转，引风机安装于仓顶。引风机装机功率为 1.5 千瓦。

8. 除臭单元

发酵仓在发酵过程中蒸发水分产生了大量的蒸汽，另外，发酵物料的有机质分解也会产生二氧化碳、氨气等废气，这些有机的和无机的废气具有刺激性气味，对环境产生严重二次污染。因此，必须进行除臭处理。

除臭处理装置采用洗涤塔，一般来讲采用水或者除臭菌液洗涤，洗涤液的种类和浓度根据臭气的种类和试验工艺确定。洗涤塔的结构采用多层填料塔，下层采用 PP 球填料，上层采用 2～3 厘米的火山岩滤料。洗涤泵采用不锈钢泵头，洗涤喷嘴采用无堵塞式喷嘴。洗涤水循环使用，定期补充水和除臭菌液。经洗涤塔除臭后的气体直接排放。

洗涤塔和反应器的引风机配套使用，筒仓式反应器微负压作业，洗涤塔正压作业。连接管道采用外径 150 毫米的 PVC 管道，洗涤塔本身采用 SUS304 不锈钢制作。

9. 仪表和电控单元

本装置设置 3 个测温仪表，传感器分别安装在反应器上、中、下 3 层。径向分布在筒仓中心部位 1 个，半径中间部位 1 个，筒壁部位 1 个。温度显示器安装在电控箱的面板上，通过这 3 个测温仪表用来清楚地了解反应器内部温度的分布情况，便于指导工艺调整。安装在筒仓反应器径向中间部位、直径方向在半径的 1/2 处的测温仪表，可以设定温控上下限，主要作用是根据内部的温度确定是否需要开启电加热器提高内部反应温度。给

测温仪表设定上下限，不受其他因素制约，由工程师设定控制温度。

电控箱集成了用电设备配电、启停操作，测温仪表显示，斗提机和筒仓盖工作自动控制等功能。斗提机上料自动沿着两侧相应的轨道上升，上升到一定的高度后，斗体自动翻转。在斗提机上升的过程中，斗体触碰轨道上部翻转位的限位开关时，筒仓进料口盖自动打开准备接受物料。翻转的斗体将物料直接通过进料口倒入反应器里面。斗体作业延时10秒，倒料过程完成，斗体自动下降，斗体下降过程中完成了斗体的自动翻转归位。筒仓进料口盖作业延时12秒，自动盖上。斗式提升机以正位下降到地面或者地坑里面，斗体触碰轨道下部停止位的限位开关时，斗提机自动停止。至此完成一个上料作业过程，等待装料后的下一次上料指令。

四、密闭筒仓式反应器调试

按照《密闭式堆肥发酵反应器调试测试方案》，调试测试将分3个阶段进行：第一阶段是工厂调试和试验；第二阶段是示范点现场系统调试；第三阶段是试运行和性能测试。

工厂调试阶段进行如下工作：设备单体试车、联动试车、带负荷机械性能测试。

1. 设备单体试车

当密闭式筒仓堆肥反应器组装完成后，首先，对电气系统进行测试和评估，内容包括全面的系统回路检查和电路的确认/记录，以确保电气系统正常安全供电。其次，按照功能和技术参数对反应器系统中各机械设备进行设备单体测试和评估，内容包括设备单体的安装和连接检查，尺寸确认/数据记录，以确保每台设备正常使用或转动。机械设备的单体测试时间不少于两小时，测试期间发现问题应立即处理；消除缺陷后，需要再行测试，直到正常。最后，按照要求对系统中的仪表和控制系统进行测试和评估，内容包括确认仪表和控制阀的正确安装，仪表和控制阀与控制系统的正确连接。

工厂调试应确保：

①系统的筒仓封闭、清洁。②驱动电机和设备的轴/减速机正确连接。③按照控制要求，转动设备收到启动信号时能够开动相应设备。④设备在接通电源后，电机的转向正确。⑤断电时执行阀门应在所要求的位置上。⑥检查管路正确连接和垫片/盲板应在所要求的位置上。⑦根据最初的设置对控制器进行编程。⑧所有要求的物理和电气安全保障设备、联动装置、防护装置等都处于正常状态。⑨液压系统充油到正确位置，具备启动的条件。⑩完成各设备单体试车，并记录、核实各检查、测试项目。

2. 联动试车

确保以上各设备单体试车、测试都做完，且可靠度确认后方可进行联动试车。堆肥反应器联动工作的顺序如下：

（1）启动：螺旋卸料机启动→液压站启动→搅拌器启动→上料斗提机启动→启闭门启动。

（2）正常工作：排风机启动→风机出口阀开→鼓风机启动。

（3）停机：启闭门关闭→上料斗提机停机→搅拌器停机→液压站停机→螺旋卸料机停机。

（4）对自动控制系统进行启动顺序、工作时间间隔、停机顺序的初始设定。

（5）完成联动试车，并记录、核实各检查、测试项目。

3. 带负荷机械性能测试

工厂测试是在带负荷的情况下，测试堆肥反应器系统各单体设备的运行情况、系统联动运行情况，测试、可靠度确认的项目是设备的功能和机械性能。

测试分阶段循序进行，分别在正常运行物料高度的1/4、1/2、3/4和正常高度4种情况下，按正常启动步骤操作。

完成带负荷情况下各设备机械性能的测试，并记录、核实各检查、测试项目。

第三节　密闭筒仓式反应器安装使用

一、反应器安装

（1）反应器安装必须遵照设备安装技术方案要求进行，安装尺寸必须符合设备安装质量控制要求。

（2）反应器成套设备应安装在预制的混凝土基础上，设备吊装到位，找平、找正后与基础预埋件焊牢，或用等效的膨胀螺栓锚固。

（3）设备出料口与后续设备的衔接口应确保设备出料顺畅。

（4）完成控制箱和电机接电后，应校核设备运转方向与设计方向是否一致。

（5）反应器安装好后，应检查各加油点是否有足够的润滑油（脂），如果不够则按要求加足，其后始能进行无负荷试车，在进行连续4小时以上的无负荷试车以后，应检查反应器组装的正确性。如果发现有不符合下列条件的，应立即停机，矫正后再行运转，直至处于良好的运转状态为止：①反应器各部分运转应平稳可靠，紧固件无松动现象。②运转4小时后，轴承升温不大于30℃，润滑密封良好。③液压油箱、减速器无渗油，运转无异常声，电气设备安全可靠。④空载运转时功率不应超过额定功率的30%。

二、反应器使用操作规程

1. 操作程序

（1）筒仓式反应器的进料操作每天1次，物料在反应器中的有效停留时间设计为7天，出料操作每天1次。根据物料量每天进料、出料大约作业2小时。

（2）每天正常的操作顺序是：先出料操作，后进料操作。每1次的操作将把1天的处理物料量卸出，使反应器的上部空出一些空间再装新的物料。

（3）出料时的操作顺序：启动出料螺旋机→启动液压站→搅拌器转动→开始卸料。

（4）进料时的操作顺序：料斗装料→启动上料斗提机→进料口盖打开→进料（延时11秒）→进料口盖关闭。

（5）液压站启动正常几秒钟后搅拌器就开始转动；斗提机上料时上行触碰到翻转位限位开关，进料口盖打开，延时12秒，进料口盖关闭。

（6）除臭系统操作顺序：启动洗涤泵→启动排风机。

（7）在排风机工作的情况下，再启动鼓风机。

2. 启动前的检查

（1）检查钢丝绳是否在盘绳器以内，如果不在请将钢丝绳盘至盘绳器内；检查绳扣是否有松动，如有松动请用扳手拧紧。

（2）检查液压缸限位开关是否在原位，如果不在不可开启油泵，请调整好限位开关位置。

（3）检查棘轮齿上是否有杂物，如有请清理干净。

（4）检查鼓风机进风口是否有杂物，如有塑料纸、树叶等堵在进风口请及时清理掉。

（5）检查循环水箱中水位（安装浮球式补水阀），定期补充除臭菌剂。

（6）检查电控箱是否正常，如有问题请专业电工处理。

3. 开停车操作

（1）出料

得到运行指令，检查电控箱正常，从电控箱面板上启动出料螺旋机，接着启动液压站约 10 秒钟后搅拌器转动，桨叶刮动下层物料，开始卸料。达到要求的卸出量后，停止出料螺旋机工作。

（2）上料

上料时请保持搅拌系统转动。处理物料由小型铲车或手推车装料，待装满料斗后，从电控箱面板上启动斗提机，自动开始上料、料斗翻转卸料、下行触碰到停止位限位开关后，自动停止。反复几次上料达到要求的上新料量后，停止液压站工作，随后搅拌器停止转动。正常工艺要求每天加料 5 斗（约 4 米^3）。

（3）好氧发酵

处理物料在反应器中，其中的有机物在有氧条件下借助好氧微生物的作用不断被分解转化，同时产生热量，使物料升温、水分蒸发。在筒仓式反应器中，物料基本上垂直分层向下移动。在每天的正常发酵过程中，也可启动液压站使搅拌器工作，搅拌曝气一定时间后停止液压站使搅拌器停止工作。

（4）排风除臭

反应器内物料好氧发酵产生的气体通过排气管、排风机输送到除臭洗涤塔，保证排放的所有废气全部经过除臭处理。正常工艺要求排风除臭系统连续运行。从电控箱面板上启动洗涤泵，待洗涤塔中有水后启动排风机。需要停止排风除臭时，先停止排风机，再停止洗涤泵。

（5）鼓风曝气

在好氧发酵过程中，为快速发酵和去除水分，正常工艺要求连续曝气。从电控箱面板上启动鼓风机。在冬季等低温条件下，如果需要热风曝气，在鼓风机启动后再启动电加热器；鼓风机不送风的情况下禁止启动电加热器，避免干烧损坏。需要鼓风机和电加热器停止工作时，先停止电加热器，再运行几分钟后停止鼓风机。

（6）紧急停车

遇到紧急情况立即关掉总开关。汇报后请检查停车原因，排除问题。

三、过程控制

1. 温度的控制

温度的变化与曝气是相关的，需要用测温仪表来测定。正常的工艺要求中部到下部温度 55 ℃及以上保持 5 天。

在筒仓反应器一侧的上、中、下安装 3 支热电阻来测量不同物料高度点的温度；径向分布在筒仓中心部位（上）1 个，半径的 1/2 部位（中）1 个，筒壁部位（下）1 个。

安装在筒仓反应器高度方向中间部位，直径方向在半径的 1/2 处的测温仪表，可以设定温控上下限，主要作用是根据内部的温度，确定是否需要开启电加热器提高内部反应温度。比如设定中间部位物料温度下限是 40 ℃，正常是 55 ℃。当物料温度低于 40 ℃时电加热器启动，用热空气辅助升温；当物料温度达到 55 ℃时，电加热器停止。

如果曝气使下部的温度下降太快，应相应调整曝气方式和时间。

2. 水分的控制

进料水分的控制，需要用快速水分测定仪来测定，正常的工艺要求控制进料水分在 60%以下。如果进料比较湿，建议用辅料或干料预先混料，使水分符合工艺要求。出料水分的控制也需要用快速水分测定仪来测定出料的水分。如果出料的水分较高，应相应调整曝气方式和时间。筒仓反应器的另一侧预留了上、中、下 3 个快开取样口，从不同物料高度点可以用固体取样器取样，用快速水分测定仪测定物料水分。

3. 含氧量的控制

含氧量的变化与温度的变化是一致的。可以从反应器预留的上、中、下 3 个快开取样口用便携式测氧仪来测量含氧量。

四、运行检查、测试和记录

（1）在处理系统运行期间必须要有详细、真实、规范的生产记录。

（2）对运行期间的设备开、停车时间、情况，定时巡回检查数据、情况，工艺和设备存在的问题都应认真记录。

（3）根据工作安排，系统的进料操作每天 1 次，出料操作每天 1 次。每天进料、出料大约工作 2 小时。

（4）根据工艺控制，曝气、排气系统为常开模式，或根据温度、水分变化调整模式和时间。搅拌系统间隔 4 小时搅拌一次，每次 1 小时。

（5）在运行期间，安排白班（9:00—18:00）进行必要的卸料、进料操作和测试分析，相应搅拌时间为 9:00、13:00、17:00。其他时间只值班进行工艺巡回检查和记录。

（6）白班期间工艺巡回检查和记录，至少每 30 分钟 1 次。值班期间工艺巡回检查和记录，至少每小时 1 次。

（7）设备检查时记录设备、电机等的温度、压力、声音等可测试或感知的参数。描述设备状况和存在问题。

（8）工艺检查时记录筒仓式反应器的各点温度（上、中、下）、含氧量、料位等可测试的参数，同时记录鼓风机、排风机的开停状况。

(9) 物料测试分析和记录，至少每天1次。

(10) 在系统调试期间或工艺参数进行调整时加密检查、测试频次。

五、反应器研制总结

密闭筒仓式反应器（实物见图6-3）的特点：

(1) 发酵周期短，能够改善和促进微生物新陈代谢，实现堆肥反应的快速进行。

(2) 机械化程度高，发酵过程中上料、物料搅拌、曝气、出料等全部机械化。

(3) 可对臭气进行集中收集处理，减少了对环境的二次污染。

(4) 可以很好地控制发酵过程中的水分、温度、氧气浓度等条件。

(5) 可控性高，不受天气等外界条件的影响。

图6-3　密闭筒仓式反应器实物

第四节　密闭筒仓式反应器堆肥试验

一、不同初始含水率鸡粪的堆肥效果

堆肥过程中水分含量的多少直接决定着堆肥的成功与否，保持适宜的水分含量是堆肥过程的关键。大多数微生物由于缺乏保水机制所以对水分极为敏感，堆肥初始含水率过低，微生物活动会受到限制，从而影响堆肥速度；堆肥初始含水率过高，会堵塞堆肥物料间的空隙，降低其通透性，使堆肥速度降低，进行厌氧发酵，进而产生臭气，使大量养分散失。本部分通过分别向密闭筒仓式反应器中加入不同含水率的鸡粪的堆肥试验，对密闭筒仓式反应器对鸡粪的降解效果和无害化程度进行探究，从而得出最适合此种反应器堆肥的参数设置。

（一）试验材料

试验用鸡粪由规模化养鸡场提供，从鸡场取含水率分别为在60%、70%和80%左右的3种鸡粪，鸡粪的基本性质见表6-4。

表6-4　堆肥原料的基本性质

原料名称	含水率（%）	全氮（%）	全磷（%）	有机碳（克/千克）	C/N
60%含水率鸡粪	62.82	3.93	3.45	299.35	7.63
70%含水率鸡粪	69.76	3.38	3.60	349.51	10.33
80%含水率鸡粪	78.21	3.58	4.46	366.09	10.24

（二）试验设计

为探究使用密闭筒仓式反应器对不同初始参数的鸡粪堆肥的影响，试验设计 3 个处理，分别为添加 60%含水率的鸡粪堆肥（K1）、70%含水率的鸡粪堆肥（K2）、80%含水率的鸡粪堆肥（K3）。在堆肥反应装置中进行堆肥试验，试验通风量为 12 米^3/分，24 小时不间断通风和不停歇搅拌（表 6－5）。

表 6－5　不同处理下堆肥的试验方案

处理号	堆肥原料初始含水率（%，预期值/实际值）	通风量（米^3/分）
K1	鸡粪 60/62.82	12
K2	鸡粪 70/69.76	12
K3	鸡粪 80/78.21	12

（三）试验操作

本次堆肥实验周期为 10 天，此反应器有效容积为 25 米^3，而加料料斗的有效容积为 0.8 米^3。试验过程中每天同一时间向反应器中加 2 料斗的堆料，每天添加的堆料的体积大约为 1.6 米^3，每天不往外排物料，所以一个试验周期一共添加了 16 米^3 的物料，占反应器总容积的 2/3。

（四）取样及分析

1. 采样时间及方法

此反应器从下往上依次有 3 个取样孔，因试验仅考察第 1 天所加物料的堆肥变化，所以每次只从最下面的取样孔取样。试验时间控制在一次发酵 10 天，从堆肥开始到结束每天同一时间取样 3 次，每天分别在 8:00、12:00、18:00 测量堆体温度 3 次，每次测完温度后取样一次，采集不同深度的样品混合均匀。每次取样 400 克分为两份，将一份样品置于阴凉处风干，过筛储存备用；将另一份储存在 4 ℃冰箱中，用于浸提液的提取及腐熟度的测定。

2. 测定指标及方法

（1）物理学指标

温度：用手持的电子温度计每天分别在 8:00、12:00、18:00 测量堆体温度 3 次，取全天的平均值。

水分含量：用烘箱在 105 ℃条件下烘干 24 小时测定。

（2）化学指标

pH：称取样品鲜样 10.0 克，倒入装有 90 毫升去离子水的三角瓶中，振荡 2 小时后，用定性滤纸过滤，用 pH 计测定滤液的 pH。

有机碳（TOC）：用重铬酸钾容量法-外加热法（鲍士旦，2000）测定。

全氮（TN）：用 $H_2SO_4-H_2O_2$ 消煮，用凯氏定氮法测定。

全磷（TP）：采用 $H_2SO_4-H_2O_2$ 消煮，用钼锑抗比色法通过分光光度计测定。

（3）生物学指标

发芽指数（GI）：取 10 克鲜样加入 100 毫升去离子水中，放在振荡器上振荡 2 小时后

用定性滤纸过滤，将 5 毫升滤液加到铺有 2 张滤纸的培养皿中。每个培养皿中均匀放置 10 粒饱满的黄瓜种子（中农八号），放置在 30 ℃的培养箱中培养 48 小时后测量种子的发芽率和发芽根长，每个处理重复 3 次，对照为蒸馏水（李承强等，2001）。

试验数据用 Excel 和统计软件 SPSS20.0 进行分析。

（五）结果与分析

1. 温度

堆肥温度的变化是反映堆肥发酵是否正常最为直接和敏感的指标。堆肥过程中的发酵速率和发酵效果归根结底都是由堆肥微生物的活跃程度决定的，而堆肥过程中温度的变化又是堆肥微生物活动的标志，所以堆肥过程中温度上升的快慢以及高温持续时间的长短是衡量堆肥质量的重要指标。图 6－4 是不同初始含水率的鸡粪堆肥温度变化曲线，从图中可以看出，3 个处理的堆体温度均经历了升温阶段、高温阶段和降温阶段。我国粪便无害化标准《粪便无害化卫生要求》（GB 7959—2012）规定：堆体温度需在 60 ℃以上保持 10 天才满足堆肥卫生要求。除了 K3 外，K1、K2 均符合堆肥卫生学标准。随着堆肥化进程的发展，K3 温度在前期也有所上升，但最高温始终未达到 50 ℃，所以没有达到堆肥卫生学标准。

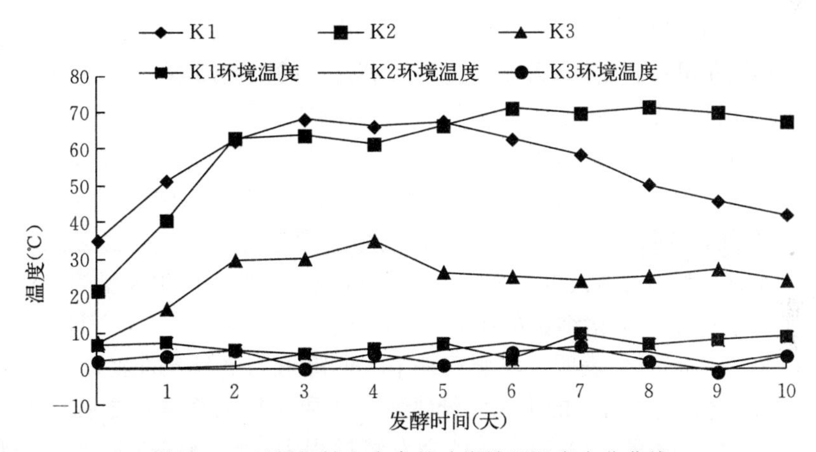

图 6－4 不同初始含水率的鸡粪堆肥温度变化曲线

在堆肥开始的前 3 天，K1、K2、K3 都处于快速升温期，其平均升温速率分别为 0.46 ℃/时、0.59 ℃/时和 0.29 ℃/时。从图 6－4 可以看出，K3 在整个堆肥化过程中最高温度只有 35 ℃，平均温度只有 27 ℃，说明其并没有进行高温好氧堆肥，推测原因应该是初始含水率过高而不适合堆肥微生物生长，微生物活性低，只能进行一些低温发酵。K1 和 K2 升温速率很快，在发酵的第 2 天均达到了 60 ℃以上，分别保持了 5 天和 8 天。堆肥过程中长时间的高温有利于杀灭鸡粪中的病虫害和鸡粪中养分的释放，K1 和 K2 相比，高温期持续时间较短，最高温度也没有 K2 高，其高温期（≥50 ℃）的平均温度分别为 65.3 ℃和 67.1 ℃。从整个堆肥化过程来看，K1、K2、K3 的平均温度分别为 55.4 ℃、60.5 ℃和 24.6 ℃，堆肥总积温分别为 609.4 ℃、665.8 ℃和 270.9 ℃，K2 处理在整个堆肥化过程中的平均温度和总积温都要高于 K1 和 K3，而且总积温具有显著性差异（$P<0.05$），所以用筒仓式反应器堆肥，鸡粪初始含水率为 70%是较优的，初始含水率为 60%

的鸡粪也能快速进行高温发酵，堆肥产品也能满足无害化标准要求，而初始含水率为80%的鸡粪不能进行高温好氧堆肥（表 6-6）。

表 6-6　堆肥温度变化

特性	K1	K2	K3
到达 50 ℃所需的时间（天）	1	2	
大于 50 ℃的时间（天）	8	9	
平均升温速率（℃/时）	0.46	0.59	0.29
最高温度（℃）	68.1	71.4	35.0
到最高温度所需的时间（天）	3	9	4

2. pH

研究表明，pH 在 3～12 都可以进行堆肥，腐熟的堆肥 pH 在 8～9，呈弱碱性（Nakasaki et al.，1993）。在整个堆肥过程中，pH 随着堆肥的进程不断地变化，这是在堆肥微生物的作用下含氮有机物所产生的氨和含碳有机物所产生的有机酸共同作用的结果。一般认为，当微生物的 pH 在 7.5～8.5 时可以有效地发挥其作用，从而获得最大堆肥效率，同时当 pH 为 7～8 时，微生物增长速率和蛋白质分解速率最佳（Dewes，1996），所以稳定的 pH 环境是保障堆肥进程顺利进行的关键因素。图 6-5 是不同初始含水率的鸡粪堆肥 pH 的变化曲线，由图可知，随着堆肥过程的进行，各处理 pH 均在不断变化，最终维持在 7～9，均在合理范围内，符合堆肥腐熟的标准。其中 K1 处理的 pH 的波动范围明显比 K2 和 K3 处理的大，K1 处理的 pH 在堆肥初期缓慢上升后又急剧下降，最终在第 6 天达到了最低值，此时 pH 为 7，之后又缓慢上升，最终稳定在 7.4 左右。李国学等（2000）认为：在堆肥反应初期，由于有机酸的分解，产生大量的 NH_3，导致 pH 升高；到堆肥反应后期，硝化细菌的硝化作用促使产生大量的 H^+，NH_3 的挥发速率降低导致 pH 降低。也有研究表明，堆肥后期 pH 的降低与 NH_4^+ 的散失有关（Emeterio，1991），而酸性环境有利于真菌的生长和纤维素、木质素等的降解，之后有机酸被不断分解，pH 又缓慢升高（李星，2015）。在整个发酵过程中，K2 和 K3 处理的 pH 一直保持

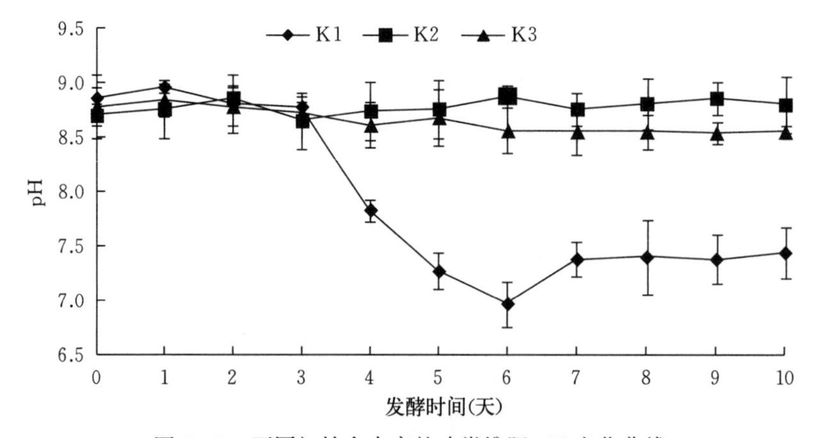

图 6-5　不同初始含水率的鸡粪堆肥 pH 变化曲线

在8～9，可以认为其所处的pH环境适合堆肥的顺利进行，整个堆肥过程中K1、K2处理和K3处理的pH的变化趋势表明，K1处理的发酵反应更为剧烈，更利于堆肥化过程的顺利进行。

3. 含水率

在堆肥反应系统中，微生物的生长繁殖和有机物质的分解都离不开水分，堆肥反应的快慢以及微生物的活跃程度可以由堆肥发酵过程中水分的变化反映出来。在堆肥化过程中，在通风条件下高温可以造成大量水分的散失，同时有机物的氧化分解反应可以产生水分，而堆体含水率的变化就是这两方面因素叠加的结果（李承强等，2001）。堆肥质量的好坏与水分的散失程度也有一定的关系，如果堆肥化过程中水分损失量较大，就可以说明堆体内有机物被微生物利用很充分，堆肥效果较好，反之，堆肥效果就很差。

图6-6是不同初始含水率的鸡粪堆肥含水率的变化曲线，由图可知，K1、K2处理和K3处理从反应开始到反应结束堆体含水率在不断下降，分别下降了40.33%、27.27%和12.83%，每天的平均下降速率分别为4.03%、2.73%和1.28%，无论是总的下降量还是平均下降率K1处理与K2、K3处理相比都具有显著性差异（$P<0.05$）。所以可以说K1处理相对于K2和K3处理水分散失更快，堆肥微生物的活跃程度更高，堆肥反应更充分。

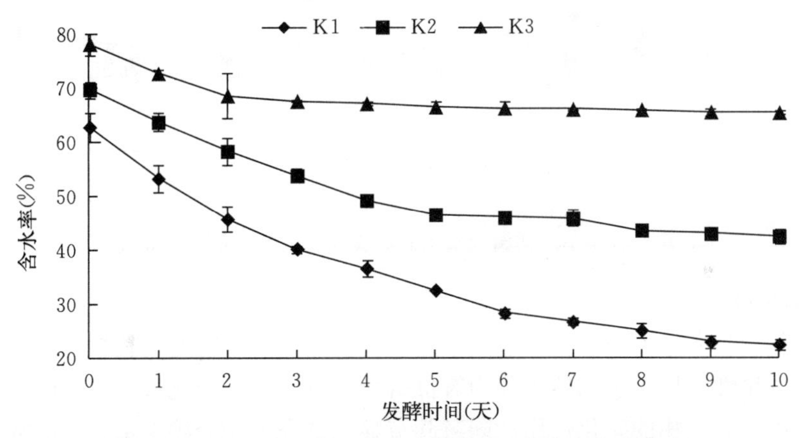

图6-6　不同初始含水率的鸡粪堆肥含水率的变化曲线

4. 全氮含量

在堆肥过程中微生物在合适的条件下会活跃起来，微生物活性变高，好氧发酵开始，在堆肥反应前期，微生物通过利用堆体中的氮源合成自身细胞而大量生长繁殖，在此过程中会消耗大量氮素，随后随着有机物料矿化释放出氮素，全氮含量又有所增加，所以在整个堆肥化过程中全氮的含量在堆肥前期降低，在堆肥后期升高。

图6-7是不同初始含水率的鸡粪堆肥全氮含量变化曲线，由图可知，K1、K2处理的全氮含量基本上是先降低后升高，总的来说是呈升高趋势，而K3处理的全氮含量基本上是呈下降趋势。在堆肥反应开始的前两天内K1、K2处理和K3处理的全氮含量都在不断降低，分别下降了0.05%、0.42%和0.85%，K3处理与K2、K1处理相比具有显著性差异（$P<0.05$），K2处理相对于K1处理也具有显著性差异（$P<0.05$）。在此期间堆体氮素含量下降主要有两个原因：一是发酵初期微生物大量繁殖，消耗大量氮素；二是堆体

处于厌氧环境中，有机氮强烈分解产生氨气，氮素以氨气的形式不断流失。结合堆体温度的变化可知，在反应前两天 K3 处理氮素下降速度最显著的原因应该是堆体初始含水率过高，堆料压实，堆料之间的孔隙度变小，形成厌氧环境，进行厌氧发酵，生成了大量的氨气挥发掉了，所以堆肥前期 K3 处理氮素含量急剧下降；而 K1 处理和 K2 处理则是因为微生物大量生长繁殖消耗了大量的氮素。从整个堆肥化过程看，堆肥反应从开始到结束，K1 处理和 K2 处理全氮含量都有所增加，分别增加了 0.99%和 0.13%，K3 处理全氮含量降低了 0.82%，且 K1 处理与 K2 处理和 K3 处理具有显著性差异（$P<0.05$）。说明 K1 处理在堆肥化过程中能显著增加全氮的含量，堆肥化效果较好；K3 处理在堆肥化过程中全氮含量一直在下降，说明此种处理条件下堆体不能进行高温好氧发酵，只能进行低温无氧发酵，导致大量氮素流失。

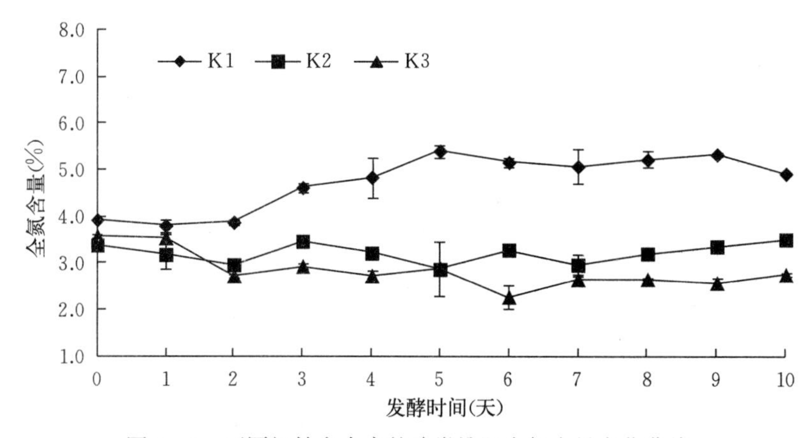

图 6-7　不同初始含水率的鸡粪堆肥全氮含量变化曲线

5. 全磷含量

磷是植物生长所必需的三大矿质元素之一，既能促进植物的生长发育，又能提高植物的抗寒性和抗旱性，堆体中的磷可分为有机磷和无机磷，堆肥化过程中全磷含量的升高是因为堆体中堆肥微生物的矿化作用，同时其在堆肥进程中能分泌大量腐植酸和有机酸，可以使有机物中难被植物吸收利用的磷随有机物的腐解转变成易被植物吸收的形态，从而可提高磷的利用率和磷的有效性（贾程，2008）。此外，全磷含量还能因为“浓缩效应”而增加，在堆肥过程中，随着堆体中有机质不断地被降解消耗以及生成的二氧化碳和水分的散失，堆料中的干物质和堆料体积都减少，从而导致总磷含量升高，产生“浓缩效应”。

图 6-8 是不同初始含水率的鸡粪堆肥全磷含量变化曲线，由图可知，在整个堆肥进程中 K1、K2 处理和 K3 处理磷的含量都在不断波动，到堆肥结束时磷的含量分别为 3.46%、4.11%和 4.13%，其中 K1 处理增加了 0.006%，K2 处理增加了 0.51%，而 K3 处理降低了 0.32%，可以认为 K1 处理磷含量在整个堆肥化过程中变化不大，推测可能是因为堆体中微生物活动剧烈消耗大量磷，K2 处理总磷含量得到了较为明显的增长，K3 处理堆肥效果不佳导致总磷含量下降，K2 处理与 K1 处理的磷含量增幅具有显著性差异（$P<0.05$），说明 70%初始含水率的鸡粪在堆肥化过程中能促进物料中有效磷的释放和活化，提高磷的利用效率。

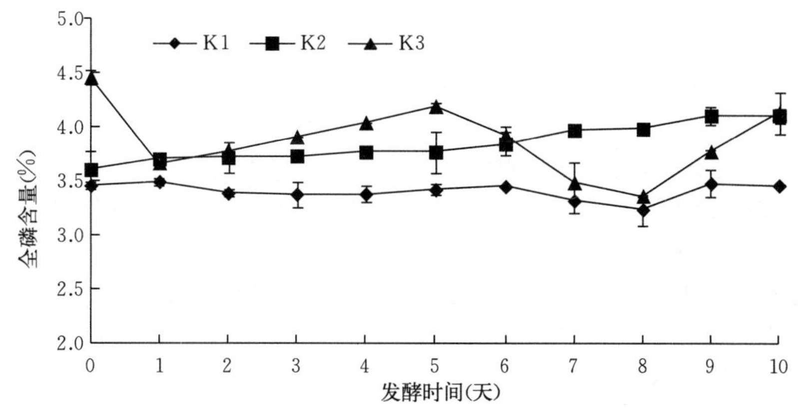

图 6-8　不同初始含水率的鸡粪堆肥全磷含量变化曲线

6. 有机质含量

在堆肥反应过程中，有机质是微生物的营养来源和能量来源，随着堆肥的进行，堆体中的大分子有机物质在微生物的作用下被逐渐消耗降解，一部分在微生物的代谢作用下生成了新的物质：矿物质和腐殖质，另一部分被微生物转化生成了二氧化碳和水（姜莹，2010），而后随着二氧化碳的散失和水分的蒸发，堆体中的有机质总量不断降低（胡菊，2005）。因此，在整个堆肥过程中，堆体中的有机质总量应该随着时间的推移不断降低，最终趋于稳定。所以，有机质的降解程度能够反映微生物代谢的剧烈程度，是反映堆肥化进程和堆肥品质的重要指标。

图 6-9 是不同初始含水率的鸡粪堆肥有机质含量变化曲线，由图可知，在整个堆肥化过程中，3 个处理的有机质含量随着反应的进行整体呈不断下降的趋势，最终 K1、K2 处理和 K3 处理的有机质含量分别为 47.43%、52.06%和 55.6%，K3>K2>K1；有机质降解量分别为 4.17%、8.20%和 7.52%，K2>K3>K1，SPSS 显著性分析表明，K2 处理和 K1、K3 处理之间均具有显著性差异（$P<0.05$），可认为 K2 处理有机质的降解率显著高于 K1 和 K3 处理，说明在此条件下堆体中微生物的生化反应最为剧烈，所以，K2 处理为较优堆肥条件。

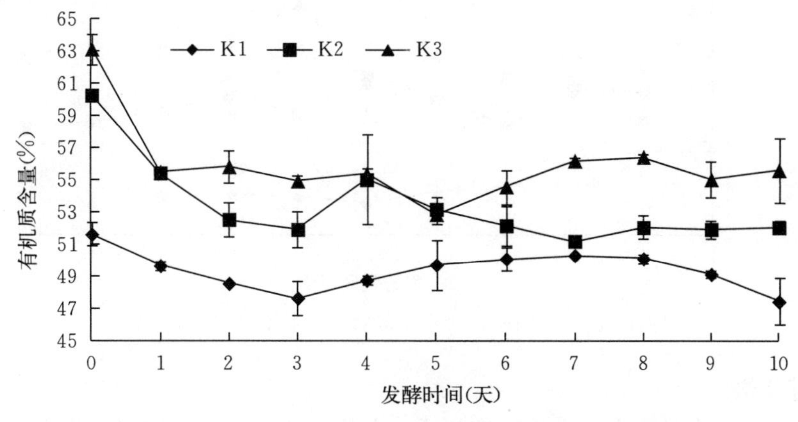

图 6-9　不同初始含水率的鸡粪堆肥有机质含量变化曲线

7. C/N

堆肥化过程是众多微生物一起参与的发酵过程，在发酵过程中，堆肥原料作为微生物的碳源和氮源被消耗分解，大量微生物得到生长和繁殖。堆肥化过程中，碳既是堆肥微生物的基本能量来源，也是微生物细胞构成的基本材料，堆肥微生物在大量生长繁殖时会利用大量氮来构建自身细胞体。在堆肥化过程中，在微生物的作用下，有近 2/3 的碳会以二氧化碳的形式释放出来，剩余部分与氮一起合成细胞生物体，所以堆肥化过程是一个 C/N 逐渐下降并趋于稳定的过程（王宇，2008）。

在堆肥化过程中 C/N 是有规律地变化的，是反映堆肥腐熟度的重要指标。Garcia（1992）认为最终堆肥产品 C/N 在理论上趋于微生物菌体的 C/N，即堆体为（15～20）：1 时可以认为堆肥腐熟，达到了稳定化的程度；Morel 等（1985）认为应采用 T=（终点 C/N）/（初始 C/N）来评价堆肥的腐熟度，认为 T 值小于 0.6 时堆肥腐熟。黄国锋（2002）等认为不同堆肥原料 C/N 差异较大，限制了 C/N 作为判定堆肥腐熟标准的应用，所以应使用堆肥的终点 C/N 与起始 C/N 的比值 T 来评价堆肥腐熟度。

图 6-10 是不同初始含水率的鸡粪堆肥 C/N 变化曲线，由图可知，K1、K2 处理在整个堆肥过程中 C/N 不断下降，分别从最初的 7.63 和 10.33 下降到最后的 5.60 和 8.60，K3 处理 C/N 从最初的 10.24 增加到最后的 11.69，K1、K2 处理和 K3 处理的 T 值分别为 0.73、0.83 和 1.14，按照 Garicia 和 Morel 等的理论，3 个堆体均未完全腐熟，经过 SPSS 统计分析可知 K1、K2 处理的 T 值与 K3 的 T 值之间都具有显著性差异（$P<0.05$），可以认为 K1 处理和 K2 处理的 T 值比 K3 处理的 T 值显著接近 0.6，堆肥效果更好，堆体腐熟度更高。而堆体 C/N 的下降量为 K1>K2>K3，经过 SPSS 统计分析，K1 和 K2 处理之间不具有显著性差异（$P<0.05$），所以说明 K1 处理和 K2 处理 C/N 的下降速度没有显著差异，堆肥发酵效果差异不大，在 K1、K2 处理条件下堆体都能快速进行发酵。综上，可以认为 K1 处理和 K2 处理堆肥效果较好，K3 处理 C/N 上升可能是因为堆料含水率过高发生了厌氧发酵，导致大量氮散失，堆肥效果较差。

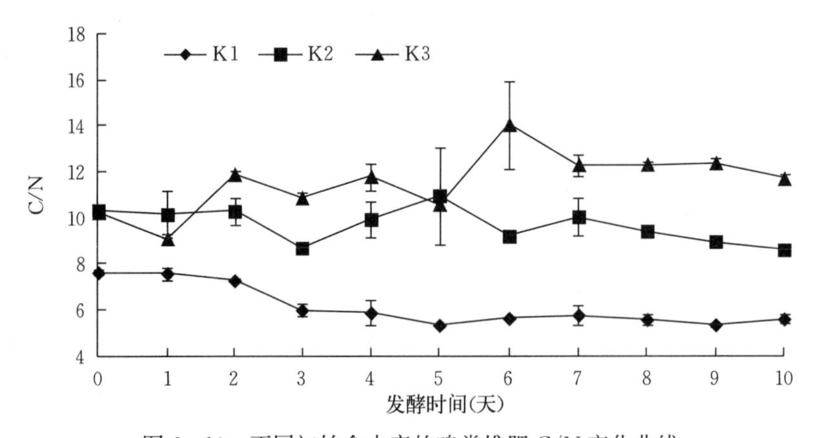

图 6-10　不同初始含水率的鸡粪堆肥 C/N 变化曲线

8. 发芽指数

未腐熟的堆肥产品中含有大量有害物质，若直接施入农田会抑制作物生长，甚至导致

作物死亡，所以测定堆肥产品的腐熟程度非常重要。考虑到堆肥腐熟度的实用意义，植物生长试验应是评价堆肥腐熟度最具说服力的方法（林启美，1999）。一般认为，当发芽指数>50% 时可认为肥料毒性已降至植物可以忍受的范围内，此时堆肥产品已经腐熟；当发芽指数≥80%时可认为肥料毒性基本完全消失，堆肥产品完全腐熟（牛俊玲等，2009）。

图 6-11 是不同初始含水率的鸡粪堆肥发芽指数的变化曲线，由图可知，第 0 天时 K1、K2 处理和 K3 处理的发芽指数都很低，分别只有 2.11%、0.91%和 0.91%，可能是堆肥反应初期鸡粪中含有大量酚类等有害物质，导致初期种子发芽指数较低；随着堆肥反应的进行，K1、K2 处理和 K3 处理的种子发芽指数都在慢慢增大，最终种子发芽指数分别为 16.03%、21.50%和 3.50%。但 3 个处理的最终种子发芽指数都没有超过 50%，所以可认为 3 个处理堆肥都未达到腐熟，还需要经过一段时间的发酵。经过 SPSS 统计分析：K2 处理的最终种子发芽指数与 K1 处理和 K3 处理相比具有显著性差异（$P<0.05$），可认为 K2 处理的堆肥腐熟度显著高于 K1 处理和 K3 处理，所以 K2 处理无害化程度较低。而 K3 处理种子发芽指数一直没有超过 4%，最高为 3.5%，可以认为堆肥化过程基本没有进行，再次证明 80%含水率的鸡粪不能直接用来堆肥。

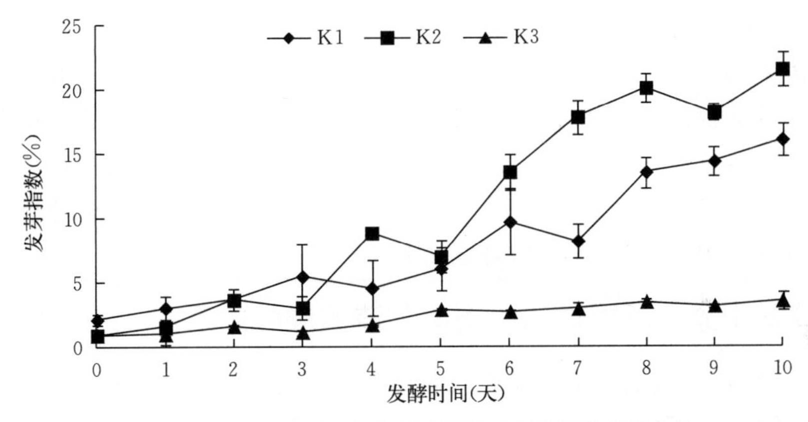

图 6-11　不同初始含水率的鸡粪堆肥发芽指数变化曲线

（六）小结

本试验利用密闭筒仓式堆肥反应器通过严格控制堆肥过程中的各种条件，探究了不同初始含水率鸡粪的堆肥效果，通过对堆肥化过程中堆体的温度、含水率和发芽指数等指标变化规律的研究分析，最终得到以下结论。

（1）温度的变化趋势表明：使用初始含水率为 80%的鸡粪堆肥，温度没有达到粪便无害化标准（<50 ℃），含水率也只是降低到了 70%左右，所以可以认为此条件下高温堆肥反应不能发生，此堆肥反应器不适合使用初始含水率为 80%的物料堆肥；初始含水率为 60%和 70%的鸡粪在堆肥化过程中温度都连续 7 天以上保持在 50 ℃以上，含水率也都有了比较显著的下降，表明这两种处理都进行了高温好氧发酵，所得堆肥产品也都符合粪便无害化标准。相比较而言，使用 70%含水率的鸡粪堆肥前期升温速度更快，最高温度更高，高温期（≥50 ℃）持续时间更长，所以此处理的堆肥效果最佳。

（2）堆肥产品的养分含量测定结果表明：使用60%和70%含水率的鸡粪堆肥最终氮、磷的含量都有所增加，而使用80%含水率的鸡粪堆肥最终氮、磷的含量都是降低的，总的来说，其中60%含水率的鸡粪最终氮、磷含量增加量最大，说明此条件在堆肥过程中有利于氮元素和磷元素的矿化，提高了肥料中氮、磷的可利用率，堆肥效果最佳，而80%含水率的鸡粪因为含水率过高进行了无氧发酵造成了氮损失，磷含量也有所降低，再次证明80%含水率的鸡粪不适合直接堆肥。

（3）有机物料的降解量和种子发芽指数的结果表明：70%含水率的鸡粪堆肥有机质含量下降幅度最大，下降速度最快，说明此条件下堆肥微生物活动最剧烈，堆肥效果最好；60%和70%含水率的鸡粪C/N的下降幅度无显著差别，80%含水率的鸡粪C/N最终有所升高，再次证明此处理进行了厌氧发酵，堆肥效果最差。而最终的种子发芽指数表明，3个处理的堆肥最终都未达到完全腐熟，都需要再经过一段时间的堆制，而70%含水率的堆肥种子发芽指数还是显著高于其他两个处理，说明此处理堆肥效果最佳。

综上可知：不同的初始含水率的鸡粪堆肥效果有很大差别，80%含水率的鸡粪从温度、含水率等物理指标，C/N、氮、磷等化学指标，种子发芽指数等生物指标等方面来讲，都不能进行高温好氧堆肥，所得堆肥产品无害化程度低。而60%含水率的鸡粪含水率下降幅度最大，氮的增长量和发芽指数都更高；70%含水率的鸡粪高温期持续时间更长，有机物质下降幅度更大，其他指标和60%含水率的处理相比差异不是很大。所以，综合以上分析可知，70%含水率的鸡粪堆肥效果最佳，60%含水率的鸡粪也能实现快速堆肥，80%含水率的鸡粪不能进行高温好氧堆肥。

二、鸡粪中添加不同体积比例蘑菇渣的堆肥效果

微生物每消耗25克有机碳，需要吸收1克氮，有学者认为堆体中的初始C/N在25～30时比较有利于堆肥中微生物的生长繁殖，有利于堆肥反应的快速进行（李季，2005）。如果C/N过低，堆肥体系中碳源不足，堆体温度上升缓慢，会造成堆体中的氮以氨气的形式大量散失，所得堆肥产品不利于农作物生长；如果C/N过高，堆体中氮源不足，会减缓微生物的生长繁殖，导致有机物质分解速度变慢，影响堆肥品质，所得堆肥产品施入土壤容易导致土壤缺氮，从而影响作物生长发育。

鸡粪的初始C/N过低，如果将鸡粪的初始C/N提高到25～30，需要加入大量的辅料（例如蘑菇渣、秸秆等），而辅料的供应往往带有季节性和不确定性，而畜禽养殖场每天都会产生大量畜禽粪便需要无害化处理，如果辅料供应不足就会严重影响堆肥效果，所以在此基础上，本试验将鸡粪和蘑菇渣按不同体积比混合在密闭筒仓式堆肥反应器中堆肥，以探究密闭筒仓式堆肥反应器的堆肥效果。

（一）试验材料

试验用密闭鸡粪由规模化养鸡场提供，蘑菇渣由北京世纪大德环保科技有限公司提供，蘑菇渣质地均匀，可直接使用，物料性质见表6-7。

表 6-7　堆肥原料的基本性质

原料名称	含水率（%）	有机碳（克/千克）	全氮（%）	全磷（%）	C/N
鸡粪	58.4	274.02	4.40	3.53	6.23
蘑菇渣	63.6	410.03	2.10	2.52	19.51

（二）试验设计

为探究密闭筒仓式堆肥反应器对于只使用鸡粪进行堆肥和向鸡粪中添加不同比例的蘑菇渣混合堆肥的效果的差别，试验设计 4 个处理，分别为只添加 60%含水率的鸡粪堆肥（CK），将鸡粪和蘑菇渣按体积比 1∶1 混合堆肥（B1），将鸡粪和蘑菇渣按体积比 2∶1 混合堆肥（B2），将鸡粪和蘑菇渣按体积比 3∶1 混合堆肥（B3），由表 6-8 可知此试验所用鸡粪和蘑菇渣的含水率都接近 60%，所以按不同体积比混合的堆料含水率也在 60%左右。之后在堆肥反应装置中进行堆肥，试验通风量为 12 米^3/分，24 小时不间断通风和不停歇搅拌。

表 6-8　不同处理下堆肥的试验方案

处理号	堆肥原料	初始含水率（%，预期值/实际值）	通风量（米^3/分）
CK	鸡粪	60/61.78	12
B1	鸡粪∶蘑菇渣=1∶1	60/61.13	12
B2	鸡粪∶蘑菇渣=2∶1	60/61.45	12
B3	鸡粪∶蘑菇渣=3∶1	60/58.17	12

（三）取样及分析

（1）采样时间及方法

此反应器从下往上依次有 3 个取样孔，因试验仅考察第 1 天所加物料的堆肥变化，所以每次只从最下面的取样孔取样。试验时间控制在 1 次发酵时间 10 天，从堆肥开始到结束每天同一时间取样 3 次，每天分别在 8:00、12:00、18:00 测量堆体温度 3 次。每次测完温度后取样 1 次，采集不同深度的样品混合均匀。每次取样 400 克分为两份，将 1 份样品置于阴凉处风干，过筛储存备用；将另 1 份样品储存在 4 ℃冰箱中，用于浸提液的提取及腐熟度的测定。

（2）测定指标及方法

物理学指标：

温度：用手持的电子温度计每天分别在 8:00、12:00、18:00 测量堆体温度 3 次，取全天的平均值。

水分含量：用烘箱在 105 ℃条件下烘干 24 小时测定。

化学指标：

pH：称取样品鲜样 10.0 克，倒入装有 90 毫升去离子水的三角瓶中，振荡 2 小时后，用定性滤纸过滤，用 pH 计测定滤液的 pH。

有机碳（TOC）：用重铬酸钾容量法-外加热法（鲍士旦，2000）测定。

全氮（TN）：用 $H_2SO_4-H_2O_2$ 消煮，用凯氏定氮法测定。

全磷（TP）：用 $H_2SO_4-H_2O_2$ 消煮，用钼锑抗比色法通过分光光度计测定。

生物学指标：

发芽指数（GI）：取10克鲜样加入100毫升去离子水中，放在振荡器上振荡2小时后用定性滤纸过滤，将5毫升滤液加入铺有2张滤纸的培养皿中。每个培养皿中均匀放置10粒饱满的黄瓜种子（中农八号），放置在30℃的培养箱中培养48小时后测量种子的发芽指数和发芽根长，每个处理重复3次，对照为蒸馏水（李承强等，2001）。

试验数据用Excel和统计软件SPSS20.0进行分析。

（四）结果与分析

1. 温度

堆肥化过程是一个微生物发酵过程，在此过程中微生物代谢产热，同时堆体具有保温作用，发酵反应使堆体温度升高，所以温度是堆肥化过程中的一个关键性指标。用来做堆肥原料的废弃物往往含有非常多的病原菌等有害成分，研究表明，随着堆肥温度的升高，病原菌逐渐减少，而且高温持续7天要比持续3天病原菌减少的百分比高（Coventry et al.，2002），说明持续的高温有助于杀灭堆体中的病原菌。我国粪便无害化标准《粪便无害化卫生要求》（GB 7959—2012）规定：堆体温度需在50～55℃以上保持5～7天才满足堆肥卫生学要求，堆肥化过程中堆体保持一定时间的高温也是堆肥腐熟的关键。

通常好氧堆肥化过程有升温期、高温期、降温期等3个温度变化阶段。图6-12是鸡粪中添加不同体积比蘑菇渣的堆肥温度变化曲线，由图可知，在4个不同处理条件下，堆体温度均表现出先升高后下降的趋势，并且4种处理的高温期（≥50℃）持续时间分别为8天、10天、10天和10天，均满足我国粪便无害化标准《粪便无害化卫生要求》（GB 7959—2012）的要求。处理B1、B2、B3和CK的堆肥温度第2天均超过50℃，其中B3温度上升得速度最快，发酵的第2天温度就超过60℃，到达68.1℃。其中B1、B2、B3和CK处理的0～2天升温期每天的平均升温速率分别为13.6℃、15.9℃、16.1℃和

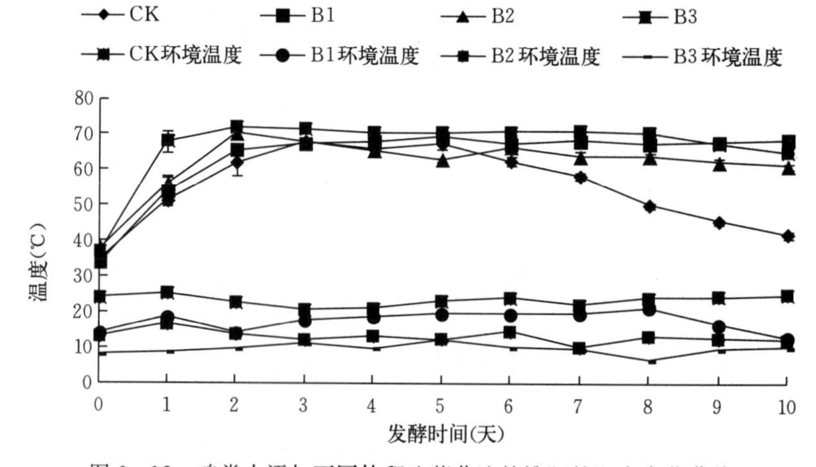

图6-12 鸡粪中添加不同体积比蘑菇渣的堆肥的温度变化曲线

17.6 ℃，可以看出添加蘑菇渣的处理平均升温速率均高于不添加蘑菇渣的处理，并且按体积比蘑菇渣：鸡粪＝3：1 的处理升温的速率最快。试验中 B1、B2、B3 处理的高温期（≥50 ℃）平均温度分别是 66.43 ℃、64.06 ℃和 69.84 ℃，均高于 CK 的高温期的平均温度为 60.82 ℃，且具有显著差异（$P<0.05$）；同时 B3 处理高温期的平均温度也均显著高于 B1、B2 处理（$P<0.05$），所以说明在其他条件相同的情况下，按体积比鸡粪：蘑菇渣＝3：1 的比例向鸡粪中添加蘑菇渣堆肥效果最佳（表 6－9）。

表 6－9　堆肥温度变化

特性	CK	B1	B2	B3
到达 50 ℃所需的时间（天）	1	1	1	1
大于 50 ℃的时间（天）	8	10	10	10
平均升温速率（℃/天）	13.6	15.9	16.1	17.6
最高温度（℃）	68.1	69.2	70.2	72.1
到最高温度所需的时间（天）	3	5	2	2

2. pH

研究表明，微生物在中性偏碱的环境中代谢最旺盛，生物活性最高（杨平平，2013）。在整个堆肥化过程中，pH 随时间和温度的变化而变化，pH 能够通过调节微生物的活性来影响发酵进程，所以堆肥环境中 pH 也是影响堆肥发酵的重要因素，pH 过高或过低都不利于微生物的生长繁殖和有机物质的降解转化。图 6－13 是鸡粪中添加不同体积比蘑菇渣的堆肥 pH 变化曲线，由图可知，随着堆肥化过程的进行，各处理 pH 均在不断变化，最终维持在 7～9，其 pH 均在合理范围内波动，符合堆肥腐熟的标准。

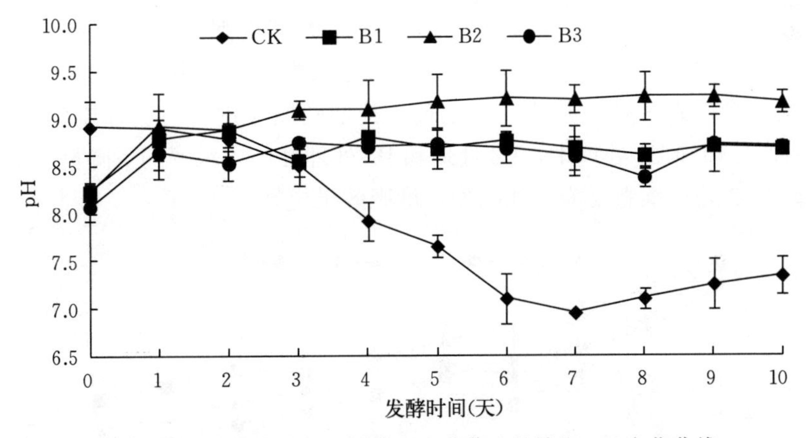

图 6－13　鸡粪中添加不同体积比蘑菇渣的堆肥 pH 变化曲线

李国学等（2000）认为：在堆肥反应初期，由于有机酸的分解，会产生大量的氨气，导致 pH 升高；到堆肥反应后期，硝化细菌的硝化作用会产生大量的 H^+，同时氨气的挥发速率降低共同导致 pH 降低。整个堆肥过程中，B1、B2、B3 处理 pH 变化趋势基本一致，一直缓慢增加，基本保持在 8～9，并没有太大波动，而从其反应的温度变化可知

B1、B2、B3 处理在整个堆肥化过程中反应剧烈，所以堆肥反应温度导致的 pH 波动不大。这可能是由于反应进行得较为完全，有机酸分解产生氨气与硝化细菌的硝化作用产生的 H^+ 的量达到了动态平衡，所以 pH 没有明显波动。而 CK 的 pH 波动范围明显大于 B1、B2 处理和 B3 处理，CK 的 pH 在堆肥初期缓慢上升后又急剧下降，最终在第 7 天 pH 达到最低值，此时 pH 为 7，之后 pH 又缓慢上升，最终稳定在 7.3 左右，认为其堆肥过程中反应较为剧烈。在整个堆肥化过程中，CK、B1、B2 处理和 B3 处理 pH 都在 7～9，其堆肥的内部环境适合微生物活动，有利于提高微生物的活性。但添加了蘑菇渣的处理与 CK 相比 pH 波动范围更小，pH 基本保持在 8～9，而 CK 的 pH 在 7～9，研究表明，微生物的 pH 在 7.5～8.5 时可以有效地发挥其作用，从而获得最大堆肥效率（Nakasaki，1993；Dewes，1996）。所以认为添加了蘑菇渣的处理的 pH 的变化比 CK 更利于堆肥反应的进行。

3. 含水率

图 6－14 是鸡粪中添加不同体积比蘑菇渣的堆肥含水率变化曲线，由图可知，整个发酵过程中 CK、B1、B2 处理和 B3 处理堆体含水率在不断降低，在反应开始的前 3 天堆体含水率的平均下降速度最快，每天平均下降速率分别为 6.68%、5.19%、3.03% 和 3.36%，且 CK 与 B1、B2 处理和 B3 处理都有显著差异（$P<0.05$），说明 CK 在发酵初期水分的散失速率显著高于其他 3 个处理，堆肥化反应初期微生物的活性更高，反应更剧烈。在添加蘑菇渣堆肥的 B1、B2 处理和 B3 处理之间，发酵初期 B1 处理含水率的下降速率显著高于 B2 处理和 B3 处理（$P<0.05$），且 B2 处理和 B3 处理之间无显著差异，说明 B1 处理相对于 B2 处理和 B3 处理在堆肥反应初期发酵速率更快，反应进行得更剧烈，B2 处理和 B3 处理的发酵速度相当。从整个堆肥进程来看，CK、B1、B2 处理和 B3 处理的堆体含水率分别从 61.78%、61.13%、61.45% 和 58.17% 下降到了 22.7%、39.55%、36.36% 和 33.01%，降低量分别为 39.08%、21.58%、25.09% 和 25.16%。其中 CK 与其他 3 个处理都具有显著差异，B2、B3 处理与 B1 处理也都具有显著差异（$P<0.05$），而 B2 处理和 B3 处理之间不具有显著差异。由以上数据可知：在整个发酵过程中，CK 的堆体含水率的下降量显著高于其他 3 个处理，其堆肥反应进行得更加剧烈，堆肥效果更好。在 B1、B2 处理和 B3 处理中，B2 处理和 B3 处理堆体含水率的下降量显著高于 B1 处理，B2 处理和 B3 处理堆肥反应更加剧烈，堆肥效果更好。

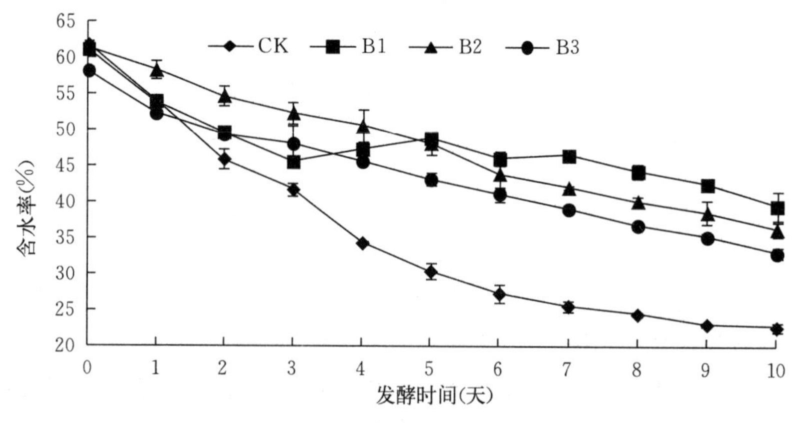

图 6－14　鸡粪中添加不同体积比蘑菇渣的堆肥含水率变化曲线

4. 全氮含量

在堆肥化过程中，氮的变化主要包括氮的固定和释放，在堆肥反应前期，微生物大量生长繁殖，在此过程中微生物消耗了大量氮，所以此时堆体中全氮的含量不断降低；随着堆肥反应的进行，微生物在大量生长繁殖后数量急剧增加，堆肥反应的速度得到了巨大提升，堆体中的有机物料被强烈分解，释放出大量氮，所以堆体中全氮的含量又不断增加。在整个堆肥化过程中全氮的含量先降低后增加。

图 6-15 是鸡粪中添加不同体积比蘑菇渣的堆肥全氮含量变化曲线，由图可知，CK、B1、B2 和 B3 4 个处理在整个堆肥反应过程中全氮含量都是先降低后增加。在堆肥反应的前两天，CK、B1 处理和 B2 处理全氮的含量分别从 3.60%、3.36%和 4.24%降低到了 3.16%、3.08%和 3.96%，降低量分别为 0.44%、0.28%和 0.28%，下降幅度 B1>B2=B3，SPSS 显著性分析结果表明，3 个处理之间不存在显著差异，说明堆肥反应前期 3 个处理堆肥发酵速度无显著差异。从整个堆肥反应过程来看，CK、B1 和 B3 3 个处理的全氮都有所增加，在反应的第 10 天 CK、B1 处理和 B3 处理的含氮量分别为 4.61%、3.47%和 3.87%，与堆肥反应开始时相比增加量分别为 1.01%、0.11%和 0.72%，增加幅度 CK>B3>B1，SPSS 显著性分析结果表明：3 个处理间无显著差异，说明 3 个处理全氮的增加速度无显著差异，但 CK 的全氮量增加幅度最大，可能是由于 CK 堆料中大量干物质的减少而造成的“浓缩效应”；B2 处理全氮量与开始相比降低了 0.33%，可能是因为堆肥化过程中存在厌氧发酵，散失了大量的氮。

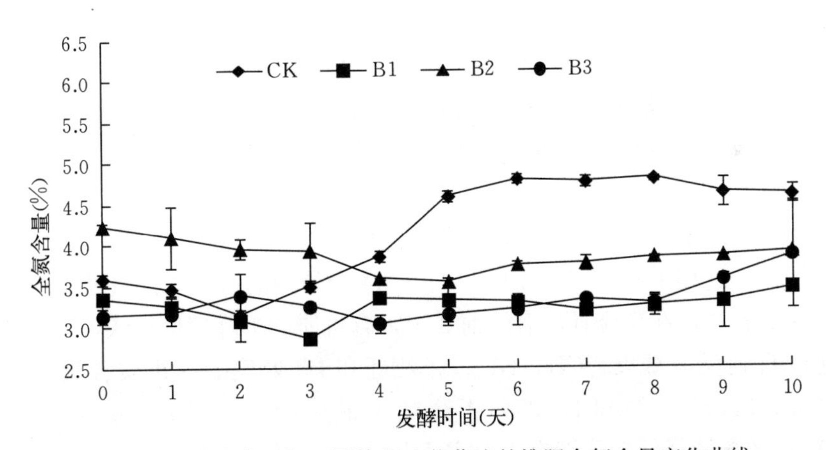

图 6-15　鸡粪中添加不同体积比蘑菇渣的堆肥全氮含量变化曲线

5. 全磷含量

磷是植物生长的必需元素，对植物生长发育起重要作用，还参与植物的光合作用，促进糖类的合成、转化和运输。研究表明，在堆肥化过程中产生的有机酸类物质对难溶性磷具有较强的溶解转化能力，促使有机固体废弃物中难被植物吸收利用的磷转化为较易被植物吸收利用的形态，从而提高磷的有效性和利用率；另外，由于“浓缩效应”，堆肥过程中全磷含量也会有所增加。

图 6-16 是鸡粪中添加不同体积比蘑菇渣的堆肥全磷含量变化曲线，由图可知，在整个堆肥反应过程中，4 个处理 CK、B1、B2、B3 的全磷含量都呈不断增加的趋势。在堆肥

的第 10 天 CK、B1、B2 处理和 B3 处理全磷的含量分别是 3.61%、3.44%、4.53%和 4.08%。B2 处理与 CK、B1 处理和 B3 处理之间具有显著差异（$P<0.05$），CK、B1 处理和 B3 处理之间无显著差异。说明 4 种处理在堆肥化过程中都能促进物料中有效磷的释放和活化，而将鸡粪和蘑菇渣按体积比 2∶1 混合堆肥有利于全磷含量的快速增加，并且堆体全磷含量的增加量显著高于其他 3 种处理。其他 3 种处理虽然也可以使全磷含量增加，但效果差别不大，所以从全磷量的增加角度来看 B2 处理是最优堆肥方案。

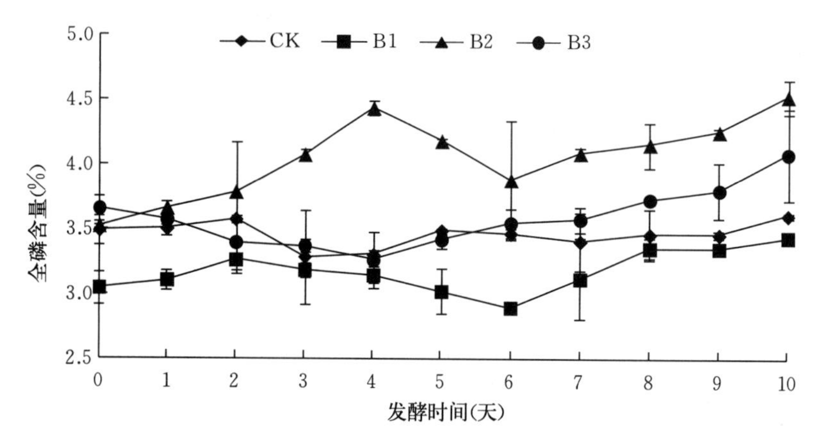

图 6－16　鸡粪中添加不同体积比蘑菇渣的堆肥全磷含量变化曲线

6. 有机质含量

在堆肥反应过程中，有机质的降解程度与堆体中微生物的活跃程度有关，微生物越活跃，堆体中易降解的大分子有机物质的降解程度越高；微生物活性越低，大分子有机物质被降解的程度越低。可以说有机质含量的变化是反映堆肥化进程和堆肥品质的重要指标。

图 6－17 是鸡粪中添加不同体积比蘑菇渣的堆肥有机质含量变化曲线，由图可知，从堆肥化反应的整个过程来看，CK、B1、B2、B3 4 个处理的有机质含量随着堆肥反应的进行呈不断下降的趋势，在反应开始后的前 3 天，有机质的下降速度最快，之后保持较为缓慢的下降速度直到反应结束。CK、B1、B2 处理和 B3 处理的有机质含量分别从最初的 52.38%、60.1%、64.25%和 55.35%下降到了最后的 49.28%、48.14%、56.63%和 50.24%，有机质含量降低量分别为 3.10%、11.96%、7.62%和 5.11%，下降幅度 B1>B2>B3>CK。SPSS 显著性分析结果表明，B1 处理和 B2 处理、B3 处理、CK 之间均具有显著差异（$P<0.05$），即可认为 B1 处理有机质的降解率显著高于 B2、B3 处理和 CK，说明在此条件下堆体中微生物的生化反应最为剧烈，B1 处理为较优堆肥条件。B2、B3 处理和 CK 之间都具有显著差异（$P<0.05$），而 B2 处理和 B3 处理之间无显著差异。说明 B1 处理堆肥中微生物的生化反应最为剧烈，向鸡粪中添加适量的蘑菇渣混合堆肥，有利于堆体中有机质的快速降解。研究表明，堆肥物料总有机质的损失程度在一定程度上可以反映堆肥的腐熟降解过程，总有机质含量下降速度快，说明堆肥腐熟进程快（胡菊等，2005）。因此，添加合适比例的蘑菇渣堆肥可在一定程度上加快堆肥腐熟降解过程。

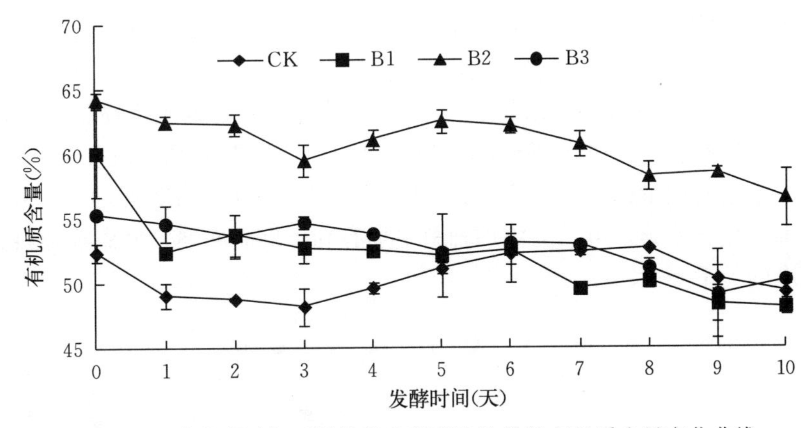

图 6－17　鸡粪中添加不同体积比蘑菇渣的堆肥有机质含量变化曲线

7. C/N

图 6－18 是鸡粪中添加不同体积比蘑菇渣的堆肥 C/N 变化曲线，由图可知，CK、B1、B2、B3 4 个处理的 C/N 从反应开始到反应结束整体上呈下降趋势，分别由最初的 8.44、10.37、8.79 和 10.20 下降到了最后的 6.20、8.04、8.40 和 7.63，降低量分别为 2.24、2.33、0.39 和 2.57，下降幅度 B2＞B1＞B3＞CK；CK、B1、B2 和 B3 的 T 值分别为 0.74、0.78、0.96 和 0.75。SPSS 显著性分析结果表明：B1、B2、B3 和 CK 在 C/N 的下降幅度上不存在显著差异（$P<0.05$），而 B2 的 T 值显著高于 CK，其他处理之间都不具有显著差异（$P<0.05$）。表明：4 种处理 C/N 的下降无显著差异，而 CK 的 T 值显著低于 B2 处理，可以认为 B2 处理得到的堆肥产品腐熟度最低，不利于堆肥的快速腐熟，其他 3 种处理在堆肥的发酵速度和堆肥的腐熟程度上无显著差异。

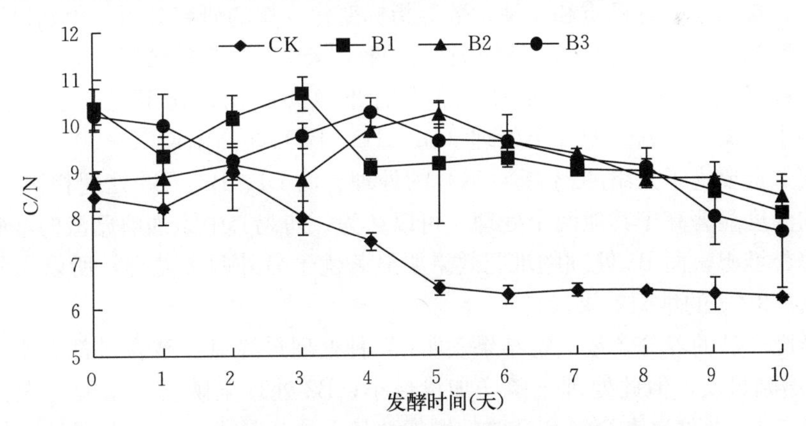

图 6－18　鸡粪中添加不同体积比蘑菇渣的堆肥 C/N 变化曲线

8. 发芽指数

种子发芽指数（GI）是最常被用来评价堆肥腐熟度的指标。通常情况下，植物种子在堆肥原料和未腐熟堆肥的浸提液中生长会受到抑制，而在腐熟堆肥的浸提液中生长不会受到抑制。

图 6－19 是鸡粪中添加不同体积比蘑菇渣的堆肥发芽指数变化曲线，由图可知，随着

堆肥反应的进行，CK、B1、B2、B3 4 个处理的发芽指数都在不断增大，分别从最初的 1.51%、3.63%、4.21% 和 4.83% 增加到最终的 16.46%、36.56%、33.64% 和 37.79%。4 个处理腐熟度最终都未超过 50%，所以可认为其堆肥产品都未腐熟，都需要再经过一段时间的堆制。经过 SPSS 统计分析：B1、B2 处理和 B3 处理的最终种子发芽指数和种子发芽指数增加量都显著高于 CK（$P<0.05$），且 B1、B2 处理和 B3 处理之间的种子发芽率都无显著差异，可认为添加辅料更加有利于堆肥腐熟，而添加辅料的体积与最终堆肥腐熟度的关系不大。

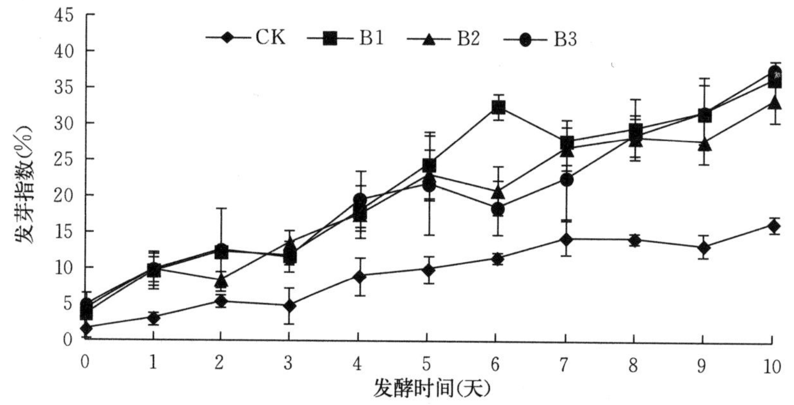

图 6-19　鸡粪中添加不同体积比蘑菇渣的堆肥发芽指数变化曲线

（五）小结

本试验利用密闭筒仓式堆肥反应器，通过严格控制堆肥过程中的各种条件，探究了鸡粪和蘑菇渣按不同体积比混合在密闭筒仓式堆肥反应器中的堆肥效果，通过对堆肥过程中堆体的温度、含水率、有机质和发芽指数等指标变化规律的研究分析，得到以下结论。

（1）温度的变化趋势表明：4 种处理高温期（≥50 ℃）都持续了 7 天以上，都进行了长时间的高温好氧发酵，都满足粪便无害化标准《粪便无害化卫生要求》（GB 7959—2012）的要求。添加蘑菇渣的 3 个处理（B1、B2、B3）在高温期（≥50 ℃）的平均温度和持续时间上都要优于只添加鸡粪（CK）的处理。而 B1、B2、B3 处理相比，B3 处理的高温期平均温度显著高于其他两个处理。可以认为，向鸡粪中添加蘑菇渣的堆肥效果要显著优于纯鸡粪堆肥，而 B3 处理的堆肥效果要显著优于另外两个处理，所以表明体积比鸡粪：蘑菇渣=3：1 的堆肥效果最佳。

（2）堆肥产品的养分含量测定结果表明：4 种处理最终氮、磷含量都有所增加，其中 CK 全氮量增幅最大，但此处理全磷增加量最小；B2 处理全磷含量增幅最大，但全氮含量有所降低；而 B3 处理在全氮和全磷的增加总量上增幅最大，说明此条件下的堆肥反应有利于氮和磷的矿化和肥料中氮、磷可利用率的提高，故 B3 处理堆肥效果最佳。

（3）有机物料的降解量和种子发芽指数的结果表明：4 种处理的有机质含量都在不断降低，其中 B1 处理有机质的降解量显著高于其他 3 个处理，而 B2 和 B3 的两个处理有机质降解量也显著高于 CK。说明鸡粪和蘑菇渣混合堆肥反应速度要显著高于纯鸡粪堆肥，而当将鸡粪和蘑菇渣按体积比 1：1 混合堆肥时堆肥反应最快。添加蘑菇渣的 3 个处理种子发芽指数显著高于纯鸡粪堆肥，说明向鸡粪中添加适量蘑菇渣混合堆肥的效果更好；但

4 种处理的堆肥最终种子发芽指数都没有超过 50%，也就说明所得堆肥产品都没有完全腐熟，还需要进行更长时间的堆制。

综上可知：向鸡粪中添加适量蘑菇渣混合堆肥效果要显著优于纯鸡粪堆肥。因为添加蘑菇渣的 3 个处理与 CK 相比，高温期（≥50 ℃）持续时间更长，最高温度更高，氮、磷等养分的增加量和有机质的降解量都更大，发芽指数也更高。而 B1、B2、B3 处理相比，B3 处理在高温期（≥50 ℃）的平均温度，氮、磷等养分的增加量和最终种子发芽指数都更高，说明此处理相对于其他 3 种处理而言堆肥效果更优。

三、不同通风量对堆肥效果的影响

在堆肥化过程中堆体的通透性和氧气含量是影响堆肥品质和发酵速度的重要因素（倪娒娣等，2005）。在堆肥化过程中主要靠好氧微生物的活动来完成发酵过程，过低的通风量会造成堆体中氧气含量的不足，容易引发堆体局部厌氧发酵，产生大量臭气以及氮氧化物、甲烷等温室气体（Rynk et al.，1992；Yasuyuki et al.，2003），从而严重污染环境；过高的通风量不利于维持堆体温度，同时也会使堆体内氮大量损失，从而降低堆肥产品的肥效，同时也增加能耗。因此，合适的通风量对于堆肥的快速发酵非常重要，它对于任何强制堆肥系统来说都是一个关键的参数。本章通过设计 3 个不同通风量的堆肥试验，在堆肥反应结束后通过对堆肥的温度、pH、含水率、碳氮比（C/N）、氮磷养分含量、发芽指数等指标的检测，探究不同的通风量对堆肥效果的影响。

（一）试验材料

试验用鸡粪由规模化养鸡场提供，已知 70%含水率的鸡粪堆肥效果最好，所以使用含水率大约为 70%的鸡粪进行堆肥试验，鸡粪的基本性质见表 6－10。

表 6－10　堆肥原料的基本性质

原料名称	含水率（%）	有机碳（克/千克）	全氮（%）	全磷（%）	C/N
鸡粪	69.91	340.02	3.62	3.10	9.41

（二）试验设计

使用密闭筒仓式密闭堆肥反应器对鸡粪进行堆肥的过程中，通过调节鼓风机挡位的大小调节其向堆体的通气量，以此探究密闭筒仓式反应器堆肥中不同通风量对堆肥效果的影响。此鼓风机最大通风量为 12 米^3/分，共分为 10 个挡位，每个挡位为 1.2 米^3/分，所以试验设计 3 个处理，分别将通风量调为 12 米^3/分（E1 处理），6 米^3/分（E2 处理），2.4 米^3/分（E3 处理）（表 6－11）。之后在堆肥反应装置中进行堆肥试验，24 小时不间断通风和不停歇搅拌。

表 6－11　不同处理下堆肥的试验方案

处理	堆肥原料	初始含水率（%，预期值/实际值）	通风量（米^3/分）
E1	鸡粪	70/69.91	12
E2	鸡粪	70/70.49	6
E3	鸡粪	70/69.34	2.4

（三）试验操作

本次堆肥试验周期为10天，此反应器有效容积为25米^3，而加料料斗的有效容积为0.8米^3。试验过程中每天同一时间向反应器中加入2料斗的堆料，每天一共添加的堆料体积大约为1.6米^3，每天不往外排物料，所以一个试验周期一共添加了16米^{3}的物料，占反应器总容积的2/3。

（四）取样及分析

1. 采样时间及方法

此反应器从下往上依次有3个取样孔，因试验仅考察第1天所加物料的堆肥变化，所以每次只从最下面的取样孔取样。试验时间控制在一次发酵时间10天，从堆肥开始到结束每天同一时间取样3次，每天分别在8:00、12:00、18:00测量堆体温度3次。每次测完温度后取样1次，采集不同深度的样品混合均匀。每次取样400克分为两份，将一份样品置于阴凉处风干，过筛储存备用；将另一份样品储存在4℃冰箱中，用于浸提液的提取及腐熟度的测定。

2. 测定指标及方法

物理学指标：

温度：用手持的电子温度计每天分别在8:00、12:00、18:00测量堆体温度3次，取全天的平均值。

水分含量：用烘箱在105℃条件下烘干24小时测定。

化学指标：

pH：称取样品鲜样10.0克，倒入装有90毫升去离子水的三角瓶中，振荡2小时后，用定性滤纸过滤，用pH计测定滤液的pH。

有机碳（TOC）：用重铬酸钾容量法-外加热法测定。

全氮（TN）：用$H_2SO_4-H_2O_2$消煮，用凯氏定氮法测定。

全磷（TP）：用$H_2SO_4-H_2O_2$消煮，用钼锑抗比色法通过分光光度计测定。

生物学指标：

发芽指数（GI）：取10克鲜样加到100毫升去离子水中，放在振荡器上振荡2小时后用定性滤纸过滤，将5毫升滤液加到铺有2张滤纸的培养皿中。每个培养皿中均匀放置10粒饱满的黄瓜种子（中农八号），放置在30℃的培养箱中培养48小时后测量种子的发芽指数和发芽根长，每个处理重复3次，对照为蒸馏水（李承强等，2001）。

试验数据用Excel和统计软件SPSS20.0进行分析。

（五）结果与分析

1. 温度

堆体温度决定了堆肥速度和腐熟程度，同时也是反映堆肥进程最直接的指标。堆肥化过程的快慢主要由堆肥微生物的活跃程度决定，堆肥微生物在代谢过程中能释放大量热量，所以堆肥微生物的活跃程度直接由堆体温度的高低体现出来。我国粪便无害化标准规定：堆体温度需在50～55℃以上保持5～7天才可满足堆肥卫生学要求《粪便无害化卫生要求》（GB 7959—2012），堆肥化过程中堆体保持一定时间的高温是杀灭堆肥中病虫害的关键，也是堆肥腐熟的关键。

图 6－20 是不同通风量条件下堆肥的温度变化曲线，由图可以看出，E3 处理的最高温度没有达到 50 ℃，所以此处理的堆肥不满足我国粪便无害化标准的要求，说明 E3 处理的通风量不能满足堆肥微生物的发酵要求，所以堆体温度一直保持在 30～40 ℃，不能完全进行高温好氧堆肥，需要加大通风量。而升温期 E1 处理的升温速率要大于 E2 处理，E1 处理和 E2 处理每天的平均升温速率分别为 8.69 ℃和 7.49 ℃，E1、E2 处理高温期（≥50 ℃）持续时间分别为 9 天、8 天，均达到了堆肥无害化标准。E1、E2 处理分别在堆肥的第 2 天和第 3 天超过 50 ℃，其中 E1 处理温度上升的速度最快，发酵的第 2 天温度就超过 50 ℃，达到 58.6 ℃。试验中 E1、E2 处理的高温期（≥50 ℃）平均温度分别是 64.57 ℃和 58.70 ℃，E1、E2 处理和 E3 处理在整个堆肥过程中的平均温度分别为 58.45 ℃、52.58 ℃和 39.31 ℃，且 E1 的平均温度均显著高于 E2、E3 处理（$P<0.05$）。所以可认为 E1 处理堆肥化效果较优（表 6－12）。

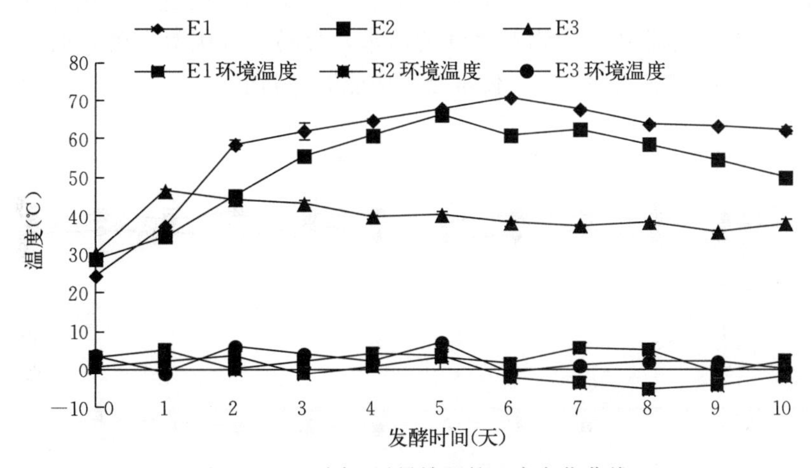

图 6－20　不同通风量堆肥的温度变化曲线

表 6－12　堆肥温度变化

特性	E1	E2	E3
到达 50 ℃所需的时间（天）	2	3	
大于 50 ℃的时间（天）	9	8	
平均升温速率（℃/天）	8.69	7.49	
最高温度（℃）	70.7	66.2	46.5
到最高温度所需的时间（天）	6	5	1

2. pH

pH 是影响微生物生长繁殖的重要因素之一，在堆肥过程中，由于微生物在代谢过程中不断产生酚类和有机酸等物质，堆体内的酸碱度是不断变化的。而微生物生长繁殖需要适宜的 pH 环境，因为 pH 的大小能够严重影响微生物的生物活性，过高或过低都不利于微生物的生长繁殖和有机物质的降解转化，从而影响堆肥反应的顺利进行。

图 6-21 是不同通风量堆肥的 pH 变化曲线，由图可知，随着堆肥过程的进行，各处理 pH 均在不断变化，最终维持在 7～9，其 pH 均在合理范围内波动，符合堆肥腐熟的标准。但从图中可以看到发酵过程中 E3 处理和 E1、E2 处理 pH 的变化趋势有很大不同，E3 处理从堆肥反应开始到结束 pH 不断降低，尤其是反应前两天下降速度最快，pH 从第 0 天的 7.5 下降到了第 2 天的 5.9，此后 pH 一直稳定在 6.0 左右直到堆肥反应结束，造成这种现象的原因可能是通风量不足导致了堆体厌氧发酵，从而产生了大量有机酸使 pH 在堆肥刚开始时急剧下降，随后堆肥反应变慢，pH 也维持在较低水平。而 E1 处理和 E2 处理从堆肥反应开始到结束一直稳定在 8.5～9.1，波动不大，推测有两种原因导致了这种状况：①微生物活性太低，堆肥反应较温和，所以 pH 基本上没有较大变化。②由于反应进行得较为完全，有机酸分解产生氨气与硝化细菌的硝化作用产生的 H^+ 的量达到了动态平衡，所以 pH 没有明显波动。而 E1 处理和 E2 处理反应过程中温度都持续保持在较高水平，所以可以认为是第 2 种原因导致的 E1、E2 处理 pH 的这种变化。总的来说，E3 处理的通风量不能满足堆肥微生物对氧气的需求，容易导致厌氧发酵，而 E1 处理和 E2 处理可以满足微生物对氧气的需求，使堆肥反应能够顺利地进行下去。

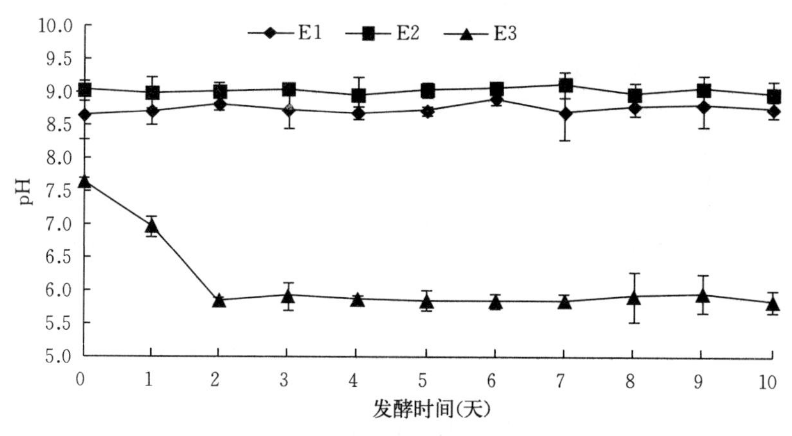

图 6-21　不同通风量堆肥的 pH 变化曲线

3. 含水率

在堆肥化过程中，水分对于微生物的生长繁殖和有机物的转化具有重要作用，是堆肥反应正常进行必不可缺的条件。堆体水分散失得多少在一定程度上决定了堆肥质量，如果堆肥水分损失大，就说明堆肥化过程中堆体达到了较高的温度，有机物被分解得更充分，同时更加方便堆肥储存和有机肥造粒等堆肥后期处理。

图 6-22 是不同通风量堆肥的含水率变化曲线，由图可知，从堆肥化过程开始到结束，E1、E2 处理和 E3 处理的堆体含水率都在不断降低，其中 E1 处理的含水率下降量最大，达到了 28.5%，而 E2 处理和 E3 处理分别下降了 11.13%和 5.53%，E1 处理与 E2 处理和 E3 处理均有显著差异（$P<0.05$），E2 处理和 E3 处理也有显著差异。说明 E1 处理堆体含水率的下降程度显著高于 E2 处理和 E3 处理，E1 处理堆肥反应进行得最剧烈，堆肥效果最好。E2 处理的堆体含水率的下降程度也显著高于 E3 处理，E2 处理堆肥效果也优于 E3 处理。

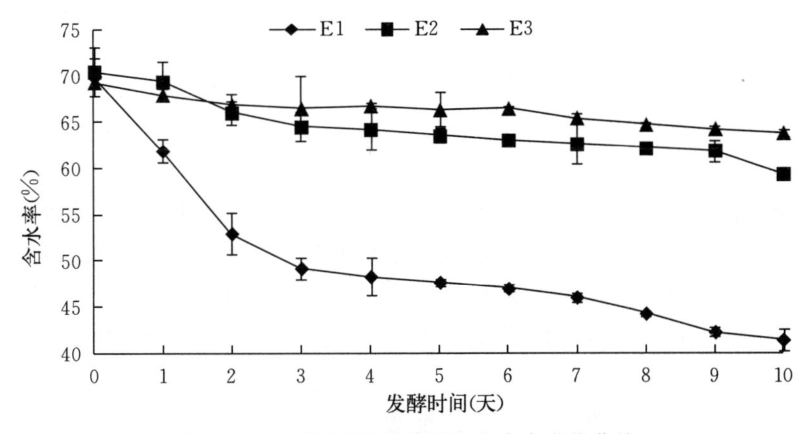

图 6 - 22　不同通风量堆肥的含水率变化曲线

4. 全氮含量

堆肥反应前期主要是以堆体中微生物的生长繁殖为主，此过程会消耗大量的氮，而到了堆肥反应后期，微生物能大量分解堆料中的有机物，释放出大量氮，堆体中的全氮含量又有所增加。氮的损失不仅会降低堆肥的质量，而且会排放出大量的有害气体（氨气、氮氧化合物），造成二次污染（常勤学等，2007）。所以，我们要找到合适的堆肥条件避免大量氮的损失。

图 6 - 23 是不同通风量堆肥的全氮含量变化曲线，由图可知，在整个堆肥过程中，E1 处理和 E2 处理的全氮含量基本上符合堆肥反应中全氮含量先降低后增高的特征，而 E3 处理的全氮含量呈先增高后降低趋势，1 天后含氮量达到最大值；而 E1 处理和 E2 处理中全氮含量在堆肥前期略有下降，分别在第 4 天和第 3 天降到最低值，此段时间微生物生长繁殖消耗大量氮，同时有机氮强烈分解生成氨气，碱性环境促进了氨气的生成和挥发，造成了氮的损失。从反应开始到反应结束，E1 处理全氮含量增加了 0.27%，E2 处理和 E3 处理全氮含量分别降低了 0.51%和 0.44%，E1 处理在全氮增加量上显著高于 E2 处理和 E3 处理（$P<0.05$），E2 处理和 E3 处理之间没有显著差异。说明 E1 处理的堆肥效果较好，

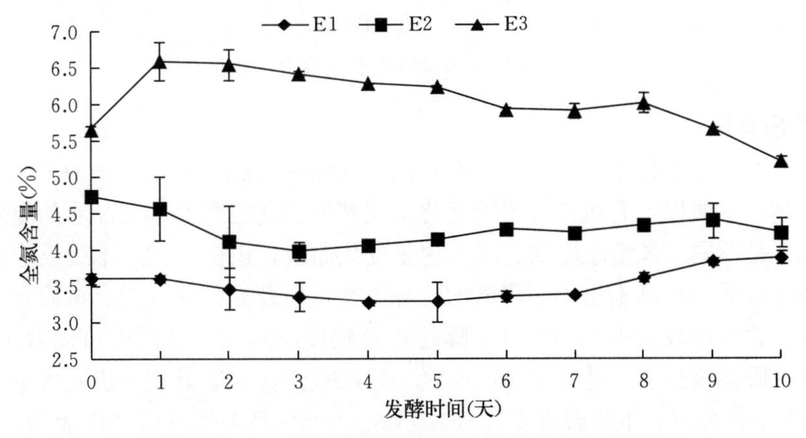

图 6 - 23　不同通风量堆肥的全氮含量变化曲线

在堆肥后期微生物促进了有机物的分解和氮的释放，增加了 E1 处理中全氮的含量；而 E2 处理和 E3 处理在堆肥前后全氮含量分别减少了 0.51%和 0.44%，说明在堆肥过程中存在部分厌氧发酵，造成有机氮强烈分解生成氨气，碱性环境促进了氨气的生成和挥发，造成了氮的损失。所以，E1 处理的堆肥条件较优。

5. 全磷含量

磷对植物生长繁殖都非常重要，堆肥过程中全磷含量的增加有两个原因：①在微生物的作用下有机物质被矿化，分泌大量的有机酸和腐植酸等物质，从而促进堆体中的有机磷的活化。②堆体中的有机物质不断地被降解和消耗，生成的二氧化碳和水分也在不断散失，所以堆料中的干物质和堆料体积都随之不断减少，从而导致全磷含量升高，产生磷的“浓缩效应”。

图 6－24 是不同通风量堆肥的全磷含量变化曲线，由图可知，从堆肥反应开始到结束，3 个处理的全磷含量都在缓慢增加。在堆肥的第 10 天 E1、E2 处理和 E3 处理全磷的含量分别是 3.84%、5.68%和 4.63%。E2 处理与 E1、E3 处理有显著差异（$P<0.05$），E1 处理和 E3 处理之间无显著差异。说明 3 种处理在堆肥过程中都能促进物料中有效磷的释放和活化，而将通风量控制在 0.6 米^3/分有利于全磷含量的快速增加，并且堆体全磷含量的增加速度显著高于另外两个处理。另外两个处理虽然也可以使全磷含量增加，但效果差别不大，所以从全磷量的增加角度来看 E2 处理是较优堆肥方案。

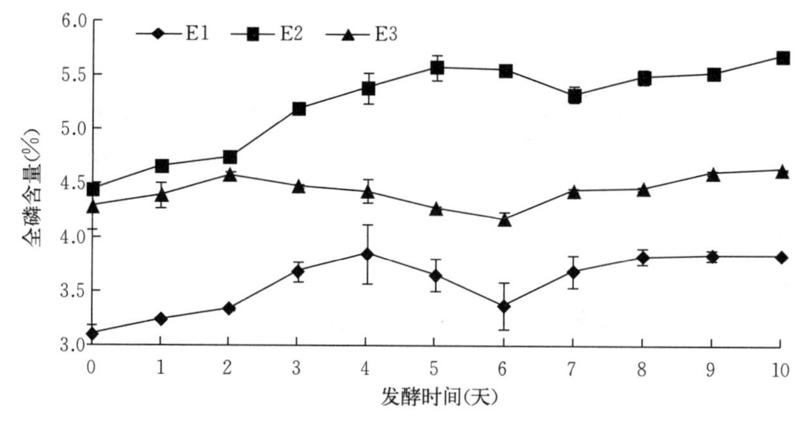

图 6－24 不同通风量堆肥的全磷含量变化曲线

6. 有机质含量

在堆肥过程中，堆体中的微生物活性越高、代谢速度越快，堆体中的大分子有机物被降解的程度越高。所以，有机质含量的变化是反映堆肥化进程和堆肥品质的重要指标。

图 6－25 是不同通风量堆肥的有机质含量变化曲线，由图可知，堆肥反应从开始到结束堆体中的有机质总量基本呈不断降低的趋势，在反应开始的前 3 天有机质含量下降速度最快，之后一直保持较为平稳的缓慢下降趋势直到反应结束。从图中可以看出，E1 处理有机质总量下降幅度最大，达到了 10.69%，而 E2 处理和 E3 处理有机质含量分别下降了 3.25 和 3.11 个百分点，下降幅度 E1>E2>E3。SPSS 显著性分析结果表明：E1 处理与 E2、E3 处理有显著差异（$P<0.05$），E2 处理和 E3 处理之间无显著差异。说明，E1 处

理相对于其他两个处理而言，能够显著地降低堆体中有机质的含量，此种处理更加有利于微生物的好氧发酵和堆肥腐熟进程的加快，是堆肥反应的较优条件。

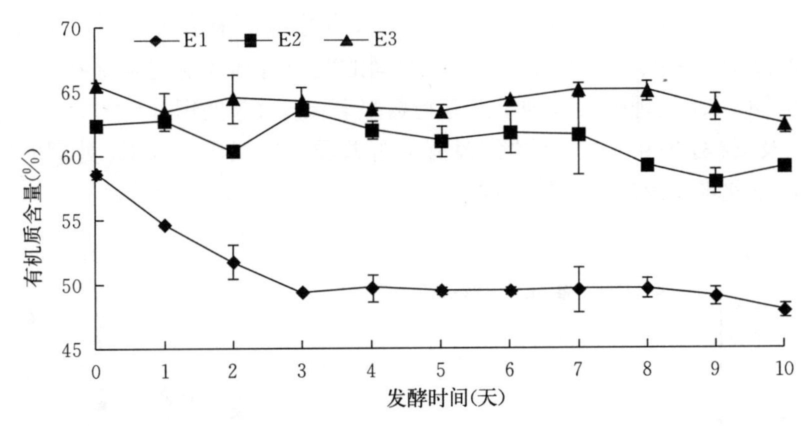

图 6-25　不同通风量堆肥的有机质含量变化曲线

7. C/N

在堆肥过程中，在微生物的代谢作用下，有近 2/3 的碳会以二氧化碳的形式释放出来，剩余部分与氮一起合成细胞生物体，所以堆肥过程是一个 C/N 逐渐下降并趋于稳定的过程（王宇，2008）。C/N 可以作为判断堆肥腐熟进程的指标。

图 6-26 是不同通风量堆肥的 C/N 变化曲线，由图可知，E1 处理的 C/N 在反应过程中不断降低；E2 处理的 C/N 则是先升高、后降低；E3 处理的 C/N 则是先降低、后升高。最终 E1、E2 处理和 E3 处理的 C/N 分别为 7.15、8.12 和 6.94，3 个处理的 T 值分别为 0.76、1.06 和 1.03，SPSS 显著性分析结果表明：E1 处理的 T 值和 E2、E3 处理的 T 值具有显著差异（$P<0.05$）。表明：E1 处理的堆肥腐熟度显著高于 E2 处理和 E3 处理，堆肥反应中微生物活动更激烈，堆肥效果更好；而 E2、E3 处理由于供氧量不足，造成了部分厌氧发酵，导致了氮流失，C/N 升高，堆肥效果不佳。

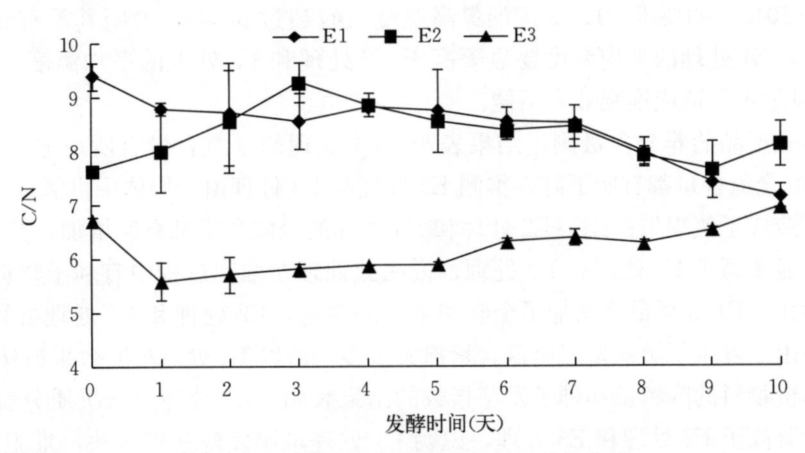

图 6-26　不同通风量堆肥的 C/N 变化曲线

8. 发芽指数

图 6-27 是不同通风量堆肥的发芽指数变化曲线，由图可知：整个堆肥过程中 3 个处理的发芽指数都在缓慢增长，分别从最初的 1.51%、1.02% 和 2.11% 增加到最终的 24.86%、19.47%和 14.50%。最终 3 个处理的发芽指数都未达到 50%，所以可认为 3 个处理的堆肥产品都未腐熟，必须再经过一段时间的发酵过程才能完全腐熟。经过 SPSS 统计软件分析可知：E1 处理的最终种子发芽指数显著高于 E3 处理（$P<0.05$），而 E1 处理和 E2 处理以及 E2 处理和 E3 处理之间没有显著差异。所以可认为 E1 处理的通风量更利于堆肥腐熟，是此堆肥反应的较优条件。

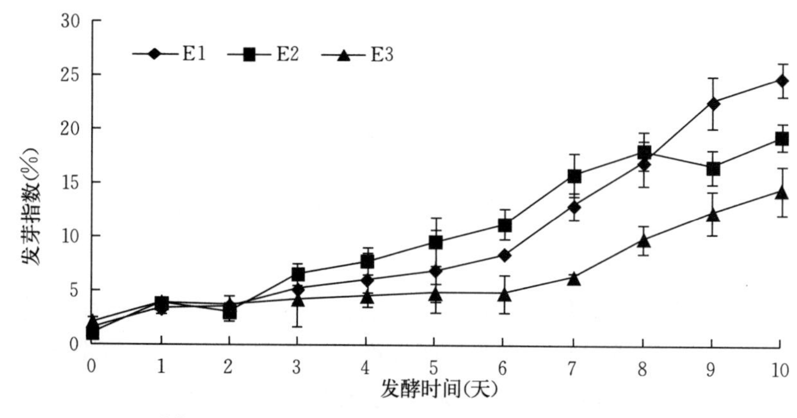

图 6-27　不同通风量堆肥的发芽指数变化曲线

（六）小结

本试验利用密闭筒仓式堆肥反应器，通过严格控制堆肥过程中的各种条件，探究了不同通风量的堆肥效果，并通过对堆肥过程中堆体的温度、含水率、有机质和发芽指数等指标变化规律的研究分析，最终得到以下结论。

（1）温度的变化趋势表明：E1 处理和 E2 处理都进行了长时间的高温好氧发酵，高温期（≥50 ℃）都持续了 7 天以上，都达到了粪便无害化标准《粪便无害化卫生要求》（GB 7959—2012）的要求。E3 处理的最高温度没有超过 50 ℃，说明其没有进行高温好氧堆肥反应，E1 处理的平均温度要显著高于 E2 处理和 E3 处理的平均温度，E2 处理和 E3 处理通风量不足造成堆肥效果不佳。

（2）堆肥产品的养分含量测定结果表明：E1 处理的全氮含量有所增加，而 E2 处理和 E3 处理的全氮含量都有所下降，推测 E2 处理和 E3 处理由于堆体中供氧量不足发生了厌氧发酵，造成了氮损失；E1、E2 处理和 E3 处理的全磷含量都有所增加，其中 E2 处理全磷的增幅显著高于 E1 处理和 E3 处理，说明此处理在堆肥过程中有利于物料中有效磷的释放和活化。E1 处理最终增加了全磷和全氮的含量，E2 处理和 E3 处理虽然磷含量增幅较大，但由于发生了厌氧发酵全氮含量损失较多，所以 E1 处理堆肥效果最佳。

（3）有机物料的降解量和种子发芽指数的结果表明：E1 处理的有机质分解量和 C/N 降低量都显著高于 E2 处理和 E3 处理，说明 E1 处理堆肥发酵速度最快，堆肥效果最好。3 个处理的种子发芽指数都没有超过 50%，说明 3 个处理的堆肥产品都未完全腐熟，都还

需要进行一段时间的堆制。而 E1 处理的种子发芽指数显著高于 E2 处理和 E3 处理，再一次证明 E1 处理堆肥效果最好。

综上可知：E2 处理和 E3 处理的通风量都不能满足堆体在堆肥化过程中对氧气的需求，可能发生了部分厌氧发酵，造成了氮的损失；E1 处理与 E2 处理和 E3 处理相比，高温期持续时间更长，有机质降解量更大，氮、磷等养分的增加量更大，种子发芽指数也更高，这些都说明了 E1 处理堆肥效果最佳。

四、试验结论

（1）不同初始含水率的鸡粪堆肥效果有很大差别。60%和 70%含水率的鸡粪堆肥高温期（≥50 ℃）持续时间大于 7 天，都符合我国粪便无害化标准的要求。初始含水率为 60%的鸡粪堆肥堆体含水率降低幅度最大，堆肥初期温度上升最快，全氮含量增加幅度最大；而初始含水率为 70%的鸡粪堆肥堆体高温期持续时间最长，有机质分解量最大，种子发芽指数最高。而 80%含水率的鸡粪堆肥最高温度没有达到 50 ℃，不符合我国堆肥无害化标准，该堆料含水率也过高，发生了厌氧发酵，所以导致全氮和全磷含量都有所降低。初始含水率为 80%的鸡粪不适合直接用来堆肥，而含水率为 60%和 70%的鸡粪都可以用来直接堆肥，从不同的角度分析二者各有优势，考虑到温度在好氧堆肥中的重要作用，70%初始含水率的鸡粪堆肥效果最佳。

（2）向鸡粪中添加适量蘑菇渣混合堆肥效果要显著优于纯鸡粪堆肥。使用纯鸡粪直接堆肥高温期（≥50 ℃）持续时间大于 7 天，也符合我国粪便无害化标准的规定，和其他 3 个处理相比，其全氮含量增加量也最大；但其有机质降解量和磷的增加量都最小，种子发芽指数最低，堆肥化过程中的最高温度最低，高温期持续时间最短，故其堆肥效果最差。而添加蘑菇渣的 3 个处理相比，鸡粪：蘑菇渣＝3：1 的处理在高温期（≥50 ℃）的平均温度，氮、磷等养分的增加量和最终种子发芽指数等都更高，所以可认为按此比例将鸡粪和蘑菇渣混合堆肥效果最好。

（3）合理的通风量对于堆肥的快速发酵非常重要，不同的通风量对于堆肥反应的效果有很大的影响，通风量为 12 米^3/分时堆肥效果最佳。当通风量为 6 米^3/分和 2.4 米^3/分时，堆体的全氮含量最终都有所下降，说明其通风量不能满足堆体快速发酵对氧气的需求，所以堆体内发生了部分厌氧反应。而 6 米^3/分的通风处理全磷的增加量最大，说明此处理有利于物料中有效磷的释放和活化。当通风量为 12 米^3/分时，与其他两个处理相比，高温期持续时间更长，有机质降解量更大，氮、磷等养分的增加量更大，种子发芽指数也更高，这些都说明了通风量为 12 米^3/分时堆肥效果最佳。

第七章 | CHAPTER 7

沼液三级过滤技术及田间应用研究

近年来，厌氧发酵产沼气技术发展迅速，已成为我国广泛采用的畜禽粪便处理方式之一。据统计，到2016年底我国大中型沼气工程沼气产量已达4亿米^3，较2010年增加了2倍多；而北京市的大中型沼气站年产气量也由2010年的67.1万米^{3}增长到2016年的275.8万米^3，增长了3倍多。按照每吨投入料产出0.3吨的沼渣和1.1吨的沼液计算，北京市2016年伴随沼气发酵所产生的沼渣量为45.7万吨，而沼液的产出量更大，为167.6万吨。

但由于厌氧发酵过程并不能利用畜禽粪便原料中的氮、磷、钾等营养元素，且较难实现高温无害化，仍有必要对厌氧发酵后的残渣和沼液进行再处理，以避免氮、磷等对水体和土壤环境的污染。此外，沼液含有丰富的有机质、腐植酸、氮、磷、钾、微量元素等营养成分及氨基酸、维生素、酶等生命活性物质，可作为优质高效的有机肥料，能显著地改善土壤的理化性质，还可增强作物抗性、减少污染。

沼液利用存在的问题包括：①畜禽粪便等排泄物经过发酵后排放的发酵残留物为较黏稠的物质，流动性差，导致运输困难，不能直接在田间施用。虽然一些厂家曾推出固液分离机器，但是残留物容易堵塞网眼，且耗能大，目前分离效果都不理想。②由于各个沼气工程的投入物料来源不一，发酵工艺也多元化，因此沼气发酵残留排放物的养分含量与pH也有较大的不同。由于养分的含量有不确定性，实际应用中就存在较大的变异，长期施用可能会造成土壤养分不平衡，或导致土壤酸化，从而影响土壤质量，并最终影响作物的产量。③沼液虽然含有丰富的营养物质及有机质，但是C/N与普通的堆肥或者商品化有机肥存在较大的差异，因此在土壤中的转化与分解也有独特的方式与速率，在养分供应强度和供应持续时间上与普通有机肥明显不同。这使得各个作物体系的普通堆肥施用量很难直接在沼液沼渣上应用。现在农户施用沼液一般都是与普通无机肥料混杂使用，混用的效果及最佳施肥方式也是迫切需要研究的。④农田对沼液的消纳能力不足、冬季利用量小、远距离运输成本过高，与化肥或商品有机肥相比，沼液中各项营养元素浓度也偏低。

本研究将针对我国规模化养殖场废弃资源量大、循环利用率低、处理困难、环境污染严重等突出问题，进行沼液的浓缩技术研究，通过过滤对畜禽养殖场污水进行预处理，以满足后续灌溉及田间应用需要。另外，针对沼液农用过程中的精准施用、肥效、农田应用环境效应等环节，开展沼液农用肥效及土壤环境效应评估，并制定了技术规程。

第一节　沼液养分特征及三级过滤技术研究

一、沼液养分特征

厌氧发酵产物是指可生物降解的有机废弃物（如人畜粪便或各种农林废弃物）在一定的含水量、温度、甲烷细菌等条件下，经密闭容器进行厌氧发酵，产生甲烷、二氧化碳等气体后的残留物，其中固体物质称沼渣，液体物质称沼液。

沼液中含有丰富的营养物质，具有较高的利用价值，包括氮、磷、钾等大量营养元素和钙、铜、铁、锌、锰等中微量营养元素且含有氨基酸、维生素、腐殖质、蛋白质等。沼液对土壤有较好的改良作用，能够实现土壤生态环境的良性循环，有利于植被的生长。沼液具有很好的肥效，研究表明，施用沼液不仅能提高蔬菜产量和品质，还能提高土壤肥力。但是沼气站排放的沼渣、沼液往往混合在一起，给大规模应用带来较大困难。

目前国内沼液的利用主要包括沼液浸种、病虫害防治和饲料利用等。

1. 沼液浸种

沼液中存在大量的微生物，这些微生物分泌的多种活性物质能够激活种子胚乳中的酶、促进植物胚细胞分裂、促进生长发育、提高种子的发芽率、促进种子生理代谢和作物根系发育等，沼液浸种需要注意以下几点。

（1）沼液中离子浓度较高，对作物生长和种子萌发有抑制作用，直接用于浸种对种子成活不利，不同浓度沼液对种子萌发率、萌发速率的影响也不同，所以使用前须进行稀释、调节电导率使其适合浸种。

（2）种子浸泡后，一定要沥干，再用清水洗净，晒干种子表面水分，方可催芽或播种，否则很可能会导致出苗不齐。

（3）浸种时间不能太长，时间过长会使种子水解过度，影响发芽率。但是对于浸种时间目前没有明确的标准，李骏等（2011）认为以 12～36 小时为宜，丁丽（2012）则认为以 24～44 小时为宜。

2. 沼液防治病虫害

沼液中含有多种生物活性物质，目前已有试验表明，沼液对粮食、蔬菜、水果等 13 种作物中的 23 种病害和 14 种害虫有防治作用，因使用成本较低而受到广大农民朋友的喜爱，沼液作为生产绿色无公害蔬菜的重要肥料能够增加蔬菜的经济效益。刘丰玲等（2009）的研究表明喷施沼液有利于提高产量、改善品质、减少病虫害，张睿等（2014）在苹果树叶片上喷施沼液证明喷施沼液可大大降低虫口密度，从而有效地减轻了小麦的病虫害，所以沼液在当前新型农业体系建设中有广阔的应用前景。

3. 沼液饲料利用

沼液的固含量小于 1%，可用于养殖也可用作肥料。沼液养鱼是将沼液施入鱼塘，沼液中含有的营养物质可被微生物、浮游动植物等利用，被分解为小分子营养物质被鱼类吸收利用，促进鱼类生长，提高鱼苗的成活率及品质。此外，沼液中的营养物质被鱼类利用转化可减轻水体富营养化。

二、沼液三级过滤技术研究

（一）沼液三级过滤系统

系统整体可分为3个部分，如图7-1所示，分别为沼渣和沼液固液分离、沼液储存、粗过滤和曝气系统部分（A）；沼液细过滤和自动配比、反冲洗和主体控制系统部分（B）；田间沼液灌溉部分（C）。其中B部分是全工程的主体部分，控制着A区的曝气系统和C区的沼液灌溉体系。沼液在A区经过二级过滤之后，由泵抽至B区，在B区经过第三次过滤并与清水混合配比到达C区，实现沼液的灌溉施肥。而在第三级过滤中留下的细微沼渣则通过B区的反冲洗系统被冲回到A区的一级过滤池，实现循环运转。

图7-1　沼液滴灌工程整体工艺实景图

1. A区（过滤储存池及相关设施）

整个过滤系统分为沼液注入口和主体储存池（沼液过滤储存池和清水储存池）（图7-2），其中沼液过滤储存池可以分为3个部分，分别为沼液沉淀池、沼液过渡池和清液池，3个池子中间用过滤网隔开；沼液在经注入口倒进沼液沉淀池后，经沉淀后过840微米的过滤网进入沼液过渡池，其后通过250微米的过滤网过滤到清液池中，最后用抽污泵送至B区工作房内与清水混合后等待灌溉施用。

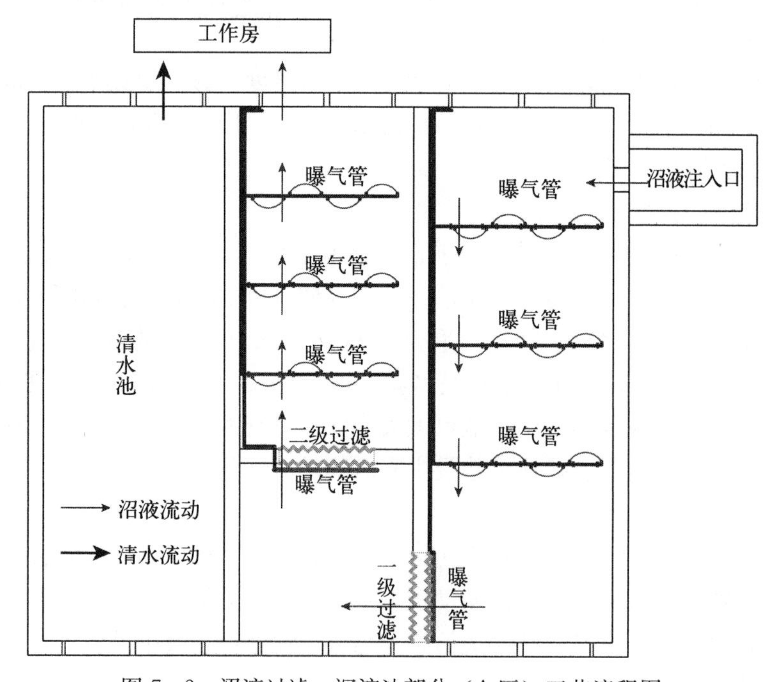

图7-2　沼液过滤、沉淀池部分（A区）工艺流程图

沼液过滤时会有大量的沼渣附着在过滤网上面，造成网眼的堵塞，因此本工程中在B区工作房内安装有气泵，经主控制系统发出指令后，可以通过网下的曝气管对网进行曝气处理，从而将过滤附着物冲开，实现沼液无堵塞过滤，初步解决了沼液过滤的堵塞问题。另外在每个池子的底部，也安装有较多的曝气管，可以定时进行曝气处理，增加水中的氧气含量，并可起到除臭的作用。

池子上部安装有水位探测仪器，沼液或清水施用到一定程度，系统就会报警提示。在池子的顶部安装有太阳能集热系统，加热后的水流过铺设在池子底部的管道之后，在冬季可以起到保温加热作用，防止冬季沼液结冰并提高沼液温度，适于冬季灌溉。

2. B 区（主体控制系统）

沼液经水泵送至逆止阀（逆止阀的功能是防止液体倒流）后，进入叠式过滤器，过滤精度为124微米；清水通过蓄水池内的水泵加压，经逆止阀进入叠式过滤器，同样经124微米网过滤后通过气动阀进入电动调节阀，经调整后与沼液混合，形成水-沼液混合液体，通过输送管道进行施肥灌溉。在水沼液混合体输送压力过低时，管道加压泵气动加压，确保水-沼液混合体正常输送至各个大棚（图7-3）。

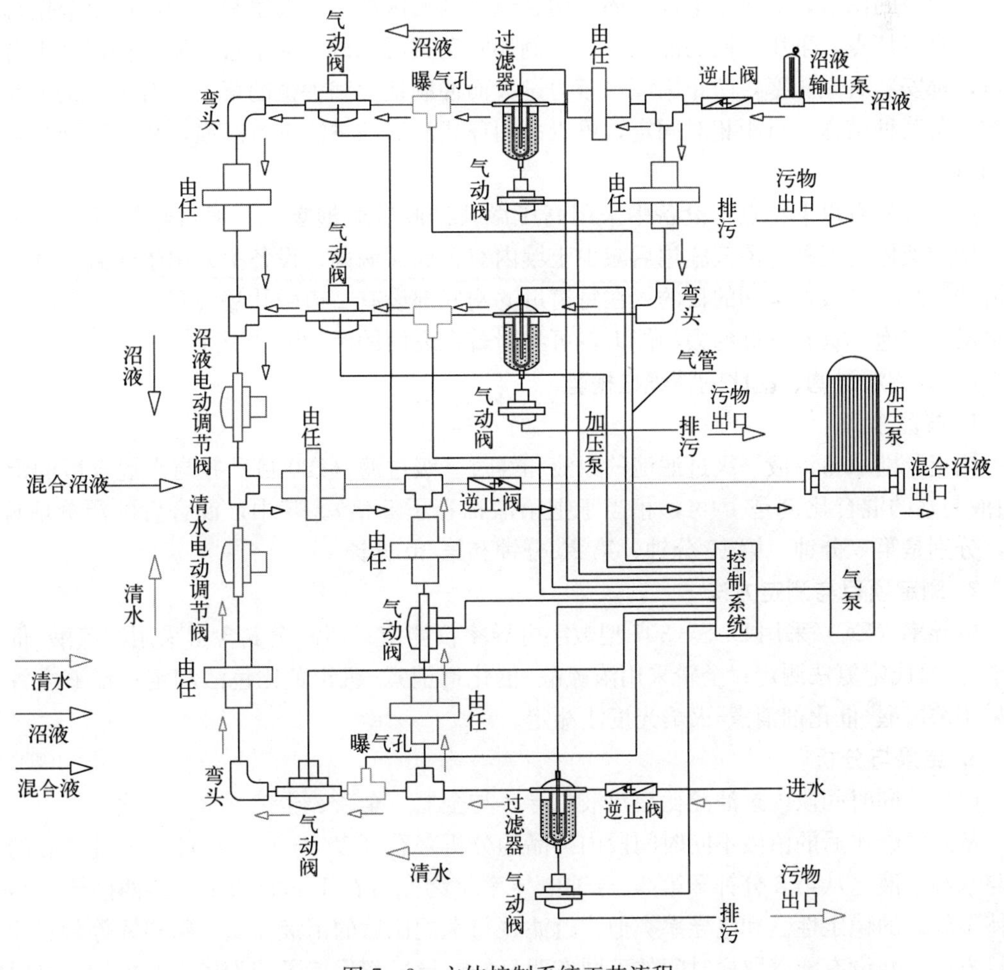

图7-3　主体控制系统工艺流程

在叠片式过滤器下部设有气动排污阀，上部设有高压进气管，与设在过滤器中间的硅胶微孔曝气管相连接。此设计为确保叠式过滤器畅通，在 PLC 工作程序进行叠式过滤器自动反冲洗时，4～6 千克/厘米^2 的气体通过硅胶微孔曝气管释放到叠式过滤器中，排污阀打开后，水及高压微泡气体瞬间通过叠式过滤器中的过滤叠片，排至沉淀池。高压气体通过硅胶微孔曝气管释放于叠式过滤器内的水中，产生大量微小气泡，气泡与水接触进行分子间交换，表面分子活跃，先将附着在叠式过滤器中的过滤叠片上的污物清洗掉，然后进行高压吹洗，将叠式过滤器中的剩余水及污物彻底清除，确保叠式过滤器正常工作。

此外控制系统还设定有数字监控系统，可进行作物生长的相关监测和灌溉施肥系统运行情况的监测。

3. C 区（沼液灌溉部分）

沼液与清水混合后，为保证多个棚同时灌溉施肥情况下的沼液供应，在主管道上设一个变频加压泵，管道内的水压变低时，加压泵自动开始工作，以满足需求。目前，整个灌溉系统的设计能力为 60 米^3/时，可以满足 120 个棚的灌溉施肥需求。

混合后的沼液，经过地下铺设的专用管道通到园区的各个温室和大棚，可以根据每个大棚的自身特点，采用不同的灌溉方式。例如叶菜类可以设定为小管出流，在每个小管的出口，都安装有减压塞，防止因灌水压力过大而冲刷地面和种植的蔬菜。对于果菜类及根菜类，蔬菜种植株、行距相对固定，可以采用环式滴灌的方法进行滴灌，从而达到灌溉施肥的目的。

本工程具有以下特点：设备中采用高压微孔硅胶管微泡曝气，通过曝气可以减少异味，增加液体内溶氧，沼液施用后减少土壤内有害厌氧病菌；设备中采用条式微泡曝气达到清洗一级、二级过滤网的目的；在每道过滤网底部设有 2 道微孔曝气管，在曝气时产生大量微小气泡，具有良好的去污能力，可将附着在表面的污物清洗干净。

（二）沼液过滤、配比的精确性检验

1. 样品来源

测定分别取自沼液一级过滤池的原液和经过三级过滤（120 目）并与水混合后的沼液（沼液与水的混合比例是 1∶4，相当于把沼液稀释了 5 倍）。其中，混合后的沼液取样 4 次，分别是第 5 分钟、第 10 分钟、第 20 分钟和第 30 分钟。

2. 测定项目与测定方法

电导率（EC）采用 DDS－307 型数字电导率仪测定；沼液全氮含量采用浓硫酸-催化剂消煮-凯氏定氮法测定；全磷采用浓硫酸-催化剂消煮-钒钼黄比色法测定；沼液全钾含量采用浓硫酸-催化剂消煮-火焰光度法测定。

3. 结果与分析

（1）不同时间段内过滤配比后沼液电导率与全氮、全磷、全钾含量的变化

从过滤配比后的沼液不同时间段内样品的分析来看（表 7－1），经过三级过滤后的沼液与水混合液，从第 5 分钟至第 30 分钟电导率始终保持在 1 860～2 130 微西门子/厘米，保持了较高的稳定性。和电导率类似，过滤并与水配比后的沼液在氮、磷和钾等营养元素含量方面，并没有随着取样时间的不同有明显的差异，都保持了较为稳定的含量，可以断

定，在本施肥系统中，沼液与水的混合是均匀的，基本上很少波动。

表 7-1　沼液过滤配比后不同时间段内电导率和全氮、全磷、全钾含量的变化

时间（分）	电导率（微西门子/厘米）	全氮（毫克/升）	全磷（毫克/升）	全钾（毫克/升）
5	2 130	98	100	100
10	1 860	126	77	80
20	1 990	126	89	80
30	2 120	126	89	90
平均值	2 025	119	89	88

（2）沼液与水配比精确性的检验

在本研究中，所取的沼液一部分来自一级过滤沉淀池；另外一部分来自经过三级过滤并与水配比后用来灌溉施肥的沼液，用电子流量计控制沼液与水的比例为 1∶4。因此，在检验沼液与水配比的精确性时，我们把上述电导率与养分测定结果取平均值，乘以 5 进行结果的还原，并把计算结果与原液测定结果进行比较（表 7-2）。

表 7-2　沼液原液与过滤配比后还原值的比较

沼液浓度	EC（微西门子/厘米）	全氮（毫克/升）	全磷（毫克/升）	钾（毫克/升）
过滤配比后测定值	2 025	119	89	88
过滤配比后还原值	10 125	595	444	438
原液测定值	10 000	650	460	485
CV（%）	1.25	−8.46	−3.39	−9.79

注：CV（%）=（过滤配比后还原值—原液测定值）/原液测定值×100。

由表 7-2 可以看出，过滤后的沼液经过 5 倍的稀释，电导率和各种养分的含量均变成了原液的 1/5 左右，其中配比后沼液的电导率还原值与原液相比，仅有 1.25%的变异，而其他如氮、磷、钾的变化也都在 10%以内，配比后沼液还原值与原液基本保持一致。在本研究中，沼液在与水的配比设定为 1∶4，从研究结果来看，各种养分与电导率基本上都显示出这样的比例。因此，在本工程中，沼液与水的配比可以达到精确化的控制。

在本研究中，原液的养分测定结果均不同程度地高于其对应的还原值，这可能和前面提到的沼液还含有部分的沼渣悬浮物有关，由于这部分悬浮物不能通过三级过滤，因此在一定程度上降低了沼液的养分含量，但降低幅度并不大，最大的也没有超过 10%。

（三）沼液管灌技术

沼液除了含有丰富的氮、磷、钾等元素外，还含有对果树生长起重要作用的钙、硼、铜、铁、锰、锌等中微量元素以及大量的有机质、多种氨基酸和维生素等。此外，沼肥腐熟程度高，施用沼肥不仅能显著地改良土壤，确保果树生长所需的良好微生态环境，还有利于增强其抗冻、抗旱能力，减少病虫害。有研究表明：果树施沼液、沼渣，可提高坐果率5%以上，增产10%～30%，并可提高果实质量和商品价值，还可减轻病虫害；用沼液对果树进行灌根和叶面喷施，可有效改变果树结果枝的比例，使新梢增长增多、花芽成花率提高、果形指数增大、叶片浓绿肥厚、病虫害减轻、商品果率提高、果园产量、产值与化肥处理和清水对照相比都有显著提高。管灌是目前沼液灌溉常用的方式，具有改善土壤水分状况、占地少、便于交通和田间作业、减少地面蒸发等优点。

北京市延庆区张山营镇自然条件优越，土壤、气候、水质条件适合绿色食品和有机食品的种植，现有果品面积2万亩，以苹果、葡萄、桃、李子为主。苹果品种主要有红富士、国光、玫瑰红、乔纳金等；葡萄品种主要有红地球、黑奥林、里扎马特、美人指、秋黑等鲜食品种和赤霞珠、梅露辙等酿酒品种。果园的施肥主要为人工施加鸡粪、牛粪等有机肥和化肥，灌溉主要采用管灌。

德青源科技养殖园的沼气工程原料主要来自养殖场的鸡粪和养殖小区的雨水、鸡舍冲洗水和员工生活污水等，沼气工程的附属产物沼液具有较高的生化需氧量、化学需氧量，是品质优良的有机肥料。

该科技养殖园每天可向果农免费提供的沼液为200吨，因为沼气工程中每天添加的发酵原料为700吨，经发酵后每天需处理沼渣18吨，沼液500吨，将经厌氧发酵后的沼肥回收起来，其中300吨经处理后仍用于原料调制，另200吨排出后作为沼液肥料供周边果园使用。另外沼液含固量为5%，经过固液分离器后沼液的含固量减少到1%。

德青源科技养殖园沼气工程供给果农的沼液都是经站内有盖沼液中转池冷却、收集尾气并沉淀后得到的上清液，已经基本上没有臭气，沼气经生物脱硫塔除臭后也不会再有臭气。所有运输过程也都是密封的，不会滋生蚊蝇。施用到地里的沼液味道强度不到堆沤肥料的1/10，对周边环境影响非常小。

沼液管灌工程建设：①输送主管线工程，铺设德青源科技养殖园院内管线240米，铺设从德清源科技养殖园至1号、2号沼液储存池的管线，共4 700米。②沼液配送管线工程，铺设从1号、2号沼液储存池至各个调节稀释池的管线18 545米。③灌溉明渠工程，修建从各个调节稀释池到果园内灌溉点的灌溉明渠36 000米。④沼液储存池工程，建设沼液储存池工程10万米^3，其中德清源企业南边的1号储存池45 000米^3，东部的2号储存池55 000米^3。每个沼液储存池分别建设管理用房50米^2。⑤沼液调节稀释池工程，果园内建设沼液调节稀释池56个，每个调节稀释池为300米^3。当果树需要灌溉时按照1∶1或者别的比例掺入灌溉用水，再用水泵将沼液从沼液稀释池抽到相邻灌溉水渠中，沿果树根部附近人工挖细沟自流灌溉果园。图7-4为2017年沼液管道平面走向图。

7 400亩果园位于德青源科技养殖园的周边。其中南线工程覆盖的果园有西五里营采摘园、前黑龙庙观光园、后黑龙庙观光园（建设中），共3 295亩；东线工程覆盖的果园有佛峪口村观光园、玉佛果园、张山营村观光园，共4 105亩；具体果园面积及品种统计如表7-3。

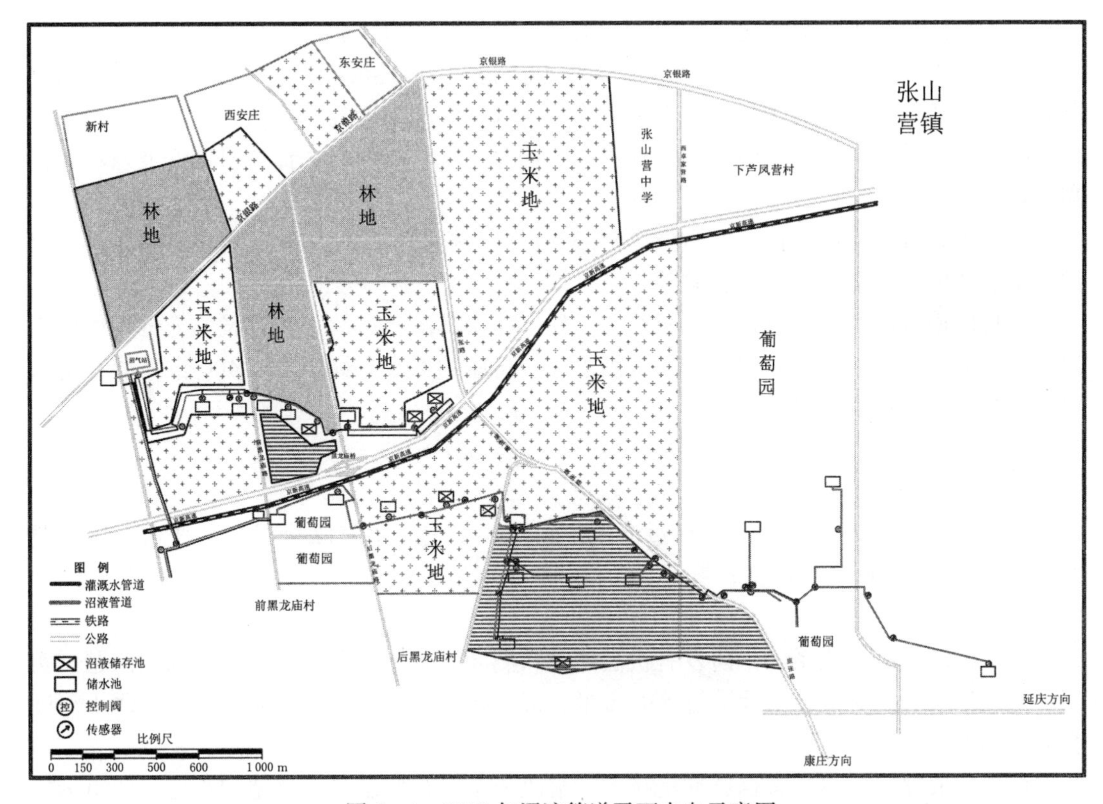

图 7-4　2017 年沼液管道平面走向示意图

目前这些果园的施肥主要采用化学肥料，部分有条件的果园也施加鸡粪、牛粪等有机成品肥；水利灌溉主要采用管道灌溉设施；病虫害主要采用农药防治。

表 7-3　沼液灌溉果园面积及品种

序号	名称	位置	占地面积（亩，苹果/葡萄）	品种	备注
一	南线合计		3 295/2 175		
1	西五里营采摘园	西五里营村	1 950/1 050	苹果、葡萄	南线
2	前黑龙庙观光园	前庙村	1 220/1 000	苹果、葡萄	南线
3	后黑龙庙观光园（建设中）	后庙村	125/125	苹果、葡萄	南线
二	东线合计		4 105/200		
4	佛峪口村观光园	佛峪口村	505/0	苹果、葡萄	东线
5	玉佛果园	佛峪口村	300/0	苹果、葡萄	东线
6	张山营村观光园	张山营村	3 300/200	苹果、葡萄	东线
合计			9 775		

效益分析：

（1）经济效益。一般情况下，沼肥栽培果树每亩可节省化肥、农药等生产成本 150 元左右，增产 10%～30%，每亩产品增值 200 元以上。7 400 亩果园共节省生产成本约 111 万元，增收约 150 万元。该项目的实施共为项目区果农节本增效 262.5 万元。

（2）社会效益。推进环境治理工程步伐，加速生态县城建设；促进村镇产业发展，提高果农收入。

（3）生态效益。该项目的实施倡导沼液无污染有机肥料的使用，改善了土壤条件，保护了生态环境，具有良好的生态效益。

项目以德青源科技养殖园沼气工程为依托，完善其配套后续工程建设，充分利用德青源沼气发电工程产生的沼液肥料，为其周边 5 个村庄的 6 个果园（共 7 400 亩）的有机水果生产基地提供沼液肥料。

三、小结

本文通过创制轻简化沼液三级过滤系统；集成曝气、水气联合反冲洗技术；智能调控水液配比，实现与滴灌及管灌系统的对接，并在延庆张山营镇等地区实现了推广应用。

（1）创制三级过滤系统，研发有机液体肥料滴灌设备，解决沼液含渣量高的问题，实现了与滴灌系统的对接。沼液通过 840 微米、250 微米和 124 微米三级过滤筛，逐步深度脱渣，确保对接滴灌系统。

（2）集成曝气和水气联合反冲洗技术，解决了系统长期运行易堵塞的难题。两组曝气分别是：池底曝气促降解，池壁曝气清洁滤网。水气联合自动反冲洗清洁滤芯，实现时间自控，高效运转。

（3）发现沼液电导率与养分含量高度相关。基于此，针对作物不同生育期的养分需求，构建了有机液体养分浓度智能调控技术体系，突破了沼液浓度实时定量难题。此外，研发压力调节模块，确保系统稳定运行。

第二节　施用沼液对设施菜田土壤磷累积与迁移的影响

一、材料与方法

1. 试验地点及供试土壤

试验设在北京市延庆区康庄镇小丰营村现代设施农业示范基地，地处北京西北部的延怀盆地东部（东经 115°54′，北纬 40°24′），海拔高度为 500 米左右，属温带与中温带、半干旱与半湿润带的过渡带气候区，冬冷夏凉，年平均气温为 8 ℃，年平均降水量为 443.2 毫米，无霜期为 150～170 天。

试验选取土壤肥力均匀的蔬菜种植温室，该温室前茬作物为青椒。供试土壤为潮褐土，试验前为多年蔬菜大棚菜地，土壤肥力较高，0～20 厘米土层土壤基本理化性质见表 7－4。

表 7-4　2011 年供试温室 0～20 厘米土层土壤的基本理化性质

有机质（克/千克）	全氮（克/千克）	速效磷（毫克/千克）	速效钾（毫克/千克）	pH（水：土=5：1）
31.8	1.77	159	288	7.47

2. 作物种植和田间管理

试验于 2011 年 3 月至 2014 年 10 月进行，共种植 10 茬蔬菜。试验持续过程中采用了番茄、结球甘蓝、旱芹、结球生菜进行试验。具体种植情况见表 7-5。

表 7-5　2011 年 3 月至 2014 年 10 月供试作物种类及种植时间

种植茬数	蔬菜种类	种植时间	收获时间	株距（厘米）	行距（厘米）
1	番茄（中研 968）	2011-03-24	2011-07-30	40	40
2	樱桃番茄（千红 1 号）	2011-08-24	2012-02-28	40	40
3	番茄（金鹏 11 号）	2012-03-16	2012-08-08	40	40
4	结球甘蓝（春格尔）	2012-08-16	2012-10-25	35	30
5	旱芹（文途拉）	2012-11-13	2013-02-22	20	20
6	番茄（博粉 4 号）	2013-03-17	2013-07-23	40	40
7	结球甘蓝（前途）	2013-08-19	2013-11-07	35	30
8	旱芹（皇后）	2013-11-25	2014-03-14	20	20
9	番茄（仙克 8 号）	2014-03-28	2014-08-04	40	40
10	结球生菜（射手 101）	2014-08-11	2014-10-09	35	30

3. 试验处理

试验依据粪肥的施用量设置 4 个水平，每茬种植前分别施用。第 1～8 茬，供试粪肥为以鸡粪、牛粪及土壤为原料自制的堆沤肥，4 个施用水平分别是 0 吨/公顷、52.5 吨/公顷、105 吨/公顷、210 吨/公顷（按湿重计算），第 9～10 茬，供试肥料改为商品有机肥，并且调整了施用量，分别为 0 吨/公顷、30 吨/公顷、60 吨/公顷、90 吨/公顷（按湿重计算），分别用 CK、CM1、CM2、CM3 表示。粪肥作为基肥一次性施入，然后翻耕，深度为 10～15 厘米，其中番茄、结球甘蓝和生菜生育期按相应处理施用底肥，而在旱芹生育期（第 5 茬、第 8 茬）则没有进行粪肥施用处理。试验设置 3 次重复，随机区组排列。

小区面积为 25.2 米^2，包括 3 畦，每畦面积为 8.4 米^2（1.4 米×6 米）。蔬菜轮作过程中，各处理小区位置保持不变。试验中通过滴灌追肥方式对各处理施用相同量的沼液或清水。番茄生育期内滴灌稀释施用沼液量为 525 米^3/公顷；结球甘蓝和生菜生育期内滴灌稀释施用沼液量为 260 米^3/公顷；旱芹生育期内不追施沼液。堆沤肥和灌溉用的稀释沼液养分含量见表 7-6。病虫害防治和日常管理按照园区标准化操作规程进行，定植当天滴灌清水。

表 7-6　堆沤肥和沼液养分含量

有机肥	有机质（克/千克）	全氮（克/千克）	全磷（克/千克）	全钾（克/千克）
堆沤肥（第 1 茬）	231.0	11.2	10.0	32.02
堆沤肥（第 2 茬）	202.9	10.7	9.0	17.5
堆沤肥（第 3 茬）	102.9	6.3	6.6	13.7
堆沤肥（第 4 茬）	261.0	12.4	14.1	17.0
堆沤肥（第 6 茬）	116.0	6.4	5.9	7.6
堆沤肥（第 7 茬）	153.9	5.9	5.8	11.0
商品有机肥（第 9 茬）	290.3	15.1	18.25	22.45
沼液（2011-12-07）	n. d.	3.79	0.46	3.48
沼液（2012-05-03）	n. d.	3.17	0.36	2.18
沼液（2014-04）	n. d.	3.18	0.53	3.09
沼液（平均值）	n. d.	3.38	0.45	2.92

注：n. d. 代表没有测定。

4. 样品采集和分析

（1）植株取样与测定

测产：在每个小区的中间畦进行产量测定。多次采收番茄，详细记录各次采摘果实的鲜重，最后将产量累加，将小区产量换算为每公顷产量。在结球甘蓝和生菜收获时，记录整个小区的产量，换算为每公顷产量。在旱芹收获时，代表性划定 1 米^2 采集样品，称重计产，换算为小区产量，最后将小区产量换算为每公顷产量。

番茄果实：盛果期在每小区取 10～15 个成熟待收获的番茄果实，切碎混匀，分取 200 克烘干，测定果实含水量，烘干样品粉碎后待测。番茄茎叶：拉秧后，每小区取 5 株有代表性的番茄，采集植株茎叶，称鲜重，切碎混匀，分取 200 克烘干，测定茎叶含水量，烘干样品粉碎后待测。

结球甘蓝、旱芹和生菜：每小区在植株成熟时取 5 株有代表性植株，切碎混匀，分取 200 克烘干，测定含水量，烘干样品粉碎后待测。

植株全磷含量：采用硫酸-过氧化氢消煮-钒钼黄比色法测定。

试验中蔬菜磷养分带走量由公式（7-1）～（7-3）计算而得：

番茄磷带走量＝茎叶干重×茎叶磷含量＋果实干重×果实磷含量　（7-1）

结球甘蓝和芹菜磷带走量＝作物干重×植株磷含量　（7-2）

结球生菜磷带走量＝作物干重×单位产量养分吸收量　（7-3）

（2）土壤样品采集与测定

试验于 2014 年 10 月在作物收获前采用长为 1 米直径为 2 厘米的土钻采集土壤样品，每个小区分为 0～30 厘米、30～60 厘米、60～90 厘米 3 层，取 0～90 厘米土层土壤，取样位置为中间小区的两株植株中间，每个小区按 S 形各取 4 钻，然后分层混为一个土样，分装在袋子中，最后放入冰盒中，带回实验室。将土样风干过 2 毫米筛，分别测定

土壤 Olsen - P、$CaCl_2$ - P、M3 - P、土壤磷饱和度（*DPS*）、全磷、有机磷、pH、有机质。

常规项目测定均采用常规农化分析法。项目测定如下：Olsen - P 用 0.5 摩/升碳酸氢钠（pH 为 8.5）溶液提取（水土比为 20∶1）后采用钼锑抗比色法测定；$CaCl_2$ - P 用 0.01 摩/升氯化钙溶液（水土比为 5∶1）浸提后用钼锑抗比色法测定；Mehlich3 浸提液提取的土壤溶液（水土比为 10∶1）用 ICP 测定磷含量（M3 - P）、钙含量（M3 - Ca）和镁含量（M3 - Mg）。全磷采用硫酸-高氯酸消煮-钼锑抗比色法测定。有机磷测定采用灼烧法。水提取土壤溶液（水土比为 5∶1）用酸度计测定 pH。有机碳采用重铬酸钾氧化法测定。

土壤 *DPS* 的计算公式为

$$DPS = 磷含量/(0.039\ 钙含量 + 0.462\ 镁含量) \times 100\%。\quad (7-4)$$

公式参考薛巧云对我国北方和西北地区 75 个石灰性土壤的研究结果。

菜田土壤磷盈余量＝粪肥和沼液磷投入量－地上部植株磷带走量（7 - 5）粪肥和沼液投入的养分按粪肥和沼液用量以及粪肥和沼液养分含量计算，作物养分带走量见公式（7 - 1）、公式（7 - 2）、公式（7 - 3）；由于第 2 茬和第 9 茬遭受虫灾，没有测定产量及养分含量，其对应处理的磷带走量按第 1 茬、第 3 茬和第 6 茬计算得到的番茄磷带走量的平均值进行估算，第 10 茬生菜的磷带走量，用其产量乘以相应的系数 0.31；第 5 茬和第 8 茬未施粪肥和沼液，第 10 茬施用的商品有机肥的磷含量按第 9 茬测定的商品有机肥进行计算；沼液中磷含量在第 1 茬、第 4 茬、第 6 茬、第 7 茬、第 10 茬没有分析结果，按第 2 茬、第 3 茬和第 9 茬的分析结果的平均值估算。

（3）统计分析

数据统计采用 Microsoft Excel 2010 软件，采用 IBM SPSS Statistics 21 中 ANOVA 程序对数据进行单因素方差分析。

二、结果与分析

1. 蔬菜产量和土壤磷盈余

（1）蔬菜产量

与单施沼液处理相比，施用粪肥增加了蔬菜产量，但是随粪肥施用量的增加，产量并没有增加，甚至在一些茬口出现减产情况（表 7 - 7）。由此可以看出，粪肥的施用量并非越多越好，过量地粪肥施用，可能加剧了土壤中养分的不平衡，进而引起蔬菜的减产，同时也会造成农田环境污染。

表 7 - 7 基施不同量粪肥对多年轮作蔬菜产量的影响

年份	日期	茬口	蔬菜	产量（吨/公顷）			
				CK	CM1	CM2	CM3
2011	2011 - 03 - 24—2011 - 07 - 30	春夏	番茄	146.64b	153.81a	154.91a	146.11b
2012	2012 - 03 - 16—2012 - 08 - 08	春夏	番茄	148.08b	172.52a	170.96a	171.11a
	2012 - 08 - 16—2012 - 10 - 25	夏秋	结球甘蓝	87.87ab	99.85a	81.73b	75.13b
	2012 - 11 - 13—2013 - 02 - 22	冬春	旱芹	64.57b	78.19ab	82.05a	77.56ab

（续）

年份	日期	茬口	蔬菜	产量（吨/公顷）			
				CK	CM1	CM2	CM3
2013	2013-03-17—2013-07-23	春夏	番茄	128.01b	147.14a	136.29ab	148.92a
	2013-08-19—2013-11-07	夏秋	结球甘蓝	84.49a	83.73a	78.37a	77.73a
	2013-11-25—2014-03-14	冬春	旱芹	81.02b	111.74a	103.89ab	108.94ab
2014	2014-08-11—2014-10-09	夏秋	生菜	32.22b	44.46ab	39.52ab	47.51a
2011—2014（总计）				772.90b	891.44a	847.72a	853.01a

注：不同字母表示不同处理间差异达到5%显著水平。

（2）土壤磷盈余特点

施用不同量粪肥对设施菜田土壤年均磷盈余量的影响如表7-8所示。结果表明，不同处理条件下，土壤磷每年均有不同程度的盈余，表现为粪肥用量越多，土壤磷盈余越多。2011—2014年磷累积盈余量在基施不同量粪肥（CM1为30吨/公顷，CM2为60吨/公顷，CM3为90吨/公顷）配施沼液处理下为不施粪肥单施沼液处理下的6～22倍。从表7-8可以看出，单施沼液（CK）同样可以满足蔬菜生长对磷的需要。CM1处理最有利于蔬菜生长和粪肥资源的利用。CM2和CM3处理条件下，土壤中磷盈余显著，2011—2014年累积磷盈余分别是CM1处理下磷年均盈余的1.91倍和3.47倍，显著促进了磷在土壤中的累积。

表7-8　不同处理条件下每年土壤磷的盈余状况

单位：千克/公顷

年份	处理	粪肥和沼液施入总磷量	蔬菜磷带走总量	磷盈余
2011	CK	209	98	111
	CM1	645	125	520
	CM2	1 080	144	936
	CM3	1 951	164	1 787
2012	CK	134	113	21
	CM1	615	163	452
	CM2	1 096	172	924
	CM3	2 059	171	1 888
2013	CK	155	112	43
	CM1	423	165	258
	CM2	691	151	540
	CM3	1 227	165	1 062

（续）

年份	处理	粪肥和沼液施入总磷量	蔬菜磷带走总量	磷盈余
2014	CK	172	57	115
	CM1	650	77	573
	CM2	1 128	83	1 045
	CM3	1 606	94	1 512
2011—2014（累积）	CK	670	380	290
	CM1	2 333	530	1 803
	CM2	3 995	550	3 445
	CM3	6 843	594	6 249

2. 土壤全磷及有机磷的累积

（1）土壤全磷含量的变化

连续施用粪肥条件下，在 0～60 厘米土层，土壤全磷的含量随着粪肥施用量的增加而增加（图 7－5A），且 CM3 处理的全磷含量在 0～30 厘米和 30～60 厘米土层分别达到了 2.41 克/千克和 1.31 克/千克，显著高于其他各处理。在 60～90 厘米土层，各处理间土壤全磷的含量也受到了连续施用粪肥的影响。

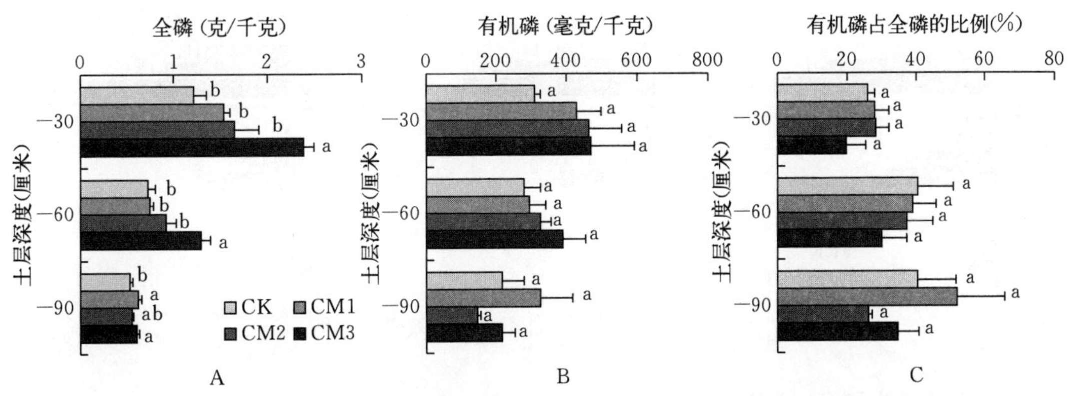

图 7－5　不同处理条件下土壤全磷、有机磷的累积情况

A. 全磷含量　B. 有机磷含量　C. 有机磷占全磷比例

（2）剖面土壤有机磷含量及比例特点

由图 7－5B 可以看出，在 0～60 厘米的土层，粪肥和沼液配施（CM1、CM2 和 CM3）处理与单施沼液（CK）处理相比，土壤中有机磷含量没有差异，但随粪肥施用量的增加而增加。在 30～60 厘米土层，由图 7－5C 可以看出，土壤中有机磷占全磷的比例随着土层深度的增加而增加（60～90 厘米土层 CM2 处理除外）。由此看出，有机磷是土壤剖面磷运移的重要形态。

3. 土壤有效磷的累积

粪肥施用量对土壤有效磷含量的影响如图 7－6 所示。与单施沼液处理（CK）相比，

30 吨/公顷粪肥配施沼液处理（CM1）对 0～90 厘米土层土壤 Olsen－P、$CaCl_2$－P 和 M3－P 含量均没有显著影响。60 吨/公顷粪肥配施沼液处理（CM2）显著增加了 0～60 厘米土层土壤 Olsen－P 和 $CaCl_2$－P 以及 0～30 厘米土层土壤 M3－P 含量。在 CM2 处理中，0～30 厘米土层土壤 Olsen－P、$CaCl_2$－P 和 M3－P 含量分别为 363 毫克/千克、14.8 毫克/千克和 767 毫克/千克，分别为 CK 处理的 2.1 倍、3.2 倍和 2.2 倍；在 30～60 厘米土层，土壤 Olsen－P 和 $CaCl_2$－P 含量分别为 154 毫克/千克和 4.1 毫克/千克，分别为 CK 处理的 2.2 倍和 5.4 倍。90 吨/公顷粪肥配施沼液处理（CM3）显著增加了 0～90 厘米土层土壤 Olsen－P、$CaCl_2$－P 和 M3－P 的含量。在 0～30 厘米土层，CM3 处理土壤 Olsen－P、$CaCl_2$－P 和 M3－P 含量分别为 488 毫克/千克、20.2 毫克/千克和 1 190 毫克/千克，分别为 CK 的 2.8 倍、4.3 倍和 3.5 倍；在 30～60 厘米土层，CM3 处理土壤 Olsen－P、$CaCl_2$－P 和 M3－P 含量分别为 239.1 毫克/千克、10.1 毫克/千克和 471.7 毫克/千克，分别为 CK 处理的 3.5 倍、13.1 倍和 3.9 倍；在 60～90 厘米土层，CM3 处理土壤 Olsen－P、$CaCl_2$－P 和 M3－P 含量分别为 62.7 毫克/千克、0.58 毫克/千克和 78.8 毫克/千克，分别为 CK 的 2.4 倍、3.4 倍和 3.8 倍。由此可以看出，高量施用粪肥明显增加了土壤中有效磷的累积，且促进磷向下层土壤的运移，在有机蔬菜生产中应合理施用粪肥，保证蔬菜产量和减低环境风险。

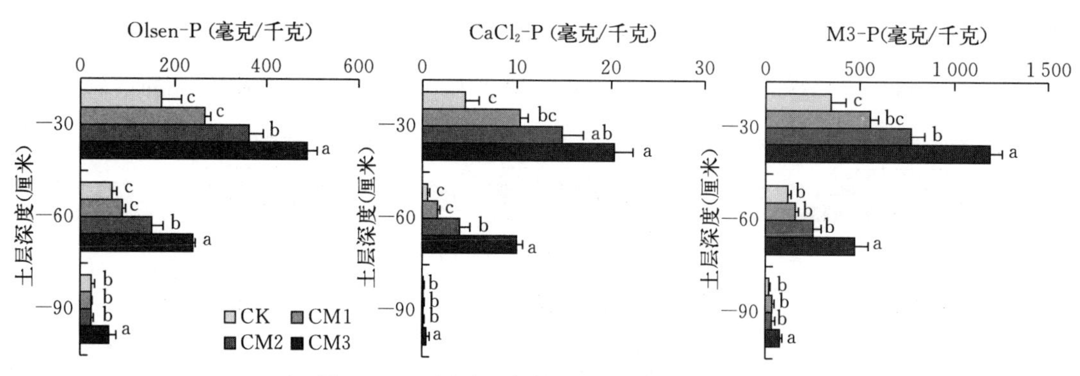

图 7－6　不同处理条件下土壤有效磷的含量

4. 土壤磷饱和度（*DPS*）

由图 7－7 可以看出，随粪肥施用量的增加，*DPS* 呈逐渐升高的趋势。在 0～30 厘米土层中，CK、CM1、CM2、CM3 4 个处理的 *DPS* 在 43.7%～119.3%，均超过了磷淋失临界值 28.1%，CM3 处理 *DPS* 甚至已经达到 100%；在 30～60 厘米土层中，4 个处理的 *DPS* 在 16.7%～56.5%，CM2 和 CM3 两个处理的 *DPS* 均超过了 28.1%；在 60～90 厘米土层，CM3 处理的 *DPS* 为 11.3%，仍然显著高于其他处理（$P<0.05$）。

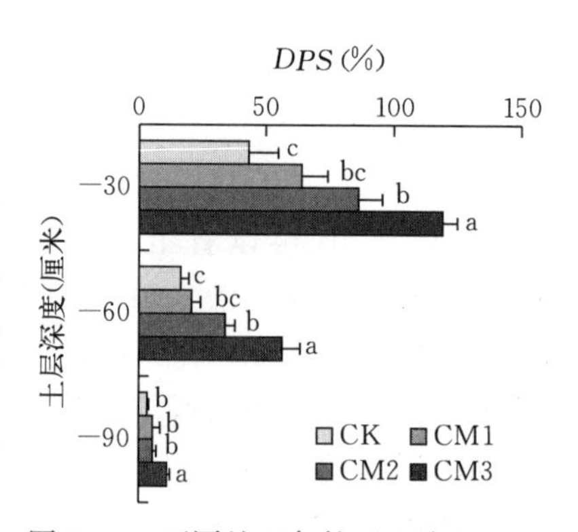

图 7－7　不同处理条件下土壤的 *DPS*

5. 土壤其他理化性状

不同粪肥和沼液处理对土壤的 pH、有机质含量的影响不同（表 7-9）。土壤 pH 相对于 2011 年测定的初始值而言是升高的，但是 pH 随着粪肥施用量的增加而出现递减的趋势，最低 pH 维持在 7.5 左右；土壤有机质含量在0～30 厘米土层随着粪肥施用量的增加而增加。在 30～60 厘米土层，CM3 处理土壤有机质含量与其他 3 个处理间差异显著，在 60～90 厘米土层，各处理间差异不显著。不同处理条件下土壤 M3-Ca 含量在同层土壤间差异不显著；同一处理条件下，随土壤深度增加，M3-Ca 含量降低，可能是有机肥的施用带入了部分钙，这部分钙首先在表层累积。

表 7-9　不同处理对土壤基本理化性质的影响

土层深度（厘米）	处理	pH	有机质（克/千克）	M3-Ca（克/千克）
0～30	CK	7.82	21.22	13.19
	CM1	7.86	30.65	14.19
	CM2	7.73	39.68	12.75
	CM3	7.57	53.57	12.69
30～60	CK	8.17	12.85	12.24
	CM1	8.13	11.68	12.32
	CM2	8.01	14.78	10.85
	CM3	7.94	22.27	12.15
60～90	CK	8.09	7.00	9.10
	CM1	8.15	6.76	8.50
	CM2	8.02	5.98	8.39
	CM3	8.01	7.01	8.50

三、讨论

1. 粪肥、沼液中的磷形态与土壤磷累积

粪肥和沼液施用会带入有机磷和无机磷化合物，进而增加土壤中的磷含量，也会带入有机质，影响微生物的活性，间接影响土壤磷含量（Bchman et al.，2014）。许多研究也已经表明施用粪肥在土壤磷累积上的作用（Sharpley et al.，1993）。相同磷投入水平下，相对于化肥而言，粪肥对于磷累积，尤其是对于活性态磷累积的贡献更大（Damondar et al.，2000）。养殖场废物中磷可分为有机磷和无机磷两大类，其中一部分可溶于水中，另一部分可与矿物结合或与有机体等形成复合体（Pagliari et al.，2014）。养殖场废弃物中无机态磷更多，有机磷占 5%～40%（Dou et al.，2000；Sharpley et al.，2000；Maguire et al.，2004；Toor et al.，2005），因此其施入能够显著促进土壤中无机磷的累积（钟晓英等，2004）。而有机磷多以可溶或胶体态存在，这些有机形态的磷在土壤中易于移动（Galvao et al.，2009；Crews et al.，2014；Toor et al.，2003），容易通过淋失进入水体对水体造成污染。本研究结果表明，虽然土壤剖面中各土层土壤有机磷占全磷比例较低，但是随着土层深度的增加，有机磷占全磷的比例有增加的趋势，但是没有显著增加，一方面说明有机磷在土壤中较易移动，另一方面也说明随着粪肥施入土壤中时间的延长，土壤中各形态的磷发生相互转化，有机态磷经过长时间的生物矿化作用转化为无机态磷。

2. 粪肥、沼液施用对菜田土壤磷淋洗的影响

采用 0.01 摩/升氯化钙溶液提取的水溶性磷与磷流失具有显著的正相关关系，是评价磷损失的有效指标（McDond et al.，2001；Hesketh et al.，2001；Wang et al.，2012；Djodjic et al.，2013）。严正娟（2015）总结了我国菜田土壤 Olsen－P 的环境阈值在 50～80 毫克/千克变动。本试验设施土壤的初始 Olsen－P 含量为 159 毫克/千克，实际上，远远超出环境阈值，在此基础上施用粪肥和沼液，粪肥最高施用量处理（CM3）0～90 厘米土层 Olsen－P 的含量显著高于其他处理，同时，表层磷已发生高量累积，磷更容易发生淋溶作用。这种高粪肥施用不仅浪费资源，还会对周围的环境造成危害。Sims 等（2002）研究发现，当土壤中 M3－P 含量超过 150 毫克/千克时，农田中的磷就会对周围的环境造成威胁。试验中，0～30 厘米土层土壤中 M3－P 含量全部超过了临界值150 毫克/千克。在 30～60 厘米土层，除 CK 处理外，其他 3 个处理也都超过了临界值 150 毫克/千克。但是就产量效应而言，CM2 和 CM3 并没有比 CM1 高产，有些甚至减产。表明超量施用粪肥和沼液，不仅无益于高产，还可能会增加环境风险。

已有研究结果表明，过量施用粪肥明显增加了土壤 *DPS*，从而促进了磷向土壤下层移动。本试验结果中，大量施用粪肥明显增加了 0～60 厘米土层 Olsen－P、$CaCl_2$－P、全磷和 M3－P 的含量，说明土壤磷已经发生明显的淋洗。随着有机肥尤其是新鲜畜禽粪便用量的增加，土壤磷会达到吸附饱和状态而出现淋洗现象（Hooda et al.，2000）。随粪肥施用量的增加，土壤 *DPS* 明显增加，在 0～30 厘米土层，CM3 处理土壤 *DPS* 甚至达到了 119.3%，出现过饱和现象。尽管有研究结果表明，当土壤 *DPS* 低于 10%时，土壤磷的解吸量很少（Sato et al.，2005）。但是在 30～60 厘米土层中，土壤 *DPS* 的最低值也为 16.7%，超过了 10%，土壤磷的解吸量会随着土壤 *DPS* 的增加而增加。土壤质地、土壤有机质及土壤氧化铁（铝）的含量等许多因素均会对土壤 *DPS* 造成影响。

3. 土壤理化性状与土壤磷淋洗

（1）土壤 pH

本试验中 0～30 厘米土层土壤的 pH 随着粪肥施用量的增加而减小，但土壤中 Olsen－P 含量增加。CM3 处理有些土壤的 pH 甚至接近 7.5，这非常有利于土壤磷的活化。石灰性土壤 pH 超过 7.5 时，磷酸就会和钙形成磷酸钙盐沉淀，将磷固定在化合物中，降低磷的有效性。反之，土壤磷的有效性增加（吴曦，2007；Zhang et al.，2008）。土壤 pH 与土壤有效磷含量有一定的相关性，即 pH 低的土壤，有效磷含量会相对高些，这可能是由于 pH 降低，促进了石灰性土壤中 Ca－P 的溶解。在 30～90 厘米土层中，土壤的 pH 接近 8，而且随着 pH 的升高，土壤溶液中的磷酸盐被吸附数量增加，磷的吸持显著加强，这些土层的有效磷含量较低。

（2）土壤有机质

有机质可以与土壤黏土矿物发生相互作用，占据部分磷的吸附位点，减弱土壤黏土矿

物对磷的吸附固定强度，从而可以释放出部分磷（孟庆华等，2007；杨春霞等，2009）；通过矿化作用产生的中间产物有机酸和最终产物 CO_2 增加土壤酸度，降低土壤 pH，减少磷的固定，增加土壤溶液的磷含量，使磷易于淋失。在 0～30 厘米土层中，有机质的含量随着施肥量的增加而逐渐增加，这主要是粪肥的施用带入了有机质，从 CK 的 22.2 克/千克、CM1 的 30.7 克/千克、CM2 的 39.7 克/千克增加到 CM3 的 53.6 克/千克，CM3 处理的有机质比 CK 增加了 1.41 倍，而有机质的存在会通过上述过程促进土壤中磷含量的增加。在 30～60 厘米土层，CM3 处理的土壤有机质含量与其他 3 个处理均达到显著差异，说明过量施用粪肥，对土壤有机质含量的影响已经到达 60 厘米土层。而在 60～90 厘米土层，不同粪肥施用量条件下，土壤有机质含量差异还不显著。

四、结论

本文通过施用沼液以及粪肥对设施番茄、结球甘蓝、旱芹、结球生菜进行试验，研究不同条件下设施菜田土壤磷累积与迁移情况，得出以下结论。

（1）与单施沼液处理相比，施用粪肥增加了蔬菜产量，但是随粪肥施用量的增加，产量并没有增加，甚至在一些茬口出现减产情况。粪肥的施用量并非越多越好，过量的粪肥施用，可能加剧了土壤中养分的不平衡，进而引起蔬菜减产，同时也会造成农田环境污染。

（2）土壤剖面中各土层土壤有机磷占全磷比例较低，且随着土层深度的增加，有机磷占全磷比例有增加的趋势，但是没有显著增加，土壤中各形态的磷相互转化，有机态磷经过长时间生物矿化作用转化为无机态磷，高量施用粪肥，明显增加了土壤中有效磷的累积，且促进磷向下层土壤的运移。

第三节　沼肥精量施用对油菜产量及品质的影响

一、材料与方法

1. 试验材料

供试沼肥采自北京市大兴区留民营生态农场，于 2013 年 5 月采集以鸡粪为原料的沼气池中的沼液和农场中的沼渣，其基本养分含量见表 7－10。

表 7－10　沼液、沼渣大量营养元素含量

项目	全氮（%）	全磷（P_2O_5，%）	全钾（K_2O，%）	有机质（%）	水溶性钾（K_2O，%）	pH
沼渣	1.37	7.46	0.71	32.4	0.56	7.05
沼液	1.588	0.094	0.24	2.02	0.22	8.55

基础土样为通州区某果园的潮土（比较贫瘠），采集了 0～25 厘米土层的土壤进行了速效氮、磷、钾和有机质以及 pH 和 EC 的测定。其基本理化性质见表 7－11。

表 7-11 基础土样的基本理化性质

项目	土壤类别	有机质（毫克/千克）	碱解氮（毫克/千克）	速效钾（毫克/千克）	速效磷（毫克/千克）	全氮（毫克/千克）	pH
土壤	潮土	14.9	61.1	33.3	108	0.915	8.74

2. 试验方案

沼液油菜盆栽试验塑料盆规格为 330 毫米×290 毫米；油菜品种：京绿 7 号；试验地点：大兴区长子营镇留民营生态农场；试验处理：10 个处理，4 次重复，共 40 盆。

普通化肥由北京青圃园菜蔬有限公司提供，其基本养分含量见表 7-12。

表 7-12 不同复合肥养分含量

项目	肥料品种			
	磷酸氢二铵 1	磷酸氢二铵 2	尿素	硫酸钾
含量	（氮）57%	（氮）15% （磷）42%	（氮）46%	（钾）50%

注：磷酸氢二铵 2 中含有一定的杂质。

具体试验方案见表 7-13。

表 7-13 沼液油菜试验处理

处理	尿素（克）	磷酸氢二铵（克）	硫酸钾（克）	沼渣（克）	沼液（毫升）	第一次浇水（毫升）
不施任何肥料（CK）	0	0	0		0	1 560
尿素二铵氯化钾（NPK）	1.6	1.4	0.65			1 560
沼液（BS）					400	1 160
1/2 尿素二铵氯化钾+1/2 沼液（1/2NPK+1/2BS）	0.8	0.7	0.33		200	1 360
沼渣（BR）				100		1 560
沼渣+沼液（BR+BS）				100	400	1 160
2 倍沼渣（2BR）				200		1 560
沼渣+1/2 沼液（BR+1/2BS）				100	200	1 360
2 倍沼渣+1/2 沼液（2BR+1/2BS）				200	200	1 360
2 倍沼液（2BS）					800	760

注：设化肥当季利用率为 100%，沼液（biogas slurry，BS）当季利用率为 80%，沼渣（biogas residue，BR）当季利用率为 33%。

3. 分析测定方法

油菜收获当天测定产量。用消煮-扩散法测氮，钒钼黄法测磷，火焰分光光度法测钾，其他微量营养元素采用 ICP 测定。维生素 C 用 2,6-二氯靛酚滴定法测定；硝酸盐用紫外分光光度法测定。

二、结果与分析

1. 施用沼肥对油菜产量的影响

通过对各处理产量的分析可知（图 7-8），无论是沼肥和无机肥混施，还是不同沼肥混施（除施肥过量造成烧苗的情况如处理 2BS 和处理 BS＋BR 外），与对照相比油菜的产量都有明显的提高，其中增产最为显著的是处理 BR＋1/2BS、1/2NPK＋1/2BS，分别增产 165.9%和 121.8%。

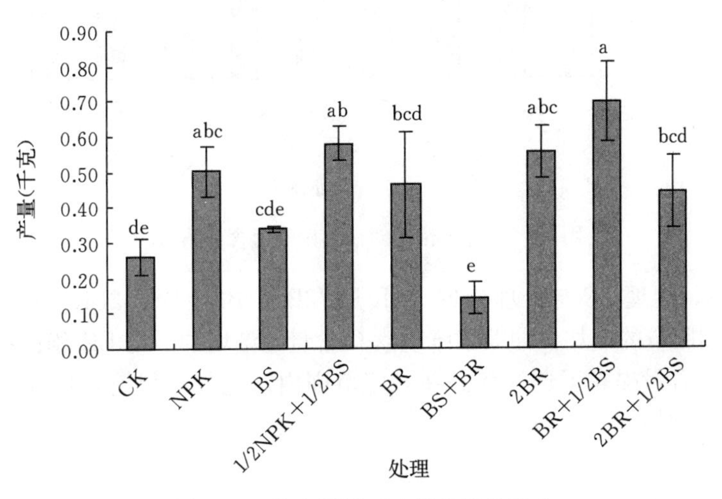

图 7-8　施入沼肥对油菜产量的影响

从图 7-8 中可以看出，施沼肥能在一定程度上提高油菜产量；过量施沼肥会造成油菜烧苗反而减产；适量的沼肥和无机肥结合施用效果比较好，油菜的产量比较高；采用适量的不同的沼肥混施效果也非常明显，能提高油菜产量。

2. 施用沼肥对油菜品质的影响

（1）施用沼肥对油菜硝酸盐含量的影响

通过对各处理油菜硝酸盐含量的分析可知（图 7-9），与 CK 相比，沼肥和普通的化肥均提高了油菜的硝酸盐含量，而且差异显著；在等氮量的情况下，沼肥与普通化肥相比硝酸盐含量明显降低，如处理 BS 和处理 BR 比处理 NPK 分别降低 3.4%和 11.4%。

从图中可以看出：施用沼肥或普通化肥均能提高油菜的硝酸盐含量，所以施用沼肥和普通化肥都要严格控制施肥量，以免影响油菜的品质；施用沼肥与普通化肥相比并没有提高油菜的硝酸盐含量，在等氮量的情况下，施沼肥的油菜硝酸盐含量要明显低于施普通化肥的油菜的硝酸盐含量。

（2）施用沼肥对油菜维生素 C 含量的影响

维生素 C 是衡量油菜营养品质的一个重要指标，油菜维生素 C 含量的高低和人类健康有着极为密切的关系。通过对各处理维生素 C 含量的分析（图 7-10）可知，处理 BS

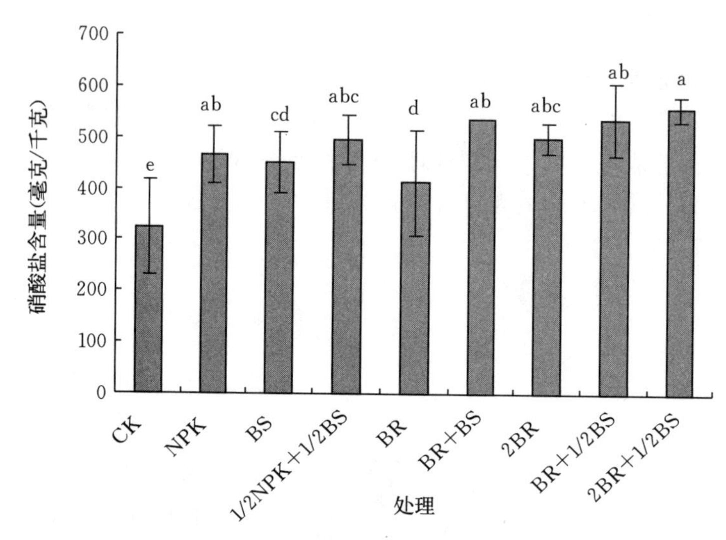

图 7-9　施入沼肥对油菜硝酸盐含量的影响

与处理 BS+BR、处理 BR 与处理 2BR、BR+1/2BS、BR+BS、2BR+1/2BS 有一个明显的梯度，随着沼肥量的增加，油菜中维生素 C 含量逐渐增加。与 BR 相比，2BR 处理油菜体内的维生素 C 含量提高了近一倍。在一定范围内，随着沼肥施入量的增加，油菜体内的维生素 C 含量增加。

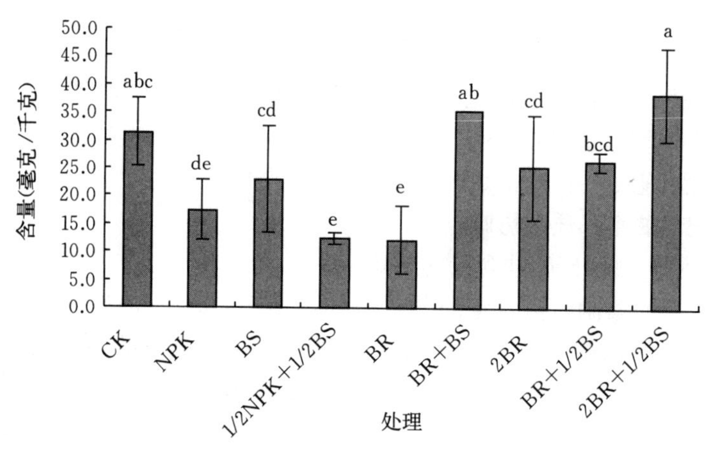

图 7-10　施入沼肥对油菜维生素 C 含量的影响

（3）施用沼肥对油菜氮、磷、钾含量的影响

油菜体内的氮、磷、钾含量的差异，可以理解为油菜对土壤中的养分吸收能力的不同。从油菜含氮量来看（图 7-11），处理 BR 与处理 BR+1/2BS、BR+BS、2BR、2BR+1/2BS 相比有一个明显的梯度，随着沼肥施入量的增加，油菜对氮的吸收量也增加，当施入量达到一定浓度时，油菜对氮的吸收量又会降低。与对照相比 BR 处理油菜体内的氮含量降低了近 1%。

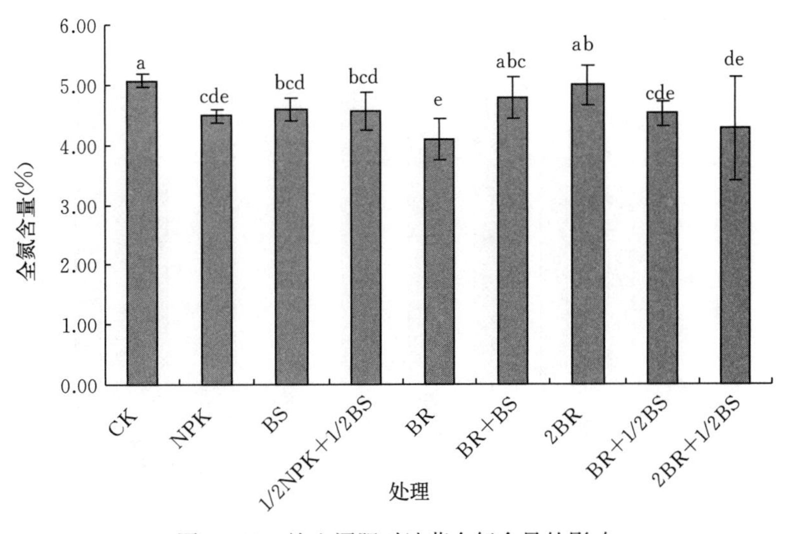

图 7-11　施入沼肥对油菜全氮含量的影响

从油菜含磷量来看（图 7-12），与对照相比，除处理 BR+1/2BS 显著增加以外，其他处理均无显著变化；与普通化肥即处理 NPK 相比除处理 BS 显著降低以外，其他处理均无显著变化。

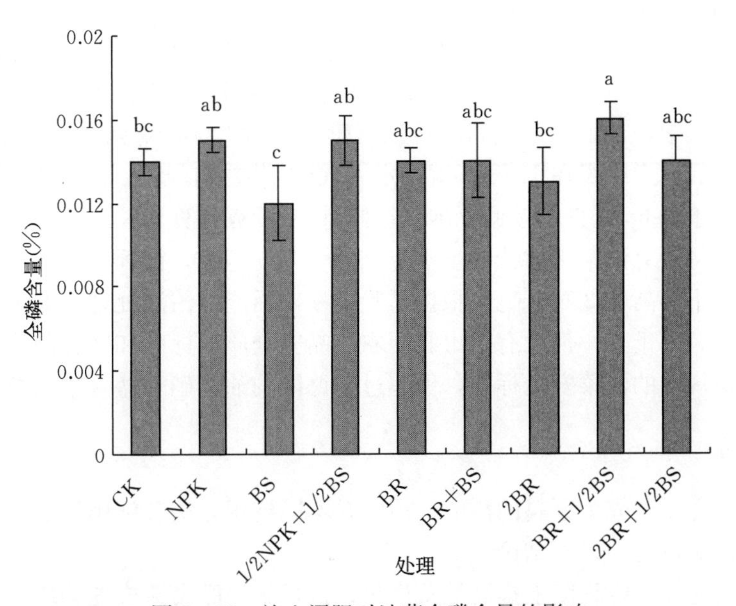

图 7-12　施入沼肥对油菜全磷含量的影响

从油菜全钾来看（如图 7-13），与对照相比，处理 BS、BR、BR+BS、2BR+1/2BS 均显著增加，其他处理变化不显著。从油菜对土壤中的氮、磷、钾吸收能力来看，随着沼肥施入量的提高，油菜对氮的吸收量也随之升高，当沼肥施入达到一定量时，油菜对氮的吸收量又会降低；随着沼肥施入量的增加油菜对磷的吸收量并没有发生显著变化；整体来看施沼肥有助于油菜对钾的吸收。

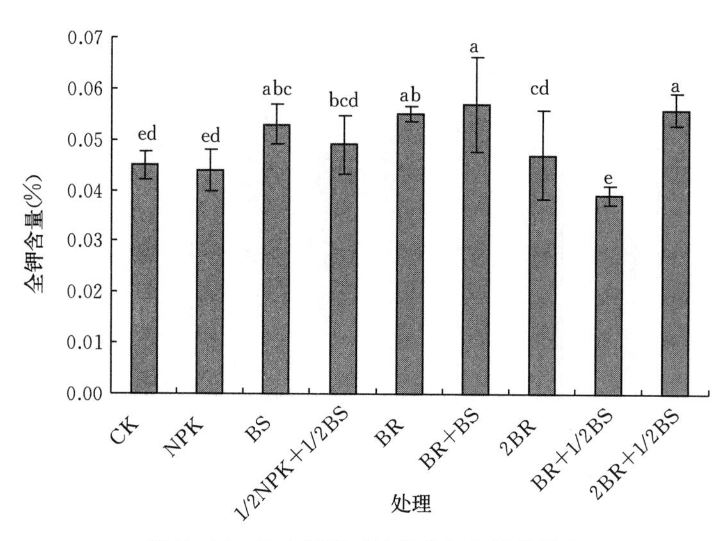

图 7-13　施入沼肥对油菜全钾含量的影响

3. 施用沼肥的安全性评价

油菜的安全问题，即无公害油菜的生产问题，是指将油菜中的重金属、硝酸盐、农药残留等各种污染及有害物质的含量控制在一定范围内，使其不足以对人体造成危害。本研究仅对油菜的硝酸盐指标进行比较。

据资料显示，人体摄入的硝酸盐 80%来自蔬菜，而过多的硝酸盐对人的健康是一个很大的威胁。我国 2001 年制定了农产品安全质量系列标准，将水果、油菜硝酸盐限量作为重要指标列入其中，规定叶菜类硝酸盐残留量不超过 3 000 毫克/千克，而联合国粮食及农业组织和世界卫生组织在 1973 年就规定了人体硝酸盐日摄入量的安全值，以每千克体重计，不得高于 3.65 毫克，按此标准，按体重 60 千克计算，并且考虑到油菜加工过程的损耗，则平均每千克油菜硝酸盐含量不应该大于 750 毫克，德国在此基础上规定每千克油菜硝酸盐含量不得高于 250 毫克。根据试验结果，沼渣和沼液处理的油菜硝酸盐含量最高，为 557.27 毫克/千克，都没有超出我国农产品安全质量标准和联合国粮食及农业组织和世界卫生组织规定的油菜安全标准，但超过了德国的油菜硝酸盐含量标准。

三、小结

本文通过研究以鸡粪为原料的沼渣、沼液在不同施用方法和施用量的情况下对油菜产量及其品质的影响，得出以下结论。

（1）施沼肥能在一定程度上提高油菜产量；过量施沼肥会造成油菜烧苗反而减产；适量的沼肥和无机肥结合使用效果比较好，油菜的产量比较高；采用适量的不同的沼肥混施效果也非常明显，使油菜产量提高，其中增产最高达到了 165.9%。

（2）施用沼肥与普通化肥相比并没有提高油菜的硝酸盐含量，相反在等氮量的情况下施沼肥的油菜硝酸盐含量要明显低于施普通化肥油菜的硝酸盐含量；在一定范围内，随着沼肥施入量的增加，油菜体内维生素 C 的含量增加。

（3）随着沼肥施入量的增加油菜对氮的吸收量也增加，当沼肥施入达到一定量时，油

菜对氮的吸收量又会降低；随着沼肥的施入量的增加油菜对磷的吸收量并没有发生显著变化；整体来看施沼肥还是有助于油菜对钾的吸收的。

第四节 沼液叶面喷施对油菜产量、品质和氮利用率的影响

一、材料与方法

（一）试验材料

试验于2014年在北京市农林科学院的日光温室内进行，供试材料为盆栽油菜，品种为京绿2号。试验用土取自北京市大兴区某蔬菜园区，土壤类型为沙质壤土，整体肥力偏低，基本理化性质见表7-14。供试沼液取自北京市大兴区留民营沼气站，发酵原料为鸡粪，其pH为8.00，全氮含量为0.53%，全磷含量为0.16%，全钾含量为0.39%，EC值为28 600微西门子/厘米。试验中，有3个处理对沼液进行了稀释，分别稀释到EC为3 000微西门子/厘米、10 000微西门子/厘米、20 000微西门子/厘米。另外利用尿素、磷酸二铵和硫酸钾配制与20 000微西门子/厘米沼液等氮、磷、钾量的化学肥料溶液进行对比。

表7-14 供试土壤基本理化性质

有机质（克/千克）	全氮（克/千克）	速效磷（毫克/千克）	速效钾（毫克/千克）	pH
8.2	0.44	12.4	98.4	8.15

（二）试验设计

盆栽试验每盆装土10千克，共设定7个处理（表7-15），每个处理4个重复。除完全空白处理（CK1）外，其他各处理均在种前施用化肥做基肥，基肥中利用尿素、过磷酸钙和氯化钾分别供应N 0.9克，P_2O_5 0.75克和K_2O 0.98克。其他处理包括无追肥处理（CK2），叶面喷施低、中和高浓度沼液处理以及叶面喷施和随水浇施的化肥处理等，具体追肥方式等见表7-15。在油菜种植30天和37天时，分别叶面喷施或随水冲施沼液和化学肥料10毫升，CK1处理和CK2处理喷施10毫升的去离子水。

表7-15 各试验的追肥类型与追肥方式

处理名称	基肥	追肥	追肥方式	备注
CK1	—	—	—	—
CK2	有	—	—	—
ZY低	有	低浓度沼液	叶面喷施2次	沼液EC为3 000微西门子/厘米
ZY中	有	中浓度沼液	叶面喷施2次	沼液EC为10 000微西门子/厘米
ZY高	有	高浓度沼液	叶面喷施2次	沼液EC为20 000微西门子/厘米
HF喷	有	化学肥料	叶面喷施2次	氮、磷、钾含量与ZY高同
HF浇	有	化学肥料	随水冲施2次	氮、磷、钾含量与ZY高同

油菜于 2012 年 5 月 12 日种植，出苗后每盆定苗 4 棵，于 6 月 22 日收获，生长期共计 40 天。除施肥措施外，其他管理措施均保持一致。

（三）分析测定方法

在每次追肥后 5 天测定油菜叶片 SPAD 值（用 SPAD-502 测定），收获后测定地上部鲜重，并取部分样品测定硝酸盐含量（紫外分光光度法），部分样品烘干后用常规方法测定植株养分含量。

数据分析采用 Excel 作图，并用 SPSS 19.0 进行统计分析。

二、结果与分析

1. 不同处理对油菜产量的影响

由于土壤肥力较低，施用基肥后 CK2 的油菜产量显著高于 CK1，产量提高了数倍（图 7-14）。在施用基肥的基础上，适当进行叶面喷施会进一步提高油菜产量。试验中，除喷施高浓度的沼液处理外，其他叶面喷施处理的油菜产量相较于 CK2 均有所增加；叶面喷施电导率为 10 000 微西门子/厘米的沼液的处理产量最高，达到 253.3 克/盆，相较于比未喷施的 CK2，产量增加了 35.5%，而施用高浓度沼液处理（ZY 高）对油菜产生了明显的烧苗毒害，该处理产量最低，只有 131.5 克/盆。除 ZY 高处理外，进行沼液叶面喷施的处理（ZY 低和 ZY 中）与化肥处理（包括化肥叶面喷施和冲施）的油菜产量没有显著差异；而两个化肥处理间，喷施与冲施没有显著差异。

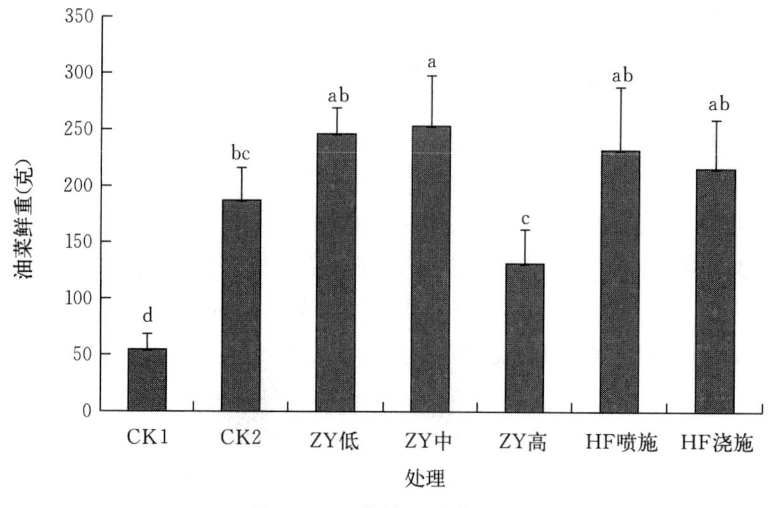

图 7-14　各处理油菜产量

2. 不同处理对油菜叶片 SPAD 值的影响

SPAD 是表征作物氮营养状况的重要指标，本试验中各处理在进行叶面或者随水追肥后 5 天，分别进行了 SPAD 值的测定（图 7-15）。如图所示，进行追肥后油菜叶面 SPAD 值均有不同程度的提高，其中 ZY 低处理最高，6 月 12 日测定值达到 44.4，相较于不追肥的 CK2 的 38.4 显著提高。但沼液喷施处理 SPAD 值与施用化肥的处理（包括化肥喷施

与浇施）没有显著差异。ZY 高处理虽然产生了明显的烧苗现象，但在降低产量的同时并没有显著降低其 SPAD 值。

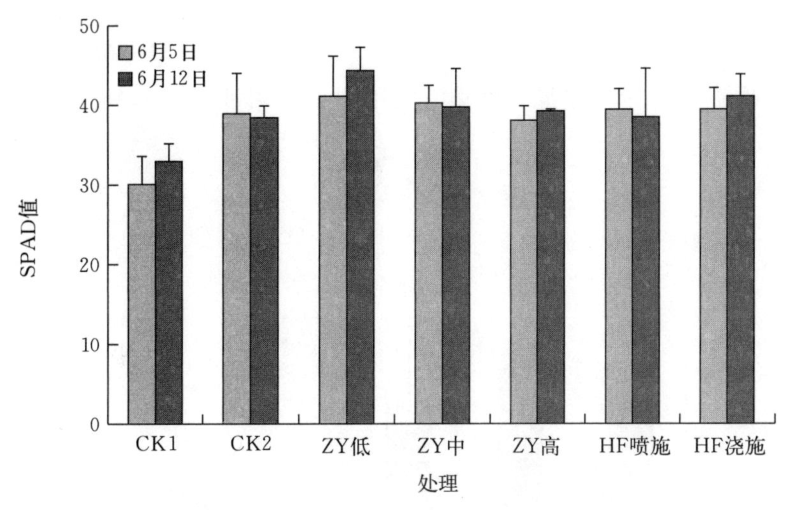

图 7-15　各处理油菜叶片 SPAD 值

3. 不同处理对油菜硝酸盐含量的影响

单施基肥后，CK2 油菜硝酸盐含量相较于不施肥处理 CK1 并没有显著变化（图 7-16），与低量喷施沼液处理差异也不显著，这 3 个处理的油菜硝酸盐含量均在 900～1 200 毫克/千克；但施用较多的沼液也会引起油菜硝酸盐含量的升高，本试验条件下 ZY 中处理硝酸盐含量就达到了 1 907 毫克/千克，而 ZY 高处理因为烧苗，硝酸盐含量甚至比 CK1 都低，只达到了 394 毫克/千克。而随水浇施化肥的处理则引起了油菜硝酸盐含量的剧烈上升，达到了 2 880 毫克/千克，为各处理中的最高值。而采用化肥叶面喷施的处理则与其他处理均没有显著差异。

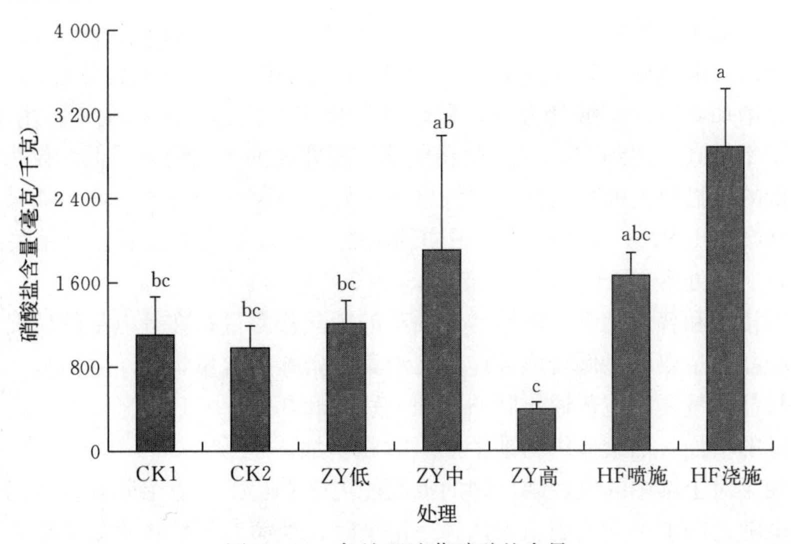

图 7-16　各处理油菜硝酸盐含量

4. 不同处理对油菜氮利用率的影响

如图 7-17 所示，基肥和追肥施用后，氮利用率在各处理间也出现了较大差异。本试验条件下，ZY 低处理下氮利用效率最高，为 33.3%，而氮利用率最低的则为烧苗的 ZY 高处理，仅为 11.0%，其他各处理均处于这两者之间；施用化肥（包括叶面喷施和随水浇施）与叶面喷施没有显著差异。可见，施用适量的沼液可以起到提高氮利用效率的作用。

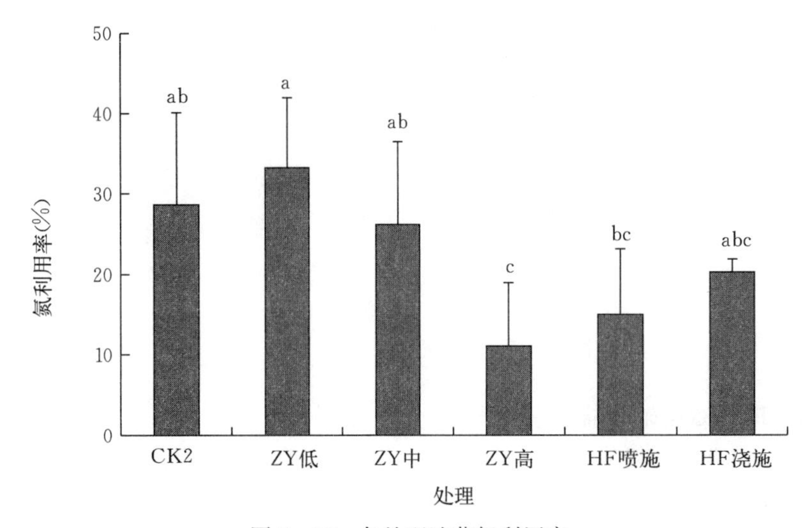

图 7-17 各处理油菜氮利用率

三、小结

（1）本试验条件下，适量的沼液叶面施用能够提高油菜产量，并与施用化肥处理间没有显著差异；高浓度的沼液（EC 值超过 20 000 微西门子/厘米）叶面喷施后引起了油菜烧苗，大幅度降低了其油菜产量，试验证实利用 EC 值作为沼液的稀释指标是合理的。

（2）沼液的叶面追施一定程度上提高了油菜叶片 SPAD 值，但各处理间差异不显著；沼液的施用会增加其叶片硝酸盐含量，但远低于化肥的浇施处理；在氮利用率方面，ZY 低处理氮利用率最高，达到 33.3%，烧苗的 ZY 高处理的氮利用率最低，仅为 11.0%。

（3）适量的沼肥和无机肥结合施用效果比较好，油菜的产量比较高，如采用 1/2BR+1/2BS 处理增产 121.8%；采用适量的不同的沼肥混施效果也非常明显，相关处理油菜产量高长势好，例如处理 BR+1/2BS 增产 165.9%。

（4）施用沼肥和普通化肥均能够增加油菜的硝酸盐含量；在等氮量的情况下施沼肥的油菜体内硝酸盐含量要明显低于施普通化肥油菜的硝酸盐含量，如单施沼液和单施沼渣的处理油菜硝酸盐含量要比施普通化肥的处理分别降低 3.4%和 11.4%；在一定范围内，随着沼肥施入量的增加，油菜体内的维生素 C 含量增加。

（5）从油菜对土壤中的氮、磷、钾的吸收能力来看：①随着沼肥施入量的增加油菜对氮的吸收量也随之增加，当沼肥施入达到一定量时，油菜对氮的吸收量又会降低。②随着沼肥施入量的增加油菜对磷的吸收量并没有发生显著变化。③整体来看施沼肥有助于油菜

对钾的吸收。

(6) 研究中的问题、经验和建议：在盆栽试验的基础上，需要进一步进行田间小区试验，探讨沼液最佳施用量和施用方法；在沼液滴灌工艺研究的基础上，进一步研究探讨与电脑自动化控制系统结合，实现沼液滴灌的自动化。沼液过滤后可用来对有机蔬菜进行灌溉施肥，这成功解决了有机蔬菜种植中的追肥难题，并实现了养分从养殖场到沼气站，从沼气站到种植场所的良性循环，具有广阔的推广应用前景。连续施用粪肥，设施菜田土壤全磷、Olsen-P、$CaCl_2$-P、M3-P、土壤磷饱和度（*DPS*）等均显著增加，且施用粪肥量越大，各形态磷累积量越大，导致磷的环境风险越高，尤其是在 90 吨/公顷粪肥配施沼液处理的条件下，各形态磷的含量甚至远远超过其在土壤中发生淋溶的临界值。连续施用粪肥对设施菜田土壤的 pH、有机质均有显著影响，且促使土壤磷活化，增加磷淋失潜能。综合考虑蔬菜的产量效应和土壤磷累积的环境风险，在有机蔬菜生产中推荐粪肥施用不超过 30 吨/公顷配施沼液模式。

第五节　沼液田间施用规程

一、沼液农用技术规范

1. 基肥

沼液可以直接作为基肥，可直接泼洒田面，立即翻耕。沼液直接施用，对当季作物有良好的增产效果；若连续施用，则能起到改良土壤、培肥地力的作用。不同作物施用量不同，一般粮食作物用量为 4～5 米^3；果类蔬菜用量为 6～8 米^3；叶类蔬菜用量为 5～7 米^3；果树用量为 6～7 米^3。具体施用量还应根据土壤类型做相应调整，基础肥力比较低、养分保蓄能力差、有机质矿化快、养分流失多的土壤可增加 1～2 米^3 的用量；质地较重的土壤可以减少 1 米^3 左右的用量。

2. 追肥

可以直接开沟挖穴浇灌在作物的根部周围，并覆土以提高肥效。有水利条件的地方，可结合农田灌溉把沼液混合液加入水中，随水均匀施入田间。在作物的各生长关键时期之前施用效果会更好。在沼液用作追施时，可在作物的关键生长期替代一次化肥的施用。用量上，粮食作物 2～3 米^3，果类蔬菜 3～4 米^3，叶类蔬菜 2～3 米^3，果树 3～4 米^3。

3. 喷施

(1) 沼液：取自正常产气 1 个月以上的沼气池，澄清、纱布过滤。

(2) 频率：7～10 天 1 次。

(3) 时间：作物生长季节，晴天下午最好。

(4) 浓度：根据沼液浓度、施用作物及季节、气温确定，总体原则是幼苗、嫩叶期 1 份沼液加 1～2 份清水；夏季高温，1 份沼液加 1 份清水；气温较低，生长中后期，可不加清水。

(5) 用量：每亩用 40 千克。

(6) 注意事项：喷施时，以叶背面为主，以利于吸收；喷施应在春、秋、冬季上午露水干后进行，夏季以傍晚为好，中午高温及暴雨前不要喷施。

4. 注意事项

施用沼液作农用肥料要注意以下几点。

（1）忌出酵池后立即施用。沼液的还原性强，出池后的沼液立即施用会与作物争夺土壤中的氧气，影响种子发芽和根系发育，导致作物叶片发黄、凋萎。因此，沼液出酵池后，应先在储粪池中存放5～7天再施用。

（2）忌过量施用。沼液施用也应考虑施用量，不能盲目施用，否则会导致作物徒长，行间荫蔽，造成减产。

（3）忌与草木灰、石灰等碱性肥料混施。草木灰、石灰等物质碱性较强，与沼液混合，会造成氮肥的损失，降低肥效。

（4）对于果树施肥，不同树龄应采用不同的施肥方法。幼树施用沼液应以树冠滴水为直径向外呈环向开沟，开沟不宜太深，一般为10～35厘米深、20～30厘米宽，施后用土覆盖，以后每年施肥要错位开穴，并每年向外扩散，以增加根系吸收养分的范围，充分发挥其肥效。成龄树可成辐射状开沟，并轮换错位，开沟不宜太深，不要损伤根系，施肥后覆土。

（5）沼液宜与化肥配合施用，沼液中养分相对含量较低，因此，要达到合理、适用、经济的最佳效果，还要与化肥配合施用。化肥是农作物的重要肥源，其特点是养分含量高、肥效快，但长期施用大量化肥，对土壤结构有不利影响。为了弥补单一施用沼液或化肥的不足，将化肥配合沼液施用，可以达到取长补短、提高肥效的目的。

二、各主要作物施用量（以猪粪原料发酵物为例）

1. 小麦

作为基肥，每亩施沼液混合液5米^3；在拔节前期亩追施沼液混合液2米^3，分别在返青期、拔节期喷施50%沼液一次。

2. 玉米

作为基肥，每亩施沼液混合液4米^3；在小喇叭口期追施沼液混合液2米^3，在大喇叭口期喷施50%沼液一次。

3. 花生

每亩施沼液混合液4.5米^{3}作为基肥，生育期不再追肥，在结荚期喷施浓度为50%的沼液一次。

4. 甘薯

每亩施沼液混合液4.5米^{3}作为基肥，生育期不再追肥，在薯块膨大期喷施浓度为50%的沼液一次。

5. 番茄

基肥，每亩施沼液混合液7米^3；在第一穗果膨大期追施沼液混合液3米^3，在第二、三穗果膨大期分别追施尿素12千克、10千克，硫酸钾8千克、6千克，分别在第一、二、三穗果膨大期喷施浓度为50%的沼液一次。

6. 黄瓜

基肥，每亩施沼液混合液8米^3；在第一次根瓜收获后追施沼液混合液3米^3，以后每

15 天左右再追施尿素 10 千克、硫酸钾 8 千克，追三次，并分别喷施浓度为 50%的沼液各一次。

7. 辣椒

基肥，每亩施沼液混合液 5 米^3；在门椒膨大期追施沼液混合液 2 米^3，在对椒、四母斗膨大期分别追施尿素 15 千克、10 千克，硫酸钾 9 千克、6 千克，并分别喷施浓度为 50%的沼液一次。

8. 茄子

基肥，每亩施沼液混合液 6 米^3；在对茄膨大期追施沼液混合液 3 米^3，在四母斗膨大期追施尿素 15 千克、硫酸钾 10 千克，喷施浓度为 50%的沼液一次。

9. 大白菜

基肥，每亩施沼液混合液 4 米^3；在莲座期追施沼液混合液 3 米^3，包衣初期追施尿素 14 千克、硫酸钾 10 千克，喷施浓度为 50%的沼液一次。

10. 结球生菜

基肥，每亩施沼液混合液 4 米^3；在莲座期追施沼液混合液 2 米^3，结球初、中期分别追施尿素 11 千克、9 千克，硫酸钾 7 千克、5 千克，并分别喷施浓度为 50%的沼液一次。

11. 芹菜

基肥，每亩施沼液混合液 4 米^3；在心叶生长期追施沼液混合液 2.5 米^3，旺盛生长前期、中期分别追施尿素 12 千克、8 千克，硫酸钾 6 千克、5 千克，并分别喷施浓度为 50%的沼液一次。

12. 花椰菜

基肥，每亩施沼液 6 米^3；在莲座期追施沼液混合液 3 米^3，花球初期、中期分别追尿素 16 千克、12 千克，硫酸钾 7 千克、6 千克，并分别喷施浓度为 50%的沼液一次。

13. 菠菜

基肥，每亩施沼液 4 米^3；在生长前期追施沼液混合液 2 米^3，生长旺盛期追施尿素 10 千克、硫酸钾 6 千克，喷施浓度为 50%的沼液一次。

14. 桃

基肥，秋末每亩施沼液混合液 7 米^3；在萌芽期追施沼液混合液 3 米^3，硬核期追施尿素 12 千克、硫酸钾 8 千克，喷施浓度为 50%的沼液一次。

15. 苹果

基肥，秋末每亩施沼液混合液 7 米^3；在萌芽期追施沼液混合液 3.5 米^3，幼果膨大期追施尿素 14 千克、硫酸钾 8 千克，喷施浓度为 50%的沼液一次。

三、小结

沼肥虽然富含养分，但是不合理的施用同样会影响作物的产量和品质，本节主要介绍沼肥农田施用技术，包括沼渣作基肥、沼液作追肥，同时针对其施用时间和施用量做了严格规定，同时制定了粮食作物、果蔬作物的施用技术规程，为指导沼肥的田间利用提供了技术依据。

第六节 结 论

本部分内容介绍了沼肥的性质以及常用的沼肥利用方式，并构建沼肥灌溉系统，创制三级过滤系统，研发有机液体肥料滴灌设备，解决沼液含渣量高的问题，实现与滴灌系统对接；通过集成曝气和水气联合反冲洗技术，解决了系统长期运行下易堵塞的难题；发现沼液电导率与养分含量高度相关，针对不同作物生育期的养分需求，构建了有机液体养分浓度智能调控技术体系，突破了沼液浓度实时定量难题。此外，研发压力调节模块，确保系统稳定运行，并开展示范推广应用。

通过研究沼液和粪肥在不同种类设施蔬菜上的施用，探讨了不同处理条件下设施菜田土壤磷累积与迁移的变化，发现随着沼液和粪肥的施用，土壤剖面中各土层土壤有机磷占全磷比例较低，且随着土层深度的增加，有机磷占全磷的比例有增加的趋势，但是没有显著增加，土壤中各种形态的磷相互转化，有机态磷经过长时间的生物矿化作用转化为无机态磷，高量施用粪肥明显增加了土壤中有效磷的累积，且促进磷向下层土壤的运移。

研究了沼肥精量施用和沼液叶面喷施两种不同的施用方式对油菜产量和品质的影响，沼肥精量施用研究表明，沼肥的施用对油菜产量及品质提升有促进作用，施沼肥能在一定程度上提高油菜产量，适量的沼肥和无机肥结合使用以及不同的沼肥混施，油菜的产量比较高。施用沼肥与普通化肥相比并没有提高油菜的硝酸盐含量，相反在等氮量的情况下施沼肥的油菜硝酸盐含量要明显低于施普通化肥油菜的硝酸盐含量。在一定范围内，随着沼肥施入量的增加，油菜体内的维生素 C 含量增加。随着沼肥施入量的提高油菜对氮的吸收量升高，当沼肥施入达到一定量时，油菜对氮的吸收量降低。随着沼肥的施入量的增加，油菜对磷的吸收量并没有发生显著变化。整体来看施沼肥有助于油菜对钾的吸收。

沼液叶面喷施试验表明，适量的沼液叶面施用能够提高油菜产量以及油菜叶片 SPAD 值；施用沼肥和普通化肥均能够增加油菜的硝酸盐含量。在等氮量的情况下施沼肥的油菜体内硝酸盐含量要明显低于施普通化肥油菜的硝酸盐含量。在一定范围内，随着沼肥施入量的增加，油菜体内的维生素 C 的含量增加。从油菜对土壤中的氮、磷、钾的吸收能力来看，随着沼肥施入量的增加油菜对氮的吸收量增加，当沼肥施入达到一定量时，油菜对氮的吸收量降低；随着沼肥的施入量的增加，油菜对磷的吸收量并没有发生显著变化；整体来看施沼肥有助于油菜对钾的吸收。

构建了沼肥农田施用技术，包括沼渣作基肥，沼液作追肥，同时针对其施用时间和施用量做了严格规定，同时制定了粮食作物、果蔬作物的施用技术规程，为指导沼肥的田间利用提供了技术依据。

第八章 CHAPTER 8

农业废弃物高值化产品的研发及应用

蚯蚓通过取食、消化、排泄和掘穴等活动在其体内外形成众多的反应圈，从而对生态系统的生物、化学和物理过程产生影响。蚯蚓对土壤中可利用氮、磷有重要影响，可以促进植物生长。蚯蚓还能使植物体内化学物质发生变化，进而影响植物与其他生物的相互作用，改变植物群落的组成。也有研究表明蚯蚓在降低微生物实际代谢活性的同时提高了其潜在活动力，蚯蚓种类和功能群数的减少都可能改变土壤微生物群落功能。

土壤生物是土壤生态系统中不可缺少的组成部分，它们在分解残体、改变土壤理化性质、影响土壤形成与发育、调节土壤物质迁移与转化等方面都具有重要意义。土壤生物也是连接植物地上部分和地下部分的纽带，通过直接作用于根系，或通过改变养分的矿化速率及其在土壤中的空间分布、改变植物根际的激素状况以及土壤环境等间接作用方式，对植物地上部分产生反馈作用。生态系统的功能很大程度上受不同功能生物的数目和分布情况的影响，例如水分分布、养分循环以及土壤病害与细菌均存在重要的关系；线虫作为动物界数量最丰富者之一，可反应土壤的健康状况；螨类也在有机质的分解与能量循环中起着重要作用。改善盐碱土壤生物群落结构，进而促进盐碱地植被的生长，强化盐碱地的改良，是未来盐碱地改良的一种新方法。本部分内容比较了施用不同有机物料后土壤中细菌、线虫和螨类的丰富度和群落结构的变化以及耐盐植物生物量的变化，以期达到通过有机物施用调控土壤生物促进耐盐植物生长的效果。

向盐碱土中施用有机物被认为是一种改良盐碱地的有效方式，例如泰米尔纳德邦农业大学滨海盐碱地研究中心发现，向盐碱地中施用椰子壳的堆肥产物改善了土壤的理化性质，另外在该土壤上种植的水稻品质也得到了提高，Lopez - Valdez 等也发现污水污泥的施用提高了盐碱土的养分含量并使得植被覆盖度得到提高，Hammer 等发现有机肥刺激了灌木菌根真菌的生长，从而促进了盐碱土壤中植物的生长，在盐碱土中施用秸秆和有机肥也能够显著增强土壤酶活性和增加微生物的数量。目前，有关施用有机物对盐碱土物理、化学性质的影响的研究已经较多，但有关用有机物对土壤生物的影响的研究较少。

第一节　功能性生物有机肥产品的研发及应用

一、试验材料与方法

试验所用土壤取自河北省唐山市唐海县盐碱荒地，地理坐标为东经 118°48′30″，北纬 39°12′24″。作为一种典型的滨海盐碱土，供试土壤含水率为 19.2%，电导率 EC（土水比为 1∶5）为 29 000 微西门子/厘米，pH（土水比为 1∶2.5）为 7.94，交换性钠（ESP）

含量为 15.42%，全氮（TN）含量为 0.05%，速效磷（OP）含量为 4.90 毫克/千克，速效钾（AK）含量为 81.43 毫克/千克，土壤有机质（SOM）含量为 1.21%。供试土壤微生物量碳（MBC）为 98 毫克/千克，供试土壤中细菌的末端限制性片段长度多态性见图 8-1。在 100 克供试土壤中分离得到线虫 14 只，其中成功鉴定 13 只，分别为拟丽突属（*Acrobeloides*）2 只，鹿角唇属（*Cervidellus*）3 只，真头叶属（*Eucephalobus*）3 只，直滑刃线虫属（*Aphelenchus*）1 只，真茅线属（*Eudorylaimus*）2 只。在 300 克供试土壤中分离得到螨类 5 只，分别为微离螨科（Microdispidae）2 只，跗绒螨科（Tarsonemidae）1 只，角化螨科（Ceratozetoid mites）1 只，另有幼螨 1 只。

供试牛粪及蚯蚓粪均购买自北京市得益蚯蚓养殖场。供试牛粪含水率为 45.6%，全氮含量为 2.09%（干重），全磷含量为 1.28%（干重），全钾含量为 2.48%（干重），有机质含量为 60.43%（干重）。蚯蚓粪为赤字爱胜蚓（*Eisenia foetida*）分解牛粪后得到的产物，其含水率为 47.8%，全氮含量为 1.56%（干重），全磷含量为 1.48%（干重），全钾含量为 2.88%（干重），有机质含量为 38.89%（干重）。化学肥料购买自山东省富士肥料有限公司，N∶P_2O_5∶K_2O 为 15∶15∶15，总养分含量≥45%。黑麦草（Calypso 2）及紫花苜蓿（ZhongMu No.1）种子均购买自中国农业科学院植物保护研究所，黑麦草和紫花苜蓿分别为禾本科和豆科耐盐碱的优良牧草。

1. 试验设计

试验于 2011 年 5 月 13 日至 2011 年 11 月 13 日在中国农业大学温室内开展。将 8 千克（湿重）盐碱土装入 35 厘米×25 厘米×20 厘米的矩形塑料盒中，在塑料盒底部均匀地开 4 个小孔，小孔下方放置容器接小孔渗出的液体，所收集的液体将用于试验灌溉。将 500 克（湿重）牛粪或蚯蚓粪加入塑料盒中，与盐碱土混合均匀，并播种黑麦草或紫花苜蓿种子。将未添加任何有机物料的处理设为对照，在对照盒中加入 35 克化学肥料并与土壤混匀，以保证不同处理间添加的总养分（$N+P_2O_5+K_2O$）一致。盆栽试验共设计 6 个处理，分别为 LV（施用蚯蚓粪并种植黑麦草）、LD（施用牛粪并种植黑麦草）、LC（施用化肥并种植黑麦草）和 MV（施用蚯蚓粪并种植紫花苜蓿），MD（施用牛粪并种植紫花苜蓿），MC（施用化肥并种植紫花苜蓿）。每个处理设 4 个重复。为保证草种播种过程的均一度及草种发芽率，将 1.5 克黑麦草种子或紫花苜蓿草种子与 5 克蚯蚓粪混合均匀后，人工将种子-蚯蚓粪混合物均匀地播撒在土壤表面。在种子发芽前每 3 天浇一次水，浇水量为保证土壤湿润但底部不渗水。将塑料盒置于白天为（25±2）℃、晚上为（19±2）℃的温室中培养。待种子发芽后，每 7 天进行一次 1.2 升（含所收集到的渗滤液）水的灌溉。

2. 取样及测定方法

种植 6 个月之后，对整株植物进行取样，洗净，烘干并称重。同时对土壤取样用于土壤细菌、线虫及螨类的分离和土壤化学特性的测定。详细测定方法同第二章。

3. 统计分析方法

香农维纳指数（H）和均一度指数（J）用 BIO-DAP 软件（Gordon Thomas，加拿大）进行计算。利用 SPSS 13.0 对不同处理间的土壤化学特性、土壤生物丰富度及多样性指数进行统计分析，当 $P<0.05$ 时表示存在显著差异。

采用CANOCO 4.0（Microcomputer Power，美国）中的冗余分析（RDA）方法分析土壤中细菌、线虫及螨类对添加不同有机物及种植不同植物的响应。土壤化学性质、植物生物量以及细菌、线虫和螨类的相关关系也用RDA方法分析。

二、试验结果

（一）植物生物量

种植6个月后，植物生物量见表8-1。种植不同的植物及施用不同的物料均导致了植物生物量的显著差异。施用蚯蚓粪时黑麦草与紫花苜蓿的生物量分别为65.5克和121.5克，施用牛粪时分别为46.8克和90.0克，施用化肥时分别为27.8克和39.2克。种植同一种植物时，添加化肥的处理的植物生物量均低于其他处理。

（二）土壤化学性质及土壤微生物量碳

由表8-1可知，种植不同的植物及施用不同的肥料均未显著影响土壤的pH及电导率。但相对于供试土壤来说，对植物生长影响较大的土壤全氮、速效磷和速效钾含量均在各处理中有所提高，特别是在添加蚯蚓粪的处理中，土壤全氮、速效磷和速效钾含量均显著高于其他处理。虽然在种植相同的植物时，施用牛粪和施用蚯蚓粪的处理之间未发现土壤有机质含量存在显著差异，但它们的土壤有机质含量均显著高于施用化肥的处理。种植不同的植物未对土壤化学性质产生显著的影响。

表8-1中还列出了不同处理条件下土壤的微生物量碳含量。统计分析结果显示，施用不同的肥料显著影响了土壤的微生物量碳。施用有机物料处理的土壤的微生物量碳含量显著高于施用化肥处理的土壤，但并未在施用牛粪和施用蚯蚓粪的处理中发现微生物量碳存在显著差异。

表8-1　种植6个月后不同处理土壤养分含量、植物生物量及微生物量碳含量

处理		pH	EC	TN	OP	AK	SOM	PB	MBC
植物	有机物		（微西门子/厘米）	（%）	（毫克/千克）	（毫克/千克）	（%）	（克）	（毫克/千克）
L	V	7.85a	28 200a	0.18a	26.84a	124.56a	2.37a	65.5a	232.5a
	D	7.72a	27 700ab	0.12b	22.97b	102.57b	2.58b	46.8b	264.9a
	C	7.87a	26 700b	0.12b	22.73b	101.69b	1.19c	27.8c	141.8b
M	V	8.09a	27 900a	0.16a	28.33a	126.73a	2.20a	121.5a	268.4a
	D	7.95a	28 800a	0.13b	23.34b	100.84b	2.39b	90.0b	297.3a
	C	8.08a	28 000a	0.11b	22.76b	97.44b	1.34c	39.2c	158.4b
ANOVA的*F*值									
植物		7.098	2.973	0.754	1.501	0.676	3.399	102.205*	10.733
有机物		1.257	1.917	13.677*	36.111*	116.954*	384.250*	91.043*	83.924*
植物+有机物		0.013	1.759	0.385	0.722	1.461	7.993	13.277*	0.472

注：L为黑麦草，M为紫花苜蓿；SOM为土壤有机质，AK为土壤速效钾，OP为土壤速效磷；AN为土壤碱解氮，TN为土壤全氮，EC为土壤电导率，PB为植物生物量，MBC为微生物量碳；同一列中含有相同字母表示不同处理在0.05水平上无显著差异；*表示在0.05水平上显著影响不同处理的值。

（三）土壤细菌类型

不同处理下细菌的 T－RFLP 图谱十分相似（图 8－1），经 Peak Scanner Software V1.0 软件分析后共得到 55 个不同的 T－RFLP 片段，大部分 T－RFLP 片段大小均在 63 bp至 494 bp 范围内。

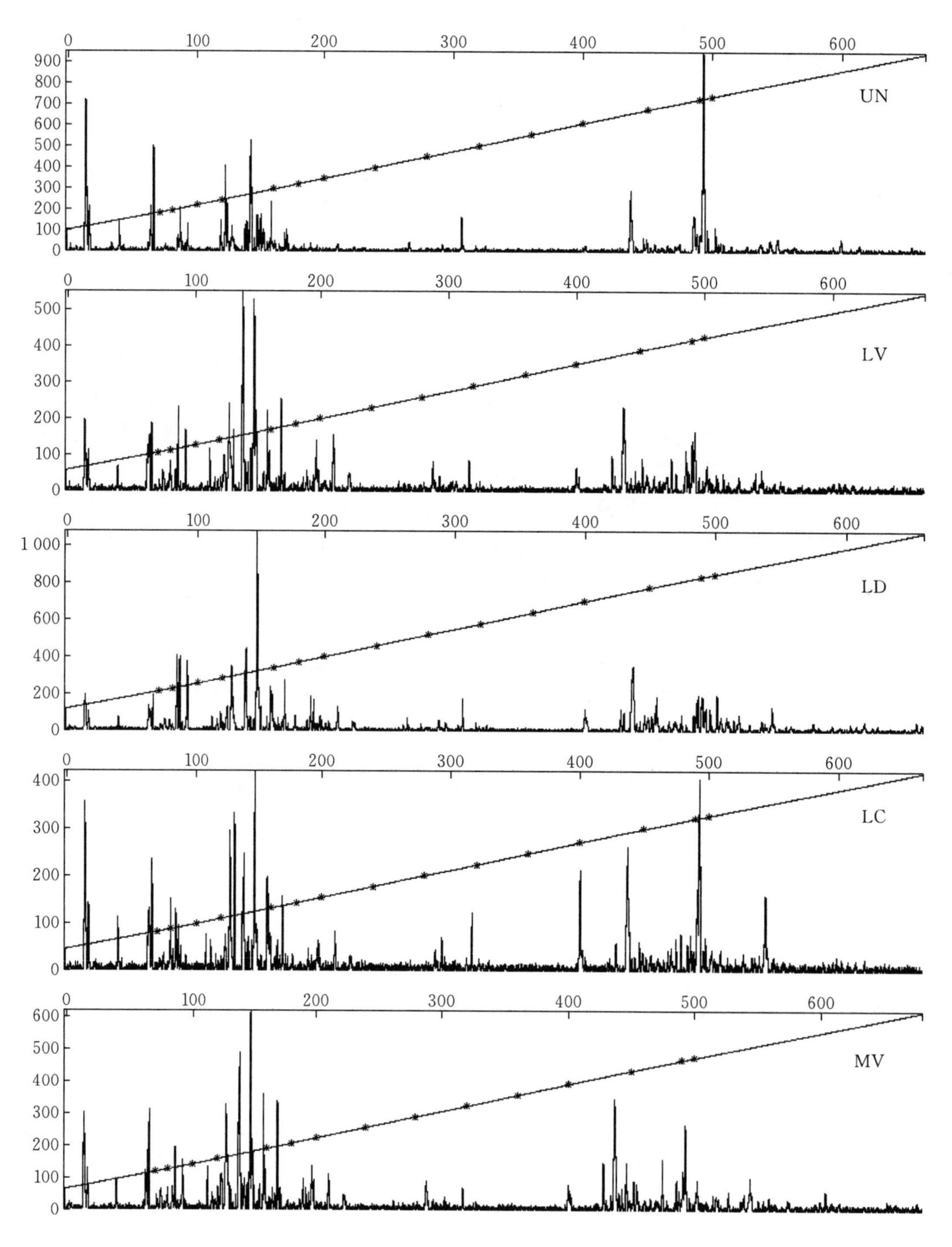

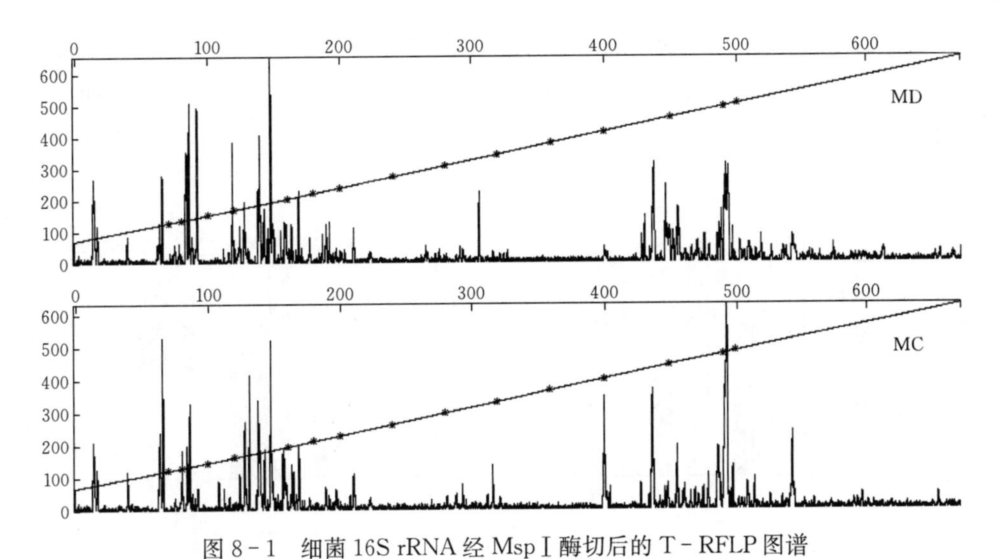

图 8-1 细菌 16S rRNA 经 Msp Ⅰ 酶切后的 T-RFLP 图谱

施用有机物料的处理比施用化肥的处理拥有更高的 T-RFLP 片段数目（图 8-2 A1），然而，不同处理之间的 T-RFLP 片段数目并无显著差异。种植不同的植物未显著影响 T-RFLP 片段的丰度（图 8-2 A2）。

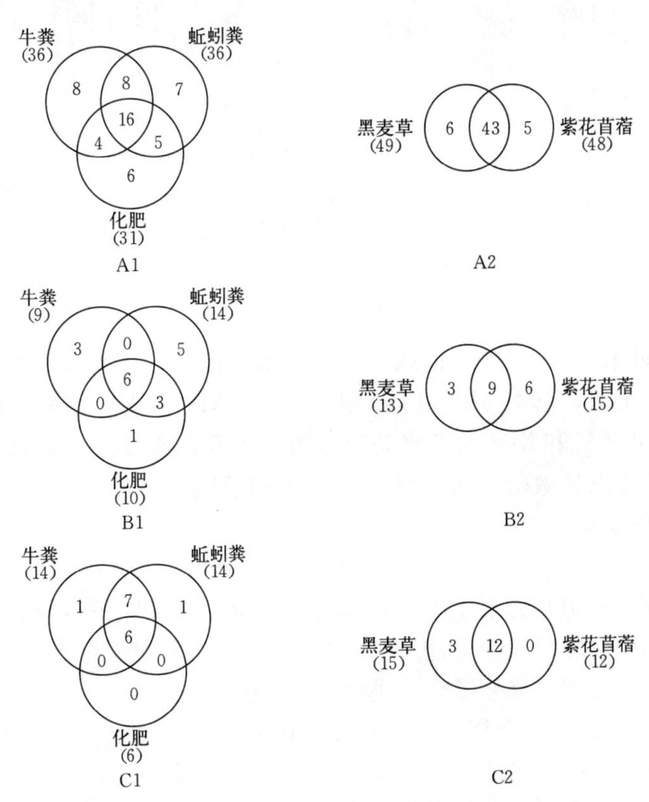

图 8-2 细菌、线虫、螨类的及种植丰度韦恩图

A1、B1、C1. 细菌、线虫、螨类施用不同有机物料后的丰度韦恩图

A2、B2、C2. 细菌、线虫、螨类种植不同植物后的丰度韦恩图

虽然施用蚯蚓粪和施用牛粪处理土壤中的细菌拥有更高的香农维纳指数，但统计分析结果表明施用不同的肥料和种植不同的植物均未显著影响土壤中细菌的香农维纳指数和均一度指数（图 8-3）。

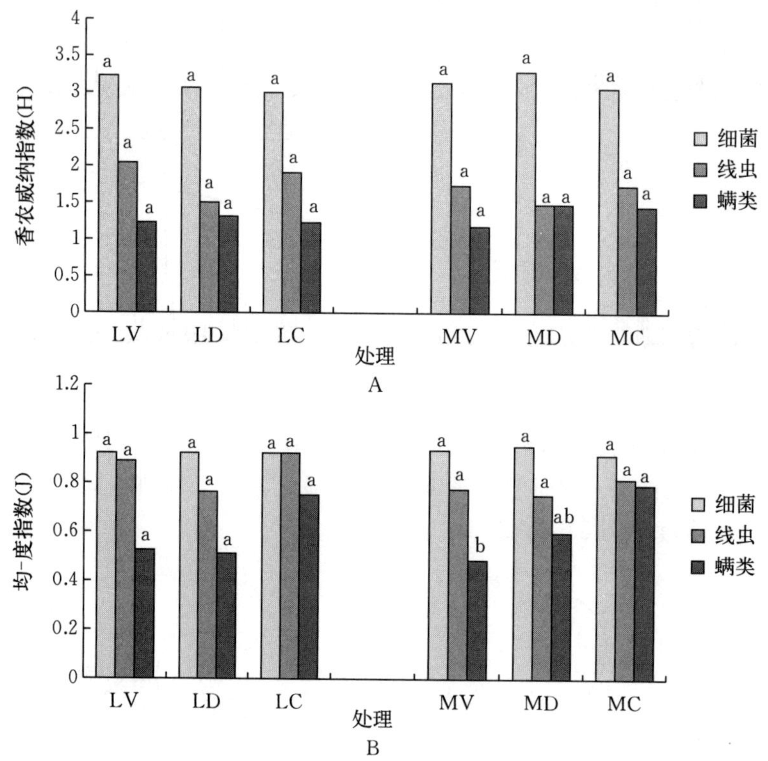

图 8-3　种植 6 个月后各处理土壤细菌、线虫和螨类的相关指数

A. 香农维纳指数　B. 均一度指数

注：相同字母表示在 0.05 水平上无显著差异。

RDA 排序图显示（图 8-4），前两个排序轴的特征值分别为 0.552 和 0.524。6 个处理可以被划分为 3 个组，其中 MD 和 LD 划为一组，MV 和 LV 划为一组，MC 和 LC 划为一组。LD、MD、LV 和 MV 均正相关于土壤速效磷、速效钾、全氮和有机质，而 LC 和 MC 则负相关于土壤速效磷、速效钾、全氮和有机质。

（四）土壤线虫类型

不同处理下土壤中线虫的丰富度均不同（图 8-5A），LD 和 MD 是线虫丰富度最大的两个处理（分别为每 100 克干土 191 只和每 100 克干土 224 只），而 LC 和 MC 则是线虫丰富度最小的两个处理（分别为每 100 克干土 26 只和每 100 克干土 22 只）。当种植同种植物时，施用不同的肥料显著影响了线虫的丰富度。

在试验中共发现线虫 18 个属（表 8-2）。其中食细菌线虫包括丽突属（*Acrobeles*），拟丽突属（*Acrobeloides*），板唇属（*Chiloplacus*），鹿角唇属（*Cervidellus*），头叶属（*Cephalobus*），直头叶属（*Eucephalobus*），天牛属（*Acrolobus*），异头鱼属（*Heterocephalobellus*），杆丝虫属（*Rhabditis*），原发病属（*Protorhabiditis*），斯坦尼玛属（*Steinerbema*），全凹线虫属（*Panagrolaimus*），无咽属（*Alaimus*）和双胃线虫

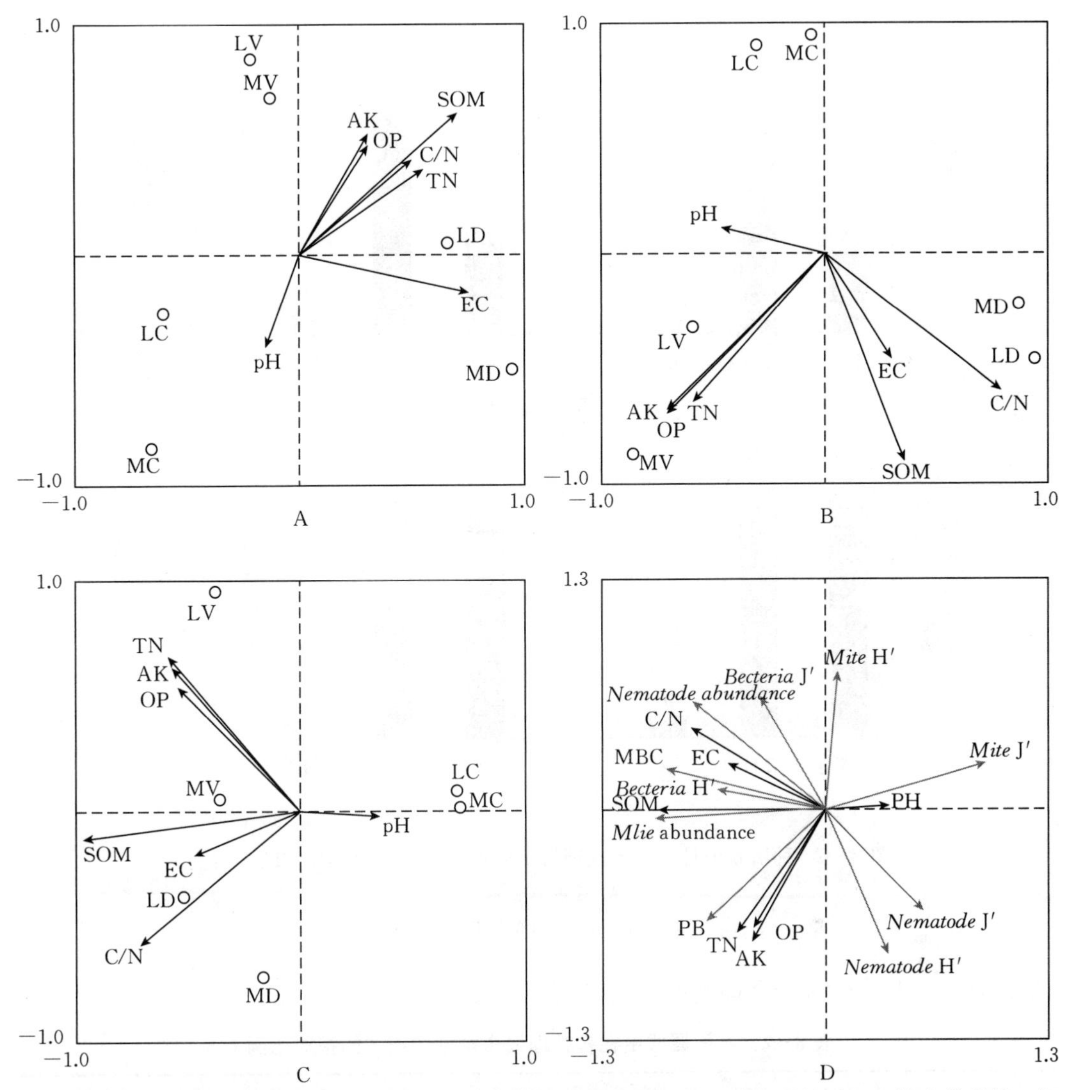

图 8-4　土壤化学性质和土壤细菌、线虫、螨类群落结构以及土壤化学性质和土壤生物特性、相互关系的 RDA 分析

A. 细菌　B. 线虫　C. 螨类　D. 土壤生物特性

注：SOM 为土壤有机质，AK 为土壤速效钾，OP 为土壤速效磷，AN 为土壤碱解氮，TN 为土壤全氮，E-C 为土壤电导率；P-B 为植物生物量，*Nematode* H 为线虫香农维纳指数，*Nematode* J 为线虫均一度指数，*Nematode* abundance 为线虫丰富度，*Mite* H 为螨香农维纳指数，*Mite* J 为螨均一度指数，*Mite* abundance 为螨丰富度，*Bacteria* H 为细菌香农维纳指数，*Bacteria* J 为细菌均一度指数，*Bacteria* abundance 为细菌丰富度，MBC 为土壤微生物量碳。

(*Diplogaster*)。食真菌线虫包括真滑刃属（*Aphelenchus*）。杂食捕食线虫包括真茅绒属(*Eudorylaimus*)。植食线虫包括丝尾垫刃属（*Filenchus*）和巴兹尔属（*Basiria*）。在所有处理中，食细菌线虫是丰富度最高的营养类群，且在施用牛粪的处理中所占的相对比例最高（LD 和 MD 中均为 96%），在施用化肥的处理中所占的相对比例最低（LC 和 MC 中均为 86%）。食真菌线虫是丰富度仅次于食细菌线虫的营养类群，其在施用化肥的处理中

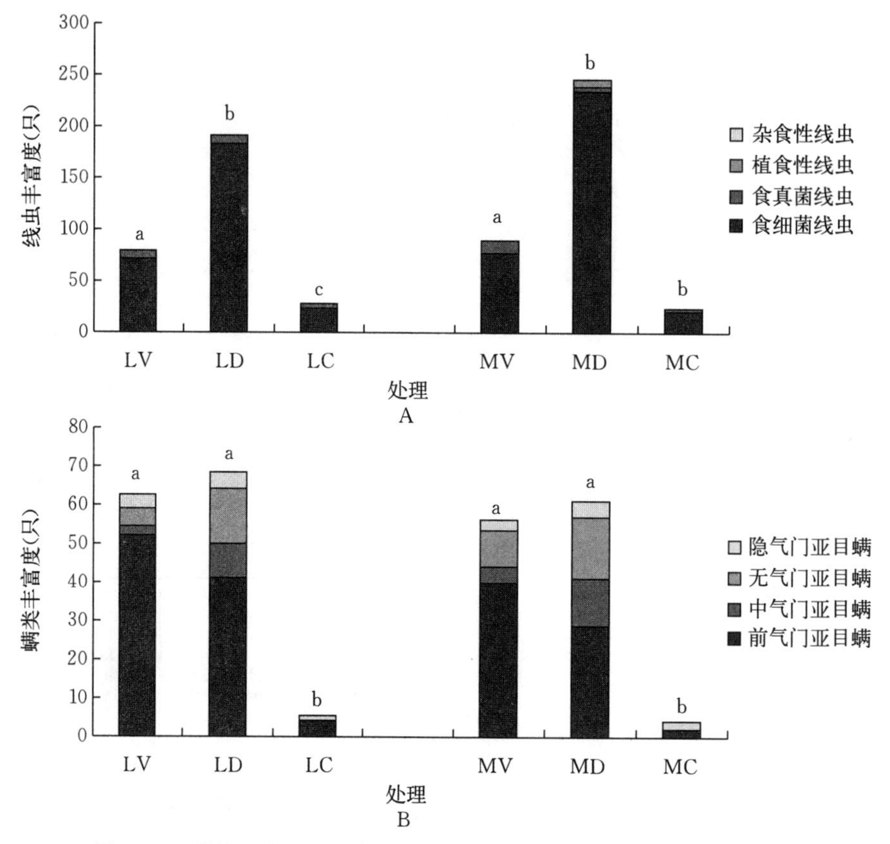

图 8-5　种植 6 个月之后各处理每 100 克干土中线虫和螨类的丰富度

A. 线虫　B. 螨类

注：相同字母表示在 0.05 水平上无显著差异。

丰富度较高。植食性和杂食捕食性线虫在试验中较少。

表 8-2　不同属线虫在各处理线虫群落中所占的相对比例

营养级	科	属	LV	LD	LC	MV	MD	MC
食细菌线虫	头叶科	*Acrobeles*	0.0	0.0	0.0	8.0	0.0	0.0
		Arcobeloides	3.8	46.9	7.1	0.0	42.6	9.5
		Chiloplacus	7.7	0.0	0.0	0.0	0.0	0.0
		Cervidellus	17.3	0.0	14.3	16.0	0.0	4.8
		Cephalobus	3.8	0.0	32.1	0.0	0.0	19.0
		Eucephalobus	0.0	0.0	0.0	2.0	0.0	0.0
		Acrolobus	15.4	0.0	7.1	0.0	6.4	0.0
		Heterocephalobellus	0.0	8.2	0.0	0.0	0.0	0.0
	小杆科	*Rhabditis*	3.8	4.1	0.0	8.0	2.1	4.8
		Protorhabditis	28.8	20.4	7.1	44.0	19.1	4.8
	斯氏线虫科	*Steinerbema*	3.8	0.0	7.1	6.0	0.0	0.0

（续）

营养级	科	属	LV	LD	LC	MV	MD	MC
食细菌线虫	复殖目并殖科	*Panagrolaimus*	7.7	14.3	10.7	0.0	25.5	42.9
	阿拉米亚科	*Alaimus*	0.0	2.0	0.0	0.0	0.0	0.0
	膜皮科	*Diplogaster*	0.0	0.0	0.0	2.0	0.0	0.0
食真菌线虫	剪线虫科	*Aphelenchus*	7.7	4.1	14.3	12.0	2.1	9.5
植食性线虫	线虫科	*Filenchus*	0.0	0.0	0.0	0.0	2.1	0.0
		Basiria	0.0	0.0	0.0	2.0	0.0	0.0
杂食性线虫	蜘蛛科	*Eudorylaimus*	0.0	0.0	0.0	0.0	0.0	4.8

不同处理间线虫属的丰富度由 6 至 10 不等。添加牛粪、蚯蚓粪和化肥的处理共享了33%的线虫属（图 8-2 B1）。只有一个线虫属是施用化肥所特有的，而施用牛粪的处理拥有 3 个特有的线虫属，施用蚯蚓粪的处理拥有 5 个特有的线虫属。种植黑麦草和种植紫花苜蓿的处理共享了 9 个线虫属（图 8-2 B2）。

虽然从图 8-3 可以看出，施用蚯蚓粪的处理的线虫拥有更高的香农维纳指数，施用化肥的处理线虫拥有更高的均一度指数，但并未发现施用不同的肥料或种植不同的植物显著影响线虫的多样性指数。

线虫的丰富度、香农维纳指数和均一度指数均未显著地受到施用肥料种类和种植植物种类的影响，但 RDA 排序图显示（图 8-4 B），施用相同肥料的处理线虫拥有更加相似的群落结构，例如在 RDA 图中，6 个处理大致被分为 3 组，LD 和 MD 分为一组，LV 和 MV 分为一组，LC 和 MC 分为一组。RDA 排序图的前两个排序轴的特征值分别为 0.573 和 0.323。LC 和 MC 与土壤有机质含量负相关，而 LD、MD、LV 和 MV 与土壤有机质含量正相关。

（五）土壤螨类类型

施用不同的肥料影响了土壤中螨类的丰富度，不同处理下螨类的丰富度为每 300 克干土 4～68 只（图 8-5B），施用牛粪的处理拥有相对较高的螨类丰富度（LD 和 MD 分别为每 300 克干土 68 只和 62 只），但并没有与施用蚯蚓粪处理下的螨类丰富度（LV 和 MV 分别为每 300 克干土 63 只和 56 只）存在显著差异。施用有机物料的处理螨类丰富度显著高于施用化肥的处理（LC 和 MC 分别为每 300 克干土 6 只和 4 只）。

在试验过程中共发现前气门螨 3 科、中气门螨 5 科、无气门螨 1 科及甲螨 6 科（表 8-3）。前气门螨在所有处理中的相对丰度均最大（最高达到 67%），包括跗绒螨科（Tarsonemidae），微离螨科（Microdispidae）和肉食螨科（Cheyletidae）3 科，但各个处理间前气门螨相对丰度无显著差异。中气门螨包括囊螨科（Ascidae）、厉螨科（Laelapidae）、厚厉螨科（Pachylaelapidae）和美绥螨科（Ameroseiidae）4 科，无气门螨仅发现粉螨科（Acaridae）1 科。中气门螨和无气门螨均在施用牛粪的处理中发现有较高的相对丰度。甲螨包括缝甲螨总科（Hypochthonioidae）、尖棱甲螨科（Ceratozetidae）、若甲螨科（Oribatuloidae）、拟螨科（Nothroid）、阿片螨科（Oppioid）和吸管螨科（Suctobelboid mites）6 个科，其在施用化肥的处理中相对丰度显著高于其他处理。

表 8-3 不同种螨在各处理螨类群落中所占的相对比例（%）

亚目	科	处理					
		LV	LD	LC	MV	MD	MC
前气门亚目螨	Tarsonemidae	27.4	1.0	54.2	3.3	2.4	0.0
	Microdispidae	56.1	59.2	20.8	56.2	42.3	9.5
	Cheyletidae	0.0	0.3	0.0	0.0	0.0	0.0
无气门亚目螨	Acaridae	6.8	20.4	4.2	19.0	26.8	9.5
隐气门亚目螨	Hypochthonioid mites	0.0	0.3	16.7	0.8	0.4	66.7
	Ceratozetoid mites	1.0	0.0	4.2	1.7	0.4	9.5
	Oribatuloid mites	1.4	2.7	0.0	3.3	2.8	0.0
	Nothroid mites	3.4	1.4	0.0	0.0	1.6	0.0
	Oppioid mites	0.0	1.0	0.0	1.7	0.8	0.0
	Suctobelboid mites	0.3	0.7	0.0	0.8	1.6	0.0
中气门亚目螨	Ascidae	3.0	10.5	0.0	11.6	19.5	4.8
	Laelapidae	0.3	1.0	0.0	0.0	0.0	0.0
	Pachylaelapidae	0.0	0.7	0.0	0.8	0.4	0.0
	Ameroseiidae	0.3	0.0	0.0	0.0	0.0	0.0
	Uropodidae	0.0	0.7	0.0	0.8	0.8	0.0

丰度韦恩图显示，有机物料处理的土壤中拥有更高的螨类丰富度（图 8-2 C1），施用牛粪（LD 和 MD）与施用蚯蚓粪（LV 和 MV）的处理均拥有 14 科，而施用化肥（LC 和 MC）的处理则只拥有 6 科。另外，施用化肥处理中发现的科在施用牛粪和施用蚯蚓粪的处理中也被发现。种植黑麦草的处理与种植紫花苜蓿的处理共享了 12 科，种植紫花苜蓿的处理未发现特有的科（图 8-2 C2）。

图 8-3 显示，各处理间未发现螨类香农维纳指数存在显著差异，但施用化肥的处理螨类均一度指数要高于施用有机物料的处理，其中 MC 甚至显著高于 MV。

在 RDA 排序图中（图 8-4 C），前两个排序轴的特征值分别为 0.864 和 0.118。虽然 LV 和 MV 的距离远大于 MV 和 LD 的距离，但仍旧可以把 6 个处理分为两组，其中 LV、MV、LD 和 MD 分为一组，LC 和 MC 分为一组，LV、MV、LD 和 MD 均正相关于土壤有机质含量，而 LC 和 MC 则负相关于土壤有机质含量。

（六）土壤化学性质、植物生物量及细菌、线虫、螨类群落结构之间的关系

利用 RDA 分析土壤化学性质、植物生物量及细菌、线虫、螨类群落结构之间的关系（图 8-4 D），其排序图前两个排序轴的特征值分别为 0.957 和 0.039。土壤全氮、速效磷和速效钾含量均正相关于植物生物量，且这种关系强度大于土壤有机质与植物生物量的关系，而土壤有机质含量则与土壤微生物量碳含量、线虫丰富度和螨类丰富度有更强的正相关关系。另外，土壤微生物量碳、线虫丰富度和螨类丰富度还与植物生物量存在正相关关系。

三、讨论

（一）植物生物量

本研究结果与已有的研究结果类似，即在盐碱的胁迫下施用有机物增加了植被的生物量。已有研究证明，在盐碱土壤中施用微生物有机肥，能够显著增加玉米根系长度、株高，并显著提高玉米产量。施用农家肥料提高了水稻的水分利用效率和叶绿素的稳定性，从而获得了较高产量。本研究中不同的植物生物量有显著差异，可能是由植物种类不同导致的。

（二）土壤化学性质和微生物量碳

虽然土壤全氮、速效磷及速效钾含量在不同的处理中均不同，但它们相对于原始的试验用土来说均有所增加。不同处理间最大的差异在于施用有机物料的土壤中土壤有机质、微生物量碳含量均显著高于其他处理。目前有关施用有机物对土壤物理、化学及生物学特性的改善的研究较多，例如 Tejada 等（2006）将棉籽与家畜粪便混合后的堆肥产物施用于盐碱土中 5 年后，发现盐碱土土壤植被覆盖度、土壤容重、可溶性糖、土壤微生物量碳以及土壤呼吸强度均有所增加，而可交换性钠百分比则有所下降。Liang 等（2009）同样发现施用有机物增加了土壤微生物量碳含量及一些酶的活性。

施用有机物后土壤中较高的微生物量碳含量可能是由土壤中增加的有机质导致的，两者的相关系数为 0.69，施用的有机物所提供的微生物可利用的碳是增加土壤微生物量碳最重要的因素之一。种植黑麦草与种植紫花苜蓿的处理之间的微生物量碳没有显著差异，意味着所种植物的种类对土壤微生物量碳的影响可能远小于土壤施用物对土壤性质的改变。该结果也得到了 Eikos 的证实，他发现土壤理化性质，特别是 C/N、磷含量及 pH 是影响土壤细菌群落更主要的因素。

（三）土壤细菌

种植不同的植物和施用不同的肥料均未显著影响土壤中细菌 T-RFLP 片段的数目、香农维纳指数和均一度指数。该结果与前人的研究结果存在一定差异，Adekunle 等发现在森林生态系统中，有机肥的施用对土壤细菌的多样性产生了较大的影响。Zhong 等（2010）也发现，长期施用有机粪肥导致了土壤中细菌群落结构的改变，增加了细菌的活性和多样性，可能是较多根系向土壤释放的根系分泌物维持了这种高的多样性。而本试验中较短的试验时间可能是各处理间土壤中细菌 T-RFLP 片段的数目、香农维纳指数和均一度指数没有显著差异的原因之一。

RDA 图中施用相同物料的处理聚集到一起说明施用物料的种类影响了土壤细菌的群落结构。Gandolfi（2010）同样验证了堆肥产物对细菌群落结构的影响，这种现象可归结于土壤中增加的有机碳含量。本研究中未发现种植不同的植物显著影响细菌的群落结构，Eikos 指出，细菌群落结构更容易受到土壤自身特性而不是土地利用类型的影响。

（四）土壤线虫

在本研究中，相对于施用化肥的处理来说，施用有机物的处理拥有更高的线虫丰富度以及食细菌线虫丰富度，这个结果与 Li 等（2004）的研究结果一致，Li 等发现和其他肥料相比，施用畜禽粪便的处理显著增加了土壤中线虫的总数和食细菌线虫的丰富度。

Liang等（2009）发现线虫总数与有机肥的施用正相关。还有研究发现，在番茄地中，施用粪便的小区中食细菌、食真菌线虫密度均大于施用化肥的小区。另外，已有报道证实食细菌线虫数量受到微生物量碳的显著影响，因此，本研究施用牛粪处理土壤中较高的食细菌线虫丰富度也可部分归因于壤中较高的微生物量碳。

虽然施用不同的物料显著改变了线虫丰富度和营养类群，但植食性线虫丰富度则并未受到显著影响。在本研究中，植食性线虫仅在施用有机物的处理中被发现，该结果与Hu（2011）的研究结果类似，Hu发现施用堆肥的土壤中植食性线虫密度比施用化肥的土壤中更大。但也有研究发现施用粪便的土壤中植食性线虫密度和相对丰度均有所降低。由于在试验用土中并未发现植食性线虫，因此在本研究中施用有机物的处理中发现的植食性线虫也可能来源于有机物本身，而有机物在盐碱土中施用对植食性线虫的影响，可能需要更长的时间来观察研究。

本研究中，施用蚯蚓粪的处理 *Protorhabiditis* 的丰富度和施用牛粪的处理中 *Acrobeloides* 的相对丰度均有所增加，且显著高于其他线虫属。Liang 等（2009）也发现施用有机粪肥之后，土壤中 *Protorhabiditis* 和 *Acrobeloides* 的相对丰度得到了增加。*Protorhabiditis*和*Acrobeloides* 较高的相对丰度可能是施用有机物处理土壤线虫均一度较低的原因。

与细菌的群落结构类似，不同处理下的线虫群落结构在RDA图中被分成了3组，意味着不同物料的施用对线虫群落结构的影响大于不同植物的种植。有关施用有机物对线虫的营养结构和群落组成的影响已有较多的研究，这些研究均从不同方向解释了施用化肥和施用有机肥处理线虫群落结构差异的原因。在本研究中，RDA图显示，土壤有机质含量可能是导致不同处理下线虫群落结构差异的主要因素。

RDA图中，施用蚯蚓粪的处理和施用牛粪的处理线虫群落结构仍存在明显的差异，这种差异可能是土壤中C/N及可以利用碳含量的不同导致的。例如LV和MV与速效磷、速效钾和全氮含量呈现更强的正相关关系，而LD和MD则与土壤有机质和C/N呈更强的正相关关系。蚯蚓粪拥有低的C/N（8）并含有更易于分解的化合物，而牛粪则含有较为中等的C/N（11）并含有更多较难分解的纤维素和木质素。Tabarant 等（2011）认为，正是这些有机肥的自然特性影响着线虫群落结构。有机肥中等的C/N及较难分解的有机物均抑制了植食性线虫的生长。

（五）土壤螨类

在本研究中，施用有机物的处理拥有更高的螨类丰富度，这与Banerjee 等（2009）的研究结果一致，Banerjee等发现土壤湿度和土壤有机碳含量与土壤螨类丰富度呈显著的正相关关系。也有研究的结果是相反的，例如Cao等（2011）发现施用有机肥11年的土壤中螨类总的数量和密度均有所下降，Cao等把该现象归因于土壤较高的磷含量，较高的磷含量导致了土壤中真菌数量的降低，从而导致螨类食物的短缺。本试验使用的盐碱土养分含量较低，有机物的施用对土壤生物的丰富度来说可能积极的作用要大于消极的作用。

在本研究中，前气门螨是丰富度最高的螨类（虽然只有两个科），但各处理间无显著差异。该结果与部分已报道的结果相悖，但也有研究结果支持该结果，例如在荷兰贫瘠的土壤中种植植物时，土壤中前气门螨类占优势。前气门螨多样性的取食习惯可能是贫瘠盐

碱土中前气门螨相对丰度较高的原因。

在施用牛粪的处理中，中气门螨的丰富度有所增加，该研究结果同 Minor 等（2004）的研究结果一致，他们发现施用鸡粪堆肥增加了土壤中中气门螨的丰富度。中气门螨丰富度的增加可能和中气门螨的 R 生活对策有较大的关系，当向土壤中施入有机物质时，R 生活对策较大的中气门螨的繁殖率能够较快地增加其在土壤中的丰富度。养分含量较高的有机物的施入，可能也有利于无气门螨的生长，因此在本研究中观察到无气门螨在有机物施用的处理中数量增加。

在 RDA 图中，虽然施用有机物和施用化肥的螨类群落结构有着显著的差异，但施用牛粪的处理螨类群落结构并未和施用蚯蚓粪的处理显著地区分开来，这与线虫不同。可能的原因是螨类处在一个更高的营养级，需要更长的时间、通过低营养级的变化来对其进行影响。另外，不同的植物群落也可能对螨类群落结构造成影响，O'Connell（2010）指出，在较小的范围内（<100 米），螨类群落结构因植被种类的不同而显著不同，这可能是植物种类不同导致的一些非生物因素上的差异。

（六）土壤化学性质、植物生物量及土壤生物间的关系

在本研究中，微生物量碳含量、线虫丰富度和螨类丰富度与土壤有机质含量均有正相关关系，说明向盐碱土中施用的有机物，除了增加土壤养分、促进植物生长外，也促进了土壤生物的生命活动。有机物作为最基本的养分及碳来源，对土壤生物来说极其重要，有机物的施用增加了贫瘠的盐碱土中土壤生物的食物来源，能够起到促进土壤生物生长的作用。

RDA 图显示，对于贫瘠的盐碱土来说，除了施用肥料增加的土壤养分与植物生物量正相关外，土壤生物丰富度也与植物生物量呈正相关关系。现有的研究结果已经较为明确地阐述了土壤生物对土壤结构的作用以及对地上部分群落结构的作用，越来越多的研究也证实了这种地上地下生物关系的重要性。土壤动物通过有机物质的分解、养分的循环以及对土壤结构的改良保证了植物的健康生长。

在盐碱地中种植耐盐碱植物已经成为盐碱地改良利用的重要方法之一，施用有机肥可以通过改良土壤理化性质以及促进土壤生物增加来促进耐盐碱植物的生长，从而强化盐碱地的植物改良过程。

第二节　新型土壤改良剂的研发及应用

一、赤字爱胜蚓对不同盐分土壤耐受性的研究

动物均有趋利避害的本能，蚯蚓长期生活在潮湿的土壤中，体表角质层比普通陆生生物薄，口前部有化学感应器，躯体分布有大量感官结节，这使得它们对化学干扰高度敏感。过高盐度的盐碱土并不利于蚯蚓的生存，甚至可能造成蚯蚓的死亡，因此，在利用蚯蚓改良盐碱地之前，了解蚯蚓对不同盐分土壤的耐受性至关重要。蚯蚓急性毒性试验和回避试验从不同的测试终点反映化学物质的毒性，其中，急性毒性试验反映高浓度的化学物质短期内的致死作用，回避试验则反映化学物质对蚯蚓行为的影响。本研究参考蚯蚓急性毒性试验和回避试验，研究了赤字爱胜蚓对不同盐分土壤的耐受性，为进一步利用蚯蚓改

良盐碱地奠定了基础。

（一）材料与方法

试验动物为赤子爱胜蚓（*Eisenia foetida*），由北京上庄蚯蚓养殖场提供，预养一段时间后，挑选大小相同、具有环带、体重为 0.3～0.6 克的健壮成体作为试验用蚯蚓。将直径 15 厘米的滤纸铺于 1 升烧杯杯底，加少量水，以刚浸没滤纸为宜，并将所挑选蚯蚓清洗干净，放于烧杯中，用保鲜膜封口，用解剖针扎孔。将烧杯置于温度为（20±1)℃、湿度为（75±7)％的人工气候箱中清肠 24 小时。

供试土壤包括人工盐碱土和自然盐碱土两种。人工盐碱土由人工向自然普通土壤中添加氯化钠制得，自然普通土壤采集于中国农业大学西校区绿化地，自然盐碱土壤直接采集于天津市滨海新区海河大桥附近。将土壤采回后，在阴凉处风干，研细，过 2 毫米筛。土壤基本性质如表 8－4 所示。

表 8－4　自然土壤基本参数

土壤类型	pH	盐度（％）	电导率（微西门子/厘米）	有机质含量（％）	全氮（％）
普通土	6.9	0.01	1 100	1.112	0.053
盐碱土	7.2	0.20	38 800	1.133	0.062

试验方法：参照蚯蚓急性毒性试验方法和蚯蚓回避试验方法，分别进行人工盐碱土和自然盐碱土的蚯蚓耐盐性试验。

1. 蚯蚓急性毒性试验

滤纸接触法：在直径为 15 厘米的培养皿底铺衬滤纸，以刚好遮住皿底为宜。配制质量分数为 1.0％、1.1％、1.2％、1.3％、1.4％、1.5％的氯化钠溶液，各取 5 毫升倒入培养皿中，使其刚好浸没滤纸。将清肠后的蚯蚓冲洗干净，用滤纸吸干体表水分，每一培养皿放入 5 条蚯蚓。每个浓度设置 10 个重复，并设置不含氯化钠的对照。培养皿用保鲜膜封口，解剖针扎孔后置于人工气候箱中，培养条件为温度（20±1）℃、湿度（75±7)％，光照度为 23.994 微摩/(米・秒)，每天的光照时间为 12 小时。培养 24 小时、48 小时后记录蚯蚓死亡数及中毒症状，蚓体对针刺无反应判为死亡。

土壤法：称取 500 克自然普通土壤放入小桶中，分别加入质量分数为 1.5％、1.7％、1.9％、2.1％、2.3％、2.5％的氯化钠溶液 125 毫升，混合均匀，作为人工盐碱土壤的试验用土。按照 1∶9、2∶8、3∶7、4∶6、5∶5、6∶4、7∶3 配置不同比例的自然盐碱土与自然普通土混合土壤，并取混合土壤 500 克放入小桶，加入 125 毫升去离子水，混合均匀，作为自然盐碱土壤的试验用土。每处理设 4 个重复，并设一个自然普通土壤加去离子水的对照，用电导率仪测定各土壤的电导率。每个处理放入清肠后的蚯蚓 10 条，待蚯蚓进入土壤中后用保鲜膜封口，扎孔。其他培养条件同滤纸接触法，培养 7 天、14 天时记录蚯蚓死亡数及中毒症状。

2. 蚯蚓回避试验

参照蚯蚓急性毒性试验土壤法配置土壤。如图 8－6，将方形塑料容器（12 厘米×8 厘米×8 厘米）用塑料板隔成两室，一室放入对照土壤 300 克，另一室放入试验土壤

300克，每个处理重复5次。待土壤放好后移走中间的塑料片，并将10条成蚓放置于容器中土壤分界线的上方，盖上带通气孔的透明盖子，置于气候箱中培养，培养条件为温度(20±1)℃、光照时间8时/天。48小时后，用塑料片小心地重新隔开对照土壤及试验土壤，并对不同土壤中的蚯蚓进行计数。在分界线上的蚯蚓均记为两边各0.5条。试验结果用蚯蚓的回避率（NR）表示，$NR=[(C-T)/N]\times 100$（C为洁净土壤中蚯蚓的数目，T为加盐土壤中蚯蚓数目，N为加入土壤中蚯蚓的总数）。当洁净土壤中的蚯蚓数目与盐碱土壤中的蚯蚓数目相等时，NR为0，即无效应浓度；当NR大于0时，计算回避率，当回避率大于80%时，表明蚯蚓具有回避反应。

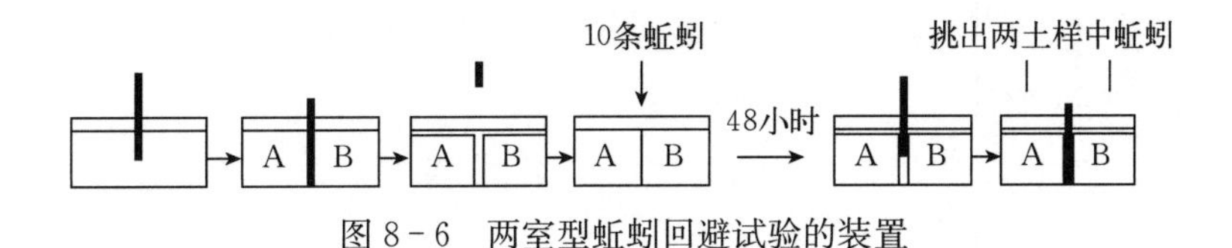

图8-6 两室型蚯蚓回避试验的装置

注：图中A、B分别代表方形塑料容器被隔成两室，一室放入对照土壤，另一室放入试验土壤（盐碱土壤）。

（二）试验结果

1. 蚯蚓急性毒性试验结果

（1）滤纸接触法试验结果

滤纸接触法试验蚯蚓的死亡症状为环带肿大、身体变软、有少量黄色液体渗出。以氯化钠溶液质量分数为横坐标，蚯蚓死亡率为纵坐标，绘制氯化钠浓度与蚯蚓死亡率的关系图（图8-7），氯化钠质量分数为1.1%～1.4%时氯化钠质量分数（X,%）与蚯蚓48小时死亡率（Y,%）的线性回归方程为$Y=320.00X-356.67$，相关系数$r=0.922$。由此方程计算出氯化钠对蚯蚓的48小时半致死浓度为1.12%。

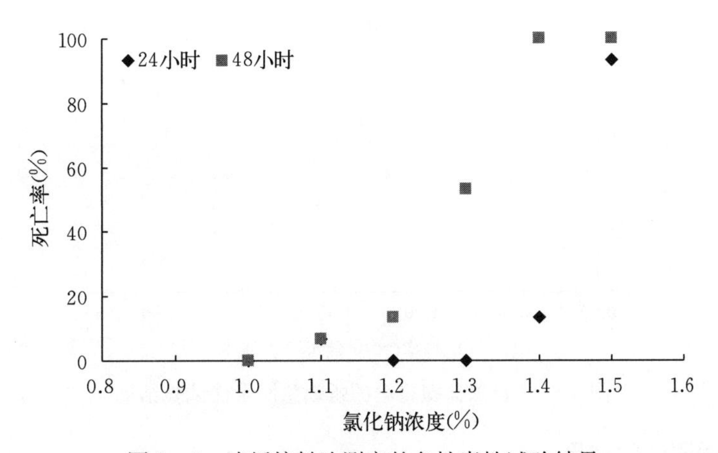

图8-7 滤纸接触法测定的急性毒性试验结果

（2）土壤法试验结果

土壤法试验中蚯蚓的死亡症状为环带肿大，有黄色体液渗出，身体萎缩、腐烂，有断裂现象；未死者蠕动能力明显减弱，且大多缠绕成团。

人工盐碱土壤试验结果：以土壤的电导率为横坐标，以蚯蚓死亡率为纵坐标，绘制土壤电导率与蚯蚓死亡率的关系图（图 8－8），土壤电导率（X，微西门子/厘米）与蚯蚓 14 天死亡率（Y,%）的线性回归方程为 $Y=8.187\times10^{-4}X-1.3953$，相关系数 $r=0.946$。由此方程计算出当人工盐碱土壤电导率为 2.23×10^{3} 微西门子/厘米的时候，蚯蚓 14 天死亡率为 50%。

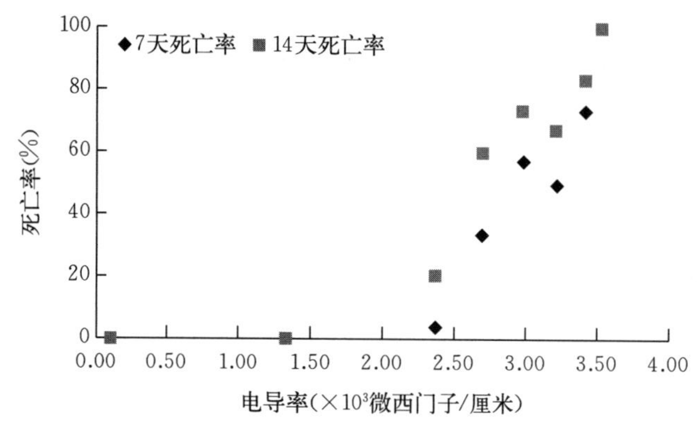

图 8－8　人工盐碱土壤测定的急性毒性试验结果

自然盐碱土壤试验结果：以各土壤的电导率为横坐标，蚯蚓死亡率为纵坐标，自然盐碱土壤蚯蚓急性毒性试验结果如图 8－9 所示，土壤电导率（X，微西门子/厘米）与蚯蚓 14 天死亡率（Y,%）的线性回归方程为 $Y=4.464\times10^{-4}X-0.6711$，相关系数 $r=0.906$。由此方程计算出当土壤电导率为 2.62×10^{3} 微西门子/厘米的时候，14 天自然盐碱土壤蚯蚓死亡率为 50%。

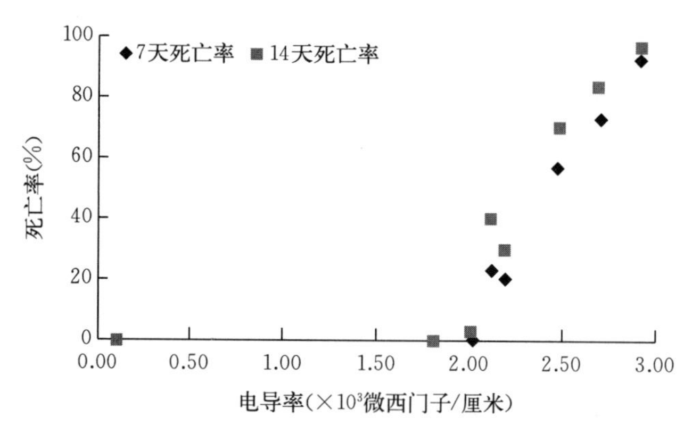

图 8－9　自然盐碱土壤的蚯蚓急性毒性试验结果

2. 蚯蚓的回避试验结果

（1）人工盐碱土壤的试验结果

48 小时人工盐碱土壤的蚯蚓回避试验结果如图 8－10 所示，当土壤的电导率为 1.67×10^{3} 微西门子/厘米时，蚯蚓的回避率达到 80%，即此时蚯蚓对人工盐碱土壤具有回避反应。

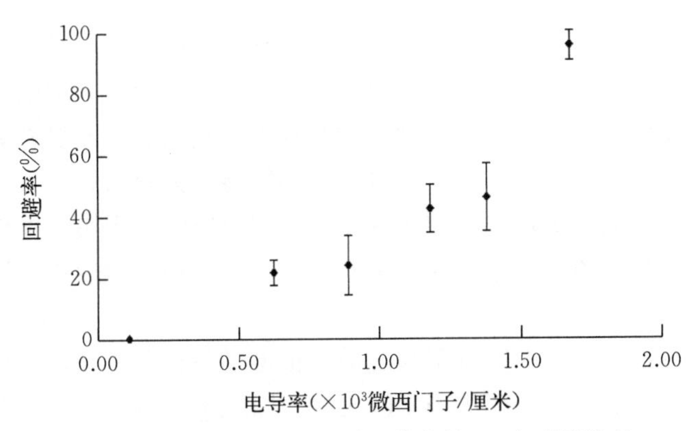

图 8－10　蚯蚓在人工盐碱土壤中的 48 小时回避率

(2) 自然盐碱土壤的试验结果

48 小时自然盐碱土中蚯蚓回避试验结果如图 8－11 所示，当土壤的电导率为 2.43×10^3 微西门子/厘米时，蚯蚓的回避率达到 80%，即此时蚯蚓对自然盐碱土壤具有回避反应。

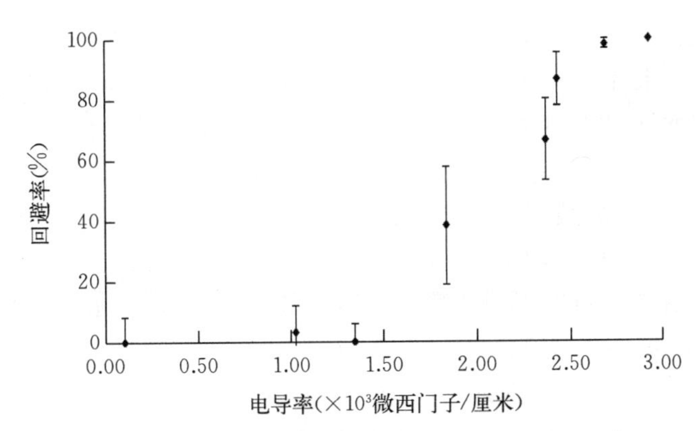

图 8－11　蚯蚓在自然盐碱土壤中的 48 小时回避率

(三) 讨论

从试验结果看，急性毒性试验中滤纸接触法试验的氯化钠溶液对蚯蚓的半致死浓度为 1.12%，此时溶液的电导率为 2.12×10^4 微西门子/厘米，远远高于土壤法中的 2.23×10^3 微西门子/厘米、2.62×10^3 微西门子/厘米，可能是因为氯化钠本身对蚯蚓的毒性并不强，而是高浓度的盐溶液导致蚯蚓失水死亡，失水过程较中毒过程更为缓慢，因此蚯蚓能够在较短时间内耐受较高浓度的氯化钠溶液。

自然盐碱土和人工盐碱土中蚯蚓的 14 天半致死率、80%回避率均存在差异，可能是不同土壤中所含盐的种类不同导致的。自然盐碱土中的盐较为复杂，含有多种离子，而人工盐碱土中主要是人为添加的可溶性氯化钠，从而导致不同土壤中盐的生物可利用性不同。蚯蚓对不同土壤的回避浓度与半致死浓度相比均较低，这与蚯蚓对其他化学物质的回避试验结果一致，在试验中发现，在引起蚯蚓死亡的盐度土壤中，蚯蚓投入初期几乎全部停留于土壤表面拒绝进入并试图逃避土壤，对不适土壤较快地做出了反应，这是因为蚯蚓表皮的角质层较普通陆生生物薄，加之其上有许多与外界相通的腺孔，因此蚯蚓对土壤中的一些刺激性物质十分敏感，一旦受到刺激，即出现逃逸或迁移行为，以躲避危害。利用回避试验来监测土壤的盐碱化过程能够较早地获得预警，并及时采取措施。

蚯蚓对土壤的作用发生于蚯蚓的生命活动过程中，利用蚯蚓改良盐碱地必须保证蚯蚓的正常生长。有报道显示，蚯蚓对不同盐度土壤的敏感度为繁殖＞生长＞回避＞生存。因此，在盐碱土壤的实际应用中，可以用蚯蚓产生回避反应时的土壤盐度作为盐碱地蚯蚓改良的阈值，大于这一浓度的盐碱地需要利用其他方法进行预处理后再使用蚯蚓进行改良才能取得较好的效果。

本研究中蚯蚓对含盐土壤的回避率与之前的报道存在较大差异，这种差异可能来源于蚯蚓种类、土壤种类以及试验蚯蚓污染暴露史等。因此，在不同条件下利用蚯蚓改良盐碱土壤的回避阈值可能存在一定差异。另外，也可以通过蚯蚓耐盐度驯化和选择更为耐盐的蚯蚓品种来提高蚯蚓改良盐碱土的盐度阈值，以达到较广的应用范围。

二、新型盐碱土壤改良剂的研发

（一）材料与方法

供试土壤采自河北省唐山市唐海县，地理坐标为北纬 39°12′24″，东经 118°8′30″，为典型的滨海盐碱土。其土壤含水率为 19.2%，电导率（水土比为 1∶5）为 2.9×10^3 微西门子/厘米，pH（水土比为 1∶2.5）为 7.94，交换性钠含量为 15.42%，全氮含量为 0.05%，速效磷含量为 4.90 毫克/千克，速效钾含量为 81.43 毫克/千克，土壤有机质含量为 1.21%。供试土壤微生物量碳含量为 98 毫克/千克。在 100 克鲜土中观察到线虫 14 只（*Arcobeloides* 18%，*Cervidellus* 27%，*Eucephalobus* 27%，*Aphelenchus* 9%，*Eudorylaimus* 18%）。在 300 克鲜土中观察到螨类 5 只（*Microdispidae* 50%，*Tarsonemidae* 25%，*Ceratozetoid mites* 25%）。

供试牛粪购买自北京市得益蚯蚓养殖场，其含水率为 45.6%，干物质全氮含量为 2.09%，全磷含量为 1.28%，全钾含量为 2.48%，有机质含量为 60.43%。供试蚯蚓为赤子爱胜蚓（*Eisenia foetida*），购买自北京市得益蚯蚓养殖场。在供试牛粪与供试土壤为 1∶8 的混合物中预养一段时间进行驯化，然后选择相同大小、具有环带的健壮成体进行试验，蚯蚓体重为 0.3～0.6 克。供试植物为耐盐碱的优质牧草紫花苜蓿（ZhongMu 1），购自中国农业科学院植物保护所。

试验于 2011 年 5 月至 11 月在中国农业大学温室中进行。将 8 千克土壤与 500 克牛粪混匀后装入底部开有小孔的 35 厘米×25 厘米×20 厘米（长×宽×高）塑料盒中，在适当湿润土壤后接种不同量的蚯蚓。试验共设置 3 个处理，即接种 0 条蚯蚓（CK），接种 15 条蚯蚓（E15）和接种 30 条蚯蚓（E30）。每个处理设 4 个重复。将蚯蚓放置于土壤表面由其自己钻入土壤，不能顺利钻入土壤的蚯蚓人工拣出后替换为其他蚯蚓。待蚯蚓全部顺利进入土壤后播种 1.5 克紫花苜蓿种子。在种子发芽前视土壤湿润情况每 3 天进行一次小量灌溉以保证土壤湿润但底部不渗水，种子发芽后每 7 天进行一次灌溉，每次 1.2 升，由盒底部小孔渗出的水收集后用于下次灌溉。在完成 6 个月的种植之后，对植物进行整株取样，同时对土壤进行取样，测定土壤理化性质和土壤生物量。测定指标及方

法同本部分的一。

统计分析方法同本部分的一。

(二)试验结果

1. 接种蚯蚓对盐碱土化学性质的影响

不同处理下种植紫花苜蓿6个月以后，土壤的化学性质如表8-5所示。接种蚯蚓未对盐碱土壤的电导率、pH及全氮含量产生显著影响。土壤速效养分（速效磷及速效钾）含量在接种蚯蚓后有所提高，但差异显著性仅仅体现在速效钾上，不同蚯蚓接种量的土壤速效钾含量分别为114.86毫克/千克和119.78毫克/千克，显著大于对照的100.84毫克/千克。土壤有机质方面，不同蚯蚓接种量的土壤有机质含量分别为2.04%和1.99%，显著低于对照2.39%。

表8-5　不同处理栽培6个月后的土壤理化性质

	CK	E15	E30
电导率（微西门子/厘米）	2.88×10^3a	2.94×10^3a	2.82×10^3a
pH	7.95a	7.84a	7.95a
全氮（%）	0.13a	0.11a	0.12a
速效磷（毫克/千克）	23.34a	25.23a	25.43a
速效钾（毫克/千克）	100.84a	114.86b	119.78b
有机质（%）	2.39a	2.04b	1.99b

注：每行数字后标相同字母表示不同处理在0.05水平上无显著差异。

2. 接种蚯蚓对植物生物量及盐碱土微生物、线虫、螨类的影响

如表8-6所示，接种蚯蚓未对植物生物量产生显著影响，但增加了盐碱土土壤微生物量碳，接种30条蚯蚓处理的土壤微生物量碳为376.1毫克/千克，显著高于对照处理的297.3毫克/千克。各处理间细菌的T-RFLP图谱形状较为相似（图8-12），经过统计分析我们获得了51个T-RFLP片段，其中大部分片段有63～498个碱基对。不同处理间的T-RFLP片段数目没有显著差异，香农维纳指数（图8-13 A）和均一度指数（图8-13 B）也没有显著差异。

表8-6　不同处理栽培6个月后的植物生物量、土壤微生物量碳及线虫、螨类丰富度

项目	CK	E15	E30
植物生物量（克）	90.0a	89.5a	88.7a
微生物量碳（毫克/千克）	297.3a	351.4ab	376.1b
线虫丰富度（只，100克干土中）	224a	281a	275a
螨类丰富度（只，300克干土中）	62a	66a	64a

注：每行数字后标相同字母表示不同处理在0.05水平上无显著差异。

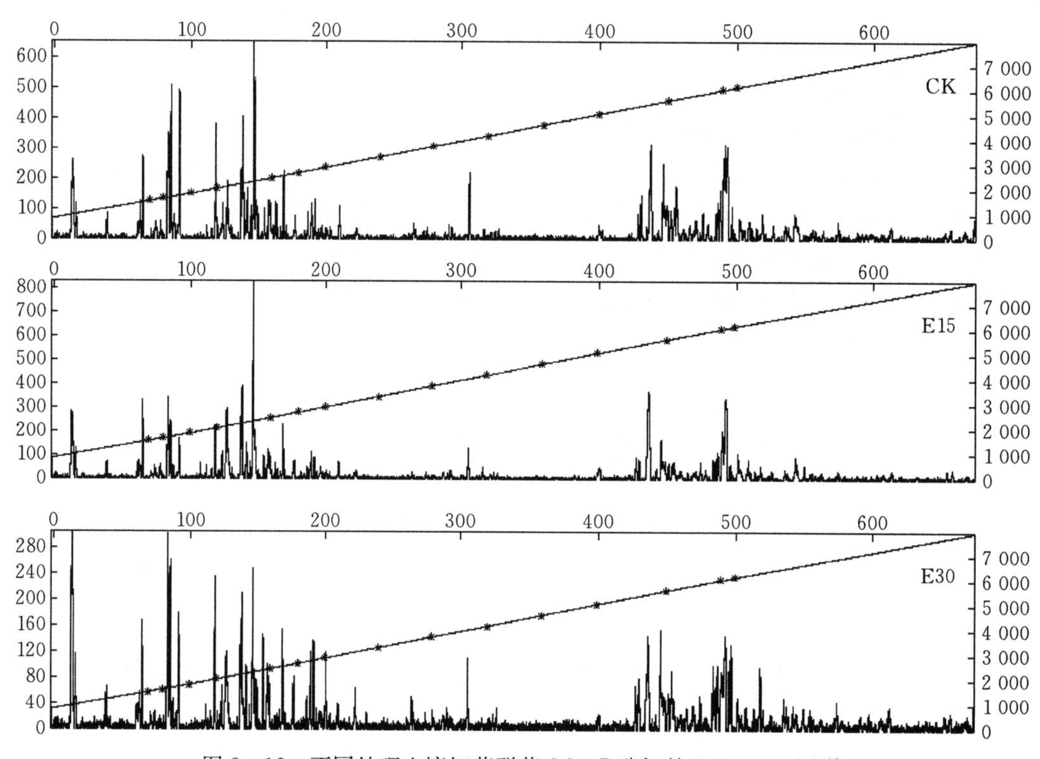

图 8-12　不同处理土壤细菌群落 *Msp* Ⅰ酶切的 T-RFLP 图谱

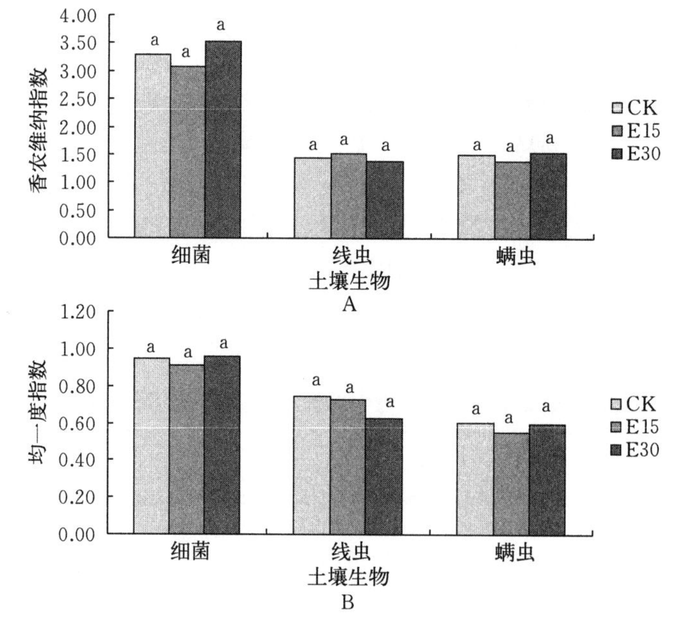

图 8-13　不同处理对土壤细菌、线虫及螨类的影响

A. 香农维纳指数　B. 均一度指数

注：相同字母表示在 0.05 水平上无显著差异。

接种 15 条蚯蚓后土壤线虫数量由对照的 224 只增加到 281 只，接种 30 条蚯蚓的处理线虫数量则为 275 只，接种蚯蚓虽然增加了土壤的线虫丰富度，但处理内重复间变异较大，接种蚯蚓的处理并未与对照产生显著差异。在所有土样中共鉴定出土壤线虫 7 个科，14 个属，包括食细菌线虫 10 个属，食真菌线虫 1 个属，植食性线虫 1 个属和杂食-捕食性线虫 1 个属（表 8－7）。其中 *Arcobeloides* 为对照处理中的优势种，相对比例是 42.6%，*Protorhabditis* 则是接种蚯蚓处理的优势种，分别占 42.0%和 46.0%。不同处理对盐碱土线虫营养类群的影响见图 8－14 A。各处理中均以食细菌线虫为优势类群，蚯蚓的接种进一步扩大了食细菌线虫的相对丰度，由对照的 95.8%增加至 100%和 98%。

表 8－7　不同处理下观察到的土壤线虫属及其丰富度

营养类型	科	属	处理		
			CK	E15	E30
食细菌类线虫	头叶科	*Acrobeles*	0.0	1.8	1.2
		Arcobeloides	42.6	0.0	0.0
		Cervidellus	0.0	2.7	1.4
		Eucephalobus	0.0	14.0	31.2
		Acrolobus	6.4	2.4	0.0
		Heterocephalobellus	0.0	0.0	1.0
	小杆科	*Rhabditis*	2.1	4.0	12.0
		Protorhabditis	19.1	42.0	46.0
	复殖目并殖科	*Panagrolaimus*	25.5	28.8	5.0
	膜皮目	*Diplogaster*	0.0	4.0	0.0
食真菌类线虫	滑刃科	*Aphelenchus*	2.1	0.0	0.0
植食性线虫	垫刃科	*Filenchus*	2.1	0.0	0.0
		Basiria	0.0	0.0	1.0
杂食性线虫	矛线科	*Dorylaimus*	0.0	0.0	1.0

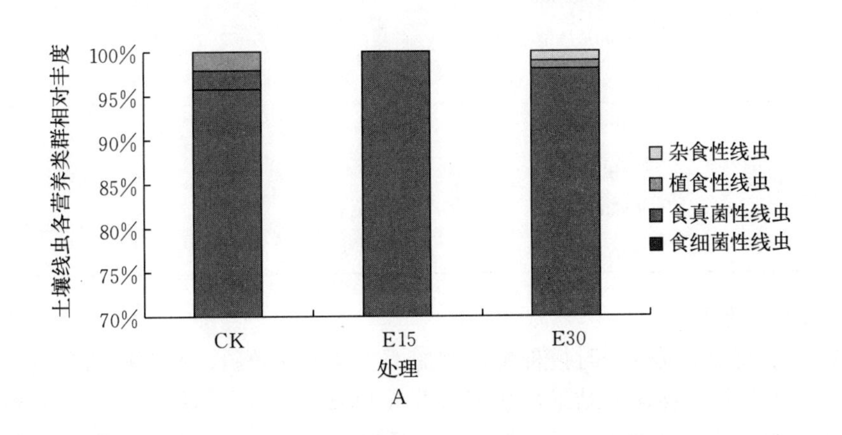

A

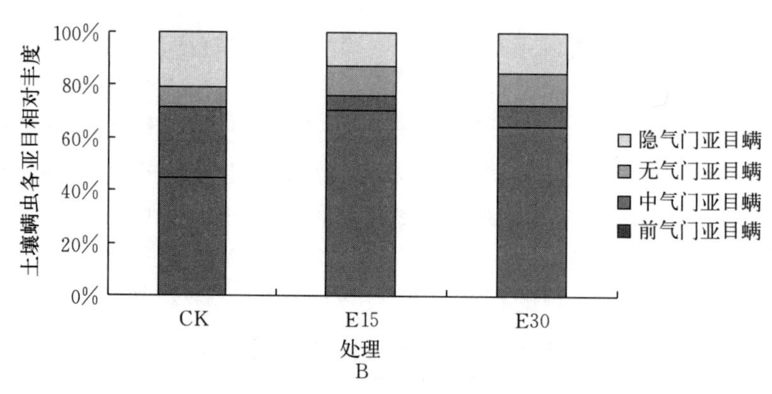

图 8-14 不同处理对土壤线虫、螨类相对丰度的影响

A. 线虫相对丰度 B. 螨类相对丰度

土壤螨类丰富度方面，对照、接种 15 条蚯蚓和接种 30 条蚯蚓处理的土壤螨类分别为 62 只、66 只和 64 只，各处理之间无显著差异。在所有土样中共鉴定出土壤螨 13 科，包括前气门螨 2 科，无气门螨 1 科，甲螨 6 科，中气门螨 4 科。不同处理的土壤中均以前气门螨科为优势种群（表 8-8）。接种蚯蚓的处理土壤中前气门螨及甲螨相对丰度增加，无气门螨相对丰度显著降低（图 8-14 B）。

表 8-8 不同处理下观察到的土壤螨科及其相对丰度（%）

亚目	科	处理		
		CK	E15	E30
前气门亚目螨	*Tarsonemidae*	2.4	6.8	5.8
	Microdispidae	42.3	63.9	58.8
无气门亚目螨	*Acaridae*	26.8	5.4	7.7
隐气门亚目螨	*Hypochthonioid mites*	0.4	0.0	0.8
	Ceratozetes	0.4	1.8	1.3
	Oribatuloid mites	2.8	3.2	2.7
	Nothroid mites	1.6	3.2	3.9
	Oppioid mites	0.8	1.4	1.4
	Suctobelboid mites	1.6	1.8	2.1
中气门亚目螨	*Ascidae*	19.5	11.1	12.3
	Laelapidae	0.0	0.4	0.8
	Pachylaelapidae	0.4	0.4	0.8
	Uropodidae	0.8	0.7	1.4

（三）结论与讨论

在盐碱土中施用牛粪的同时接种蚯蚓增加了土壤中速效磷、速效钾的含量，土壤有机质的含量则显著降低。该研究结果与李辉信等（2002）的研究结果存在一定差异，李辉信等在秸秆还田的土壤中接种环毛蚓后发现，蚯蚓对土壤有机碳和全氮含量无显著影响，蚯

蚓活动可能通过促进作物生长增加有机物（根系分泌物）的归还而补偿一部分被消耗的有机质，另外，作物生长后期尤其是成熟期，根系逐渐老化、死亡，归还的有机物的量增加，也是土壤有机碳水平恢复的主要原因。而对于贫瘠的盐碱地来说，由植物生长而归还于土壤的有机碳含量较低，种植 6 个月后的整株收割也带走了根系死亡后能够归还土壤的有机质。盐碱土壤贫瘠，施用的牛粪可能是趋粪性较强的赤字爱胜蚓作为生命活动能量来源的主要有机物，牛粪经过蚯蚓肠道后以蚯蚓粪的形式排出，已有研究表明，牛粪经过赤字爱胜蚓处理后，其有机质含量降低，速效磷、速效钾含量增加，蚯蚓的活动可能是该研究中土壤速效养分增加而有机质降低的原因之一。另外，蚯蚓还可能通过活动提高土壤养分的有效性和养分周转率，通过改变微生物数量、群落结构和群落组成等方式与微生物共同促进土壤氮、磷的循环和释放，通过自身的新陈代谢活动直接向土壤中释放养分来增加土壤中速效养分的含量。

接种蚯蚓增加了盐碱土微生物量碳，这与已有的研究结果类似，大量学者均发现在土壤中接种蚯蚓能够增加土壤微生物的数量。蚯蚓可能通过自身的活动改善土壤物理环境，分泌富含氨基酸、多糖类和生物酶等成分的分泌物以及破碎粗有机物使有机物更容易被微生物分解来促进微生物的生长和繁殖，另外，蚯蚓的消化道也是某些细菌和放线菌等微生物的一个产生源。

虽然没有显著差异，但接种蚯蚓增加了土壤的线虫丰富度，这与已有的研究结果相反，已有报道显示接种蚯蚓降低了土壤线虫的丰富度，Dominguez 把接种蚯蚓后线虫丰富度的降低归结为蚯蚓的取食作用。Wurst（2004）认为，除了通过取食直接影响线虫外，蚯蚓还能通过改变土壤理化性质的间接作用来影响线虫群落。盐碱土壤中线虫较少，并非蚯蚓主要的取食对象，蚯蚓对线虫的作用主要通过对土壤理化性质的改变实现。接种蚯蚓对土壤理化性质的改善导致土壤微生物数量的增加可能是该研究中线虫丰富度提高的原因之一。而食细菌线虫丰富度的增加可能也与土壤中微生物量的增加有关。

虽然已有文献证实接种蚯蚓能够增加土壤甲螨的丰度和多样性，但这是在长期试验下得到的结果，因此与本文的研究结果并不冲突。土壤螨类在土壤中的营养级高于线虫、微生物，因此需要更长的时间来对土壤环境的变化做出响应，可用来解释本研究的结果。接种蚯蚓的处理导致土壤中前气门螨及甲螨丰富度的增加及无气门螨丰富度的显著降低，这可能是因为无气门能够对土壤环境的变化做出迅速的反应，在相对贫瘠的盐碱土中，蚯蚓对有机物质的消耗可能是无气门螨丰富度下降的原因，而前气门螨拥有相对更加复杂的食性，则有利于其丰富度的增加。

向盐碱土壤中施用有机物改善了土壤的养分状况，从而直接促进了地上耐盐植物的生长，另一方面，这些有机物也有利于增加土壤生物丰富度，并通过土壤生物丰富度的增加强化了土壤的养分循环，从而间接地促进了地上耐盐植物的生长。虽然在该研究中未发现土壤生物多样性受到显著影响，但土壤细菌、线虫和螨类的群落结构却因为施用有机物种类的不同而产生了差异。

急性毒性试验结果显示，滤纸接触法下氯化钠溶液对蚯蚓的 48 小时半致死率为 1.12%；土壤法测得人工盐碱土壤和自然盐碱土壤电导率分别为 2.23×10^3 微西门子/厘米、2.62×10^3 微西门子/厘米时，蚯蚓 14 天后的死亡率为 50%；回避试验结果表明，人工盐碱土壤电导率为 1.67×10³ 微西门子/厘米、自然盐碱土壤电导率为 2.43×10³ 微西门子/厘米时，蚯蚓具有回避反应。通过接种赤子爱胜蚓进行盐碱土壤的改良时，需要先测定土壤的电导率，如土壤电导率大于 2.43×10³ 微西门子/厘米，则需要采取其他措施降低土壤含盐量或对蚯蚓进行驯化后再接种才能保证蚯蚓正常的生命活动。蚯蚓对不同类型的土壤可能有着不同的盐分耐受性，回避试验能够较好地确定是否适宜在该土壤上接种蚯蚓。

在盐碱土中施用牛粪的同时接种蚯蚓增加了土壤中速效磷、速效钾的含量，却使土壤有机质的含量显著降低。在短期的温室试验中，接种蚯蚓并未显著增加植被的生物量，但增加了土壤微生物量碳、线虫丰富度及螨类丰富度，接种 30 条蚯蚓处理下的微生物量碳显著高于未接种蚯蚓的处理。接种蚯蚓没有显著影响土壤中细菌、线虫及螨类的香农维纳指数和均一度指数，但改变了线虫各营养类群丰富度和螨类各亚目的相对丰度。

盐碱土大多比较贫瘠，土壤动物也较少。在施用牛粪进行改良的同时接种蚯蚓，能够加快盐碱土壤中有机物质的分解，增加盐碱土壤中的速效养分含量，增加盐碱土中土壤动物的丰富度。在盐碱地中通过接种蚯蚓加强土壤培肥、改善土壤动物结构，是巩固盐碱地改良效果、促进盐碱地持续利用的有效方法之一。

三、蚯蚓对连作草莓生长和抗病性的影响

蚯蚓能够促进植物的生长，许多研究已经表明了这一点。并且，人们在不同的研究中从不同方面揭示了蚯蚓促进农作物生长的机理。这些机理主要包括：蚯蚓通过挖掘、排泄等活动改变土壤的物理结构，增加土壤养分的可利用性，调控土壤微生物群落，提高土壤中有益微生物的种群数量，或者通过其本身的活动产生某些促进植物生长的物质等（Aira et al.，2014；Cao et al.，2015；Huang et al.，2014；Scheu，2003）。然而，有关蚯蚓对国内需求量较大的、设施栽培比较普遍、连作障碍发生频繁的植物的调控作用的研究还较少。事实上，连作土壤有不同于其他耕作土壤的特点，蚯蚓可能发挥着不同的作用。因此，本研究以连作草莓为研究对象，通过温室栽培来研究蚯蚓对连作草莓生长和抗病性的影响。

（一）材料与方法

土壤取自中国农业大学西校区科研园，该土壤连续 3 年种植草莓（品种为红颜），然后向土壤中添加牛粪和蛭石，各组分的质量比为土壤：蛭石：牛粪为 7：2：1，形成试验土壤。试验土壤的基本土壤理化性质为：pH（水土比为 2.5：1）为 8.10；有机质含量为 3.28%；全氮为 2.05 克/千克；有效磷（碳酸氢钠提取）为 26.66 毫克/千克；速效钾（乙酸铵提取）为 500.99 毫克 /千克。

试验用的草莓品种为红颜（*Fragaria*×*ananassa* Duch.，Benihoppe），草莓苗购自北京市农林科学院林业果树研究所。定植前，选取大小一致、外观整齐的草莓苗，先用 0.5%的硫酸铜溶液进行表面消毒，然后用去离子水充分洗净。

试验用病原菌为尖孢镰刀菌（*Fusarium oxysporum* Schl. f. sp. *Fragariae*），试验用菌株来自河北农业大学甄文超教授课题组。试验前挑取少量孢子，放入液体的马铃薯葡萄糖（PD）培养基，培养 7 天（28 ℃，200 转/分）（Yu et al.，1999）。然后用 4 层纱布过

滤掉菌丝，离心得到孢子悬浊液（2 000 转/分，10 分钟）（Ding et al.，2014），再用灭菌的生理盐水（0.9%的氯化钠溶液）洗两次，得到浓度较高的孢子悬浊液。

上食下居型（anecic）威廉腔环蚓（*Metaphire guillemi*）取自中国农业大学科研园草莓种植基地；表居型（epigeic）赤子爱胜蚓（*Eisenia foetida*）购自北京绿环科贸有限公司，其品种为大平二号。在试验之前，将两种蚯蚓放入试验土壤中，预养一周，使蚯蚓适应试验基质的环境，并使蚯蚓肠道内容物被试验基质替代。挑取成熟的重量为 2.4～2.5 克的威廉腔环蚓以及成熟的重量为 0.4～0.5 克的赤子爱胜蚓作为试验蚯蚓。蚯蚓的鉴定参照《中国陆栖蚯蚓》（徐芹等，2011）。在蚯蚓称重之前，先用去离子水将其洗净，并用滤纸吸干（Niu et al.，2011）。

试验是在中国农业大学科研园温室中进行的。将 3 千克上述试验土壤装入花盆中（花盆规格为：上面直径为 19 厘米，底面直径为 18 厘米，深 15 厘米）。在花盆底部有 4 个孔，便于水分的沥出，花盆底下有托盘，收集沥出的水，重新浇灌到花盆中，基质放入花盆之前，将孔径为 1 毫米的塑料网平铺在盆底，防止蚯蚓逃跑。土壤准备完毕后，将预养的草莓移栽至花盆中，并浇灌足量的水，以确保幼苗成活（本试验用水量为 1.5 千克）。一周后，再次挑取相对整齐一致的草莓苗 24 盆，用于试验处理。试验设置 3 个处理，分别为添加 15 条赤子爱胜蚓（E）、添加 30 条威廉腔环蚓（M）、不添加蚯蚓（CK）。添加蚯蚓前，称取蚯蚓的质量，确保添加到各个花盆的蚯蚓总的生物量大体一致。试验共设置 6 个重复，共需 18 盆草莓苗，另外每个处理多设两盆备用。为保证所选蚯蚓均为健壮的蚯蚓，将需要添加的蚯蚓放置在花盆中浇灌完毕的土壤表面，让蚯蚓自由钻入土壤中，10 分钟后，如果有蚯蚓还未钻入，则用其他蚯蚓取代，直至所有的蚯蚓均能在 10 分钟之内钻入土壤。另外，在每盆土壤表面添加 5 克粉碎的草莓叶片，一方面用来强化连作的效应，另一方面为蚯蚓提供适宜的环境（使蚯蚓可以自由上下移动，避免阳光直射导致土壤温度过高）。温室内的温度为 20 ～30 ℃，相对湿度控制在 70%～80%，白天和黑夜时间分别为 14 小时和 10 小时。所有的草莓苗每隔 3 天浇灌一次，保证土壤含水量为 18%左右（Wolfarth et al.，2011）。两个月后，发现花盆中土壤表面有大量的蚯蚓粪，说明蚯蚓已经适应了环境，并且在土壤中生活良好，此时，测定植株光合作用的相关指标。光合作用指标测定完毕后，接种病原菌。在草莓苗周围（距草莓苗 4 厘米的范围之内）浇灌尖孢镰刀菌孢子悬浊液，10 天后，草莓发病，随着天数的增加病情逐渐加重。此时，每 4 天统计一次草莓苗的发病情况，连续统计，当对照组草莓苗的病情指数达到 60 以上时，收获草莓苗，测定土壤中的相关指标。

根据叶片枯萎情况，将草莓叶片的发病严重程度定义为 0～4 级，共 5 级：0 代表叶片完好，1 代表小于 25%的面积枯萎，2 代表 25%～50%的面积枯萎，3 代表 50%～75%的面积枯萎，4 代表大于 75%的面积枯萎。整株苗的病情严重程度用病情指数记录（DI），病情指数的计算公式为

$$DI = [\sum (S \times X)/(4 \times N)] \times 100$$

式中：S 为叶片的评定等级；X 为被评定为相应等级的叶片的数量；N 为该株草莓苗总的叶片数量。

草莓苗收获后，将根部土壤洗净，并从根茎相交处用剪刀将其剪断，用滤纸吸干草莓

植株上的水分，然后称量其鲜重。将称重后的根系放入－20 ℃的冰箱冷冻保存，用于植株根系结构的分析。

利用便携式光合作用仪（LI-6400XT）测定草莓叶片的光合作用相关指标（本试验测定时间为16:00）。

土壤酚酸的提取：称取25克基质放入50毫升离心管中，向管中添加25毫升浓度为1摩/升的氢氧化钠溶液，室温放置24小时。用玻璃棒充分搅动离心管中的物质，然后离心（8 000转/分）10分钟，将上清液转移至新的离心管中，用浓度为12摩/升的浓盐酸将上清液的pH调到2.5，室温放置2小时，然后离心（8 000转/分）10分钟，得到总酚浸提液，放入4 ℃冰箱中冷藏备用（如果长时间保存，可将上清液－20 ℃冷冻保存）（Martens，2002）。

总酚的测定采用福林酚比色法（Box，1983）。测定总酚时，将对香豆酸作为标准样品，并用对香豆酸当量（微克/克）作为总酚浓度单位。标准曲线的范围为0～10微克/毫升（R^2＝0.999），对应光密度的范围为0～0.628。

参照鲍士旦的《土壤农化分析》（2000），用1∶2.5土水比浸提，用pH计测定土壤pH，土壤有机质（SOM）采用外加热重铬酸钾容量法测定，全氮（TN）含量采用半微量凯氏定氮法测定，有效磷（AP）含量采用碳酸氢钠浸提钼锑抗比色法测定，通过乙酸铵浸提，用火焰光度计测定速效钾（AK）含量。

结果采用均值与标准差的形式表示，标准差为相同处理中重复数的标准差，并用SPSS19.0进行方差分析，采用Student-Newman-Keuls进行多重比较，$P<0.05$为差异显著。

（二）结果与分析

1. 蚯蚓的生存状况分析

试验结束后在所有添加威廉腔环蚓的处理组，蚯蚓的数量没有变化，土壤中有大量的蚯蚓粪颗粒。在添加赤子爱胜蚓的处理组，有1盆蚯蚓减少了1条（共添加了15条）；有3盆赤子爱胜蚓的数量增加了2条；剩余的2盆，赤子爱胜蚓的数量没有发生变化。但是，在所有添加赤子爱胜蚓的处理中，除了发现有大量的蚯蚓粪以外，均发现了数量不等的蚓茧。说明在试验进行过程中，试验条件能够满足蚯蚓的正常生存，并基本满足其繁殖条件。

2. 蚯蚓对连作草莓发病情况的影响

由图8-15可知，在土壤中接种尖孢镰刀菌10天后，3个处理会出现不同程度的病情。其中，接种蚯蚓的两个试验组的病情指数较低，而对照组的病情指数显著高于接种赤子爱胜蚓的试验组（E）和接种威廉腔环蚓的试验组（M）（$P<0.05$）。同时发现，在3个不同的处理中，病情指数均逐渐上升，但是，CK的上升幅度高于E和M组；另外，对比两个试验组可以发现，E组病情指数上升幅度大于M组，M组病情指数虽然整体是上升趋势，但是，随着时间变化，后期已经逐渐趋于平稳状态。在试验结束之前，3个处理中两两之间病情指数差异显著（$P<0.05$），即CK病情指数显著高于E组，E组病情指数显著高于M组。

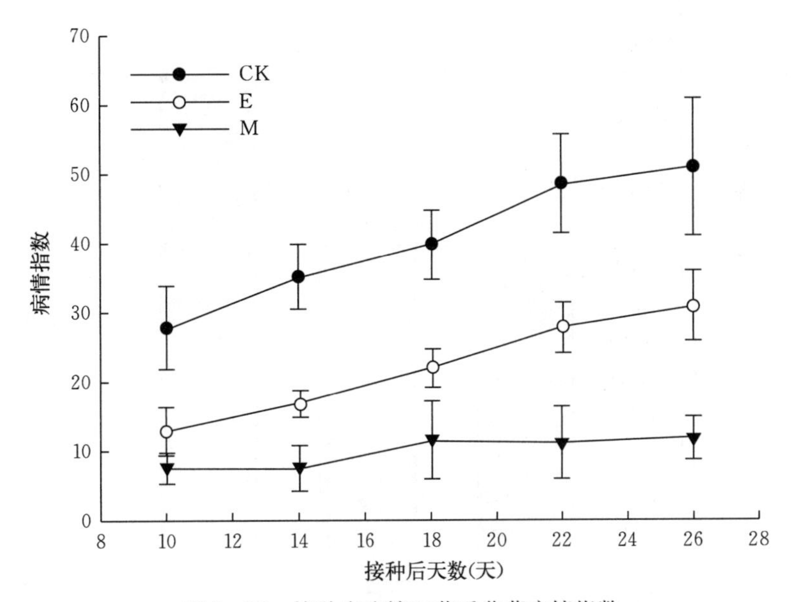

图 8-15　接种尖孢镰刀菌后草莓病情指数

CK. 不添加蚯蚓的处理　E. 添加赤子爱胜蚓的处理　M. 添加威廉腔环蚓的处理

注：误差线为 6 个重复的标准差，余同。

3. 蚯蚓对草莓生长状况的影响

由图 8-16 可知，接种威廉腔环蚓的处理组（M）地上部以及地下部的生物量均显著高于接种赤子爱胜蚓的处理组（E）以及不接种蚯蚓的对照组（CK）相应部分的生物量（$P<0.05$），而 E 组和 CK 相比较，无论地上部还是地下部，都没有显著差异。比较相同处理的地上部和地下部的生物量可以发现，对于 M 组和 E 组，地上部的生物量都显著高于地下部的生物量，但是对于 CK 而言，地上部和地下部生物量没有显著差异。由于生物量的统计是在接种病原菌、草莓枯萎病发生之后，而草莓枯萎病的发生是由病原菌首先侵染根部，随后阻塞维管束，导致地上部出现枯萎症状的。因此，在枯萎病发生最为严重的 CK 中，地上部的生长受到明显的抑制，而在 E 组和 M 组，由于病害相对较轻，对地上部的抑制程度较小，所以地上部、地下部生物量仍然存在显著差异。

由表 8-9 可知，无论是引入威廉腔蚓，还是赤子爱胜蚓，都在不同程度上促进了草莓植株的光合作用。对于净光合速率、羧化效率和水分利用率，接种威廉腔蚓（M）和赤子爱胜蚓（E）的处理组较对照组（CK）都有显著提高，而比较两个试验组可以发现，M 组又显著高于 E 组。比较各个处理组之间的胞间二氧化碳浓度发现，CK 显著高于 E 组和 M 组，而 E 组也显著高于 M 组，说明此时光合作用的限制因素并非二氧化碳浓度。比较不同处理组之间的气孔导度和蒸腾速率可以发现，各个处理组之间数据没有显著差异，说明此时水分也不是光合作用的限制因素。因此，推测有可能是植株自身因素的影响和光合作用的暗反应。

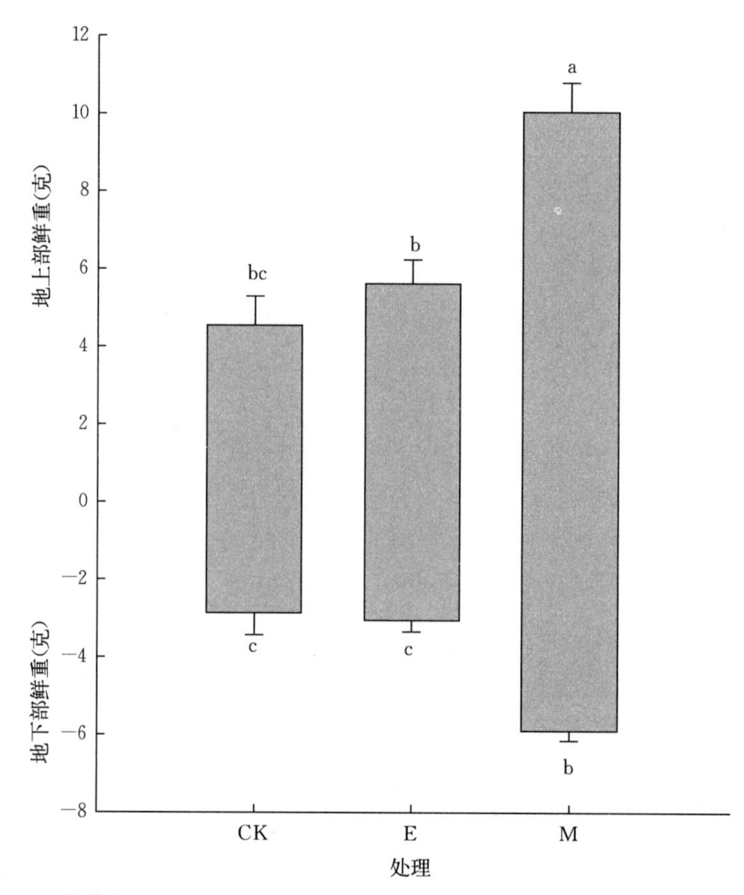

图 8－16　草莓植株地上（$Y=0$ 轴以上部分）地下部分（$Y=0$ 轴以下部分）生物量

表 8－9　不同处理对草莓光合作用相关指标的影响

项目	处理		
	M	E	CK
净光合速率［微摩/(米・秒)］	8.55±1.31a	4.13±0.51b	2.11±1.13c
气孔导度［摩/米・秒］	0.08±0.02a	0.06±0.01a	0.07±0.02a
胞间二氧化碳浓度（微摩/摩）	213.08±33.61c	246.32±20.07b	306.35±21.93a
蒸腾速率［毫摩/(米・秒)］	2.83±0.62a	2.06±0.41a	2.24±0.52a
羧化效率［微摩/(米・秒)］	41.04±9.36a	16.79±2.05b	7.08±4.12c
水分利用率（%）	3.09±0.57a	2.04±0.30b	0.91±0.36c

注：表中数据表示形式为均值±标准差（6 个重复），每一行中数字后面标有相同字母表示处理间差异不显著（$P>0.05$），M 表示接种威廉腔环蚓处理，E 表示接种赤子爱胜蚓处理，CK 表示不接种蚯蚓的对照。

4. 蚯蚓对土壤总酚含量的影响

植株生长和病害调查试验结束后，测定土壤的总酚含量。其结果如图 8－17 所示，无论是威廉腔环蚓还是赤子爱胜蚓，在经过处理后，都能显著降低土壤中总酚的含量，比较

两种蚯蚓处理组之间的总酚含量，可以发现，接种威廉腔环蚓的试验组（M）总酚浓度显著低于接种赤子爱胜蚓的试验组（E）（$P<0.05$）。由于土壤中酚类物质主要来源于原连作土壤的残留、叶片的腐解以及根系的分泌，而添加的叶片质量和数量都是相同的，试验前的土壤也是一致的，因此总酚含量差异的原因可能是蚯蚓的降解以及植物分泌的不同。

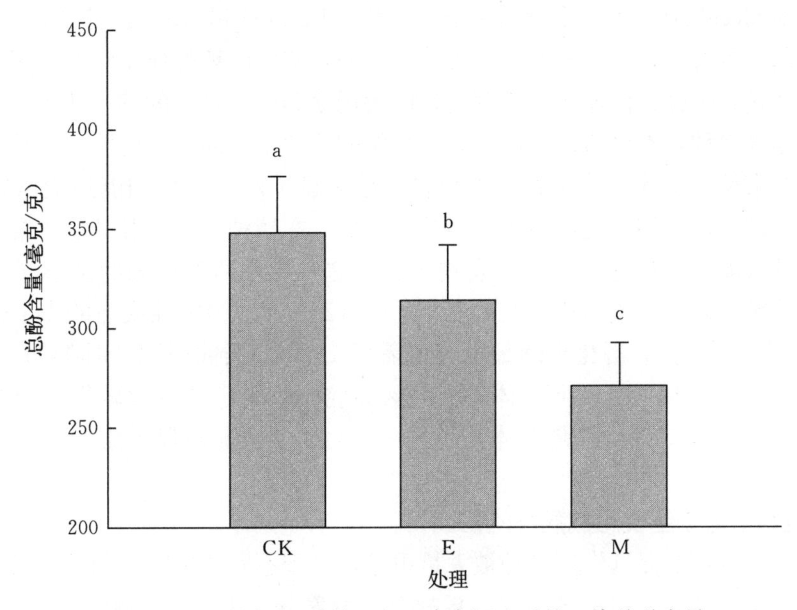

图 8-17　不同处理植株生长和病害调查后的土壤总酚含量

5. 蚯蚓对土壤基础理化性质及相关转化酶的影响

取出草莓植株，测定与营养相关的指标，结果如表 8-10 所示。同对照组（CK）相比，威廉腔环蚓和赤子爱胜蚓作用后，土壤的 pH 有所下降，达到显著水平（$P<0.05$）。由于土壤本身显示弱碱性，蚯蚓的作用使得土壤趋于中性，更利于草莓的生长。但是，各处理组之间土壤的营养状况以及土壤脲酶没有显著差异，这可能与试验进行的周期较短有关。但是，经过两种蚯蚓的作用，土壤碱性磷酸酶的活性都显著提高，比较两个试验组，M 组显著高于 E 组。

表 8-10　不同处理对土壤养分、pH、脲酶及磷酸酶的影响

处理	CK	E	M
pH	8.17±0.04a	8.08±0.03b	8.06±0.03b
SOM（%）	3.04±0.0.6a	2.94±0.11a	2.98±0.23a
TN（克/千克）	1.37±0.20a	1.41±0.25a	1.10±0.16a
AK（毫克/千克）	465.74±5.67a	471.25±5.16a	471.12±4.70a
AP（毫克/千克）	20.44±2.60a	19.48±2.66a	18.81±1.79a
脲酶活性（毫克/克）	1.23±0.18a	1.20±0.09a	1.17±0.07a
磷酸酶活性（毫克/克）	0.76±0.47c	1.03±0.09b	1.20±0.06a

注：表中数据为均值±标准差（6 个重复），同一行数据后面，相同的字母表示处理间差异不显著（$P>0.05$），M 为接种威廉腔环蚓的处理，E 为接种赤子爱胜蚓的处理，CK 为对照。

四、讨论

（一）蚯蚓的选取及生活状况

在本试验中，分别接种威廉腔环蚓和赤子爱胜蚓，从分类系统讲，威廉腔环蚓属于巨蚓科（Megascolecidae），赤子爱胜蚓属于正蚓科（Lumbricidae）（徐芹等，2011），两者亲缘关系较远，具有一定的典型性和代表性。另外，威廉腔环蚓属于华北地区比较常见的种，可以认为是野生种；而赤子爱胜蚓是目前大规模养殖最常用的种，便于生产利用，因此，可认为是养殖种，本试验选用的也是来自蚯蚓养殖基地的赤子爱胜蚓。植株生长和病害调查试验结束后，统计土壤中蚯蚓的数量，结果显示两种蚯蚓均能适应试验提供的条件，大量的蚯蚓粪也从侧面说明蚯蚓生活状况良好。在接种赤子爱胜蚓的土壤中发现了蚓茧，而在接种威廉环腔蚓的土壤中未发现蚓茧，这可能是两种蚯蚓的生殖周期不同造成的。赤子爱胜蚓个体小，繁殖快，在温度合适时（20～25 ℃），性成熟的赤子爱胜蚓平均1.42 天便可以产下蚓茧，孵化出幼蚓也仅仅需要 15～20 天的时间（孙振钧，2013），倾向于生活史对策中的 R 对策；而个体较大的威廉腔环蚓繁殖速率比较慢，相对于赤子爱胜蚓而言，倾向于 K 对策。但是总体来说，良好的生活状况确保了蚯蚓处理在试验中的作用。

（二）蚯蚓对植物生长和抗病性的影响

蚯蚓对植物生长的促进作用已经被大量报道，对于不同的植物生长条件而言，其对植物促生的原因是不同的。在本试验中，蚯蚓对土壤养分几乎没有影响（图 8－15），这与大多数研究的结果不一致。Li 等（2013）报道，土壤中无机氮和有效钾含量与蚯蚓有显著的正相关关系，另外，蚯蚓能够促进磷的转化（Cao et al.，2015）；在秸秆-蚯蚓综合处理系统中（integrated crop－vermiculture system），蚯蚓的活动会极大促进可利用养分的转化（Wu et al.，2012）。其中的差异可能来自两方面：一方面是本试验持续的时间比较短，另一方面是试验用的土壤有效养分比较充足。而这也表明，在本试验系统中，蚯蚓促进植物生长并不是通过增加养分可利用性实现的。试验发现：蚯蚓的活动提高了土壤碱性磷酸酶活性，这与 Cao 等（2015）及 Li 等（2013）的报道是一致的，碱性磷酸酶活性不仅受土壤中的养分限制，还受土壤中相关微生物的限制（Nannipieri et al.，2012），而蚯蚓的活动可能会增加相关微生物产物（Li et al.，2013）。

接种蚯蚓显著提高了草莓植株的光合作用效率（表 8－9），此时，由于水分、光照、二氧化碳等条件都不是限制因子，蚯蚓对植物光合效率的提高与植物本身有关。测定光合作用指标时，土壤中还未接种病原菌，该影响应该与病原菌无关。由图 8－17 可知，蚯蚓的作用改变土壤中总酚的含量。而在酚类物质中，酚酸物质是连作系统中常见的化感物质，而且这类物质可能会影响植物光合作用的暗反应过程中 ATP 的合成（Jilani et al.，2008；Weir et al.，2004）。另外，两种蚯蚓对植物生物量以及光合作用的促进效果不同，威廉腔环蚓的促进作用显著大于赤子爱胜蚓，这与土壤中酚类物质的降解也是一致的，威廉腔环蚓的降解效果显著高于赤子爱胜蚓（图 8－17）。然而，蚯蚓降解酚类物质是否具有普遍性以及蚯蚓降解酚类物质的效果与哪些因素相关，还需要后续试验的验证和探讨。

在连作土壤系统中，蚯蚓不仅提高了植物的光合效率，促进了植物生物量的增加，还

显著降低了草莓枯萎病的病情指数（图 8－15）。在连作栽培中，土传病害是相对容易发生的，这主要与连作导致土壤中微生物群落的失衡（Mazzola et al.，2012）和化感物质的积累有关，它们都促进了土传病害的发生（Chen et al.，2010）。蚯蚓能够调控土壤微生物群落（Cao et al.，2015），本试验的研究发现蚯蚓能够加速酚类物质的降解，二者的综合作用可能是蚯蚓降低枯萎病病情指数的原因。

（三）小结

（1）威廉腔环蚓和赤子爱胜蚓都能促进连作土壤系统中草莓的光合作用，提高植株的生物量，同时，威廉腔环蚓对植物生长的促进效果优于赤子爱胜蚓。

（2）在连作土壤中接种草莓专化型尖孢镰刀菌后，接种蚯蚓的处理组病情指数较轻，威廉腔环蚓降低病情指数的效果优于赤子爱胜蚓。

（3）无论是威廉腔环蚓，还是赤子爱胜蚓，在短时间内（约 3 个月），对土壤养分的提高作用不显著。

（4）威廉腔环蚓和赤子爱胜蚓都能够加速连作土壤中酚类物质的降解，该降解可能与蚯蚓的促生和防病效果有关。

参 考 文 献

安恒军，常廷珍，牛勇琴，等，2006. 沼气及其副产品在蔬菜生产中的应用［J]. 甘肃农业科技（8)：70－71.

鲍士旦，2000. 土壤农化分析［M]. 3 版．北京：中国农业出版社．

宾石玉，曾维军，1997. 生物饲料（沼渣）饲喂肉猪试验［J]. 家畜生态，18（2)：13－15.

卜春红，高大文，2006. 蚯蚓回避反应在生态毒理研究中的应用进展［J]. 农业环境科学学报，25（增刊)：799－804.

蔡华山，祝延立，2013. 松辽平原畜禽粪便循环利用现状及发展对策［J]. 现代农业科技（15)：248－249.

蔡全英，莫测辉，吴启堂，等，2001. 城市污泥堆肥处理过程中有机污染物的变化［J]. 农业环境护，20（3)：186－189.

柴仲平，王雪梅，孙霞，等，2010. 沼肥施用方式对红枣产量与品质的影响［J]. 北方园艺（14)：13－16.

常勤学，魏源送，夏世斌，2007. 堆肥通风技术及进展［J]. 环境科学与技术，30（10)：98－103，107.

陈春岚，李楠，2007. 细菌纤维素酶研究进展［J]. 广西轻工业，98（1)：18－20.

陈海斌，万迎峰，2006. 重力翻板式垃圾快速堆肥装置的工艺设计［J]. 环境卫生工程，14（1)：40－43.

陈洪章，2011. 纤维素生物技术［M]. 北京：化学工业出版社．

陈活虎，何品晶，邵立明，等，2006. 生物质分类表征蔬菜废物高温好氧降解特征及其动力学描述［J]. 农业环境科学学报，25（3)：802－806.

陈璘娜，顾金刚，徐凤花，等，2007. 产纤维素酶真菌混合发酵研究进展［J]. 中国土壤与肥料（4)：16－21.

陈生婧，2013. 陕西省畜禽粪便污染及氮磷负荷时空分布特征研究［D]. 西安：长安大学．

陈温福，张伟明，孟军，等，2011. 生物炭应用技术研究［J]. 中国工程科学，13（2)：83－89.

陈勇，李国学，刘晓风，等，2011. 有机固体废弃物资源化与能源化循环利用系列技术及应用［J]. 中国科技成果，12（23)：5.

陈永明，田媛，2012. 滴灌沼液对茶园土壤-茶树氮磷含量影响研究［J]. 环境科学与技术（S1)：49－52.

陈玉成，杨志敏，陈庆华，等，2010. 大中型沼气工程厌氧发酵液的后处置技术［J]. 中国沼气（1)：14－20.

陈育如，1999. 植物纤维素原料预处理技术的研究进展［J]. 化工进展，18（4)：24－27.

陈展，2005. 秸秆堆肥中纤维素降解菌的筛选及组合［D]. 北京：中国农业大学．

程军，2015. 沼液喷灌技术在茶叶种植上的应用［J]. 农业与技术，35（14)：37－38.

迟乃玉，张庆芳，刘长江，等，2000. 纤维素酶高产菌株最适发酵条件的研究［J]. 沈阳农业大学学报，3（4)：380－382.

崔明，赵立欣，田宜水，等，2008. 中国主要农作物秸秆资源能源化利用分析评价［J]. 农业工程学报，12（24)：291－296.

崔宗均，2011. 秸秆乳酸发酵原理及饲料化技术［M]. 北京：中国农业大学出版社．

崔宗均，2011. 生物质能源与废弃物资源利用［M]. 北京：中国农业大学出版社．

崔宗均，李美丹，朴哲，等，2002. 一组高效稳定纤维素分解菌复合系 MC1 的筛选及功能［J]. 环境科学，23（3)：36－39.

戴四发，金光明，王立克，等，2001. 纤维素酶研究现状及其在畜牧业中的应用［J]. 安徽技术师范学院学报，15（3）：32-38.
邓强，2008. 香蕉秆纤维素降解菌筛选及酒精制备研究［D］. 广州：广东工业大学.
邓蓉，2014. 畜禽养殖场沼液的负压浓缩与纳滤膜浓缩研究［D］. 重庆：西南大学.
邓小强，范贵国，2010. 玉米叶面喷施沼液试验［J］. 中国沼气，28（6）：52-53.
丁丽，2012. 沼液浸种时间及其用量对水稻秧苗的效应研究［J］. 南方农业，6（3）：8-10.
丁亦男，王帅，2010. 蚯蚓在土壤生态系统中的重要作用研究［J］. 现代农业科技（16）：281-282.
董社琴，阮仕立，杨亚珍，2010. 高效降解纤维素菌株的选育［J］. 安徽农业科学，38（5）：2220-2222.
董锁成，曲鸿敏，2001. 城市生活垃圾资源潜力与产业化对策［J］. 资源科学，23（2）：13-16，25.
董晓涛，2004. 沼液对果菜类蔬菜生长发育调控机制研究［D］. 吉林：吉林农业大学.
董晓涛，杨志，2009. 叶面喷施沼液对番茄苗期叶霉病发生的影响［J］. 广东农业科学（11）：99-101.
董佑福，侯方安，2003. 山东省农作物秸秆综合利用产业化发展研究［J］. 农业工程学报，11（19）：192-195.
董玉玲，朱万斌，郭鹏，等，2010. 一组小麦秸秆好氧分解菌系的构建及组成多样性［J］. 环境科学，31（1）：249-254.
费辉盈，常志州，王世梅，等，2007. 常温纤维素降解菌群的筛选及其特性初探［J］. 生态与农村环境学报，23（3）：60-64，69.
冯炘，解玉红，葛艳辉，等，2008. 纤维素降解菌 K7-2 产纤维素酶培养条件的优化［J］. 湖北农业科学，47（12）：1426-1428.
冯源，吴景刚，2006. 秸秆饲料加工利用技术的现状与前景［J］. 农机化研究（6）：44-46.
付嘉英，乔志刚，郑金伟，等，2013. 不同炭基肥料对小白菜硝酸盐含量、产量及品质的影响［J］. 中国农学通报，29（34）：162-165.
高海英，何绪生，耿增超，等，2011. 生物炭及炭基氮肥对土壤持水性能影响的研究［J］. 中国农学通报，27（24）：207-213.
高洁，汤烈贵，1999. 纤维素科学［M］. 北京：科学出版社.
高丽娟，王小芬，杨洪岩，等，2007. 秸秆发酵乳酸菌复合系 SFC-2 的构建及其组成多样性研究［J］. 环境科学，28（5）：1089-1094.
郜玉环，张昌爱，董建军，2011. 沼渣沼液的肥用研究进展［J］. 山东农业科学（6）：71-75.
葛昕，李布青，丁叶强，等，2012. 沼液利用现状和潜在风险分析［J］. 安徽农业科学，40（30）：4897-4898.
耿丽平，陆秀君，赵全利，2014. 草酸青霉菌产酶条件优化及其秸秆腐解能力［J］. 农业工程学报，3（30）：170-179.
郭鸿，封毅，莫新春，等，2008. 水牛瘤胃宏基因组的一个新的β-葡萄糖苷酶基因 *umcel3G* 的克隆、表达及其表达产物的酶学特性［J］. 生物工程学报，24（2）：232-238.
郭夏丽，程小平，杨小丽，等，2010. 高效玉米秸秆降解菌复合系的构建［J］. 中国农学通报，26（7）：261-266.
韩冬梅，金书秦，沈贵银，等，2013. 畜禽养殖污染防治的国际经验与借鉴［J］. 世界农业（5）：8-12，153.
韩瑾，2009. 沼液膜浓缩分离及其液肥混配技术研究［D］. 临安：浙江林学院.
韩敏，刘克锋，王顺利，等，2014. 沼液的概念、成分和再利用途径及风险［J］. 农学学报，4（10）：54-57.
韩绍印，席宇，翁海波，等，2007. 一株高环境适应性纤维素降解菌的筛选及鉴定［J］. 河南农业科学（12）：51-54.
郝少彦，尹淑丽，黄亚丽，等，2012. 叶面喷施沼液对黄冠梨品质和产量的影响［J］. 中国果树（1）：24-26.
何品晶，潘修疆，吕凡，等，2006. pH 值对有机垃圾厌氧水解和酸化速率的影响［J］. 中国环境科学，26（1）：57-61.

何巧力，颜增光，汪群慧，等，2007. 利用蚯蚓回避试验方法评价萘污染土壤的生态风险 [J]. 农业环境科学学报，26 (2)：538 - 543.
何绪生，张树清，2011. 生物炭对土壤肥料的作用及未来研究 [J]. 中国农学通报，27 (15)：16 - 25.
胡菊，2005. VT 菌剂在好氧堆肥中的作用机理及肥效研究 [D]. 北京：中国农业大学.
胡菊，肖湘政，吕振宇，等，2005. 接种 VT 菌剂堆肥化过程中物理化学变化特征分析 [J]. 农业环境科学学报 (5)：140 - 144.
胡婷婷，邱雁临，2008. 原生质体紫外诱变选育纤维素酶高产菌株 [J]. 化学与生物工程，25 (8)：58 - 60.
胡忠泽，胡友军，张伶俐，2008. 沼肥不同施用方法对早酥梨产量和质量的影响 [J]. 安徽农学通报，14 (17)：162.
黄国锋，吴启堂，黄焕忠，2003. 有机固体废弃物好氧高温堆肥化处理技术 [J]. 中国生态农业学报，11 (1)：159 - 161.
黄国锋，吴启堂，孟庆强，等，2002. 猪粪堆肥化处理的物质变化及腐熟度评价 [J]. 华南农业大学学报 (自然科学版)，23 (3)：1 - 4.
黄锦法，曹志洪，李艾芬，等，2003. 稻麦轮作田改为保护地菜田土壤肥力质量的演变 [J]. 植物营养与肥料学报 (1)：19 - 25.
黄龙根，2007. 沼肥在小珠葱生产上的应用试验 [J]. 中国种业 (2)：41 - 41.
季丰明，惠海峰，朱中益，2007. 利用沼液生产无公害蔬菜试验效果分析 [J]. 陕西农业科学 (2)：25 - 26.
贾程，2008. 污泥与秸秆堆肥化过程中氮、磷形态变化研究 [M]. 杨凌：西北农林科技大学.
贾伟，2014. 我国粪肥养分资源现状及其合理利用分析 [M]. 北京：中国农业大学.
姜莹，2010. 高温好氧发酵堆肥处理技术研究 [J]. 黑龙江农业科学 (3)：106 - 107.
康日峰，张乃明，史静，等，2004. 生物炭基肥料对小麦生长、养分吸收及土壤肥力的影响 [J]. 中国土壤与肥料 (6)：33 - 38.
黎运红，2015. 畜禽粪便资源化利用潜力研究 [D]. 武汉：华中农业大学.
李承强，魏源送，樊耀波，2001. 不同填充料污泥好氧堆肥的性质变化及腐熟度 [J]. 环境科学，22 (3)：60 - 65.
李方正，唐虎，赵建文，等，2011. 一株高效秸秆纤维素降解真菌的分离、鉴定及系统发育分析 [J]. 山东农业科学 (7)：5 - 8.
李国强，2011. 两种木霉混合菌产酶的条件优化及其对玉米秸秆降解的研究 [D]. 哈尔滨：东北林业大学.
李国学，张福锁，2000. 固体废物堆肥化与有机复混肥生产 [M]. 北京：化学工业出版社.
李辉信，胡锋，沈其荣，等，2002. 接种蚯蚓对秸秆还田土壤碳、氮动态和作物产量的影响 [J]. 应用生态学报，13 (12)：1637 - 1641.
李季，彭生平，2011. 堆肥工程实用手册 [M]. 北京：化学工业出版社：11，49.
李京京，1998. 中国生物质资源可获得性评价 [M]. 北京：中国环境科学出版社.
李骏，贺德军，张素华，等，2011. 不同浸种时间对水稻旱育秧沼液浸种的效果 [J]. 农技服务，28 (12)：1679 - 1680.
李文哲，徐名汉，李晶宇，2013. 畜禽养殖废弃物资源化利用技术发展分析 [J]. 农业机械学报 (5)：135 - 142.
李星，2015. C50 堆肥反应器的研究设计 [D]. 北京：中国农业机械化科学研究院.
李艳霞，1998. 污泥堆肥机理及堆肥化过程研究 [D]. 北京：中国科学院生态环境研究中心.
李轶，张玉龙，宋春萍，等，2006. 施用沼肥对保护地蔬菜栽培土壤理化性状的影响 [J]. 中国沼气，24 (4)：17 - 19.
李泽碧，王正银，李清荣，等，2006. 沼液、沼渣与化肥配施对莴笋产量和品质的影响 [J]. 中国沼气，

24 (1): 27-30.
梁勤爽，2009. 模拟畜禽粪便直接还田对氮磷的释放 [D]. 重庆：西南大学.
林启美，1999. 土壤肥料学 [M]. 北京：中央广播电视大学出版社.
林小凤，李国学，贺琪，等，2005. 堆肥化过程中氮素损失控制材料的添加试验研究 [J]. 农业环境科学学报，24 (5): 975-978.
刘长莉，朱万斌，郭鹏，等，2009. 常温木质纤维素分解菌群的筛选与特性研究 [J]. 环境科学，30 (8): 2458-2463.
刘丰玲，马东辉，刘天宏，2009. 喷施沼液对小麦产量、品质和病虫害防治的影响 [J]. 中国沼气，27 (6): 39-41.
刘光烨，张发群，1994. 绿色木霉高效纤维素酶菌株的选育 [J]. 纤维素科学与技术 (1): 27-31.
刘洁丽，王靖，2008. 生物产纤维素酶研究进展 [J]. 化学与生物工程，25 (12): 9-12.
刘少白，李勤奋，侯宪文，等，2010. 微生物降解纤维素的研究概况 [J]. 中国农学通报，26 (1): 231-236.
刘爽，2009. 复合菌系降解木质纤维素特性及其菌群动态 [D]. 哈尔滨：东北农业大学.
刘爽，范丙全，2012. 秸秆纤维素降解真菌 QSH3-3 的筛选及其特性研究 [J]. 植物营养与肥料科学报，18 (1): 218-226.
刘祥，2009. 沼液沼渣施肥技术 [J]. 农业科技与信息 (21): 26.
刘小刚，李丙智，张林森，等，2007. 追施沼液对红富士苹果品质及叶片生理效应的影响 [J]. 西北农业学报，16 (3): 105-108.
刘小虎，赖鸿雁，韩晓日，等，2013. 炭基缓释花生专用肥对花生产量和土壤养分的影响 [J]. 土壤通报，44 (3): 698-702.
刘晓辉，高晓梅，桓明辉，2014. 产纤维素酶低温菌株的分离鉴定 [J]. 山东农业科学，46 (3): 54-57.
刘永民，李雪芹，2008. 浅谈我国绿色建材现状及其发展 [J]. 中国建材科技 (2): 46-48.
卢月霞，2008. 纤维素降解细菌的筛选及组配 [D]. 北京：中国农业大学.
鲁如坤，2000. 土壤农业化学分析方法 [M]. 北京：中国农业科技出版社：22-36.
吕育财，2009. 小麦秸秆分解菌特异组合的组成多样性及分解机理 [D]. 北京：中国农业大学.
吕育财，李宁，罗彬，2013. 温度及碳源对纤维素分解菌群分解活性与稳定性的影响 [J]. 中国农业大学学报，18 (6): 35-41.
吕育财，朱万斌，崔宗均，等，2009. 纤维素分解菌复合系 WDC2 分解小麦秸秆的特性及菌群多样性 [J]. 中国农业大学学报，14 (5): 40-46.
马宁，王彦杰，王文旭，等，2012. 纤维素降解真菌的筛选与鉴定 [J]. 西北农业学报，21 (8): 58-62.
马学良，赵明杰，郭景峰，等，2010. 养殖场条垛堆肥翻堆设备发展趋势分析 [J]. 中国家禽 (6): 8-11.
倪娒娣，陈志银，程绍明，2005. 不同填充料对猪粪好氧堆肥效果的影响 [J]. 农业环境科学学报，24 (增刊): 204-208.
倪天驰，周长芳，朱洪光，等，2015. 沼液浸种对水稻种子萌发及幼苗生长的影响 [J]. 生态与农村环境学报，31 (4): 594-599.
聂永丰，2000. 三废处理工程技术手册 [M]. 北京：化学工业出版社.
宁晓峰，李道修，潘科，2004. 沼液无土栽培无公害生产试验 [J]. 中国沼气，22 (2): 38-39.
牛俊玲，李彦明，陈清，2009. 固体有机废弃物肥料化利用技术 [M]. 北京：化学工业出版社.
裴宇航，2012. 降解秸秆微生物菌种的筛选及高效菌群的构建 [D]. 天津：天津理工大学.
彭晓光，杨林娥，张磊，2010. 生物法降解秸秆木质素研究进展 [J]. 农业基础科学 (1): 18-20.

钱靖华，刘聪，王金花，等，2005. 沼液对苹果品质和土壤肥效的影响 [J]. 可再生能源（122）：32-34.
乔志刚，陈琳，李恋卿，等，2014. 生物质炭基肥对水稻生长及氮素利用率的影响 [J]. 中国农学通报，30（5）：175-180.
邱凌，董保成，李景明，2014. 沼气技术手册 [M]. 北京：中国农业出版社.
曲久辉，2007. 饮用水安全保障技术原理 [M]. 北京：科学出版社.
任丽梅，李国学，沈君，等，2009. 鸟粪石结晶反应在猪粪和玉米秸秆堆肥中的应用 [J]. 环境科学，30（7）：2166-2172.
任南琪，赵阳国，高崇阳，等，2007. TRFLP 在微生物群落结构与动态分析中的应用 [J]. 哈尔滨工业大学学报，4（39）：552-556.
单谷，罗廉，余世袁，1999. pH 值对纤维素酶制备的影响 [J]. 南京林业大学学报，23（3）：60-62.
尚晓瑛，2012. 堆肥耐低温降解微生物的筛选研究 [D]. 北京：中国农业大学.
申立贤，1991. 高浓度有机废水厌氧处理技术 [M]. 北京：中国环境科学出版社.
申为宝，杨洪强，2008. 蚯蚓和微生物对土壤养分和重金属的影响 [J]. 中国农业科学，41（3）：760-765.
师建芳，刘清，刘晶晶，等，2012. 连续式秸秆发酵饲料制备机的研制与试验 [J]. 农业工程学报，28（10）：33-38.
史玉英，沈其荣，娄无忌，等，1996. 纤维素分解菌群的分离和筛选 [J]. 南京农业大学学报，19（3）：39-62.
宋琳玲，曾光明，陈耀宁，等，2008. 固态发酵过程中微生物总 DNA 提取方法比较 [J]. 环境科学学报，28（11）：2200-2205.
隋好林，陈晓峰，秦娜，等，2016. 沼液滴灌对番茄产量、品质和土壤理化性状的影响 [J]. 山东农业科学，48（2）：80-84.
孙钦平，李吉进，刘本生，等，2011. 沼液滴灌技术的工艺探索与研究 [J]. 中国沼气，29（3）：24-27.
孙天晴，马宪国，2005. 沼气的利用和发展前景分析 [G]. 上海：2005 年长三角清洁能源论坛.
孙振钧，2004. 蚯蚓反应器与废弃物肥料化技术 [M]. 北京：化学工业出版社.
孙振钧，2004. 中国生物质产业及发展取向 [J]. 农业工程学报，20（5）：1-5.
孙振钧，2013. 蚯蚓高产养殖与综合利用 [M]. 北京：金盾出版社.
台培东，李培军，刘延斌，2004. 蚯蚓对土壤中杀虫剂的回避行为——一种用于土壤健康质量快速诊断的装置和方法 [J]. 农业环境科学学报，23（2）：408-410.
唐超西，龚明波，李顺鹏，等，2012. 黑曲霉 H1 的 cDNA 文库构建及其溶磷相关基因的筛选 [J]. 微生物学报，52（3）：311-317.
田昌玉，李志杰，1998. 影响盐碱土持续利用主要环境因子演变 [J]. 农业环境与发展，15（2）：34-35.
万英，赵卫兵，霍跃文，2002. 污泥堆肥设备的现状及发展前景 [J]. 环境保护（20）：31-32.
王成红，2009. 畜禽粪便施用最大量磷素指标的确定 [D]. 扬州：扬州大学.
王红艳，黄鑫宗，廖敏，2014. 蚯蚓处理污泥的影响因素研究 [J]. 广东化工，41（13）：150-151，123.
王慧军，原霞，蔡中峰，等，2008. 我国养殖业发展现状分析 [J]. 中国畜禽种植，4（3）：3.
王凯军，2004. 畜禽养殖污染防治技术与政策 [M]. 北京：化学工业出版社：1-3.
王空军，张吉旺，刘鹏，等，2005. 玉米不同品种粗蛋白质含量与产量的研究 [J]. 中国农业科学，38（5）：916-921.

王邵军，阮宏华，2008. 土壤生物对地上生物的反馈作用及其机制［J］. 生物多样性，16（4）：407-416.
王维云，朱金华，吴守一，1998. 纤维素科学及纤维素酶的研究进展［J］. 江苏理工大学学报，19（13）：20-28.
王伟东，崔宗均，牛俊玲，等，2004. 一组木质纤维素分解菌复合系的筛选及培养条件对分解活性的影响［J］. 中国农业大学学报，9（5）：7-11，44.
王伟东，崔宗均，王小芬，等，2005. 快速木质纤维素分解菌复合系 MC1 对秸秆的分解能力及稳定性［J］. 环境科学，26（5）：156-160.
王伟东，王小芬，王彦杰，等，2008. 接种木质纤维素分解复合菌系对堆肥发酵进程的影响［J］. 农业工程学报，24（7）：193-198.
王希江，王连锁，张波，等，2008. 养殖场畜禽粪便循环利用技术［J］. 中国西部科技（34）：31-32.
王小芬，王伟东，高丽娟，等，2006. 变性梯度凝胶电泳在环境微生物研究中的应用详解［J］. 中国农业大学学报，11（5）：1-7.
王小娟，2010. 木质纤维素分解菌系的分解功能及产酶特性研究［D］. 北京：中国农业大学.
王亚静，毕于运，高春雨，2010. 中国秸秆资源可收集利用量及其适宜性评价［J］. 中国农业科学，43（9）：1852-1859.
王艳，鄢海印，杜亚琴，等，2011. 蚯蚓堆肥处理对不同物料农化性质的影响［J］. 安徽农业科学，39（6）：3416-3418.
王宇，2008. 畜禽粪便高效堆肥化技术及资源化利用［M］. 武汉：华中农业大学.
魏源送，王敏健，王菊思，1999. 堆肥技术及进展［J］. 环境科学进展，7（3）：14.
吴崇海，李振金，顾士领，1996. 高留麦茬的整体效应与配套技术研究［J］. 干旱地区农业研究，14（1）：43-48.
吴德胜，2013. 规模化堆肥主体设备与接口设备选择［C］. 北京：全国第九届堆肥技术与工程研讨会.
向永生，孙东发，王明锐，等，2006a. 沼液不同浓度对春茶的影响［J］. 湖北农业科学，45（1）：78-80.
向永生，孙东发，王明锐，等，2006b. 沼液与不同类型叶面肥在茶叶上的使用效果［J］. 湖北农业科学，45（2）：183-184.
谢建昌，2000. 钾与中国农业［M］. 南京：河海大学出版社：105-106.
徐国锐，2012. 沼液纳滤膜浓缩技术及其液体有机肥开发研究［D］. 杭州：浙江大学.
徐芹，2011. 中国陆栖蚯蚓［M］. 北京：中国农业出版社.
徐卫红，王正银，王旗，等，2003. 不同沼液用量对莴笋硝酸盐及营养品质的影响［J］. 中国沼气，21（2）：11-13.
徐卫红，王正银，王旗，等，2005. 沼气发酵残留物对蔬菜产量及品质影响的研究进展［J］. 中国沼气，23（2）：27-29.
徐晓峰，苗艳芳，张菊萍，等，2008. 保护地土壤氮、磷积累及影响研究［J］. 中国生态农业学报，16（2）：292-296.
颜炳佐，徐维田，于鹏波，2012. 沼渣沼液对提高红提葡萄产量和品质的研究［J］. 中国沼气，30（2）：47-48.
闫鑫鹏，李杰，2008. 白腐真菌在农作物秸秆中的研究与应用［J］. 饲料工业，29（14）：54-57.
严正娟，2015. 施用粪肥对设施菜田土壤磷素形态与移动性的影响［D］. 北京：中国农业大学.
杨合法，范聚芳，郝晋珉，等，2006. 沼肥对保护地番茄产量、品质和土壤肥力的影响［J］. 中国农学通报，22（7）：369-372.
杨平平，2013. pH 对生活污水污泥发酵过程的影响［J］. 山西冶金（2）：123-127.

杨雪梅，刘彦中，刘志莲，2014. 产漆酶菌株的筛选及其对烟杆降解效果的研究 [J]. 中国农学通报，30 (7)：52-57.

杨延梅，刘鸿亮，杨志峰，等，2005. 控制堆肥过程中氮素损失的途径和方法综述 [J]. 北京师范大学学报（自然科学版），41 (2)：213-216.

余薇薇，张智，罗苏蓉，等，2012. 沼液灌溉对紫色土菜地土壤特性的影响 [J]. 农业工程学报，28 (16)：178-184.

袁芳，杨朝晖，2005. 我国城市生活垃圾堆肥农用处理技术研究进展 [J]. 安徽农业科学 (2)：328-330.

袁金华，徐仁扣，2010. 稻壳制备的生物质炭对红壤和黄棕壤酸度的改良效果 [J]. 生态与农村环境学报，26 (5)：472-476.

袁怡，2010. 沼液作为生菜、柑橘叶面肥的研究 [D]. 武汉：华中农业大学.

曾凡亮，2007. 色度对循环水浊度测定的影响 [G]. 河南：全国水处理技术研讨会论文集：580-587.

张阿凤，潘根兴，李恋卿，2009. 生物黑炭及其增汇减排与改良土壤意义 [J]. 农业环境科学学报，28 (12)：2459-2463.

张蓓，2012. 碳氮比及腐熟菌剂对玉米秸秆发酵的影响 [J]. 兰州：甘肃农业大学.

张昌爱，张玉凤，林海涛，等，2014. 沼液漫灌对设施土壤连作障碍因子的影响 [J]. 灌溉排水学报，33 (2)：117-120.

张翠绵，王占武，李洪涛，2004. 固态畜禽废弃物利用现状及发展对策 [J]. 河北农业科学，8 (2)：101-103.

张福锁，陈新平，陈清，等，2009. 中国主要作物施肥指南 [M]. 北京：中国农业大学出版社.

张洪昌，段继贤，廖洪，2011. 肥料应用手册 [M]. 北京：中国农业出版社.

张继红，靳世峰，何宝林，等，2012. 不同浓度沼液浸种对甜瓜种子萌发的影响 [J]. 长江蔬菜 (20)：31-34.

张莉，2012. 乳杆菌的有氧代谢与枯草芽孢杆菌益生作用机制研究 [D]. 济南：山东大学.

张满昌，2005. 快速氨化、微贮玉米对绵羊瘤胃发酵及生长性能的影响 [D]. 哈尔滨：东北农业大学.

张楠，杨兴明，徐阳春，等，2010. 高温纤维素降解菌的筛选和酶活性测定及鉴定 [J]. 南京农业大学学报，33 (3)：82-87.

张乾元，李兆丽，2008. 沼液叶面喷施和灌根对马铃薯生长与产量的影响 [J]. 中国沼气，26 (5)：30-32.

张强，陆军，2005. 玉米秸秆发酵法产生燃料酒精的研究进展 [J]. 饲料工业，26 (9)：20-23.

张庆芳，于宗莲，2014. 一株高效木质素降解细菌的筛选及产酶条件的优化 [J]. 中国农业科技导报，16 (2)：143-148.

张荣成，李秀金，2005. 作物秸秆能源转化技术研究进展 [J]. 现代化工，25 (6)：14-17.

张睿，刘好，杨静，2014. 沼液防治苹果树病虫害效果试验 [J]. 农业科技与信息 (18)：56-56.

张伟，2014. 水稻秸秆炭基缓释肥的制备及性能研究 [D]. 哈尔滨：东北农业大学.

张伟明，2012. 生物炭的理化性质及其在作物生产上的应用 [D]. 沈阳：沈阳农业大学.

张卫信，陈迪马，赵灿灿，2007. 蚯蚓在生态系统中的作用 [J]. 生物多样性，15 (2)：142-153.

张艳丽，2004. 我国农村沼气建设现状及发展对策 [J]. 可再生能源 (4)：5-8.

赵丽，邱江平，李凤，2009. 铜在蚯蚓体内富集及对蚯蚓急性毒性的研究 [J]. 中国农学通报，25 (24)：403-406.

赵曙光，任广鑫，杨改河，等，2007. 线辣椒叶面喷施沼液的效应 [J]. 西北农业学报，16 (3)：128-131.

赵振焕，金春姬，张鹏等，2009. 酵母菌对厨余垃圾厌氧发酵产乙酸的影响 [J]. 环境工程学报，3

(10)：1885 - 1888.

郑时选，李健，2009. 德国沼肥利用的安全性与生态卫生 [J]. 中国沼气，27 (2)：45 - 48.

中华人民共和国农业部，2007. 2006 中国农业统计资料 [M]. 北京：中国农业出版社：233.

钟雪梅，朱义年，刘杰，等，2006. 竹炭包膜对肥料氮淋溶和有效性的影响 [J]. 农业环境科学学报，15 (1)：154 - 157.

周彦峰，邱凌，李自林，等，2013. 沼液用于无土栽培的营养机理与技术优化 [J]. 农机化研究，35 (5)：224 - 227.

朱凤莲，马友华，周静，等，2008. 我国畜禽粪便污染和利用现状分析 [J]. 安徽农学通报，14 (13)：48 - 50.

朱建春，2014. 陕西农业废弃物资源化利用问题研究 [D]. 杨凌：西北农林科技大学.

朱永恒，赵春雨，王宗英，等，2005. 我国土壤动物群落生态学研究综述 [J]. 生态学杂志，24 (12)：1477 - 1481.

Abd E, Mazher A, Mahgoub M H, 2011. Influence of using organic fertilizer on vegetative growth, flowering and chemical constituents of *Matthiola incana* plant grown under saline water irrigation [J]. World Journal of Agricultural Sciences, 7 (1): 47 - 54.

Aira M, Domínguez J, 2014. Changes in nutrient pools, microbial biomass and microbial activity in soils after transit through the gut of three endogeic earthworm species of the genus *Postandrilus* Qui and Bouché, 1998 [J]. Journal of Soils and Sediments, 14 (8): 1335 - 1340.

Akhtar M, 2000. Effect of organic and urea amendments in soil on nematode communities and plant growth [J]. Soil Biology and Biochemistry, 32 (4): 573 - 575.

Alexandre B M, Robert J L, Michael J C, et al., 2008. Cellulose degradation by *Micromonosporas* recovered from freshwater lakes and classification of these actinomycetes by DNA gyrase B gene sequencing [J]. Applied and Environmental Microbiology, 74 (22): 7080 - 7084.

Alfreider A, Peters S, Tebbe C C, et al., 2002. Microbial community dynamics during composting of organic matter as determined by 16S ribosomal DNA analysis [J]. Compost Science and Utilization, 10 (4): 303 - 312.

Andreas W, Michael R B, Marianne N, et al., 2005. The influence of morphology, hydrophobicity and charge upon the long - term performance of ultrafiltration membranes fouled with spent sulphide liquor [J]. Desalination, 175 (1): 73 - 85.

Antal M J, Gronli M, 2003. The art, science, and technology of charcoal production [J]. Industrial and Engineering Chemistr Research, 42 (8): 1619 - 1640.

Arora D S, Sharma R K, Chandra P, 2011. Biodelignification of wheat straw and its effect on in vitro digestibility and antioxidant properties [J]. International Biodeterioration and Biodegradation, 65 (2): 352 - 358.

Arthur T, 1977. An automated procedure for the determination of soluble carbohydrates in herbage [J]. Journal of the Science of Food and Agriculture, 28 (7): 639 - 642.

Bailey M J, Biely P, Poutanen K, 1992. Interlaboratory testing of methods for assay of xylanase activity [J]. Journal of Biotechnology, 23: 257 - 270.

Bailey M J, Poutanen K, 1989. Production of xylanase enzymes by strains of *Aspergillus* [J]. Applied Microbiology and Biotechnology (30): 5 - 10.

Banerjee S, Sanyal A K, Moitra M N. Abundance and group diversity of soil mite population in relation to four edaphic factors at Chintamani Abhayaranya, Narendrapur, South 24 - Parganas, West Bengal [J].

Proceedings of the Zoological Society (Calcutta), 62 (1): 57 - 65.

Bardgett R D, Wardle D A, 2010. Aboveground - belowground linkages [M]. New York: Oxford University Press.

Basker A, Macgregor A N, Kirkman J H, 1992. Influence of soil ingestion by earthworms on the availability of potassium in soil: An incubation experiment [J]. Biology and Fertility of Soils, 14 (4): 300 - 303.

Basu S, Gaur R, Gomes J, et al., 2002. Effect of seed culture on solid - state bioconversion of wheat straw by *Phanerochaete chrysosporium* for animal feed production [J]. Journal of Bioscience and Bioengineering, 93 (1): 25 - 30.

Bayer E A, Chanzy H, Lamed R, et al., 1998. Cellulase, cellulose and cellulosomes [J]. Current Opinion in Structural Biology (8): 548 - 557.

Beck - Friis B, Smars S, Jonsson H, et al., 2001. Gaseous emissions of carbon dioxide, ammonia and nitrous oxide from organic household waste in a compost reactor under different temperature regimes [J]. Journal of Agricultural Engineering Research, 78 (4): 423 - 430.

Beguin P, 2009. Molecular biology of cellulose degradation [J]. Annual Review of Microbiology, 44 (44): 219 - 222.

Beguin P, Cornet P, Millet J, 1983. Identification of the endoglucanase encoded by the celb - gene of *Clostridium thermocellum* [J]. Biochimie, 65 (8 - 9): 495 - 500.

Behan - Pelletier V M, 1999. Oribatid mite biodiversity in agroecosystems: Role for bioindication [J]. Agriculture Ecosystems and Environment, 74 (1 - 3): 411 - 423.

Behera B C, Parida S, Dutta S K, et al., 2014. Isolation and identification of cellulose degrading bacteria from mangrove soil of Mahanadi river delta and their cellulase production ability [J]. American Jonural of Microbiological Research, 2 (1): 41 - 46.

Brown S, Kruger C, Subler S, 2008. Greenhouse gas balance for composting operations [J]. Journal of Environmental Quality, 37 (4): 1396 - 1410.

Cadena E, Colón J, Artola A, et al., 2009. Environmental impact of two aerobic composting technologies using life cycle assessment [J]. The International Journal of Life Cycle Assessment, 14 (5): 401 - 410.

Cao J, Wang C, Huang Y, et al., 2015. Effects of earthworm on soil microbes and biological fertility: A review [J]. Chinese Journal of Applied Ecology, 26 (5): 1579.

Cao X D, Ma L N, Gao B, et al., 2009. Dairy - manure derived biochar effectively sorbs lead and atrazine [J]. Environmental Science and Technology, 43 (9): 3285 - 3291.

Cao Z, Han X, Hu C, Chen J, et al., 2011. Changes in the abundance and structure of a soil mite (*Acari*) community under long - term organic and chemical fertilizer treatments [J]. Applied Soil Ecology, 49: 131 - 138.

Cavedon K, Leschine S B, Canaleparola E, 1990. Cellulase system of a free - living, mesophilic clostridium (Strain - 7) [J]. Journal of Bacteriology, 172 (8): 4222 - 4230.

Chan W N, 2004. Thermophilic anaerobic fermentation of waste biomass for production acetic acid [D]. Texas: Texas A & M University.

Chang J, Cheng W, Yin Q Q, 2012. Effect of steam explosion and microbial fermentation on cellulose and lignin degradation of corn stover [J]. Bioresource Technology, 104: 587 - 592.

Cha - Um S, Pokasombat Y, Kirdmanee C, 2011. Remediation of salt - affected soil by gypsum and farmyard manure - importance for the production of Jasmine rice [J]. Australian Journal of Crop Science, 5

(4): 458 - 465.

Chen B L, Chen Z M, 2009. Sorption of naphthalene and 1 - naphthol by biochars of orange peels with different pyrolytic temperatures [J]. Chemosphere, 76 (1): 127 - 133.

Coventry E, Noble R, Mead A, et al., 2002. Control of Allium white rot (*Sclerotium cepivorum*) with composted onion waste [J]. Soil Biology and Biochemistry, 34 (7): 1037 - 1045.

Dabhi B K, Vyas R V, Shelat H N, 2014. Use of banana waste for the production cellulolytic enzymes under solid substrate fermentation using bacterial consortium [J]. International Journal of Current Microbiology and Applied Sciences, 3 (1): 337 - 346.

De Guardia A, Petiot C, et al., 2008. Influence of aeration rate on nitrogen dynamics during composting [J]. Waste Management, 28 (3): 575 - 587.

Delaune P B, Moore P A, Daniel T C, et al., 2004. Effect of chemical and microbial amendments on ammonia volatilization from composting poultry litter [J]. Journal of Environmental Quality, 33 (2): 728 - 734.

Demain A L, Newcomb M, Wu J H D, 2005. Cellulase, clostridia, and ethanol [J]. Microbiology and molecular biology reviews, 69 (1): 124 - 154.

Demirbas A, 2001. Carbonization ranking of selected biomass for chareoal, liquidand and gaseous products [J]. Energy Conversion and Management, 42 (10): 1229 - 1238.

Demirbas A, 2004. Effects of temperature and particle size on biochar yield from pyrolysis of agricultural residues [J]. Journal of Analytical and Applied Pyrolysis, 72 (2): 243 - 248.

Dewes T, 1996. Effect of pH, temperature, amount of litter and storage density on ammonia emissions from stable manure [J]. The Journal of Agricultural Science, 127 (4): 501 - 509.

Downie A, Crosky A, Munroe P, 2009. Physical properties of biochar [J]. Biochar for Environmental Management: Science and Technology (2): 13 - 32.

Eghball B, Power J F, 1999. Phosphorus - and nitrogen - based manure and compost applications corn production and soil phosphorus [J]. Soil Science Society of America Journal, 63 (4): 895 - 901.

Eklind Y, Kirchmann H, 2000. Composting and storage of organic household waste with different litter amendments. I: carbon turnover [J]. Bioresource Technology, 74 (2): 115 - 124.

El - Haggar S M, Hamoda M F, Elbieh M A. 1998. Composting of vegetable waste in subtropical climates [J]. International Journal of Environment and Pollution, 9 (4): 411 - 420.

El - Kader N A, Robin P, Paillat J M, et al., 2007. Turning, compacting and the addition of water as factors affecting gaseous emissions in farm manure composting [J]. Bioresource Technology, 98 (14): 2619 - 2628.

Elwell D L, Hong J H, Keener H M, 2002. Composting hog manure/sawdust mixtures using intermittent and continuous aeration: Ammonia emissions [J]. Compost Science and Utilization, 10 (2): 142 - 149.

Enari T M, Niku - Paavola M L, 1987. Enzymatic hydrolysis of cellulose: is the current theory of the mechanisms of hydrolysis valid [J]. Critical Reviews in Biotechnology, 5 (1): 67 - 87.

Fang M, Wong J W C, Ma K K, et al., 1999. Co - composting of sewage sludge and coal fly ash: nutrient transformations [J]. Bioresource Technology, 67 (1): 190 - 24.

Ferrer F M, Golyshina O V, Chemikova T N, et al., 2005. Novel hydrolase diversity retrieved from a metagenome library of bovine rumen microflora [J]. Environmental Microbiology, 7 (2): 1996 - 2010.

Filip Z, 2002. International approach to assessing soil quality by ecologically - related biological parameters [J]. Agriculture Ecosystems and Environment, 88 (2): 169 - 174.

Fukumoto Y, Osada T, Hanajima D, et al., 2003. Patterns and quantities of NH_3, N_2O and CH_4 emissions during swine manure composting without forced aeration - effect of compost pile scale [J]. Bioresource Technology, 89 (2): 109 - 114.

Fukumoto Y, Suzuki K, Osada T, et al., 2006. Reduction of nitrous oxide emission from pig manure composting by addition of nitrite - oxidizing bacteria [J]. Environmental Science and Technology, 40 (21): 6787 - 6791.

Gandolfi I, Sicolo M, Franzetti A, et al., 2010. Influence of compost amendment on microbial community and ecotoxicity of hydrocarbon - contaminated soils [J]. Bioresource Technology, 101 (2): 568 - 575.

Garcia C, Hernandez T, Costa F, 1992. Evaluation of the organic matter in compost with municipal waste compost using simple chemical parameters [J]. Communications in Soil Science and Plant Analysis, 23 (13 - 14): 1501 - 1512.

Gaskin J W, Speir A, Morris L M, 2007. Potential for pyrolysis char to affect soil moisture and nutrient status of a loamy sand soil [G]. Athens, Georgia: Proceedings of the 2007 Georgia Water Resources Conference.

Gaskin J W, Steiner C, Harris K, et al., 2008. Effects of low - temperature pyrolysis conditions on biochar for agricultural use [J]. Transactions of the ASABE, 51 (6): 2061 - 2069.

Gaunt J L, Lehmann J, 2008. Energy balance and emissions associated with biochar sequestration and pyrolysis bioenergy production [J]. Environmental Science and Technology, 42 (11): 4152 - 4158.

Gerard C, Zofia K, Stavros K, 2004. Relations between environmental black carbon sorption and geochemical sorbent characteristics [J]. Environmental Science and Technology, 38 (13): 3632 - 3640.

Gheorghe C, Marculescu C, Badea A, et al., 2009. Effect of pyrolysis conditions on biochar production from biomass [C]. Guangzhou: Proceedings of the 3rd WSEAS International Conference on Energy Planning, Energy Saving, Environmental Education: 239 - 241.

Gormsen D, Hedlund K, Wang H F, 2006. Diversity of soil mite communities when managing plant communities on set - aside arable land [J]. Applied Soil Ecology, 31 (1 - 2): 147 - 158.

Guo P, Mochidzuki K, Cheng W, et al., 2011. Effects of different pretreatment strategies on corn stalk acidogenic [J]. Bioresource Technology, 102 (16): 7526 - 7531.

Guo P, Wang X F, Zhu W B, et al., 2008. Degradation of corn stalk by the composite microbial system of MC1 [J]. Journal of Environmental Sciences, 20 (1): 6.

Guo R, Li G X, Jiang T, et al., 2012. Effect of aeration rate, C/N ratio and moisture content on the stability and maturity of compost [J]. Bioresource Technology, 112: 171 - 178.

Han Y W, Srinivasan V R, 1968. Isolation and characterization of a cellulose - utilizing bacterium [J]. Applied Microbiology, 16 (8): 1140 - 1145.

Hao X Y, 2007. Nitrate accumulation and greenhouse gas emissions during compost storage [J]. Nutrient Cycling in Agroecosystems, 78: 189 - 195.

Hao X Y, Chang C, Larney F J, 2004. Carbon, nitrogen balances and greenhouse gas emission during cattle feedlot manure composting [J]. Journal of Environmental Quality, 33: 37 - 44.

Hao X Y, Chang C, Larney F J, et al., 2001. Greenhouse gas emissions during cattle feedlot manure composting [J]. Journal of Environmental Quality, 30 (2): 376 - 386.

Hao X Y, Larney F J, Chang C, et al., 2005. The effect of phosphorgypsum on greenhouse gas emissions during cattle manure composting [J]. Journal of Environmental Quality, 34 (3): 774 - 781.

Haruta S, Cui Z, Huang Z, 2002. Construction of a stable microbial community with high cellulose - degradation ability [J]. Applied Microbiology and Biotechnology, 59 (4 - 5): 529 - 534.

Hess M, Sczyrba A, Egan R, 2011. Metagenomic discovery of biomass - degrading genes and genomes from cow rumen [J]. Science, 331 (6016): 463 - 467.

Himmel M E, Ruth M F, Wyman C E, 1999. Cellulase for commodity products from cellulosic biomass [J]. Current Opinion in Biotechnology, 10 (4): 358 - 364.

Holland F, Proffitt A, 1998. Overview of composting in the U. K.: methods and markets [J]. Biocycle Journal of Composting and Organic Recycling, 39 (2): 69 - 71.

Horst H, Gerke, Martin A, et al., 1999. Modeling long - term compost application effects on nitrate leaching [J]. Plant and Soil, 213 (1 - 2): 75 - 92.

Horwitz W, 1990. Official methods of analysis of the AOAC [M]. Washington DC: Association of Official Analytical Chemists Inc.

Hu J, Lin X, Wang J, et al., 2011. Microbial functional diversity, metabolic quotient, and invertase activity of a sandy loam soil as affected by long - term application of organic amendment and mineral fertilizer [J]. Journal of Soils and Sediments, 11 (2): 271 - 280.

Hu T J, Zeng G M, Huang D L, et al., 2007. Use of potassium dihydrogen phosphate and sawdust as adsorbents of ammoniacal nitrogen in aerobic composting process [J]. Journal of Hazardous Materials, 141 (3): 736 - 744.

Huang G F, Wong J W C, Wu Q T, et al., 2004. Effect of C/N on composting of pig manure with sawdust [J]. Waste Management, 24 (8): 805 - 813.

Huang J F, Cao Z H, Li A F, et al., 2003. Soil fertility quality evolution after land use change from rice - wheat [J]. Plant Nutrition and Fertilizer Science (1): 19 - 25.

IPCC, 2007. Fourth Assessment Report: Climate Change 2007: Contribution of Working Group I to the Fourth Assessment Report of the Intergovernmental Panel on Climate Change [R]. Cambridge: Cambridge University Press: 212 - 213.

Iswaran V, Jauhri K S, Sen A, 1980. Effect of charcoal, coal and peat on the yield of moong, soybean and pea [J]. Soil Biology and Biochemistry, 12 (2): 191 - 192.

Jacobs A, Kaiser K, Ludwig B. et al., 2011. Application of biochemical degradation indices to the microbial decomposition of maize leaves and wheat straw in soils under different tillage systems [J]. Geoderma, 162: 207 - 214.

Ji X F, Xu Y X, Zhang C, et al., 2012. A new locus affects cell motility, cellulose binding, and degradation by Cytophaga hutchinsonii [J]. Applied Microbiology and Biotechnology, 96 (1): 161 - 170.

Jilani G, Mahmood S, Chaudhry A N, et al., 2008. Allelochemicals: sources, toxicity and microbial transformation in soil——a review [J]. Annals of Microbiology, 58 (3): 351 - 357.

Jiménez E I, Garcia V P, 1991. Composting of domestic refuse and sewage sludge. I. Evolution of temperature, pH, C/N ratio and cation - exchange capacity [J]. Resource, Conservation and Recycling, 6 (1): 45 - 60.

Johansson G, Stahlberg J, Lindeberg G, et al., 1989. Isolated fungalcellulose terminal domains and a synthetic minimum analogue binel to cellulvose [J]. Febs Letters, 243 (2): 389 - 393.

Jung H G, Allen M S, 1995. Characteristics of plant cell walls affecting intake and digestibility of forages by ruminants [J]. Journal of Animal Science, 95 (9): 2774 - 2790.

Jung H G, Vogel K P, 1986. Influence of lignin on digestibility of forage cell wall material [J]. Journal of Animal Science, 62 (6).

Kato S, Haruta S, Cui Z J, 2005. Stable coexistence of five bacterial strains as a cellulose - degrading community [J]. Applied and Environmental Microbiology, 71 (11): 7009 - 7106.

Kato S, Haruta S, Cui Z, et al., 2005. Stable coexistence of five bacterial strains as a cellulose - degrading community [J]. Applied and Environmental Microbiology, 71 (11): 7099 - 7106.

Katyal S, Thambimuthu K, Valix M, 2003. Carbonisation of bagasse in a fixed bed reactor: Influence of process variables on char yield and characteristics [J]. Renewable Energy, 28 (5): 713 - 725.

Keener H M, Elwell D L, Ekinci K, et al., 2001. Composting and value - added utilization of manure from a swine finishing facility [J]. Compost Science and Utilization, 9 (4): 312 - 321.

Kishimoto S, Sugiura G, 1985. Charcoal as a soil conditioner [J]. International Achievements for the Future (5): 12 - 23.

Kithome M, 1998. Reducing Nitrogen Losses During Composting of Poultry manure Using the Natural Zeolite Clinoptilolite [D]. Vancouver: The University of British Columbia.

Kiyofumi S, Tatsuo Y, Fumiko N, et al., 1996. Biodegradation of cel lulose acetate by neisseria sicca [J]. Bioscience, Biotechnoiogy and Biochemistry, 60 (10): 1617 - 1622.

Kongkaew K, Kanajareonpong A, Kongkaew T, 2004. Using of slurryand sludge from biogas digestion pool as bio - fertilizer [M]. Thailand: The Joint International Conference on Sustainable Energy and Environment.

Krehbiel C R, Rust S R, Zhang G, et al., 2003. Bacterial direct - fed microbials in ruminant diets: Performance response and mode of action [J]. Journal of Animal Science, 81 (2): 120 - 132.

Kuhlman L R, 1990. Windrow composting of agricultural and municipal wastes [J]. Resources Conservation and Recycling, 4 (1): 151 - 160.

Kuramae E E, Yergeau E, Wong L C, et al., 2012. Soil characteristics more strongly influence soil bacterial communities than land - use type [J]. Fems Microbiology Ecology, 79 (1): 12 - 24.

Kwon S, Pignatello J, 2005. Effects of natural organic substances on the surface and adsorptive properties of environmental black carbon (char): Pseudo pore blockage by model lipid components and its implications for N_2 - probed surface properties of natural sorbents [J]. Environmental Science and Technology, 39: 7932 - 7939.

Laird D A, Brown R C, Amonette J E, et al., 2009. Review of the pyrolysis platform for coproducing bio - oil and biochar [J]. Biofuels, Bioproducts and Biorefining, 3 (5): 547 - 562.

Langdon C J, Piearce T G, Meharg A A, et al., 2001. Survival and behaviour of the earthworms *Lumbricus rubellus* and *Dendrodrilus rubidus* from arsenate - contaminated and non - contaminated sites [J]. Soil Biology and Biochemistry, 33 (9): 1239 - 1244.

Lee J E, Rahman M M, Ra C S, 2009. Dose effects of Mg and PO_4 sources on the composting of swine manure [J]. Journal of Hazardous Materials, 169 (1 - 3): 801 - 807.

Lee J W, Kidder M, Evans B R, et al., 2010. Characterization of biochars produced from corn stovers for soil amendment [J]. Environmental Science and Technology, 44 (20): 7970 - 7974.

Lehmann J, 2007. A handful of carbon [J]. Nature, 447 (10): 143 - 144.

Lehmann J, 2007. Biochar for mitigating climate change: Carbon sequestration in the black [J]. Forum Geokol, 18 (2): 150 - 17.

Lehmann J, Gaunt J, Rondon M, 2006. Bio - char sequestration in terrestrial ecosystems——A review [J]. Mitigation and Adaptation Strategies for Global Change, 11 (2): 403 - 427.

Li B, Wang C, Meng Y, et al., 2011. Effects of microbial organic fertilizer on saline - alkali soil nutrient and maize production [J]. Chinese Agricultural Science Bulletin, 27 (21): 182 - 186.

Li F M, Song Q H, Jjemba P K, et al., 2004. Dynamics of soil microbial biomass C and soil fertility in cropland mulched with plastic film in a semiarid agro - ecosystem [J]. Soil Biology and Biochemistry, 36 (11): 1893 - 1902.

Li Q, Jiang Y, Liang WJ, et al., 2010. Long - term effect of fertility management on the soil nematode community in vegetable production under greenhouse conditions [J]. Applied Soil Ecology, 46 (1): 111 - 118.

Li X, Gao P, 1997. Isolation and partial properties of cellulose - decomposing strain of *Cytophaga* sp. LX - 7 form soil [J]. Journal of Applied Microbiology, 82 (1): 73 - 80.

Li X Z., Dong X L, Zhao C X, 2003. Isolation and some properties of cellulose - degrading Vibrio sp. LX - 3 with agar - liquefying ability from soil [J]. World Journal of Microbiology and Biotechnology, 19 (4): 375 - 379.

Liang W, Lou Y, Li Q, et al., 2009. Nematode faunal response to long - term application of nitrogen fertilizer and organic manure in Northeast China [J]. Soil Biology and Biochemistry, 41 (5): 883 - 890.

Liang W, Wen D, 2001. Soil biota and its role in soil ecology [J]. Chinese Journal of Applied Ecology, 12 (1): 137 - 140.

Liang Y, Leonard J J, Feddes J R, et al., 2006. Influence of carbon and buffer amendment on ammonia volatilization in composting [J]. Bioresource Technology, 97 (5): 748 - 761.

Liang Y C, Yang Y F, Yang C G, et al., 2003. Soil enzymatic activity and growth of rice and barley as influenced by organic manure in an anthropogenic soil [J]. Geoderma, 115 (1 - 2): 149 - 160.

Lii B L R, Barker K R, Ristaino J B, 2002. Influences of organic and synthetic soil fertility amendments on nematode trophic groups and community dynamics under tomatoes [J]. Applied Soil Ecology, 21 (3): 233 - 250.

Liu J B, Wang W D, Yang H G, et al., 2006. Process of rice straw degradation and dynamic trend of pH by the microbial community MC1 [J]. Journal of Environmental Sciences, 18 (6): 5.

Lowe C N, Butt K R, 2002. Influence of organic matter on earthworm production and behaviour: A laboratory - based approach with applications for soil restoration [J]. European Journal of Soil Biology, 38 (2): 173 - 176.

Lü Y C, Cui Z J, Wang X F, et al., 2012. Properties of digestive solution during anaerobic degrading rape straw by three different microbial communities [J]. Transactions of the Chinese Society of Agricultural Engineering, 28 (3): 210 - 214.

Lü Y C, Li N, Gong D C, et al., 2012. The effect of temperature on the structure and function of a cellulose - degrading microbial community [J]. Applied Biochemistry and Biotechnology, 168 (2): 219 - 233.

Lyngsie G, Penn C J, Hansen H C B, et al., 2014. Phosphate sorption by three potential filter materials as assessed by isothermal titration calorimetry [J]. Journal of Environmental Management, 143: 26 - 33.

Mads A T H, Louise A, Henriette L P, et al., 2014. Extratability and digestibility of plant cell wall polysaccharides during hydrothermal and enzymatic degradation of wheat straw [J]. Industrial crops and products, 55: 63 - 69.

Magalhaes A M T, Shea P J, Jawson M D, et al., 1993. Practical simulation of composting in the laboratory [J]. Waste Management and Research, 11 (2): 143 - 154.

Mahesh M S, Mohini M, Jha P, et al., 2013. Retracted article: Nutritional evaluation of wheat straw treated with *Crinipellis* sp. in Sahiwal calves [J]. Tropical Animal Health and Production, 45 (8): 1817 - 1823.

Mahesh M S, Mohini M. 2013. Biological treatment of crop residues for ruminant feeding: A review [J]. African Journal of Biotechnology, 12 (27): 4221 - 4231.

Mallin M A, Cahoon L B, 2003. Industrialized animal production: A major source of nutrient and microbial pollution to aquatic ecosystems [J]. Population and Environment, 24 (5): 369 - 385.

Mandels M, Sternberg D, 1976. Recent advances in cellulose technology [J]. Journal of Fermentation Technology, 54 (4): 267 - 286.

Mangala C S, De Silva C A M, Van Gestel, 2009. Comparative sensitivity of *Eisenia andrei* and *Perionyx excavatus* in earthworm avoidance tests using two soil types in the tropics [J]. Chemosphere, 77 (11): 1609 - 1613.

Margareta V S, Guid Z, 1995. A techno - economical comparison of three processes for the production of ethanol frompine [J]. Bioresource Technology, 51 (1): 43 - 52.

Martens D A, 2002. Identification of phenolic acid composition of alkali - extracted plants and soils [J]. Soil Science Society of America Journal, 66 (4): 1240 - 1248.

Martínez - Blanco J, Colón J, Gabarrell X, et al., 2010. The use of life cycle assessment for the comparison of biowaste composting at home and full scale [J]. Waste Management, 30 (6): 983 - 994.

Mazzola M, Manici L M, 2012. Apple replant disease: Role of microbial ecology in cause and control [J]. Annual Review of Phytopathology, 50 (1): 45.

Michael E H, Ding S Y, Johnson D K, et al., 2007. Biomass recalcitrance: Engineering plants and enzymes for biofuels production [J]. Science, 2 (9): 804 - 807.

Milcu A, Schumacher J, Scheu S, 2006. Earthworms (*Lumbricus terrestris*) affect plant seedling recruitment and microhabitat heterogeneity [J]. Functional Ecology, 20 (2): 261 - 268.

Minor M A, Norton R A, 2004. Effects of soil amendments on assemblages of soil mites (Acari: Oribatida, Mesostigmata) in short - rotation willow plantings in central New York [J]. Canadian Journal of Forest Research, 34 (7): 1417 - 1425.

Morand P, Peres G, Robin P, et al., 2005. Gaseous emissions from composting bark/manure mixtures [J]. Compost Science and Utilization, 13 (1): 14 - 26.

Morel J L, Colin F, Germon J C, et al., 1985. Methods for the evalutaion of the maturity of municipal refuse compost [J]. Gasser J K R, Composting of agriculture and other wastes [J]. London: Elsevier Applied Science publishers.

Murray M G, Thompson W F, 1980. Rapid isolation of high molecular weight plant DNA [J]. Nucleic Acids Research, 19 (8): 4321 - 4326.

Nakasaki K, Yaguchi H, Sasaki Y, et al., 1993. Effects of pH control on composting of garbage [J]. Waste Management and Research, 11 (2): 117 - 125.

Nannipieri P, Giagnoni L, Renella G, et al., 2012. Soil enzymology: classical and molecular approaches [J]. Biology and Fertility of Soils, 48 (7): 743 - 762.

Narra M, Dixit G, Divecha J, et al., 2014. Production, purification and characterization of a novel GH12 family endoglucanase from aspergillus terreus and its application in enzymatic degradation of delignified rice straw [J]. International Biodeterioration and Biodegradation, 88: 150 - 161.

Ndayiragije S, Delvaux B, 2004. Selective sorption of potassium in a weathering sequence of volcanic ash soils from Guadeloupe, French West Indies [J]. Catena, 56 (1 - 3): 185 - 198.

Nm A, Cw B, Bd C, et al., 2005. Features of promising technologies for pretreatment of lignocellulosic biomass - ScienceDirect [J]. Bioresource Technology, 96 (6): 673 - 686.

Novak J M, Busscher W J, Laird D L, et al., 2009. Impact of biochar amendment on fertility of a southeastern coastal plain soil [J]. Soil Science, 174 (2): 105-112.

O'Connell D M, Lee W G, Monks A, et al., 2010. Does microhabitat structure affect foliar mite assemblages? [J]. Ecological Entomology, 35 (3): 317-328.

Osada T, Sommer S G, Dahl P, et al., 2001. Gaseous emission and changes in nutrient composition during deep litter composting [J]. Acta Agriculturae Scandinavica, 51 (3): 137-142.

Owojori O J, Reinecke A J, 2009. Avoidance behaviour of two eco-physiologically different earthworms (*Eisenia fetida* and *Aporrectodea caliginosa*) in natural and artificial saline soils [J]. Chemosphere, 75 (3): 279-283.

Pagans E, Barrena R, Font X, et al., 2006. Ammonia emissions from the composting of different organic wastes. Dependency on process temperature [J]. Chemosphere, 62 (9): 1534-1542.

Peri C, Dunkley W L, 1971. Reverse osmosis of cottage cheese whey (1) influence of composition of the feed [J]. Journal of Food Science, 36 (1): 25.

Petsimeris P, Tsoulouvis L, 1997. Current trends and prospects of future change in the Greek urban system: From polarized, growth to the formation of networks [J]. Rivista Geografica Italiana, 104: 4.

Qadir M, Qureshi R H, Ahmad N, 2002. Amelioration of calcareous saline sodic soils through phytoremediation and chemical strategies [J]. Soil Use and Management, 18 (4): 381-385.

Quiroz-Castañeda R E, Pérez-Mejía N, Martínez-Anaya C, et al., 2011. Evaluation of different lignocellulosicsubstratesfor the production of cellulases and xylanasesby the basidiomycete fungi *Bjerkandera adusta* and *Pycnoporus sanguineus* [J]. Biodegradation, 22 (3): 565-572.

Raviv M, Medina S, Krasnovsky A, et al., 2004. Organic matter and nitrogen conservation in manure compost for organic agriculture [J]. Compost Science and Utilization, 12 (1): 6-10.

Razali N, Halis R, Lanika L, et al., 2014. Chemical alteration of banana pseudostems by white rot fungi [J]. Biomass and Bioenergy, 61 (1): 1-5.

Reinecke A J, Maboeta M S, Vermeulen L A, et al., 2002. Assessment of lead nitrate and mancozeb toxicity in earthworms using the avoidance response [J]. Bulletin of Environmental Contamination and Toxicology, 68 (6): 779-786.

Rynk R, Kamp M, Willson G B, et a1., 1992. On farm composfing handbook [M]. Ithaca: Cooperative Extension Service, North Regional Agricultural Engineering Service.

Schuchardt F, Ren L M, Jiang T, et al., 2009. Pig manure systems in Germany and China and the impact on nutrient flow and composting of the solids [C]. Beijing: OBRIT: 19-21.

Schwarz W H, 2001. The cellulosome and cellulose degradation by anaerobic bacteria [J]. Apply Microbiology Biotechnology, 56 (5-6): 634.

Schwarz W H, Bronnenmeier K, Landmann B, et al., 1995. Molecular characterization of four strains of the cellulolytic thermopoile *Clostridium stercorarium* [J]. Bioscience Biotechnology and Biochemistry, 59 (9): 1661-1665.

Scith W H, Margotis Z P, Janonis B A, 1992. High altitude sludge composting [J]. Biocycle, 33 (8): 68-71.

Shaw K, Day M, Krzymien M, et al., 1999. The role of feed composition on the composting process. I. Effect on composting activity [J]. Journal of Environmental Science and Health Part A-toxic/hazardous Substanc, 34: 1341-1367.

Sheng G Y, Yang Y N, Huang M S, et al., 2005. Influence of pH on pesticide sorption by soil containing wheat residue-derived char [J]. Environmental Pollution, 134 (3): 457-463.

Shrivastava B, Nandal P, Sharma A, et al., 2012. Solid state bioconversion of wheat straw into digestible and nutritive ruminant feed by *Ganoderma* sp. rckk02 [J]. Bioresource Technology, 107: 347-351.

Sommer S G, Moller H B, 2000. Emission of greenhouse gases during composting of deep litter from pig production-effect of straw content [J]. Journal of Agricultural Science, 134: 327-335.

Spurgeon D J, Weeks J M, Van Gestel C A M, 2003. A summary of eleven years progress in earthworm ecotoxicology [J]. Pedobiologia, 47 (5-6): 588-606.

Steinbeiss S, Gleixner G, Antonietti M, 2009. Effect of biochar amendment on soil carbon balance and soil microbial activity [J]. Soil Biology and Biochemistry, 41 (6): 1301-1310.

Steiner C, Glaser B, Teixeira W G, et al., 2008. Nitrogen retention and plant uptake on a highly weathered central Amazonian Ferrasol amended with compost and charcoal [J]. Journal of Plant Nutrition and Soil Science, 171 (6): 893-899.

Steiner C, Teixeira W G, Lehmann J, et al., 2007. Long term effects of manure, charcoal and mineral fertilization on crop production and fertility on a highly weathered Central Amazonian upland soil [J]. Plant and Soil, 291 (1-2): 275-290.

Stichnothe H, Schuchardt F, 2010. Comparison of different treatment options for palm oil production waste on a life cycle basis [J]. The International Journal of Life Cycle Assessment, 15 (9): 907-915.

Szanto G L, Hamelers H M, Rulkens W H, et al., 2007. NH_3, N_2O and CH_4 emissions during passively aerated composting of straw-rich pig manure [J]. Bioresource Technology, 98 (14): 2659-2670.

Tabarant P, Villenave C, Risede J M, et al., 2011. Effects of four organic amendments on banana parasitic nematodes and soil nematode communities [J]. Applied Soil Ecology, 49: 59-67.

Takao S, Kamagata Y, Sasaki H. 1985. Cellulose production by *Penicillium Purpurogenum* [J]. Journal of Fermentation Technology, 63 (2): 127-134.

Tamura T, Osada T, 2006. Effect of moisture control in pile-type composting of dairy manure by adding wheat straw on greenhouse gas emission [J]. International Congress Series, 1293: 311-314.

Tejada M, Garcia C, Gonzalez J L, et al., 2006. Use of organic amendment as a strategy for saline soil remediation: Influence on the physical, chemical and biological properties of soil [J]. Soil Biology and Biochemistry, 38 (6): 1413-1421.

Tejada M, Gonzalez J L, 2003. Effects of the application of a compost originating from crushed cotton gin residues on wheat yield under dryland conditions [J]. European Journal of Agronomy, 19 (2): 357-368.

Thompson A G, Wagner-Riddle C, Fleming R, 2004. Emissions of N_2O and CH_4 during the composting of liquid swine manure [J]. Environmental Monitoring and Assessment, 91: 87-104.

Tian C, Wang M D, Si Y B, 2009. Influences of charcoal amendment on adsorption-desorption of isoproturon in soils [J]. Scientia Agricultura Sinica, 42 (11): 3956-3963.

Tilley J M A, Terry R A, 1963. A two stage technique for the in vitro digestion of forage crops [J]. Grass and Forage Science, 18 (2): 104-111.

Tiquia S M, Tam N F Y, 1998. Elimination of phytotoxicity during co-composting of spent pig-manure sawdust litter and pig sludge [J]. Bioresource Technology, 65 (1-2): 43-49.

Tiquia S M, Tam N F Y, Hodgkiss I J, 1996. Effects of composting on phytotoxicity of spent pig-manure sawdust litter [J]. Environmental Pollution, 93 (3): 249-256.

Tomaszewska M, Mozia S, 2002. Removal of organic matter from water by PAC/UF system [J]. Water

Research, 36 (16): 4137 - 4143.

Toor G S, Condron L M, Di H J, et al., 2003. Characterization of organic phosphorus in leachate from a grassland soil [J]. Soil Biology and Biochemistry, 35 (10): 1317 - 1323.

Tuyen V D, Cone J W, Baars J J P, et al., 2012. Fungal strain and incubation period affect chemical composition and nutrient availability of wheat straw for rumen fermentation [J]. Bioresource Technology, 111: 336 - 342.

Udovic M, Lestan D, 2010. Eisenia fetida avoidance behavior as a tool for assessing the efficiency of remediation of Pb, Zn and Cd polluted soil [J]. Environmental Pollution, 158 (8): 2766 - 2772.

Unichi F, Akihiro M, Yasunari M, 2005. Vision for utilization of livestock residue as bioenergy resource in Japan [J]. Biomass and Bioenergy, 29 (5): 367 - 374.

Updegraff D M. 1969. Semimicro determination of cellulose in biological materials [J]. Analytical Biochemistry, 32 (3): 420 - 424.

Van Soest P J Van, Robertson J B, Lewis B A. 1991. Methods for dietary fiber, neutral detergent fiber, and nonstarch polysaccharides in relation to animal nutrition [J]. Journal of Dairy Science, 74 (10): 3583 - 3597.

Villenave C, Bongers T, Ekschmitt K, et al., 2003. Changes in nematode communities after manuring in millet fields in Senegal [J]. Nematology, 5 (3): 351 - 358.

Wang A J, Gao L F, Ren N Q, 2010. Enrichment strategy to select functional consortium from mixed cultures: Consortium from rumen liquor for simultaneous cellulose degradation and hydrogen production [J]. International Journal of Hydrogen energy (35): 13413 - 13418.

Wang C M, Shyu C L, Ho S P, 2008. Characterization of a novel thermophilic, cellulose - degradation bacterium *Paenibacillus* sp. Strain B39 [J]. Applied Microbiology (47): 46 - 53.

Wang C, Xi J Y, Hu H Y, et al., 2008. Biodegradation of gaseous chlorobenzene by white - rot fungus phanerochaete chrysosporium [J]. Biomedical and Environmental Sciences, 21 (6): 474 - 478.

Wang K H, McSorley R, Marshall A, et al., 2006. Influence of organic *Crotalaria juncea* hay and ammonium nitrate fertilizers on soil nematode communities [J]. Applied Soil Ecology, 31 (3): 186 - 198.

Wang L, Chen J, Liang Z, et al., 2010. Effects of jute straw and organic fertilizer on the biological properties of the coastal saline soil [J]. Journal of Nanjing Forestry University (Natural Sciences Edition), 34 (1): 39 - 42.

Wang S, Ruan H, 2008. Feedback mechanisms of soil biota to aboveground biology in terrestrial ecosystems [J]. Biodiversity Science, 16 (4): 407 - 416.

Wang X J, Yuan X F, Wang Hui, et al., 2013. Characteristics and community diversity of a wheat straw - colonizing microbial community [J]. African Journal of Biotechnology, 10 (40): 7853 - 7861.

Wardle D A, Bardgett R D, Klironomos J N, et al., 2004. Ecological linkages between aboveground and belowground biota [J]. Science, 304 (5677): 1629 - 1633.

Warnock D D, Lehmann J, Kuyper T W, et al., 2007. Mycorrhizal responses to biochar in soil concepts and mechanisms [J]. Plant Soil, 300 (1 - 2): 9 - 20.

Weir T L, Park S W, Vivanco J M, 2004. Biochemical and physiological mechanisms mediated by allelochemicals [J]. Current Opinion in Plant Biology, 7 (4): 472 - 479.

Wey M Y, Fu C H, Tseng H H, et al., 2003. Catalytic oxidization of SO_2 from incineration flue gas over bimetallic Cu - Ce catalysts supported on pre - oxidized activated carbon [J]. Fuel, 82 (18): 2285 - 2290.

Wilson J R, Mertens D R, 1995. Cell wall accessibility and cell structure limitations to microbial digestion of forage [J]. Crop Science, 35 (1): 251 - 259.

Wolter M, Prayitno S, Schuchardt F, 2004. Greenhouse gas emission during storage of pig manure on a pilot scale [J]. Bioresource Technology, 95 (3): 235 - 244.

Wolters V, 2000. Invertebrate control of soil organic matter stability [J]. Biology and Fertility of Soils, 31 (1): 1 - 19.

Wongwilaiwalin S, Rattanachomsri U, Laothanachareon T, et al., 2010. Analysis of a thermophilic lignocellulose degrading microbial consortium and multi - species lignocellulolytic enzyme system [J]. Enzyme and Microbial Technology, 47 (6): 283 - 290.

Wu Y, Zhang N, Wang J, et al., 2012. An integrated crop - vermiculture system for treating organic waste on fields [J]. European Journal of Soil Biology, 51: 8 - 14.

Wurst S, Dugassa - Gobena D, Langel R, et al., 2004. Combined effects of earthworms and vesicular - arbuscular mycorrhizas on plant and aphid performance [J]. New Phytologist, 163 (1): 169 - 176.

Xiong X, Yan x L, Wei L, et al., 2010. Copper content in animal manures and potential risk of soil copper pollution with animal manure use in agriculture [J]. Resources Conservation and Recycling, 54 (11): 985 - 990.

Xu X F, Miao Y F, Zhang J P, et al., 2008. Cumulative trend of nitrogen and phosphorus in protected soil and their impact on soil physical and chemical characteristics [J]. Chinese Journal of Eco - Agriculture, 16 (2): 292 - 296.

Yamada Y, Kawase Y, 2006. Aerobic composting of waste activated sludge: Kinetic analysis for microbiological reaction and oxygen consumption [J]. Waste Management, 26 (1): 49 - 61.

Yang S J, Kataeva I, Hamilton - Brehm S D, et al., 2009. Efficient degradation of Lignocellulosic plant biomass, without pretreatment by the thermophilic anaerobe *Anaerocellum thermophilum* DSM 6725 [J]. Applied and Environmental Microbiology, 14 (75): 4762 - 4769.

Yang X X, Chen H Z, Gao H L, et al., 2001. Bioconversion of corn straw by coupling ensiling and solid - state fermentation [J]. Bioresource Technology, 78 (3): 277 - 280.

Yasuyuki F, Takashi O, Dai H, et al., 2003. Patterns and quantities of NH_3, N_2O and CH_4 emissions during swine manure composting without forced aeration effect of compost pile scale [J]. Bioresource Technology, 89 (2): 109 - 114.

Yu C L, Wang X, Li N, et al., 2011. Characterization of the effective cellulose degradation strain CTL - 6 [J]. Journal of Environmental Sciences, 23 (4): 649 - 655.

Yu H Y, Zeng G M, Huang H L, 2007. Microbial community succession and lignocellulose degradation during agricultural waste composting [J]. Biodegradation, 18 (6): 793 - 802.

Yu J Q, Komada H, 1999. Hinoki (*Chamaecyparis obtusa*) bark, a substrate with anti - pathogen properties that suppress some root diseases of tomato [J]. Scientia Horticulturae, 81 (1): 13 - 24.

Zahran H H, Moharram A M, Mohammad H A, 1992. Some ecological and physiological studies on bacteria isolated from salt - affected soils of Egypt [J]. Journal of Basic Microbiology, 32 (6): 405 - 413.

Zeman C, Depken D, Rich M, 2002. Research on how the composting process impacts greenhouse gas emissions and global warming [J]. Compost Science and Utilization, 10 (1): 72 - 86.

Zervas G, Tsiplakou E, 2012. An assessment of GHG emissions from small ruminants in comparison with GHG emissions from large ruminants and monogastric livestock [J]. Atmospheric Environment, 49 (49): 13 - 23.

Zhang J, Zhang X, Guo J, et al., 2007. Improving effect of microbial organic fertilizer on physical and chemical properties of saline - alkaline soil [J]. Biotechnology, 17 (6): 73 - 75.

Zhong W, Gu T, Wang W, et al., 2010. The effects of mineral fertilizer and organic manure on soil microbial community and diversity [J]. Plant and Soil, 326 (1 - 2): 511 - 522.

Zhu H, Qu F, Zhu L H, 1993. Isolation of genomic DNAs from plants, fungi and bacteria using benzyl chloride [J]. Nucleic Acids Research, 21 (22): 5279 - 5280.

Zuo S L, Gao S Y, Ruan X G, et al., 2003. A study on shrinkages during the carbonization of bamboo [J]. Journal of Nanjing Forestry University, 27 (3): 15 - 20.

Zvomuya F, Larney F J, Nichol C K, et al., 2005. Chemical and physical changes following co - composting of beef cattle feedlot manure with phosphogypsum [J]. Journal of Environmental Quality, 34 (6): 2318 - 2327.

图书在版编目（CIP）数据

农业废弃物高效循环利用关键技术研究：农业生态论著 / 李季，李国学主编．—北京：中国农业出版社，2022.3

ISBN 978-7-109-29184-3

Ⅰ.①农… Ⅱ.①李… ②李… Ⅲ.①农业废物－废物综合利用－研究 Ⅳ.①X71

中国版本图书馆 CIP 数据核字（2022）第 037321 号

中国农业出版社出版

地址：北京市朝阳区麦子店街 18 号楼

邮编：100125

责任编辑：胡金刚 陈 亭 文字编辑：郝小青

版式设计：王 晨 责任校对：周丽芳

印刷：中农印务有限公司

版次：2022 年 3 月第 1 版

印次：2022 年 3 月北京第 1 次印刷

发行：新华书店北京发行所

开本：787mm×1092mm 1/16

印张：20.75

字数：500 千字

定价：73.00 元
